国家社会科学基金项目（项目编号：16BZX115）

童 伟 著

泰州学派"狂"范畴

一种审美现代性的反思

中国社会科学出版社

图书在版编目（CIP）数据

泰州学派"狂"范畴：一种审美现代性的反思 / 童伟著. -- 北京：中国社会科学出版社，2024.12.
ISBN 978-7-5227-4360-8

Ⅰ. B83-092

中国国家版本馆 CIP 数据核字第 2024KE6331 号

出 版 人	赵剑英
责任编辑	郭晓鸿
特约编辑	杜若佳
责任校对	师敏革
责任印制	戴　宽

出　　版	中国社会科学出版社
社　　址	北京鼓楼西大街甲 158 号
邮　　编	100720
网　　址	http://www.csspw.cn
发 行 部	010-84083685
门 市 部	010-84029450
经　　销	新华书店及其他书店

印　　刷	北京明恒达印务有限公司
装　　订	廊坊市广阳区广增装订厂
版　　次	2024 年 12 月第 1 版
印　　次	2024 年 12 月第 1 次印刷

开　　本	710×1000　1/16
印　　张	26
插　　页	2
字　　数	363 千字
定　　价	149.00 元

凡购买中国社会科学出版社图书，如有质量问题请与本社营销中心联系调换
电话：010-84083683
版权所有　侵权必究

目　录

序 …………………………………………………………（1）

绪　论 ………………………………………………………（1）

第一章　"狂"范畴的历时演变形态 ……………………（29）
　　第一节　理性萌生："狂狷"任道价值的肯认 …………（29）
　　第二节　高压生长：浮诞扭曲的以"狂"远害 …………（32）
　　第三节　自然勃兴：人生艺术化的率性天真 …………（34）
　　第四节　危机蜕变：突破创新的圣雄豪杰 ……………（36）
　　第五节　"狂"范畴的特质 ……………………………（40）

第二章　从"心"体到"身"本 …………………………（44）
　　第一节　"心"体："狂"范畴的思想原点 ……………（44）
　　第二节　"身"本："狂"范畴的肉身实践 ……………（69）
　　第三节　"英灵"：赤手掀翻天地之"身" ……………（84）

第三章　外向承当的"狂侠" …………………………（91）
　　第一节　知行合一的"事"上磨炼 ……………………（92）
　　第二节　行事主体："师"与"友" …………………（105）
　　第三节　"龙德"与"凤"意象 ………………………（117）

第四章　内在超越的"狂禅" (135)
　第一节　根基分叉:"意""心""身"为本 (136)
　第二节　内向收缩:赤子"孝"心 (141)
　第三节　走向虚灵:"自然之谓道" (151)
　第四节　脱身离情:"一切放下" (162)
　第五节　清净而不寂灭:"生意活泼" (167)

第五章　亦圣亦狂:存乎一念的审美困境 (186)
　第一节　道德之本:纯乎"天理"而无"人欲"之杂 (187)
　第二节　美感变迁:"身"的"至近至乐" (200)
　第三节　审美救赎:比较视野的"真"范畴 (217)

第六章　以"叙事"建构"身"的在世体验 (244)
　第一节　"格物":道统叙事的出发点 (246)
　第二节　"身—家":叙事的本末形象 (258)
　第三节　"数":"叙事"有序的先验法则 (267)
　第四节　儒家道统叙事的昌盛与经史合一 (285)

第七章　以"抒情"宣泄"身"的情感需要 (299)
　第一节　写"趣":"身"的快适流露 (300)
　第二节　抒"愤":"身"的怨怼郁积 (328)
　第三节　觉"梦":"身"的终极解脱 (348)

结　语 (366)

附论　16 世纪明代小说叙事的多重场域 (371)

参考文献 (389)

后　记 (403)

序

童伟博士的著作《泰州学派"狂"范畴——一种审美现代性的反思》即将付梓，问序于我，我感到非常欣慰。回首以往，从2003年该项研究作为其博士论文选题的开题到现今赫然成书，跨越了整整20年！其间经历了博士论文的完成与答辩、申请国家社科基金项目并获立项、完成国家社科基金项目并获优良等级结项、修订出版直至著作出版等若干过程。就作者而言，可谓历经艰难困苦、终于修成正果；就导师而言，则是收获了将当年的青年学子造就为一位学者的大欢喜。

记得当年童伟那一届博士生开题（由于我在博士课上特别注重训练学生的理论思维），而理论思维的推理演绎往往与概念范畴的运动相关，加之当时刚好获批一个关于"泰州学派美学研究"的项目，所以开题时几位博士生不约而同选择了"泰州学派美学范畴研究"的方向：有人选"真"范畴，有人选"中"范畴，有人选"百姓日用"范畴，而童伟则选了"狂"范畴。至今这批当年的博士生可谓人有其书、人有其文。而童伟正是由此出发做了一件非常有意义的工作，在前人研究的基础上为中国古典美学确立了一个重要的范畴：狂。

在中国哲学史和中国美学史研究中，都有学者提出将哲学/美学范畴体系的构建作为哲学史/美学史基本建设的主张。张岱年先生说："我们研究哲学史，必须研究哲学概念范畴的历史。"① 在他看来，中国古代哲学存在许多固有的概念范畴，先秦哲学形成的许多概念范畴一直延续到后世，期间佛教的输入始终未曾在中国哲学中占据统治地位，因此研究中国哲学的概念范畴，必须注意每个概念范畴的源流，它们都有一个发展演变的过程。为此张先生1935年撰写的《中国哲学大纲》中以"审其基本倾向、析其辞命意谓、察其条理系统、辨其发展源流"作为方法论原则，其中所谓"析其辞命意谓"就是依据概念范畴的逻辑关系来建构和铺排中国哲学史。后来他在20世纪80年代撰写了《中国古典哲学概念范畴要论》一书作为补充，其中列论中国古典哲学的概念范畴达60例（组）之多。

无独有偶，叶朗先生关于美学理论的建构必须倚重于概念范畴也持同样观点，他在《中国美学史大纲》中确认："美学是一门理论学科。它并不属于形象思维，而是属于逻辑思维。它研究美学范畴，研究美学范畴之间的区别、联系和转化，研究美学范畴的体系。"② 举凡道、气、象、意、味、妙、神、赋、比、兴、有与无、虚与实、形与神、情与景、意象、隐秀、风骨、气韵、意境、兴趣、妙悟、才、胆、识、力、趣、理、事、情等一系列范畴，以及涤除玄鉴、观物取象、立象以尽意、得意忘象、声无哀乐、传神写照、澄怀味象、气韵生动等一系列命题均属此列。总之，"一部美学史，主要就是美学范畴、美学命题的产生、发展、转化的历史。"③

此处有一个问题值得思量，童伟该书所陶铸的"狂"范畴以及当时几位博士生围绕"泰州学派美学范畴研究"提出的若干美学范畴如"尊身""百姓日用"等并不在上述学者所总结的哲学/美学范畴体系之列，即使有所涉及，也不属核心概念范畴，然而它们恰恰

---

① 张岱年：《中国哲学史方法论发凡》，中华书局2005年版，第117页。
② 叶朗：《中国美学史大纲》，上海人民出版社1995年版，第4页。
③ 叶朗：《中国美学史大纲》，上海人民出版社1995年版，第4页。

又都是泰州学派美学思想的大关节目。不过这在中外哲学/美学范畴发展史上实属常态，概念范畴的确立是需要在学术史的长河中被发现、被整合、被阐扬的，某个概念范畴从冷门变成热点、从边缘走向核心乃是通例，虽然它往往是在历史变迁、时代更替和社会发展的过程中经过积淀、转化和铸造而发扬光大、蔚然成风，但其中研究者的挖掘、梳理、阐发、建构的工作功不可没。具体到该书，童伟在构建、打造和确立泰州学派"狂"范畴方面做了很好的建设性、前沿性、创新性工作。根据作者自己的总结，该书联系士人在文化转型期的危机社会意识，细析了作为泰州学派核心美学范畴的"狂"，廓清了古典美学范畴向近代美学范畴生成过程中的审美现代性作用机制，最终筑成全书的宏大架构。

对于泰州学派"狂"范畴的种种外延，该书已有详论，无须赘述。令我感兴趣的，还是该书对于"狂"范畴内涵的辨析和阐发，作者出于对人情世故的历练，对此给予了通达、透辟的评判和裁断。该书指出，在琳琅满目的中国古典美学范畴中，"狂"范畴并不是一个完美的美学范畴，它存在着明显的社会人格缺陷，往往隐伏在儒家理想"中行"的阴影里，作为"中行"不可得时"不得已而求其次"的替补角色而露脸亮相。该范畴来自孔子，子曰："不得中行而与之，必也狂狷乎！狂者进取，狷者有所不为。"（《论语·子路》）孔子的这段话中给出了三个概念：一是"中行"，一是"狂"，一是"狷"。在作者看来，"狂"与"狷"乃是偏离儒家崇尚的"中行"状态的对立两极，"狂"志大言夸、汲汲乎进取、行不掩言；"狷"正好相反，洁身自好、消极退避。正如《孟子·尽心下》云："孔子岂不欲中道哉？不可必得，故思其次也。"朱熹《论语集注》曰："行，道也。狂者，志极高而行不掩；狷者，知未及而守有余。"这就是说，按照儒家"任道"的价值标准，首选"中行"，退而求其次是"狂"，等而下之是"狷"。在"中行"不可得的情况下，慷慨有为、积极进取的"狂"毕竟优于退守自保、消极内敛的"狷"。

从这个意义上说，"狂"范畴潜伏着成就至善大美的可能性。正是这样一种恰如其分的定位，使得该书对"狂"范畴的总体倾向和基本态度得以立脚，也使得该书对于"狂"范畴在历史与逻辑统一的思想史层面上显示出"狂侠"与"狂禅"的先后承续；在审美现代性的主体意识层面上实现"任道"与"任情"的共生；在审美重构与审美创造层面上达成了"叙事"与"抒情"的共荣。

是为序。

姚文放

2023 年 11 月 24 日

绪 论

"审美现代性"一般指的是审美活动对于现代性的回应,从传统社会进入现代社会,社会性质、文化特征以及观念意识都发生了前所未有之大变化。这种使现代社会区别于传统社会的诸种属性和特质就是现代性。由于中西方审美文化背景的差异,国内学界探讨较多的是审美现代性以及与之紧密相关的启蒙现代性。启蒙现代性指中国现代性发生的早期阶段——晚清民初,被坚船利炮的外部强权压力促成,以救亡图存的民族启蒙呼声为主导线索,在对启蒙现代性的关切中凸显了意识形态属性和社会功利导向。启蒙现代性以理性原则为中心,确立了现代社会经济政治制度的基石。而审美现代性与启蒙现代性既对立又互补,指的是审美活动中与传统告别的断裂意识、依靠自我的独立思考、朝向未来的进化意识,以及对此形成的自觉感知和审美判断。以王国维、蔡元培和朱光潜等为代表的对于审美独立、审美启蒙的审美现代性追求,被视作启蒙现代性的辅助线索和抵抗力量。

欧美汉学界自20世纪八九十年代以来,把中国现代性早期提前到16世纪的明代。其潜在动因是与欧洲早期现代(约1500—1800)的某种契合,如美国学者罗溥洛(Paul S. Ropp)[1]、罗威廉(William

---

[1] Paul S. Ropp, *Dissent in Early Modern China: Ju-lin Wai-shih and Ch'ing Social Criticism*, Ann Arbor: University of Michigan Press, 1981. 又见论文集 Paul S. Ropp, ed., *Heritage of China: Contemporary Perspectives on Chinese Civilization*, Berkeley: University of California Press, 1990, 罗溥洛、罗威廉等人论文皆有论及。

T. Rowe)①的早期现代中国（Early Modern China）历史研究。英国学者柯律格（Craig Clunas）在艺术领域使用这一概念，研究商品文化兴盛背景下明代社会的物质文化消费，把晚明物质文化以及艺术消费纳入现代性的全球视野下加以考察。②美国学者乔迅（Jonathan Hay）则把晚明的早期现代性实验延续到清初石涛绘画的主体性领域时期，也就是18世纪初。他认为，中国早期现代性并未随着清朝入主中原而销声匿迹。③海外汉学界的研究视野，虽然有一定新意，但是隐含着以欧洲为中心坐标的早期现代参照系，受潜在的先入之见左右，令读者难消隔靴搔痒之感。

我们的研究继承了传统文史哲研究的整体性思路，打通了思想史与审美观念史，以审美现代性的当代关切观照研究对象，在海内外对话中深化认识、加强交流。必须看到审美现代性的萌生是一个绵长的过程，其中，激变与渐变错综，要在时间长河中界定中国本土审美现代性的早期发生，必须从思想场域与文学艺术场域的互动中寻根溯源，而"狂"范畴的主体性反思特质则提供了一条富有价值的线索。尤尔根·哈贝马斯（Jürgen Habermas）（也译作于尔根·哈贝马斯）指出："在审美现代性的基本经验中，确立自我的问题日

---

① William T. Rowe, "Women and the Family in Mid-Qing Social Thought: The Case of Chen Hongmou", *Late Imperial China*, 13 (2) (December), 1992, pp. 1 – 41. 罗威廉认为早期现代阶段的时间夹在商业化、货币化与城市化激增的16、17世纪与工业化浪潮的19、20世纪之间。

② [英]柯律格：《长物：早期现代中国的物质文化与社会状况》（*Superfluous Things: Material Culture and Social Status in Early Modern China*, 1991），高昕丹、陈恒译，生活·读书·新知三联书店2015年版。2004年版序言中谈及这一概念可能引起的历史分期争议。又见[英]柯律格《雅债：文徵明的社交性艺术》（*Elegant Debts: The Social Art of Wen Zhengming, 1470—1559*, 2004），刘宇珍等译，生活·读书·新知三联书店2012年版，第141—142页。

③ [美]乔迅：《石涛：清初中国的绘画与现代性》（*Shitao: Painting and Modernity in Early Qing China*, 2001），邱士华等译，生活·读书·新知三联书店2016年版，第24—25、29页。乔迅与罗威廉的分期较为接近。韩庄（A. John Hay）则认为晚明刚刚兴起的这一新趋向因清朝镇压和文化闭锁而终结，现代性的实验仅残余在个别孤立领域。参见 A. John Hay, "Subject, Nature, and Representation in Early Seventeenth-Century China", in Wai-ching Ho, ed., *Proceedings of the Tung Ch'i-Ch'ang International Symposium*, Kansas City, Mo.: Nelson-Atkins Museum of Art, 1992, pp. 4.1 – 4.22。

益突出，因为时代经验的视界集中到了分散的、摆脱日常习俗的主体性头上。"① 也就是说，就个体肉身层面而言，审美现代性的关键问题是在丰富人的主体性的同时，发展人的主体能力、意识活动，进而提升人的审美感知经验。

明代中晚期心学兴起，王阳明身体力行地践履由狂入圣的儒家理想，他凭一腔"狂者胸次"，历经一生艰辛磨难，被后世尊奉为圣人。受阳明的榜样效应激发，由心学发端出一股对"狂"范畴审美价值重新评估和认定的思想潮流。泰州学派创始人王艮及其后学者屡屡被目之以"狂"。"狂"范畴可以统括他们的为人处世、思想观点和弘道践履，成为泰州学派比较稳定和持续的精神内核。在泰州学派强劲推动下，涌现出大量言论和文字，为富有冲突性美感特征的"狂"范畴辩护，在思想史和审美意识史两方面都有独创性贡献，包孕了明王朝面临社会转型时期士人思想和审美意识突破传统的方向，而古典美学在充分地走向成熟和辉煌的同时酝酿了反叛传统的新变，出现了指向近代的审美趋向。

思想史和审美意识史的发展演变都离不开"人"这一主体因素，身体对于人而言更是具有肉身的、社会的和意识形态的多重意义。在琳琅满目的中国古典美学范畴中，"狂"范畴是一个不完美的美学范畴，它有明显的社会人格缺陷，比如行不掩言、志大言夸……这意味着"狂"范畴一直处在古典理想"中行"之美的阴影里，常作为"中行"不可得时的替补而亮相。因而当"狂"范畴发展跃升为某个时期或时代的审美趋向时，就释放出一个明确的信号：社会生活、经济生活、政治生活和意识形态等领域发生了重要变迁。审美意识虽然作用于审美对象，但是，主要依托于身体意识和身体体验。泰州学派由王艮创始的"身本论"，凸显身体意识和身体体验所处的

---

① ［德］于尔根·哈贝马斯：《现代性的哲学话语》，曹卫东译，译林出版社2011年版，第10页。

本根地位，昭示了思想观念和审美意识之间的联动和演变。这一思想根基贯穿于从心学到泰州学派为"狂"范畴辩护的话语之中。

近年来，学界对王艮开创的"身本论"思想已有诸多讨论，取得了一系列值得重视的研究成果，其中的争议可上溯至明清以降，由影响较大的两种对立观点延续发展而来：一种观点是"自然情性说"，即蔑弃礼法，张扬自然人性，清初大儒如黄宗羲、顾炎武，现代学者如嵇文甫、吕思勉等持此观点，因其类似禅宗心性自由和顿悟一途而有过之，故曰"狂禅"；另一种观点是"弘道笃行说"，即身肩儒家道义理想，在做事上笃行超迈，明末学者如顾宪成，当代学者如左东岭、邓志峰等强调这种观点，因其类似"侠"的狂放雄豪而更有过之，故称其"狂侠"。对此分歧，有学者指出，泰州学派的"身本论"充满矛盾："最可怪的是中国史上为真理而杀身的人少之又少，而这几个极少的人乃出在这个提倡'安身''保身'的学派里——何心隐与李贽！"① 但仅仅提出这一疑问，未及作进一步的阐释。

我们的研究在充满多样性和丰富性的"审美现代性"视域观照下，全面爬梳泰州学派美学"狂"范畴。从古典美学最后的绚烂和转折中寻觅中国本土审美现代性早期萌生的根基，联系士人在文化转型期的危机社会意识，细析作为泰州学派核心美学范畴的"狂"范畴，廓清了古典美学范畴向近代美学范畴生成过程中的审美现代性作用机理：在历史与逻辑统一的思想史层面，是"狂侠"与"狂禅"的统一；在审美现代性的主体意识层面，是"任道"与"任情"的统一；在审美重构与审美创造的层面，是"叙事"与"抒情"的统一。这些关键概念和术语绾连起"狂"范畴的审美现代性蕴含，它们共同出自泰州学派"身—道"一以贯之的思想源头，构成纵横交错的互动机制，彼此牵制、相互渗透，孤立地强调其中任何一个维度，对于理解审美现代性都可能有失偏颇。

---

① 胡适：《胡适日记全编3》，曹伯言整理，安徽教育出版社2001年版，第706页。

一　海内外研究现状

泰州学派研究如果从黄宗羲《明儒学案》成书，其中专设"泰州学案"算起，至今已逾三百年。文献是一切研究的基础，近年来泰州学派文献点校整理出版成果斐然，为泰州学派研究提供了极大便利。近年根据原始文献整理校订出版的泰州学派学者文集有：《何心隐集》（1960）、《颜钧集》《韩贞集》合集（1996）、《澹园集》（1999）、《王心斋全集》①、《罗汝芳集》（2007）、《〈南询录〉校注》（2008）、《焦氏笔乘》（2008）等。由于泰州学派人员众多，有待整理出版的著作仍然不少，它们散见于《四库全书》《续修四库全书》《四库全书存目丛书》《四库全书存目丛书补编》《四库禁毁书丛刊》等，另有江苏凤凰出版社出版影印本《泰州文献》（2015）丛书计四辑，72册，收录450余种书，是泰州本土文献资料的汇编，亦颇具参考价值。

在泰州学派思想考论方面，学界对其毁誉参半、褒贬不一，以现在的眼光看，这些评判中不排除有一己情感好恶的宣泄和抒发，但也颇多稳健有力的思辨和考论。前贤的研究心得和创获沉淀，为本书奠定了坚实的基石。

（一）泰州学派归属"狂禅"抑或"狂侠"的争议

学界关于泰州学派归属"狂禅"抑或"狂侠"至今尚无定论。"狂禅"指类似历史上主张顿悟、以作用见性的"祖师禅"一脉，与之相比，有过之无不及。黄宗羲《明儒学案》曰："泰州、龙溪时时不满其师说，益启瞿昙之秘而归之师，盖跻阳明而为禅矣。"② 可见"狂禅"一词并非泰州学派专属，而是以王艮、王畿（字龙溪）

---

① （明）王艮：《明儒王心斋先生遗集》，《王心斋全集》，陈祝生等校点，江苏教育出版社2001年版。《王心斋全集》包含四个部分：《明儒王心斋先生遗集》《心斋先生学谱》《明儒王一庵先生遗集》《明儒王东厓先生遗集》，为王艮、王襞、王栋三人合集。

② （清）黄宗羲：《明儒学案》，沈芝盈点校，中华书局1985年修订本，第703页。

为代表的王门后学的共性。黄宗羲合论强调他们都主张"率见在良知"。近人嵇文甫、吕思勉等亦将王艮归入"狂禅派"①，且把思想运动与文学史贯通起来加以考量。嵇文甫设立专章"所谓狂禅派"论述道："这个运动以李卓吾为中心，上溯至泰州派下的颜何一系，而其流波及于明末的一班文人。他们的特色是'狂'，旁人骂他们'狂'，而他们也以'狂'自居。"② 人员有王艮、颜钧、何心隐、邓豁渠、管志道、李贽等，"这种狂禅潮流影响一般文人，如公安派竟陵派以及明清间许多名士才子，都走这一路，在文学史上形成一个特殊时代。他们都尊重个性，喜欢狂放，带浪漫色彩"。③ 也就是说，"狂禅"指的是纵横无碍、张扬不羁个性的思想倾向，文学艺术创作上受其影响结出了浪漫色彩的果实。

　　不难发现泰州学派笃行弘道的作风颇有异于"狂禅"。"祖师禅"主要把自心与顿悟联系起来，认为一旦自悟本心，即可"触类是道"，也就是通过直觉的方式来摆脱尘世的束缚。泰州学派与禅宗出离人世的清净心判然有别之处，在于始终怀有"吾儒之学，主于经世，合下便在裁成天地辅相万物上用功"④ 的执着精神，高扬主体意识作用于家国天下的积极能动性，尤其看重行动的力量，知行合一地践履儒家理想。这使它显著区别于禅宗那种"触类是道"、随遇而安的"任心"。王畿与王艮虽然都被视作"狂禅"，而差异显著。东林儒者顾宪成即曰："阳明弟子称有超悟者，莫如王龙溪翁；称有超悟而又有笃行者，莫如王心斋翁"⑤，指出王艮不同于禅宗超悟的特性在"笃行"，

---

　　① 参见嵇文甫《晚明思想史论》，东方出版社1996年版；吕思勉《理学纲要》，东方出版社1996年版。

　　② 嵇文甫：《晚明思想史论》，东方出版社1996年版，第50页。

　　③ 嵇文甫：《晚明思想史论》，东方出版社1996年版，第71页。

　　④ （明）王栋：《明儒王一庵先生遗集》，《王心斋全集》，陈祝生等校点，江苏教育出版社2001年版，第163页。

　　⑤ （明）顾宪成：《顾端文公遗书》，《续修四库全书》子部第943册，上海古籍出版社2002年影印本，第339页。

也就是诚笃地将理念付诸行动。今人冯友兰《中国哲学史》反对将泰州学派归入"狂禅",因为他认为,王艮"不惟不近禅,且若为以后颜习斋之学作前驱者"①,道出王艮与清代颜元笃实学风有相似之处。总之,泰州学派"狂"范畴的内涵远比"狂禅"来得丰富复杂。

另一种比较有影响的观点是"狂侠"说。这一观点则认为,泰州学派"狂"而近乎"侠",狂放雄豪地践履儒家师道传统。明代顾宪成的"笃行"说中已现端绪,近人嵇文甫将王艮归入"狂禅派",同时也不忘指出:"他们这种行径,不合于'儒',而倒近于'侠'。"② 当代以左东岭(1997)、邓志峰(2004)等学者为代表,倾向于用"狂侠"概括泰州学派的主要特质。左东岭提出"狂放雄豪的狂侠精神才是其最主要的特征",满怀"以天下为己任的出位之思"③,行动充满豪杰气概。邓志峰从晚明儒家师道复兴的线索出发,阐论作为"狂侠派"的泰州学派,如颜钧、何心隐等人已然具有侠客行径。④ 论述材料翔实,视野宏阔。

还有关于"狂"范畴的研究,学界已有不少精彩论说,为泰州学派"狂"范畴的定位提供了参照比较的坐标。一般多倾向于以风格或人格论"狂",成复旺《中国美学范畴辞典》纵论作为创作风格的"颠狂"⑤,张节末《狂与逸——中国古代知识分子的两种人格特征》抽绎出作为人格特征的"狂"的历史走向⑥,刘梦溪《中国文化的狂者精神》放眼中国文化发展长河抉微狂者精神的草蛇灰线⑦。这些洞见有力地启发了泰州学派美学"狂"范畴的研究。合

---

① 冯友兰:《中国哲学史》下,华东师范大学出版社2000年版,第301页。
② 嵇文甫:《晚明思想史论》,东方出版社1996年版,第84页。
③ 左东岭:《明代心学与诗学》,学苑出版社2002年版,第94—107页。
④ 邓志峰:《王学与晚明的师道复兴运动》,社会科学文献出版社2004年版,第221—265页。
⑤ 成复旺主编:《中国美学范畴辞典》,中国人民大学出版社1995年版。
⑥ 张节末:《狂与逸——中国古代知识分子的两种人格特征》,东方出版社1995年版。
⑦ 刘梦溪:《中国文化的狂者精神》,生活·读书·新知三联书店2012年版。

理阐释"狂侠"与"狂禅"的争议，考察其鲜明的人格表征必不可少，但是，结合泰州学派所处的时代语境，还需要深入主体意识和主体行为的层面，从审美现代性的视野加以系统反思。

（二）泰州学派学术思想研究

国内对泰州学派学术思想的专门研究起步自 20 世纪 80 年代，在稳步推进中不断取得重要进展。百废待兴的 1980 年，杨天石《泰州学派》问世①，这本薄薄的书册开启了国内泰州学派专门研究的先河。伴随学界对中晚明学术思想和浪漫主义文学思潮的兴趣，学界对泰州学派从不同角度介入研究，采用不同研究方法，新见迭出。中国台湾学者黄文树撰文《泰州学派人物的特征》②从学派成员王襞、颜钧、何心隐、罗汝芳、李贽、焦竑、周汝登等的家族类似性归纳泰州学派的特色为"低微的社会出身""严密的师承关系""狂怪的言行举止""尚义的游侠精神""初发的启蒙角色""悲壮的人生命运"等，总体偏"狂侠"一脉；黄文树另撰《泰州学派的教育思想》③一文，探究泰州学派教育思想的先进理念，比如以社会为讲场，面向群众，内容多样，教法多元，指出有今日社会教育之面貌，更有成人教育之实质，文中隐含了现代性的关切。

泰州学派专人研究方面不断有新著问世，对主要成员的学术历程沿波讨源地加以深入考察。2001 年，龚杰所著《王艮评传》④（属于"中国思想家评传丛书"）中总结了盐丁出身的思想家王艮开创泰州学派的独特学术生涯，突出其为争取和维护人的生存权和实现人的价值所进行的理论创造与实践。"中国思想家评传丛书"中与泰州学派有关的人物评传还有《汤显祖评传》⑤《袁宏道评传》⑥《徐渭

---

① 杨天石：《泰州学派》，中华书局 1980 年版。
② 黄文树：《泰州学派人物的特征》，《鹅湖学志》1998 年第 20 期。
③ 黄文树：《泰州学派的教育思想》，《哲学与文化》1998 年第 25 卷第 11 期。
④ 龚杰：《王艮评传》，南京大学出版社 2001 年版。
⑤ 徐朔方：《汤显祖评传》，南京大学出版社 2011 年版。
⑥ 周群：《袁宏道评传》，南京大学出版社 1999 年版。

评传》①《焦竑评传》②《李贽评传》③《罗汝芳评传》④ 等。将这些名家大家串联起来考察，可以看出他们都得益于泰州学派思想的沾溉。

就专人研究而言，王艮是泰州学派研究中当之无愧的热点。作为学派创始人，王艮的思想创新和学术影响奠定学派日后发展的基石，其重要性不遑多言。除王艮之外，学界对泰州学派发展史上重要的一传、二传弟子（如颜钧、罗汝芳、何心隐等）陆续展开专人研究。马晓英专著《出位之思：明儒颜钧的民间化思想与实践》⑤透过颜钧对心学和儒学的平民化解释，使儒学进一步走向民间和通俗化，寄托了对现代儒学之当代发展的关切，主张保持民间儒学与精英儒学的平衡张力。刘克稳著《大家精要：何心隐》将何心隐的思想定位为17世纪中国资本主义萌芽的集中体现，是中国人本主义思潮最早兴起的标志，是中国传统文化冲破长期桎梏走向现代化转型的"路标"。⑥ 李丕洋著有《罗汝芳哲学思想研究》一书，对罗汝芳格物致知、哲学主旨目标、工夫论、政治哲学和生命哲学等进行了全面解读，在比较中凸显罗汝芳哲学的学术特点和学术贡献。⑦ 由于泰州学派人物众多，尽管前贤取得了丰硕的研究成果，但是仍留有不少空白。

泰州学派的学派历史和学术思想研究方面有破有立，也取得了丰硕成果。泰州学派成员众多，作为学术共同体，它处于不断发展、变化之中，胡维定著《泰州学派的主体精神》立足泰州学派精华的主体性思想加以集中考察⑧。蔡文锦、杨呈胜合作《泰州

---

① 周群、谢建华：《徐渭评传》，南京大学出版社2006年版。
② 李剑雄：《焦竑评传》，南京大学出版社2011年版。
③ 许苏民：《李贽评传》，南京大学出版社2011年版。
④ 吴震：《罗汝芳评传》，南京大学出版社2011年版。
⑤ 马晓英：《出位之思：明儒颜钧的民间化思想与实践》，宁夏人民出版社2007年版。
⑥ 刘克稳：《大家精要：何心隐》，云南出版集团公司、云南教育出版社2012年版。
⑦ 李丕洋：《罗汝芳哲学思想研究》，北京师范大学出版社2014年版。
⑧ 胡维定：《泰州学派的主体精神》，南京出版社2001年版。

学派通论》阐述泰州学派改革精神的成因、内涵，意在发扬泰州学派的改革精神。①季芳桐撰述《泰州学派新论》主要探讨了泰州学派组织的基本问题，诸如成员的地理分布、学派与朝廷的关系以及学派中几个越轨人物，厘清了学派与儒家、佛家、道教的关系。②

从学派角度进行整体性研究，以吴震和周群的同名著作《泰州学派研究》为代表，两本著作各有侧重，各有擅场。吴著从重新厘定"泰州学案"成员入手，集中探讨了王艮、王襞、王栋、颜钧、何心隐、罗汝芳的思想学说，由点及面地窥见"泰州学派"思想全貌。③主要观点有：泰州学派的思想特征有浓厚的社会取向、政治取向以及宗教取向；其思想立场大多取于阳明心学的"现成良知"说，同时又有"回归孔孟"的思想诉求。其思想言行是阳明心学的产物，同时又促使阳明心学运动向下层社会迅速渗透，推动儒学世俗化的整体进程。周著则突出了泰州学派的历时特征，分析核心思想内涵，对泰州学派展开全面研究。④这部著作在泰州学派成员的组成上提出了富有价值的新见，对此前泰州学派研究中鲜有论及的赵大洲、邓豁渠的思想进行深入分析，肯定其在泰州学派传衍中的作用，指出泰州学派思想家们通过不懈努力为儒学注入鲜活的因子，分析了泰州学派豪杰精神背后的经世情怀，为客观评价泰州学派的历史作用提供了学理依据。

以问题为导向，撷取生命哲学、乡村建设、政治文化等论题观照泰州学派，创获亦不少。徐春林《生命的圆融——泰州学派生命哲学研究》⑤，探究泰州学派的生命哲学思想，包括生存根据论、身

---

① 蔡文锦、杨呈胜：《泰州学派通论》，江苏人民出版社2005年版。
② 季芳桐：《泰州学派新论》，四川出版集团、巴蜀书社2005年版。
③ 吴震：《泰州学派研究》，中国人民大学出版社2009年版。
④ 周群：《泰州学派研究》，南京大学出版社2021年版。
⑤ 徐春林：《生命的圆融——泰州学派生命哲学研究》，光明日报出版社2010年版。

心观、欲望观、生命境界观、生命修养观和生死关切等。林子秋著《泰州学派启蒙思想研究》① 从"泰州学案"的重新厘定着手，集中探讨了王艮、王襞、罗汝芳的启蒙思想学说。宣朝庆的《泰州学派：儒家精神与乡村建设》② 一书则从当代中国农村社会发展中的基本问题出发，考察16世纪的平民儒家学派——泰州学派在参与乡村建设中的思想及实践活动，认为平民可以通过汲取儒学等文化资源，担当农村社会建设的主力。作为乡村建设实践，泰州学派形成了家族建设与社会建设两翼，通过创造性转化活跃在20世纪的各种乡村建设实验中。贾乾初《主动的臣民：明代泰州学派平民儒学之政治文化研究》③ 一书从政治文化立场予以研究，指出作为平民儒家学派的泰州学派兼具平民阶层与士大夫儒学的两重性，作为平民儒者主动履行政治义务，发挥了维护政治秩序的独特政治功能，但是又对传统政治价值与政治秩序形成了某种冲击。"主动的臣民"成为平民儒者的宿命。

泰州学派研究不能离开儒家心学研究的整体参照，有必要将思想史研究的整体性视域和细致入微的个案考索相结合。杨国荣《心学之思：王阳明哲学的阐释》和《王学通论——从王阳明到熊十力》④、钱明《阳明学的形成与发展》⑤、邓志峰《王学与晚明的师道复兴运动》⑥ 等都对泰州学派进行了细致的整理、分析和比较，这些出色的研究奠定了泰州学派美学"狂"范畴研究的哲学视域。

（三）泰州学派美学思想研究

泰州学派美学思想研究趁势兴起，在开疆拓土中呈现多元发展

---

① 林子秋：《泰州学派启蒙思想研究》，南京大学出版社2012年版。
② 宣朝庆：《泰州学派：儒家精神与乡村建设》，江苏人民出版社2018年版。
③ 贾乾初：《主动的臣民：明代泰州学派平民儒学之政治文化研究》，知识产权出版社2018年版。
④ 杨国荣：《心学之思：王阳明哲学的阐释》，生活·读书·新知三联书店1997年版；杨国荣：《王学通论——从王阳明到熊十力》，华东师范大学出版社2003年版。
⑤ 钱明：《阳明学的形成与发展》，江苏古籍出版社2002年版。
⑥ 邓志峰：《王学与晚明的师道复兴运动》，社会科学文献出版社2004年版。

的良好势头。学界注重泰州学派（或心学）与晚明新文艺思潮的关联性，多从佛教、士人心态或儒释道三教合流等维度深入研究。左东岭《李贽与晚明文学思想》[①]从文学思想与王学的互动中研究了晚明文坛的风向标人物李贽，"狂"的线索隐现于其中。黄卓越著《佛教与晚明文学思潮》[②]认为，心学学说的深层构造来自佛教心性论，晚明文学思潮是晚明思潮的次属分类，王畿的"浙中学派"和王艮的"泰州学派"合称"王学左翼"，受到佛学的深刻影响，时间越往后，文人入佛越深。左东岭《王学与中晚明士人心态》[③]以士人心态为焦点，主要探讨了明前期的历史境遇与士人人格心态的流变、王阳明的心学品格与弘治、正德士人心态、嘉靖士人心态与王学之流变等。罗宗强所著《明代后期士人心态研究》[④]一书截取明代后期这一特殊时段论析士人心态：李贽、何心隐、颜钧诸人之独立人格，凸显王门另类"狂、侠、妖、圣"的人生悲剧；屠隆、王稺登和袁中道等传递了自我回归之适意与迷惘。周群《儒释道与晚明文学思潮》[⑤]研究了同时代的儒释道思想对晚明文学思潮的影响，并将文学与哲学、理论批评与创作、文人性格与审美情趣结合起来加以考量。龚鹏程《晚明思潮》[⑥]一书则充满反思性，认为晚明思潮主要代表是文学上的公安派和李贽。这些人往往与泰州学派有很深的渊源，因此有必要对以公安派和泰州学派为核心的晚明思潮进行反思和重新理解，扩大理解晚明的视域。

还有兼综思想史、文学史、文化史的美学研究路径，据以发掘泰州学派的美学精神，孕育出新的研究方法。这方面既有对泰州学派美学思想的整体把握，也有对泰州学人美学思想的专门研究。姚

[①] 左东岭：《李贽与晚明文学思想》，天津人民出版社1997年版。
[②] 黄卓越：《佛教与晚明文学思潮》，东方出版社1997年版。
[③] 左东岭：《王学与中晚明士人心态》，人民文学出版社2000年版。
[④] 罗宗强：《明代后期士人心态研究》，南开大学出版社2006年版。
[⑤] 周群：《儒释道与晚明文学思潮》，上海书店出版社2000年版。
[⑥] 龚鹏程：《晚明思潮》，商务印书馆2005年版。

文放主编的《泰州学派美学思想史》开研究之先声①，精辟地指出王艮平民主义美学思想的内涵和影响，还从历时线索探究了王栋、王襞、颜钧、罗汝芳、何心隐、李贽、焦竑等人的美学思想。胡学春《真：泰州学派美学范畴》②、黄石明《论"乐"：泰州学派韩贞美学思想的审美模式》③、邵晓舟《泰州学派美学的本体范畴——"百姓日用"》④等分论泰州学派美学范畴"真""乐"和美学思想"百姓日用"。这些深入的理论考量为泰州学派美学"狂"范畴的研究提供了坚强支撑。

此外，海外汉学界对泰州学派一直保持关注，兴趣点主要集中在个体自由自觉思想意识的发生与阻力上。美国汉学家狄百瑞（William Theodore de Bary）的《儒家的困境》⑤视野开阔，指出儒家有良知的君子虽然替百姓和上天代言，但是，既不能有效地得到百姓的托付，也没有从上天那里获得宗教性的支撑，王朝体制使儒家无法克服它固有的功能缺陷。美国学者罗纳德著《圣人与社会：何心隐的生平和思想》⑥，最早进行何心隐的专人研究，但受主客观条件限制，留下了可供继续开拓的广阔空间。

日本汉学家对阳明心学和泰州学派的研究带有现代性的考量，他们既有中西比较、中日比较的自觉意识，又倾向于采用细致、周详的研究方法。岛田虔次《中国近代思维的挫折》⑦一书在中国思想史研究中最早提出中国"近代"问题，以极其宽广的视野描绘出中国近代思想史的展开，指出从王阳明经过泰州学派到李卓吾的所

---

① 姚文放主编：《泰州学派美学思想史》，社会科学文献出版社2008年版。
② 胡学春：《真：泰州学派美学范畴》，社会科学文献出版社2009年版。
③ 黄石明：《论"乐"：泰州学派韩贞美学思想的审美模式》，《扬州大学学报》（人文社会科学版）2011年第4期。
④ 邵晓舟：《泰州学派美学的本体范畴——"百姓日用"》，《中国文化研究》2010年第1期。
⑤ ［美］狄百瑞：《儒家的困境》，黄水婴译，北京大学出版社2009年版。
⑥ Ronald G. Dimberg, *The Sage and Society: The Life and Thought of Ho Hsin-yin*, The University Press of Hawaii, 1974.
⑦ ［日］岛田虔次：《中国近代思维的挫折》，甘万萍译，江苏人民出版社2005年版。

谓"王学左派"这一时期,已经出现了近代市民意识的萌芽,但这些新生事物由于过早出现,最终毫无意义地遭受了"挫折"。沟口雄三《中国前近代思想的屈折与展望》①一书通过对李卓吾和阳明学的阐释,辨析了中国思想史的前近代不同于西方的路向,反对一般常见的西方中心论历史观,在中国内在的思想理路中寻找中国的"近代"及其"曲折与发展"。冈田武彦《王阳明与明末儒学》②一书以明末儒学为中心,主要论述王阳明及其后学思想。韩国学者崔在穆《东亚阳明学》③一书探讨阳明心学在日本和韩国等东亚国家的传布、确立和展开。此外,还有国内外新儒家代表钱穆、余英时、牟宗三、梁漱溟等,对泰州学派的平民意识、主体意识自觉、新乡约特色社会等,亦多有精彩阐发。

二 从"狂侠"到"狂禅"的历时性考索

从思想史角度系统回应"狂禅"与"狂侠"的学术争议,我们坚持历史与逻辑统一的方法。"狂禅"与"狂侠"的发生机制各异,"狂侠"在泰州学派发展早期较为突出,类似侠客行径而有过之,是布衣士人积极弘扬践行儒家道统的经世行为,笃实刚健,充满豪气担当的践履之美;泰州学派中后期突出特色为"狂禅",类似禅宗而有过之,有不学不虑、超离人世的心性自由,是内在超越的生存之美。"狂侠"与"狂禅"在看似悖反的发展形态中存在内在的强劲逻辑关联。

我们在考察泰州学派时需要引进广域的研究视界,反思学派命名中地域的诱导和暗示作用,从学派思想发展的历史变迁中寻找内在联系。泰州学派的命名源于创始人王艮,他是泰州安丰场(今江苏东台)人,在家乡泰州安丰广收弟子,构筑"东淘精舍"为求学

---

① [日]沟口雄三:《中国前近代思想的屈折与展开》,龚颖译,生活·读书·新知三联书店2011年版。
② [日]冈田武彦:《王阳明与明末儒学》,吴光等译,上海古籍出版社2000年版。
③ [韩]崔在穆:《东亚阳明学》,朴姬福、靳煜译,中国人民大学出版社2009年版。

者提供住宿和讲学场所，不拘一格讲学会友。泰州虽然是泰州学派大规模、持续性讲学的始发点，但是讲学并不限于泰州一地，尤其是随着后学门人不断参与进讲学活动，学派思想薪火相传，讲学活动中最为活跃的因素无疑是人，随着王艮声誉日隆，全国各地士民纷纷前来求学问道，学派影响所及溢出泰州，蔓延扩展到全国范围。也就是说考察泰州学派要将其师道传承和讲学影响综合起来，可以说它不是一个狭义的地域性学派，而是16世纪影响浩大的学术思想共同体；它并非相对静止稳定的学术流派，而是处于持续地动态演变之中，呈现为人员构成多元、思想流布变异多维的历时性结构。

泰州学派作为风行全国、影响浩大的学术思想共同体，"人"的因素在其中发挥了关键作用。求学问道和讲学传道的门人弟子构成了泰州学派思想流布的生力军。泰州学派人员构成有三个特点。一是心斋讲学不择人而教，门下人数众多、身份多元，士农工商、老幼妇孺、村夫野老，无所不有。清末民初东台人袁承业编辑了《明儒王心斋先生弟子师承表》。据其统计，泰州学派共五传弟子，达487人，可谓盛极一时。门人弟子来自上、中、下等不同社会阶层，"上自师保公卿，中及疆吏司道牧令，下逮士庶樵陶农吏，几无辈无之"。① 二是书院讲学兴盛，讲会活动频繁，人员流动性强。还有因籍贯、谋生、仕途、求学等带来的人员流动，袁氏编撰的《明儒王心斋先生弟子师承表》中判断泰州学派学人的活动足迹散布全国，这一说法应该可靠。由于古人出行依赖车船，交通滞缓，书信往来存在极大不确定性，那么人员的流动性越大，越有利于思想的流布。门人弟子从四面八方前往泰州安丰或者各地书院等讲会场所问学，学成回到原籍，出于入仕或谋生、治生的缘故，足迹所到之处，几乎遍布全中国，思想主要辐射地包括江苏、浙江、江西、山东、湖

---

① （清）袁承业编辑：《明儒王心斋先生弟子师承表》，清宣统二年版，泰州市图书馆藏本。

广（今湖南、湖北）、四川、福建、河南、陕西、云南等地。三是传布时间长达一个多世纪。泰州学派讲学交友活动从16世纪初一直延伸到17世纪中期，政坛风云变幻，世代更替，为思想观念的充分变异和发展提供了时间的、空间的和人员的条件。再考虑到泰州学派以简易直接的讲学见长，令普通士民可当下轻松领悟，具有强大的可接受性和传播影响力，其影响不可低估。邓洪波在谈到明代书院摆脱前期近百年的沉寂，形成辉煌盛大的局面时，着重肯定了书院的平民化与泰州学派的启导有千丝万缕的关系，"谈到儒学诠释的平民化，我们不能不提到高扬平民儒学旗帜的泰州学派及其据以讲学的书院，这是一支对儒学进行平民化诠释的主力军"①。黄宗羲指出阳明之学"有泰州、龙溪而风行天下"②，可见此话并非虚言。所有这些告诉我们，泰州学派的风行于世绝非昙花一现的短期现象，而是人员构成复杂多元、跨越代际、波及全国范围的发展和衍化史，其间，思想观念的分化、分流，甚至产生极大的歧异，也就是题中应有之义了。这就意味着需要对"狂侠""狂禅"做具体的、历史的分析和梳理，在看似悖反的发展形态中寻觅内在的逻辑关联。在泰州学派累世传播的百余年间，学说思想呈现多元化的态势，"狂侠"和"狂禅"就是"狂"范畴分流和分化的大关节点，如果将历史与逻辑相统一地探究泰州学派"狂"范畴的历史发展与逻辑演进，那么，作为践履之美的"狂侠"和作为生存之美的"狂禅"，网罗起了不同阶段的代表人物和思想观念，作为总领"狂侠"与"狂禅"的"狂"范畴揭示了学派思想发展的内在逻辑，就好似泰州学派美学思想网络的纽结，牵一发而动全身。

将泰州学派"狂"范畴作为核心的美学范畴来区分对待，意味着美学重心向主体性倾斜，确切地讲就是对"身"的自我理解和感

---

① 邓洪波：《中国书院史》（增订版），武汉大学出版社2012年版，第336页。
② （清）黄宗羲：《明儒学案》，沈芝盈点校，中华书局1985年修订本，第703页。

知体验构成了"狂"范畴的主体性基础。王阳明倡导的"心本体说",到王艮手中发展为"以身为本",虽然保留了"心本体"的说法,但是肉体之身在践履行动中发挥的主体能动性被肯定、被放大了。王艮确立"尊身即尊道"的思想,赋予"身"与"道"相仿佛的地位。由于"身"能感知、有欲念、会思考,还能够付诸行动,这一范畴与人的主体能动性密切相关,而从传统进入现代的一个重要转变就是人对自身主体能力的确认,包括启蒙理性以及对启蒙理性进行反思的审美感知和审美判断能力,随着"身"的主体能动性获得解放而爆发出巨大能量,肉体之"身"蕴含的诸多可能性,在知行合一中转变为现实的可能性。

从历时性发展的内在逻辑上看,"狂侠"的出现时间先于"狂禅"。王艮理想中的"身"与"道"关系是一以贯之、不分主次先后的,身尊与道尊兼得。但是,肉体之"身"作为现实的存在,总是不完美的,不像"心"本体本来具有超越性意蕴。"身"是带有现实社会人格缺陷的肉身,高调地以成为圣人自我期许,与自任于道的审美理想激荡冲撞,缺陷越明显,审美理想越高扬。自任于道的担当意识、恃道持道的自尊自信以及觉民行道的极致乐感充溢于心,不按照等级权力,而是随顺良知慨然承担,形上追求赋予了自我担当以超强的内在动力,不仅是对明代危机社会意识下道统工具理性化的有力反拨,也是与两重性道德人格、依附型人格分道扬镳,但也正因为此,士人陷入了两难的困境。士人自任于道的主动意识和行动越强烈,越能突出士人之"身"的自觉反思意识,在"身""道"互动中重塑士人主体的审美感知经验,而越是自觉地践履儒家审美理想的"身""道"一贯性,则士人践履儒家道统与治统产生冲突的风险就越发加剧,而在皇权制度系统中士人抵御风险的能力薄弱,几乎必然导致"害身""杀身"。尊身尊道的初衷和理想走向了身不尊道亦不尊的悖论式宿命,在早期泰州学派学者中尤为常见,他们频繁地遭遇迫害、身陷囹圄,乃至惨遭杀戮,在对"任道"后果无法回避的自觉体认中,反向激化了"爱身""保身"的私性自主意识,从而加速了任情纵欲等自然情性话语的"旅行"。

"狂侠"与"狂禅"之间的区别客观存在,但边界又是游离的、模糊的,它们之间产生比较稳定的一致性有内在动因与外在诱因两方面。从内在动因上看,是对于自我意识和自我行动的自觉反思和体认。士人弘扬儒家道统的讲学一旦冒犯到官方权力,就无法得到权力中心的支持或容忍,甚至会遭到打击和迫害,这是推动"狂侠"向"狂禅"衍化的根本原因。再从外在诱因上看,身处商品经济前所未有地迅速兴起的社会,人们的肉身享受被物质欲望唤醒,"五色令人目盲,五音令人耳聋,五味令人口爽,驰骋畋猎令人心发狂,难得之货令人行妨"。老子《道德经》中的预言从来没有如此真切地成为现实,人们关注肉身感受不能忽视这一层外部诱因。恰恰正是肉体之身埋下了"尊身"与"尊道"的双重主体性线索,其中一条线索沿着弘扬"道"之统绪发展,助长了一股以一己肉体之"身"践履儒家师道的风气,以传承师道的讲学行动确认自我之"身"的宏大价值。早期布衣士子(如王艮、王襞、王栋、韩贞、颜钧、何心隐等)心怀入世激情,以在野之身而行出位之举,参与进入礼乐教化民众、改良风习甚至整顿朝纲的大事;另一条线索则是沿着"身"之意识自由发展,弥漫起一股放下一切禁锢回归自然的风气,回到不学不虑的本然身心合一状态,在浑沦顺适、洒脱自在中尽情享受无拘无束的身心自由境界,早在王襞已有此苗头,邓豁渠为避免在性命问题上拖泥带水,遂将那红尘往事通通放下,出家为僧,作为最终的解脱之道,罗汝芳、杨起元、周汝登、赵贞吉、焦竑等学识渊博的儒者援佛道入儒,为身心的超越之道提供形上解释。针对肉身的双重主体性线索,前者对应的美学范畴是"狂侠",显现为英气雄豪、外向超越的践履之美,后者对应为"狂禅"范畴,强调心性自由、内向超越的生存美学,援佛老入儒家正统观念,呵佛骂祖,趋于无限地扩张良知的域限。

从"狂侠"到"狂禅"的历时性演变虽然遵循"狂"范畴主体意识和行动发展的逻辑必然性，但实际情况要比我们想象的复杂得多，它们之间的演变也不是清晰的、绝对的、非此即彼的，毋宁说这一历时性演变过程是出于研究的需要从审美现代性视域下加以建构的结果。审美现代性在世界范围内具有多样性，中国的审美现代性缘起于"尊身即尊道"、"身""道"本末一贯关系中的主体意识觉醒，不安本位、自由独立但积极守持道统。这种独特生成方式最大限度地保证了士人的普遍可接受程度。于斯时也，标举特立独行之"身"，把抗拒"乡愿"习气作为道义的担当，审美主体的反思批判力呼之欲出。不依靠他者来拯救而是自任于道主动承当，不为他者所迷惑而是葆有守持道统的自尊自信，不满足于自身受用而是通过讲学行动祛蔽除障向群体扩展。审美现代性的征兆是发现个人的内在自我及其独特价值，用以抵制商品经济加速发展时期道统的工具理性化、国家政治的私性化和个体道德情感的异化，即使"身"存在失之一偏、任情率性的缺陷，但只要求可堪任道。这是对士人主体性的显扬，也是危机时代反思传统，对于审美新变的吁求，有助于重建士人对崇高的审美感知。明中晚期著名文人如李贽、焦竑、罗汝芳、杨起元、袁中道、袁宏道、汤显祖、徐渭等，对有缺陷但能任道的"豪杰""英雄""好汉"的推崇即是明证。这一传统或明或隐地延续下来，从明末到清末，在内忧外患、天下兴亡之际，独立担当的任道意识重新被激发，介入家国天下的政治践履，爆发出自发自觉的责任感，与所谓的启蒙现代性遥相呼应。

审美现代性的自觉反思意识还表现为与"自任于道"互补的维度，就是反向强化了"身"作为肉身需要有爱身、保身等私性诉求的"狂禅"价值取向。早在王艮"尊身尊道"思想中，以"身"为本埋下了"身"与"道"两难的风险。"狂禅"不失为一种内向化的化解和突围方式。邓豁渠援佛禅的色空观观照儒家尊奉的伦理纲

19

常，消解三纲五常的神圣意义，曰："如唐虞熙熙皞皞也，只是下的一坪（枰）好棋子；桀纣之世也，只是下坏了一坪（枰）丑棋子，终须卒也灭，车也灭，将军亦灭。"① 王朝兴衰、朝代更替、一治一乱，将这一切都付诸虚妄，虽然有历史虚无主义的倾向，但是从思想解放的角度看有其积极作用，三纲五常长久以来已成为不容置疑的道德律令，被强加于所有人，成为维护稳态社会的基石。邓豁渠以形上超越的通透和彻底，吸引了一拨有学识的士人，客观上起到了破坏纲常名教的作用。在晚明三教合一时代风气的推波助澜下，"狂"范畴绝圣弃智、冲决儒者格套，动摇了依傍古圣先贤、不敢越雷池半步的封闭保守心态。泰州学派以弘扬儒家道统、张大圣学为己任，而最终走向对儒家人伦等级基础的消解。这是王艮等人在民间讲学宣扬孝悌时始料未及的。

  总之，处于16—17世纪中国文化转型期这一关键节点，泰州学派"狂"范畴从古典的、边缘的人格美学范畴开始向近代富于士人主体独立性的核心美学范畴生成。"狂侠"与"狂禅"两范畴的家族类似性在于用主体性的扩张，捍卫早期儒家士子确立的外向践履经世传统，由于心学认"心"作"理"，道统关注内在人心的本然状态，人心即天理，那么"道"就是未经社会化濡染的赤子之心或童心，从外在扩张的"狂侠"发展到内向化舒张的"狂禅"，以期抵御和反制道统工具理性化膨胀带来的主体自我的奴役与失落。由于泰州学派"尊身尊道"思想在王艮"身"与"道"的"本末一贯"关系中发生分叉，"狂"范畴的双重发展线索"狂侠"与"狂禅"共生，可谓一体两面。我们细梳泰州学派对心学的继承与发展，剖析从"心"体到"身"本的"狂"范畴内涵，泰州学派在知行合一的"事"上践履，以"讲""学"模铸主体的意识和行为，将觉

---

① （明）邓豁渠著，邓红校注：《〈南询录〉校注》，武汉理工大学出版社2008年版，第38页。

民行道的"真乐"范畴悬为美感源泉,旨在恢复天下有道的理想秩序。在明代"身""道"崩裂的时代难题下,泰州学派诚笃地践履儒家道统,突出士人之"身"的自觉反思意识,在"身""道"互动中重塑士人主体的审美感知经验,表现为:自任于道的担当意识、恃道持道的自尊自信以及觉民行道的极致乐感。那么,揭示带有审美现代性近代展开性质的"狂"范畴的演变逻辑,对于考察明清之际文艺美学发展,有助于获得新的体认。

三 "叙事"与"抒情"的主体性反思

将思想史的考察与审美现代性的主体意识拓展到审美创造领域,审美重构围绕主体审美诉求的两大基本范型——"叙事"与"抒情"展开,以身"任道"的"狂侠"发扬光大了讲学叙事传统,而以"身"为本的"狂禅"则进一步推动"任情"的倾向发展为直抒胸臆和以"至情说"为代表的抒情传统。根据"叙事"与"抒情"的双重发展线索,把握审美现代性视域下"狂"范畴的审美重构,可以发现"任道"与"任情"、"叙事"与"抒情"共存共荣,它们归属同源同根的本心之"乐",既大相径庭,又彼此牵制、相互渗透,构成中国审美现代性独特的双重平行指征。

研究"狂"范畴的次生概念"狂侠"与"狂禅",梳理其思想脉络,寻绎其概念内核,阐释其内在张力结构,推导其演变规律,不难看出,主体意识的微妙变迁不但关系到由"狂"入"圣"的士人人生追求和社会认同,而且它本身高度契合审美情感,直接参与进模塑主体审美体验的进程。尊"身"即尊"道",意味着在擢升"身"的弘道使命时,也唤醒了人们对肉体之"身"的体验和感受。"身"的体验感受一旦发生变化,或直接或间接地作用于审美体验、审美判断和审美感受,那些过去陌生的感受就会变得越来越敏锐,粗疏的体验就会变得越来越精致,简单的感知就会变得越来越复杂,美感体验的敏锐程度、精致程度和复杂程度都得到了极大提升。本书旨在厘清泰州学派"狂"范畴在明中晚期文艺美学新思潮形成过程中发生的影响和作用，横跨整个 16 世纪，延伸到 17 世纪，不同时代、地域、出身、经历的士人，将历来遭诟病的"狂"作为"中行"不可得时的任道之器，赋予"狂"以危机生活意识下儒家审美困境突破的典型意义。审美困境的突破立足于人的自觉自愿的情感、意志、心理层面，以危机时代的个体抵抗意识"自任""自保"范畴为主体条件，根植于"为己之学"的道德行为，赋予人的感性、欲望和情绪以合理性，围绕"学""讲"范畴的践履理性，依托道德教化客体"孝"范畴改进社会秩序，修己治人，以讲学淑世、觉民行道的真"乐"范畴为旨归，恢复天下有道的审美理想。"狂"范畴对人格缺陷秉持宽容，而在道统原始淳朴性上诚笃守持，蔑视假道学而并不否定"中行"，反对名教流入虚伪而无意于摧毁名教纲常，赞美"活"与"生机"，可谓保守与创新杂糅。

  明中晚期"狂"范畴在审美意识和审美观念上尝试突破儒家审美困境，围绕主体审美体验的基本诉求"叙事"（或称"叙"）与"抒情"（或称"抒"）展开。这里的"叙事"与"抒情"是主体审美诉求传达的两种不同方式，"叙"偏重于建构在世体验，"抒"偏重于宣泄情感需要。我们通常所说的叙事类与抒情类文学作品，可以理解为主体"叙"与"抒"意愿经由艺术表达的物态化成果。中国有源远流长的"叙"与"抒"的传统。"叙，次弟也"[①]，"叙"与"绪"或"序"通，叙事可以从字面上理解为有序地讲述事情。古人"事"与"史"互训，《说文解字》："史，记事者也，从又持中。中，正也。凡史之属皆从史。"[②] 中国素来有文史不分家的说法，在"史"中有浓厚的叙事性。而所谓"抒"就是抒情，是作者对自身情感、性灵的表达和诉说，鉴于以诗歌为代表的抒情性文学在文

[①] （东汉）许慎撰，（清）段玉裁注：《说文解字注》，上海古籍出版社 1988 年版，第 126 页。
[②] （东汉）许慎撰，（清）段玉裁注：《说文解字注》，上海古籍出版社 1988 年版，第 116 页。

学殿堂里的崇高地位，一般人们普遍接受中国文学有悠久深厚的抒情传统。这些论说早已脍炙人口、耳熟能详，比如"诗言志，歌永言，声依永，律和声"（《尚书·虞书·舜典》）；又如"诗缘情而绮靡"（陆机《文赋》）；再如"吟咏风谣，流连哀思者，谓之文""至如文者，惟须绮縠纷披，宫徵靡曼，唇吻遒会，情灵摇荡"（萧绎《金楼子·立言》）；等等，不一而足。"言志"说、"缘情"说被视作关于中国文学起源的开山纲领，是文学之所以为文学的依据，这些也都反映了抒情传统渊源有自。

中国的抒情传统悠久深厚，已成学界共识，但如果单独标举抒情传统作为中国的文学传统，这一说法则有失偏颇。中国的叙事传统同样源远流长、积淀丰厚，且与抒情传统之间互动互补、相辅相成。这里不能不谈一谈学界关于抒情传统与叙事传统的争议——其实这是在中西会话以及古今之变的背景上生发的。西方汉学界关于中国文学传统中的"抒情"观念始于20世纪60年代，奠基者有陈世骧、高友工和普实克。陈世骧从比较文学的视角出发，指出中国古代文学传统较之西方文学，以抒情诗为核心的抒情传统给人留下深刻印象。21世纪以来，陈国球、王德威重提"抒情传统"，意图在现代性的视野里重新认识抒情传统。这与李泽厚于20世纪80年代末提出的中国现代文化思想的主轴是"启蒙和救亡的双重变奏"说形成对立互补。[①] 有鉴于中国古典文学的复杂性，董乃斌指出，文学的抒情传统受到青睐有其合理性，但不能忽视还有与之相媲美的叙事传统。他认为，"抒"与"叙"的区别就在于一个倾诉主观，一个描绘客观。[②] 抒情偏重抒发情志，叙事偏重记叙事情。与中国早

[①] 可参阅陈国球、王德威编《抒情之现代性："抒情传统"论述与中国文学研究》，生活·读书·新知三联书店2014年版；王德威《抒情传统与中国现代性：在北大的八堂课》，生活·读书·新知三联书店2010年版；董乃斌《中国文学叙事传统论稿》，东方出版中心2017年版；李泽厚《中国思想史论》下册，安徽文艺出版社1999年版。

[②] 董乃斌：《中国文学叙事传统论稿》，东方出版中心2017年版，第6页。

熟的诗歌抒情传统相比，小说、戏曲等抒情性文类经历了极为缓慢的发展才走向成熟。16世纪迎来了长篇小说和戏曲迅速发展、走向成熟并达到辉煌的高光时段，关于叙事技巧也形成了不少精彩的见解，但是总体而言，明末至有清一代，相比博大精深的抒情文论，仍然缺少成系统的叙事理论建构，叙事传统的理论根基薄弱，客观上也使得抒情传统倍显突出。

  我们研究发现，"叙事"与"抒情"承担了明儒的审美期待，叙事与抒情的主体意识齐头并进、共同繁荣，突破道统工具理性化带给肉体之"身"的身心阻滞。一方面，在百姓日用的叙事中获得对急剧变化世界的真切体认；另一方面，在直抒胸臆中让"身""心"彻底获得宣泄，恢复身心自由，使"狂"范畴在审美领域得以复兴。美学范畴"狂"旨在消融现实人格缺陷之"身"范畴与理想境界之"道"范畴之间的紧张，达至一切纯乎天理流行的审美境界、圣人境界。在道统的内向超越与外向超越的失据中，"狂侠"与"狂禅"流离在"圣""狂"两端之间，源于"身"与"道"之间存在三种关系形态：一念能克，由"狂"入"圣"导向圣人境界的实成；一念不克，由"圣"跌落入"狂"导致形上世界的虚描；一念存乎克与不克之间，引发形上形下世界的撕裂。"叙"与"抒"中道统工具理性化危机下感物方式和审美体验的冲突对立，显现为伦理道德美学视野的"真"与"假"、权力意志美学视野的"雅"与"俗"、文化学美学视野的"正统"与"异端"的矛盾张力，面对甚嚣尘上的道统工具理性，"真"范畴扮演了审美救赎的角色。

  审美现代性视域下泰州学派"叙事"思想主要有以下内容。一是泰州学派弘扬践行师道传承道统的讲学，所学所讲源于"有事"而需要"叙事"，这里"事"指的是以人为中心的百姓日用、人伦庶物，显现为人的"貌""言""视""听""思"等可感知的形象，内在蕴含伦理道德的形上象征意味。对于泰州学派学者来说，叙事与讲学是同义词，以"事"为红线，泰州学派主张"即事是学，即事是讲",事即理,为讲学的合法性进行辩护的同时,为儒家叙事观确立了"理""事""心"合一的道统依据。叙事就是以叙貌、叙言、叙视、叙听、叙思等为本源,构成完整的人物形象叙事,解放了以人为中心的形象叙事,使之获得独立自足的自主性。二是在对儒家正统思想脉络的道统叙事中,"数"确保叙事有序,它内在于"事"的展开变化,也显现于承袭道统的次第。明代泰州学派学者何心隐的道统叙事就吸收了南宋理学大儒蔡沈的范数易学。"数"是人的在世体验进入叙事所遵循的先验形式法则,也是哲学意义上对一切演变的量化表达图式。"数"分"奇""偶",《周易》象偶,以"二"为进阶表示稳定性和对立转化,在对立稳定中蕴含隐蔽的关联;《洪范》数奇,代表变化的绝对性和渐进性,故而以"三"为进阶连续不断地变化。叙事之所以有序,依赖于"数"在奇偶交错阵列中的推进,其中太极数"九"、皇极数"五"象喻连贯叙事的价值极点或转捩点。"数"中包孕"史"或"事"渐变发展之理,契合"经"中之理"仁",成为明代经史合一的重要中介范畴。三是叙事的本原意义从《大学》"格物"说中汲取了养分,也就是说儒家"格物"说在时代呼唤下要求塑造"身"的"形象",叙述关于"身"形象的新型社会想象,传达入世体验和弘扬道统。"格物"说还原了存在基础上的"身—家"意义,我们身处的这个世界通过自我之"身"参与进入家国天下连续体,在叙事中"理""事""心"合一,理解是对存在者在世之回应,以最切身的"讲学"或"叙事"面向家国天下,获得在世的归属感,这一过程叫作"格之成象成形者也"。"身"与"家"的形象具有极大的衍生能力,可以区分出原初形象系统和次级形象系统,具体感性的众多形象之间共生共荣,这是由"身—家"形象的内在规定性决定的。"身—家"作为原初的"象",处于"成象成形"的动态之中,衍生出次级形象系统中若干更为新鲜的、多样的"形","形"与"象"合称"形象"。深入"身"形象的多层级扩展系统,在成象成形的动态生成过程中,新的"身"形象不断涌现,必然被赋予

25

新道德、新价值的象征意味。人们对具有象征性的"身"形象重新进行体验、解释和理解，从而在叙事中不断生成新的意义。泰州学派的儒家叙事传统建构，通过"叙事"寻找和确认自"身"在家国天下存在的"形象"体验，提供了理解中国叙事传统不可或缺的思想支持，凸显了儒家"格物"说对于明代叙事的思想史意义，以及叙事繁荣与讲学昌盛之间曲折的思想史关联。

在明中晚期抒情传统领域，前人研究详尽、视角多元，颇见功力。本书立足"狂"范畴的主体性反思，在"抒情"的观点中昭示了生命生存本真状态的意志、激情和欲望，以未加遮掩修饰的本然感受为准的，遵循个体自由意志、情感和欲望的逻辑，在充满激情的情感宣泄过程中，释放肉体之"身"的压力和情感淤积；围绕"身"的体验，尘世世俗法则的规约和名利追逐，尽享生命的乐趣，尽情释放生命的能量。一是凝结为"趣"范畴，它是肉体之"身"闲适美感的个性化满足，与中和、适度的古典"美"范畴相区别的是，在"趣"范畴中凸显个性化美感的极端体验，在闲适自在的肉身体验中摆脱现实羁绊，满足自身超越性的精神追求。二是强化了与温柔敦厚的诗教相对立的"愤"范畴，郁积了强烈的否定性心理能量，诸如"怨""愁""悲""愤"等都是一种难以作伪的真实迫切体验，以及难以平复心灵创伤的激愤体验，文学艺术中升华为激发文艺创造心理的情绪动力，成为艺术创造的强力情感源泉。创作主体的狂愤体验呈现为艺术创造中的癫狂、痴情、醉态等形态，以非常态的情感体验方式释放否定性情感"愤"。三是充实丰盈了寄托审美超越理想的"梦"范畴，它是肉体之"身"超脱现实羁绊的理想时空，也是佛禅助力下对于现实社会人生的否定性反思，彻悟一切皆梦幻，宽容自然人性，赞美爱情至上，在朦胧中期待新时代。

概言之，"狂"范畴开启主体自觉的方向，除了内向化的心灵空间与抒情世界，还有外向化的现实空间与叙事场域。叙事与抒情相辅相成，都受制于特定时空。审美现代性意义上的"狂"范畴，其主体自觉的有效时间范畴"时""当下"与空间范畴"百姓日用"既广漠又短暂。"百姓日用"框定了布衣士人践履儒家经世理想的空间阈限，是个人—家族之内或者家族之上，而政权机构鞭长莫及的真空地带。在皇权统治力有不逮的广大农村，生活着数量众多的"愚夫愚妇"，是觉民行道的庞大对象群。云其短暂，是因它只能存在于明王朝危机四起、思想控制和政治掌控力薄弱的时代。随着改朝换代的完成，大清帝国政治掌控力重新收紧，审美现代性刚萌生尚未开花，就因改朝换代而匆匆枯萎，及至晚清方迎来现代性的重新苏生。

"狂"范畴之于明清之际文艺美学范畴产生了深微曲折的影响。一方面推动了叙事迅速成熟并走向繁荣。16世纪明代小说的叙事场域处于思想场域、历史场域、文学场域的力量对比之中，在以儒家话语为号召力的思想场域，思想话语权从官学向书院讲学重新分配，心学（尤其是泰州学派的"讲学"）向"叙事"倾重，主张通过"身—家"形象塑造的叙事面对"国""天下"急剧变动的世界，从独特的在世体验中寻找和确认"心"上"理"。而以市场为纽带的小说叙事作为象征意义生产的符号竞争力具有蓬勃的活力和生长性，小说叙事围绕"身—家"基本形象的塑造，体现为富有竞争力的四重叙事场域：一是以《西游记》为代表的文学符号对心学思想符号的融合吸收，以取经之"身"寻觅"心"体；二是以《三国演义》为代表的文学符号对历史符号的大量摄取，以刘关张理想化的伦理之"身"想象"国天下"；三是以《水浒传》为代表塑造"身"从"家"中被迫分离后重建新的社群之"身"的英雄形象叙事；四是《金瓶梅》在对《水浒传》的扩展和颠覆中，抛舍"家"的伦理道德规范，尝试"身—家"的重新回归与嵌合，以"家"的人情私性的原则想象"国天下"。这四大奇书是多重场域、多股力量作用下"身—家"形象符号竞争的成果。另一方面是助力业已成熟的抒情传统突破常轨，催生出别样的创新景观。"豪""怪""奇""畸"等美学子范畴都有缺陷和不足，因为它们在无差别的群体人格中彰显了个体存在的另一种可能性——不完美但是真实，有缺陷但能成事。以徐渭、屠隆、汤显祖为代表，在驯化与不羁的对抗中，抒发外冷内热的不可遏灭之气；还有李贽、袁宏道、袁中道等倡导"至情""性灵""童心"等范畴，用片面强调人心、人情、人性至上的偏颇方式，校正道统工具理性化的畸形发展，以"梦"范畴超越现实时空的局限，反思形上追求与灵明良知的交会，凸显其审美现代性的旨趣。那么，本书剖论泰州学派核心美学范畴"狂"，反思导致一个时代审美趣尚微妙转折的革新机理，探究其思想根源，或可为当下日常生活领域的审美新变提供理论的、历史的参照。

第一章 "狂"范畴的历时演变形态

中国古人用"狂"描述自我意识失序、越界、混乱的反常状态。"狂"又作"忹",本义指狗发疯,"狂,狾犬也"[1],引申指人精神失常、疯癫,或指放肆、诞妄等有违习俗规矩的态度和行为,语义多为负面意项,很难与美或美感联系起来。"狂"成为美学范畴,很大程度上得力于孔子推举"狂狷"的经典论说,解开了缠绕在主体意识上的重重束缚,开辟了审美的新天地。古典美学范畴话语灵活、圆融,使用中多权变,"狂"范畴也不例外,内涵外延都富有弹性和伸缩度。在不同历史语境下"狂"范畴被赋予不一样的魅力:有故作疏狂以掩饰内心苦痛,全身以避害;有个性表达偏邪失序、任达狂诞,以尽显名士风流;有清醒超拔俊逸的忤世之狂,敢于直面惨烈的人生;有情感洪流喷薄、生命力勃发的诗酒狂态;还有卑己尊人的清狂自况,以寄托不同流俗的志向。

第一节 理性萌生:"狂狷"任道价值的肯认

春秋战国时期,诸子百家争鸣,在中国古远的历史上开思想大解放的先河。孔子倡导儒家理想的中庸之道,但是,在讲学传道的现实处境中,他逐渐清醒地意识到"中道"理想几无实现的可能,

---

[1] (汉)许慎:《说文解字》,(宋)徐铉等校订,中华书局1963年影印本,第205页。

失之一偏的"狂狷"反而是任道的现实人选。子曰:"不得中行而与之,必也狂狷乎!狂者进取,狷者有所不为也。"①"狂狷"是被"中行"的完美体格参照反衬出的缺陷两极,"狂"志大言夸、汲汲乎进取、行不掩言;"狷"正好相反,急躁退避、消极反抗,避免沦为同流合污的众生。《孟子·尽心下》云:"孔子岂不欲中道哉?不可必得,故思其次也。"朱熹《论语集注》曰:"行,道也。狂者,志极高而行不掩;狷者,知未及而守有余。"亦即按照"任道"这一价值原点,首选"中道",退而求其次是"狂",再次是"狷"。而"狂"之所以又优越于"狷",在于"狂"毕竟积极"任道"、有所作为,而"狷"消极不作为,于"任道"补益极微。正因为如此,孔子对"狂"的偏颇缺陷比较宽容,不仅没有诋毁排斥"狂",而且任用"狂"作为"中道"的最佳候补,从而赋予"狂"以承担"中道"这一伦理道德理想的使命。"狂"范畴有潜力成就其至善大美,当然也就与狙狂妄行等负价值区别开来,所以吕希哲曰:"狂者,非狙狂妄行之谓也。其志大,其言高,不合于中道,故谓之狂。"② 焦竑曰:"狂是躁率,亦与狂狷之狂不同。"③ 再如袁宏道曰:"吾夫子之所谓狂,而岂若后世之傲肆不检者哉?"④ 都是由此立场生发出的议论。

孔子关于"狂狷"的表述立场虽然鲜明,但是隐含了两种理解的可能性,令后人莫衷一是。一种常见的理解是,将"狂"志大言高、行不掩言的缺陷归于个体人格修养不足导致的言行放纵不羁,需要以理法对"狂"加以羁勒,使之符合"中道";另一种理解则认为,"狂"的缺陷在于心无旁骛地任道,一意进取,不能保持中庸

---

① (清)阮元校刻:《十三经注疏·论语注疏》,中华书局1980年影印本,第2508页。
② (宋)朱熹:《论孟精义》引吕侍讲(希哲)注,《朱子全书》第7册,朱杰人、严佐之、刘永翔主编,上海古籍出版社、安徽教育出版社2002年版,第846页。
③ (明)焦竑:《焦氏四书讲录》,《续修四库全书》经部第162册,上海古籍出版社2002年影印本,第184页。
④ (明)袁宏道著,钱伯城笺校:《袁宏道集笺校》,上海古籍出版社2008年版,第1517—1521页。

平和，言行偏激未作收敛，所以"可非可刺"①，招致各种恶评中伤，乃"破绽之夫"②也。这时问题的焦点在于移风易俗、改变整个社会人心和舆论导向，减少对于"狂"的非议讥刺，营造有利于"狂"积极"任道"的舆论氛围。由于孔子没有对此作进一步的分疏，亦没有明确表态，后世常常混淆这两种可能，在两个选项之间游离。这就要求审美意义上的"狂"范畴，需要同时满足两个条件，既能志大言高地任道，又不背负狷狂率性的非议，因而"狂"范畴承载了儒家道德理想与社会现实的双重拷问。

美学范畴的"狂"萌生于中华文化的轴心时代——春秋战国时期，以儒家伦理道德的至善至美为核心，以对个体主体意识的宽容为条件，践履儒家理想的仁义道德。这一时期伴随氏族公社基本结构的解体，中国古代社会在血与火的洗礼中，发生了激烈急剧的思想变革，列国纷争、杀戮不断，百姓饱尝灾难与痛苦，旧有的礼仪制度訇然崩塌，给思想的自由解放创造了有利条件，诸子百家争鸣的轴心时代来临。士人摆脱了与封建王侯的人身依附关系，成为独立的社会阶层，随着士人独立意识的觉醒，他们著书立说，奔走于列国之间，殚精竭虑游说诸侯，期望实现自己的人生抱负和个体价值。其中孔子对"狂狷"的论述奠定了儒家"狂"的基本价值取向，孟子则堪称"狂"者进取近乎圣的代表，从来不曾有人像他一样激烈地攻讦君主，倡导民本，热烈奔放的情感与高视自我、行不掩言结合，酣畅淋漓地诠释了儒家刚健有为的浩然之气，千百年来辉耀丹青。还有一重与儒家任道之"狂"的价值取向正相反的向度，那就是老庄道家走向规避现实、保爱生命，他们借助浪漫不羁的想

---

① （明）王畿：《王畿集》，吴震编校整理，凤凰出版传媒集团、凤凰出版社2007年版，第4页；又见（明）杨起元《太史杨复所先生证学编》，《续修四库全书》子部第1129册，上海古籍出版社2002年影印本，第474页。

② （明）李贽著，张建业、张岱注：《续焚书注》，社会科学文献出版社2013年版，第50页；又见（明）王夫之《船山全书》第14册《楚辞通释》，船山全书编辑委员会编校，岳麓书社1996年版，第374页。

象、自由抒发的情感，追求独特个性的实现，在主体意识的觉醒和自由追求上与儒家所言之"狷"有相似相通之处，相互结合走向了更为狂放超逸、纯任自然的路途。此外，"狂"范畴与屈原肇始的"屈骚传统"亦可相互连通。楚辞的特点是"其词激宕淋漓，异于风雅，盖楚声也"①。楚地古来就有独特的巫史文化传统，较少受儒家道德规范的限制，抒发感情畅快淋漓，想象力丰富奇异怪诞，原始的生命活力与狂放的意绪、不羁的想象融会一体。这又与"狂"范畴多有交会，但在价值取向上更偏向狂怪任诞一途。可见，伴随先秦"狂"范畴审美价值的萌生，孕育出多种生长的可能性，也就具备了与"自然""逸""怪""奇"等美学范畴联结与转化的可能性，为"狂"范畴的内涵增殖和外延扩张准备了先决条件。

第二节 高压生长：浮诞扭曲的以"狂"远害

继先秦之后的思想解放洪流发生在汉末至魏晋易代之际。这是"狂"范畴在高压下的扭曲生长时期。随着统一的汉帝国走向四分五裂，政权陷入更替频仍的恶性循环，乱臣贼子并出，死亡枕藉，时代的混乱投射于社会思潮和社会心理，表现为占据统治地位的两汉经学的崩溃。心灵总是不甘规仪的束缚，渴望摆脱枷锁，"狂"范畴非中和的缺陷，在礼教废弛的时代演变为任达放诞的自由自在，士人始终心存的某种难以割舍的依恋、憧憬、向往，在老庄"任自然"思想流行传布的时空，找到了适宜的温度和土壤。"狂"范畴吸附上道家崇"无"贵"虚"的思想，沿着玄幻浮夸诞妄的身心自由方向一骑绝尘。

这一时期清言玄谈、任诞裸裎的狂士一般是那些有身份有地位的门阀士族。人的觉醒和文学艺术的觉醒与解放相伴而来，而比起

---

① （明）王夫之：《船山全书》第14册《楚辞通释》，船山全书编辑委员会编校，岳麓书社1996年版，第374页。

其他领域，审美的嗅觉无疑更加敏锐、纤细和明确，引以为一个时代的审美风气。用老庄的"虚""无"否定儒家名教的价值，沉迷道教炼丹导引之术，追求个体享乐与自在，其内核是对汉代尊奉为大一统国家意识形态的儒家伦理道德以及权威的怀疑和否定。从哲学思想到文艺创作，从社会观念到民间风习，纵情享乐之风蔓延，用荒诞不经的行止和出人意表的言谈凸显别样的风神气质。于是乎，嗜酒者，饮酒连旬累月长醉不醒；当官者，终日无所事事并以此为高雅；言谈者，以虚无玄远为高妙无穷；任达者，散发露头，裸袒如禽兽；高居显位者，为情之所钟而恸哭不止……那种种放浪形骸、纵情适性的行止，容易让人习得其皮毛、引以为风气，迅速在社会上传播开来。但是这些高门名士真正让人景慕怀想难以效仿的，是其内在的才情、品格和风度，是人内在玄幻灵明的精神风度。这是汉末魏晋狂士的精神内核，成为这一历史时期的核心范畴。

狂放任诞的名士之风在社会上传播扩散开来，有意无意地放大了"狂"的非正常情态，成为文人名士躲避现实政治迫害和人身危害的护身符。魏晋易代之际政局动荡不宁，空气中充满来自权力体系变更的紧张压力，个人如蝼蚁一般随时会被操纵权柄者碾为齑粉，文人名士也难逃此劫，朝不保夕的生命焦虑感挥之不去，难以排遣。孔子寄予"狂"者以任道的使命失去了现实基础，既然忧国忧民、刚健进取已经不可能，那就转而忧己伤生、纵情放达，恣意享受如朝露般苦短的人生。"狂"范畴的放达不羁仿佛一件可以披挂上身的护身铠甲，类似的纵酒大醉、毁圣非礼屡屡出现，那些风流名士安能循规蹈矩地听命于皇权，无法与皇权对抗就"佯狂"，借酒盖脸拿名教开涮，不失为一种扭曲的反抗姿态。

"狂"范畴本身是主体意识自由自觉的真实流露，而"佯狂"则是披着"狂"的外衣以达到全身免害甚或名利双收的功利目的，本身是对自由自觉的主体意识的伪装和利用，已经走向了"狂"范畴的反面。嵇康、阮籍皆号曰"狂士"。阮籍行止有似疯魔但是既明且哲，大言汗漫而口不言人过,是为"避世阳狂,即属机变,迹似任真,心实饰伪,甘遭诽笑,求免疑猜"①,终于保全性命得以免祸。而嵇康则相反,他在《与山巨源绝交书》中直言无畏道:"每非汤、武而薄周、孔",接物应事时"刚肠疾恶,轻肆直言,遇事便发"②,指望世人能见容而不怀恨实属不可能。所以阮籍能避祸远害,但是,嵇康忤逆时世而取罪他人。"狂"范畴发展到借"佯狂"保全自身,以疯癫实现对现实的超越和对自由的向往,扭曲了主体自由意识,甚至堕落为对主体自由意识不怀好意地利用,在美感中留下了极为苦涩的回味。

第三节　自然勃兴:人生艺术化的率性天真

历史翻开新的篇章,结束了分裂、割据和内战,唐王朝建立统一的大帝国,逐渐开启了政治、财政、军事的强盛时期。在文学艺术方面,唐帝国毋庸置疑是一个诗人辈出、诗情腾涌的诗歌国度。写下"我本楚狂人,凤歌笑孔丘"③的李白以"狂"名世,其狂人狂态、狂言狂行堪称无人能出其右。李白之"狂"须臾不离诗与酒,"痛饮狂歌空度日,飞扬跋扈为谁雄"④。诗乃狂歌,酒乃痛饮,酒助诗情,在酣畅淋漓地直抒胸臆中,诗人实现了人生的艺术化和艺术的浪漫化,千杯万盏流溢着永不枯竭的诗情。

和魏晋之"狂"的压抑、扭曲相比较,盛唐之"狂"发自内心、出自天性,"狂"得健康、通透,生命力冲破一切阻遏,爆发着舒展开来,美得恣意张狂。盛唐之"狂"是思想大开放大交流时代风气的产儿。彼时东海西海文化交流盛况空前,唐王朝以广博的胸襟气度海纳百川、兼容并包,海上、陆上丝绸之路极大地便利了物

---

① 钱钟书:《管锥编》第3册,中华书局1986年版,第1088—1089页。
② (三国魏)嵇康撰,戴明扬校注:《嵇康集校注》,中华书局2014年版,第198页。
③ (唐)李白著,(清)王琦注:《李太白全集》中册,中华书局1977年版,第677页。
④ (唐)杜甫著,(清)仇兆鳌注:《杜诗详注》第1册,中华书局1979年版,第42页。

第一章 "狂"范畴的历时演变形态

产、艺术以及思想观念的输入流出。唐开元天宝时期，在都城长安西市东市拥挤的街道上，不同肤色、服饰的商贾云集，邸店鳞次栉比，中外物品琳琅满目，丝绸、瓷器、金银、珍珠、玛瑙、水晶、西域良马、草药、香料、乐器、陶器、马具、成衣、铁器、木炭等奇珍异宝和日常用品应有尽有。诗歌中出现的"胡人""胡饼""胡姬""胡乐""胡酒"……记录下了曾经的文化交流痕迹。只有当非主流、非正统的"怪""异""奇"也能为世所见容时，只有在开放开明的土壤和空气中，才会有这种无可效仿、不可伪饰的"可以说是属于天性的烂漫之狂"①。对于底层普通人而言，世界为他们打开了一扇虽然狭窄但是现实可行的阶层跨越之门。士人突破了门阀贵胄的垄断，凭借科举之路蟾宫折桂或者边塞从军立下军功，就能鲤鱼跳龙门跃升进入较高阶层，崭新的人生篇章等待他们去谱写。思想文化意识形态上，南朝的齐梁新声与北朝的汉魏旧学交流融合，彼此互补；儒家的功名进取、道家的仙气飘飘与佛家的超尘出世，相辅相成。这种"狂"恰如同学少年，青春勃发，自信地以为天生我材必有为世所用的一天。因此盛唐之"狂"是开放时代、宽松语境下个人天赋才情的肆意挥洒，其情浩浩汤汤，其势不可阻遏，是率意人生的艺术化、审美化表达。

　　盛唐之"狂"以李白的诗歌、张旭的狂草为个中典范，"李白斗酒诗百篇""张旭三杯草圣传"（杜甫《饮中八仙歌》）洋溢着不可复现的音乐美，以情韵风神取胜，与音乐性的美高度契合融通，故而在痛饮狂歌中别有一种天真盎然、通透酣畅的美感，在"狂"的音乐性美感上，可以认同"盛唐诗歌和书法的审美实质和艺术核心是一种音乐性的美"②。盛唐本来就是各种异国音乐和乐器传入的高潮时期，融合吸收来自中亚、西亚、南亚的音乐艺术，宫廷上下既

---

① 刘梦溪：《中国文化的狂者精神》，生活·读书·新知三联书店2012年版，第45页。
② 李泽厚：《美学三书》，安徽文艺出版社1999年版，第137页。

35

闻古圣先王之"雅乐",也聆前世新声之"清乐",还有吸收融合外来胡乐之"宴乐",音乐美多元并呈。音乐美的特点是不需要借助意象即可与心情产生共振,嵇康《声无哀乐论》云:"和声无象,而哀心有主";而诗歌感动人心的首要之术一般认为是寻觅到合适的意象,刘勰《文心雕龙·神思篇》曰:"独照之匠,窥意象而运斤。"但是李白天纵奇才,不规规于矩式,喷薄而出的情感无须刻意借助意象的堆叠,而直接抒发谱写成恢宏的乐章。在无拘无束的情感抒发方面,李白的诗歌、张旭的狂草都具有了音乐性的跌宕起伏之美,诗歌与书法的情感表达浪漫狂放,有异曲同工之妙。

到了"郁郁乎文哉"的宋代,优雅精细的文人审美与"狂"逐渐疏离,但苏轼是一个例外,开豪放词风的苏轼秉承了李白率性天真之"狂"。苏轼之"狂"不是来源于开放开明的时代,而是在很大程度上得益于他儒释道三教融会贯通、豁达开朗的人生态度和生活情趣:在入世之际以儒家思想驱策着自强不息;在仕途生涯坠入低谷时智慧地援用佛老思想,化解人生的苦楚和不平,纵使一无所有,也说服自己仍有江上之清风、山间之明月的陪伴,亦能豁达地享受自然的"无尽藏",从中获得大解脱、大自在,把世人眼中的人生磨难,举重若轻地活成了浪漫洒脱的艺术品。

总之,唐宋之"狂"以诗酒相伴,升华成为艺术与人生的代名词,它们不是魏晋时期回避现实压迫的工具,"狂"的主体自由精神得到了合适的土壤,以诗与酒的名义,浓墨重彩地泼洒个性才华,"狂"豪放飘逸、洒脱不羁,充满音乐性的情感起伏之美,泛化为达观超脱的人生态度,从而实现人生的艺术化以及艺术的浪漫化。

第四节　危机蜕变:突破创新的圣雄豪杰

历史的车轮轰隆隆地驶入15世纪,商品经济这只怪兽逐渐开始发力。原产于中国的精致瓷器、丝绸、茶叶等物品一直深受国外市场欢迎，明朝中国商品大量输出，而国际市场的白银大量流入。由于国内外白银价格差，国内通货膨胀加剧。隆庆年间（1567—1572）开放海禁，进一步刺激了商品经济发展。民间作坊大规模兴起，新兴市民阶层壮大，市民逐利意识盛行，儒家传统的义利观面临解体的危险，人心不古、世风日下。《孟子》警诫士人天下有道则以道从身，天下无道则以身从道。这两种情况都好理解，而当物质、金钱的欲求甚嚣尘上时，吊诡的情况出现了。"以道殉乎人者"[1] 是说道德成为某些大人物或权贵谋取利益的意识形态工具，带来士民自我价值的失落。社会陷入整体性的道德意识危机，儒家伦理道德的正统地位面临前所未有的严峻挑战。

宋代自朱熹卒后，他生前圈定的孔孟文本被科举采用。理应防范功利主义的儒学，在明代已经彻底变质，沦为科举考试的工具。以四书五经为代表的知识，本应给读书人带来佼佼不群的儒家教养、道德能力，却在科举制度下被矮化为获取功名利禄的手段。商品经济的勃兴大大加速了这一蜕变，"功利陷溺人心"[2] 成为常态，集体层面的道德虚伪腐蚀了士人的自我价值。一方面放逐儒家审美中一切崇高的意味，与"道"背道而驰，社会心理被权势和金钱带入膏肓，独善其身也不可能："今人只为自幼便将功利诱坏心术，所以夹带病根终身，无出头处。"[3] 而儒家一旦剥落了真诚的道德意味和神圣的道德象征，就会流于苍白贫乏，魅力尽失。另一方面在儒家伦理道德走向日常生活的全面制度化过程中，出于唯恐被社会排斥成

---

[1] 可参阅《孟子·尽心上》："天下有道，以道殉身；天下无道，以身殉道；未闻以道殉乎人者也。"这里的"殉"作"从"讲，（清）阮元校刻：《十三经注疏·孟子注疏》，中华书局1980年影印本，第2770页。

[2] （明）王艮：《明儒王心斋先生遗集》，《王心斋全集》，陈祝生等校点，江苏教育出版社2001年版，第19页。

[3] （明）王艮：《明儒王心斋先生遗集》，《王心斋全集》，陈祝生等校点，江苏教育出版社2001年版，第18页。

为异类的肤浅动机，而一味顺应迎合、和光同尘，妾妇之道盛行，放弃自觉思考使得士人感知钝化、异化，压抑扭曲自我，失落了自我，也失落了真诚的快乐。士人之为士人的自我价值遭遇前所未有的挑战。

15—16 世纪的明季，以程朱理学和科举应试为主要内容的官学日益衰弱，难以吸引读书人，士风浇漓日甚一日，官学对此束手无策。彼时书院私人讲学趁势兴起，王阳明心学讲学成为士人热捧的话题，迅速流行开来。作为应对时代难题的疏解方式，心学重新倡导孔子"狂狷"的原初意义，在"中行"缺失的时代，呼吁以"狂"替补"中行"作为承担任道的主力，一举打破僵化保守的困局。朱子认为缺陷源自"气质之偏"①——先天的气禀、性格、脾性加之后天的环境氛围作用，气质不好主要归因于个人道德修养欠火候；而心学则认为缺陷源自"不与俗谐"②，放宽了对"狂"主体意识和人格的评价标准，在世俗社会总体弊病丛生的背景下，认同"狂"践履道之理想而与世俗庸常化堕落相区别的主体自觉特征。王阳明、李贽、袁宏道、袁中道等人坦然承认为"狂"，他们同声同气，精神上相契。"狂"成为思想先驱较为一致的心理认同和审美归趣。

王阳明倡导主体意志至上的"狂者"人格。他放下心中的执念，充满自信地言道："今信得这良知，真是真非，信手行去，更不著些覆藏。我今才做得个狂者的胸次，使天下之人都说我行不掩言也。"③一举打破自宋代以来程朱理学一家独尊的沉闷局面，吹进了一缕缕新鲜自由的思想空气。阳明本人就是"狂"之典范，他一生建立了煊赫

---

① （宋）朱熹：《晦庵别集》，《朱子全书》第25册，朱杰人、严佐之、刘永翔主编，上海古籍出版社、安徽教育出版社2002年版，第4932页。

② （明）王阳明：《王阳明全集》卷35《年谱三》，吴光、钱明、董平、姚延福编校，上海古籍出版社2011年版，第1421页。又（清）黄宗羲《明儒学案》也有类似记载（沈芝盈点校，中华书局1985年修订本，第216页）。

③ （明）王阳明：《王阳明全集》，吴光、钱明、董平、姚延福编校，上海古籍出版社2011年版，第132页。

第一章 "狂"范畴的历时演变形态

辉煌的文治武功，功绩彪炳后世，用行动证明了他的思想主张具有可行性。王阳明开创的"狂"是空无依傍而自我兴起的。他认为人人皆有良知，良知自由无碍、流畅自如地显现就是仁义道德，因此无须刻意牵强地外向索求，只需要听凭内心的声音，坚定不懈朝向高远的道统理想趋近，就能够由"狂"入"圣"，对儒家刚健进取的精神作出了精彩的主体性诠释，成为备受后人景仰的"圣人"。

王阳明弟子王艮开创的泰州学派令讲学活动开展得如火如荼。这一学派盛产狂士。在有"狂者胸次"的阳明师眼中，都觉得王艮"意气太高，行事太奇"[①]，不得不对王艮施加裁抑，王艮之"狂"由此可想而知。王艮及其弟子颜钧、再传弟子何心隐等常常被后人目之以"狂"。但不同于后起的李贽、袁宏道等人承认"狂"、接受"狂"的坦然态度，泰州学派早期的英杰多以"圣贤"自我期许，对世人指摘其为"狂"往往一概加以否定。王、颜、何等人发扬光大了狂者进取的任道精神，用讲学行动启发愚蒙、改良社会风气，被尊为"英雄""豪杰"。他们在现实的铜墙铁壁面前硬生生闯出一条出路，所以黄宗羲称泰州学派"多能以赤手搏龙蛇"，他们"赤身担当"，具有前无古人、后无来者的"掀翻天地"[②]能力。到了泰州学派中后期学者中，比如赵贞吉（字孟静，号大洲）、邓豁渠（初名鹤，号太湖，为乡人赵贞吉的学生）、管志道（字登之，学者称其东溟先生）、罗汝芳（字惟德，号近溪，学业者称其近溪先生，门人私谥曰明德夫子）、杨起元（字贞复，号复所）等，"狂"范畴与佛禅思想合流，侧重个体的心性自由，在保爱身体中摆脱世俗观念和行为的挂碍，追寻个体的心灵自由。被世俗视作"异端之尤"的李贽集"狂"之大成，将"狂"范畴推向了从传统转型朝向新时代的临

[①]（明）王艮：《明儒王心斋先生遗集》，《王心斋全集》，陈祝生等校点，江苏教育出版社2001年版，第71页。
[②]（清）黄宗羲：《明儒学案》，沈芝盈点校，中华书局1985年修订本，第703页。

界点，更加突出主体自由，强化主体自我的审美自由和解放。作为受到广泛关注的士人，李贽的狂言狂行产生示范、影响和推动之力，为"狂"辩护渐成气候，逐步达至"爱其狂""思其狂"[①]的高度。"狂"范畴逐步摆脱古典美学中次要的、边缘的、有争议的位置，由隐微变为显明，从次要走向主导，从边缘走向前沿，昭示了审美新时代即将来临。

在文艺美学领域，"狂"范畴有更为广泛、深入、精微和超前的体现。它不仅散见于诗歌、散文、书法、绘画等传统的文学艺术门类及其理论批评，而且显现于小说戏曲等新兴艺术门类的创作及理论批评，在内涵上都重视直抒胸臆，以心、性、情、欲的放纵自在感为美。"狂"范畴因人而异，分化出具体化的审美宗旨，如徐渭之狂癫，李贽之狂肆，袁宏道之狂放，钟惺之狂癖，周瑞图之狂怪，贺贻孙之狂愤，结合各个不同的艺术门类的特殊规律，既有共性也有个性，从中透露出"狂"作为范畴在理论上的精致化走向这一明确的信息。

第五节 "狂"范畴的特质

通过以上对"狂"范畴历史演变形态的概要梳理，可以见出"狂"范畴偏重指心性自由放任的状态，看似属于主体特殊的秉性、气质、性格范畴，其实不然。它是自我意识受到现实处境激发出的主体能动性扩张，采用非常态、非中和的姿态，积极有为地干预现实。

文艺审美心理能够比政治的社会的重组和变革更加超前地把捉到某种新动向。"狂"是现实困境压制下的奋起一搏，让心灵的力量自由释放，不再受任何约束，期望以此改变现实，移风易俗。因为

---

① （明）李贽：《与友人书》，张建业、张岱注《焚书注》，社会科学文献出版社 2013 年版，第 181 页。

第一章 "狂"范畴的历时演变形态

政治窳败、道德束缚和舆论压制并不必然导致审美领域的万马齐喑，反而有可能为心灵的自由解放助一臂之力。"狂"的高蹈进取源于对理想和美的坚持，看上去离经叛道，实质上是为数不多的道统理想守护者，因此他们是真正意义上的卫道士，这里的"道"指的是孔子开创的原始儒家道德理想。在一心只求现世安稳的人们那里，"狂"的理想诉求无法得到共鸣，"狂"者的困恼无处排遣、无法言传，淤积过度则不容不发泄，而发为狂怪言论，愤激中常常包孕新思想的萌芽。因此，"狂"不仅是主体自我意识的解放和审美化，而且间接地传导了社会、政治、观念意识变革的先声。接下来从两方面分析"狂"范畴的特质。

其一，"狂"范畴是联络起儒家社会理想和现实状况的中介。"狂"范畴的历时性形态演变，折射出时代的盛衰通变，是经济、政治、司法、意识形态诸多层面痼疾的合力，作用于有志之人，决定了"狂"的现实内涵和价值取向。不同时代为"狂"打上毫不雷同的时代标志，春秋时的接舆，魏晋易代之际的阮籍、嵇康，盛唐时芥视同僚与万乘的李白……"狂"的襟怀和意趣必须结合特定的时代氛围才能得到恰如其分的考量。有明一代，新经济形态业已萌芽，市民阶层向上跃升，引发意识形态领域的大地震，心学思想重提"狂"，为之正名，为之辩护，有明一代涌现出的若干狂士，实乃时势造英雄的结果，自然不能忽视"狂"包含有个体自我造就、自信自立的崭新内涵和独特的内在规定性。

孔子对于"狂"的态度是矛盾的，一方面，他的审美理想是执其两端而用之的"中庸"以及"和而不同"，怀想一去不复返的唐虞盛世，激赏制礼作乐的周代遗风，"狂"并不符合孔子的审美理想；另一方面，理想在现实面前无处容身，只会显得落伍和迂阔，倒是"狂""直"能够固守自我意志和独立人格，在危时厄世凸显了其弥足珍贵的卫道主体价值。试想孔子耳闻目睹如许僭越、弑上、篡位、掠夺的活剧，面对众人口中的好人"乡愿"一味依阿取容、与世浮沉，孔子道出"不得中行而与之，必也狂狷乎！"时，又会有几多愤慨、几多无奈。

其二，"狂"的正向价值产生于用非"中行"的方式践行"中道"，在手段与目标之间存在不一致、不同一，呈现为非中和、反同一的家族相似性。"狂"者进取的高视自我特质极易吸附上背离反叛传统的种种特色：自我、率性、放任、疯癫、失常……因为"中道"的理想导向，坚持自我意识、不为流俗所动，故而踽踽凉凉、特立独行。

"中道""中庸"的实用理性以适度为衡则，而"狂"体现了与中庸适度原则相反的决裂式思维。中庸思维根深蒂固地扎根在民族文化土壤，它具有严整的实用理性精神，遵循鲜明的等级秩序，价值取向上讲求无过无不及和适度，古典和谐美理想正是建基于世人的中庸思想模式。而"狂"的思维方式是决裂式、非中庸，容易失之一偏，背离儒家正统适度的思维模式，勇于进取甚至敢冒天下之大不韪，芥视规矩格套，哪怕它被尊奉为万世不易之法。在主观与客观、感性与理性、抒情与议论、雅与俗、任情纵欲与严肃庄重等诸多矛盾关系上，不协调、不统一比比皆是，仿佛是有意破坏和谐一致的关系，用强烈的冲突对立感刺激人的视听与思考。

因此"狂"虽然以"中道"为理想，但是其决裂式思维及其主导下的行为方式，指向反中和、反规范的审美旨趣，与古典美学中和之美相扞格。古典和谐美理想在宋代已臻精致化，经历了宋元明的数百年演进，到明代中后期产生了对古典审美构成激烈反思的观念和思想，出现了以李贽、徐渭、汤显祖、袁宏道为代表的文学家和批评家。与此同时，"狂"范畴发展空间受限，这源于中国社会的超稳态结构以及极强的自我复原功能，中庸之道与和谐之美与官方意识形态紧紧捆绑在一起，其强劲的控制力阻遏了"狂"范畴的分化和发展。心学出现为"狂"范畴的逆袭创造了思想条件，尤其是明代弘治后，中央政府的控制日趋松弛，"大礼仪"之争客观上有助于王学的兴盛，泰州学派以行动光大"狂"范畴的传道意义，有效释放了士人的主体性，重视心灵、看重自我、推崇情感，"心"的解放带来"狂"范畴的全新发展。因此，明儒之"狂"堪称比历史上任何一个时期都要来得猛烈和深刻，具有从传统向现代初始转型的意义，塑造了古典美学走向时代交叉路口之际的基本审美景观。

第二章　从"心"体到"身"本

"狂"范畴的内涵演进与形式变迁，与心学及其后泰州学派的"心"本思想发展演变保持同步。王阳明倡导"心"本体，扭转"理"本体对士人身心的辖制，化被动为主动地以"狂"寄道。良知驱动下自我造就的豪雄问世，"狂"范畴的美感体验在洒落与敬畏之间摇摆。泰州学派王艮富有创造性的"身"本说，在"心"本基础上更加强调弘道践履中个体肉身的基础性地位，主张尊身即尊道，以布衣之"身"任道，力求在"身""道"之间维持本末一贯的关系，这种"身""道"两全其美的设想，在现实中屡屡遭遇挫折，"身""道"陷入两难境遇，尊身尊道难以两全。王艮等人在"身""道"两难中以任"道"为取向，"狂"范畴一变而为空无依傍、变革社会的英灵。他们出于自任于道的坚定动机，凸显自觉担当意识；恃道持道的内在诉求增强了自尊自信，陶染审美感知力；在讲学行道的过程中，激发真体至乐的极致美感体验。由此，"狂"范畴的美学意味得到初步彰显。

第一节　"心"体："狂"范畴的思想原点

一　从"理"本体到"心"本体

鉴于"狂"范畴志大言高、行不掩言的显著缺陷，如何对治使之归于中道，一直不乏关注和讨论。如前文所述，溯源孔子的相关表述，至少存在两种可能倾向。一种倾向是将人格缺陷归因于自身道德修养尚欠火候，既然"狂""狷"是行道主体的自觉意志和自我认同，那么求诸礼法的范导，对"狂"范畴加以约束，可以使之回归"中道"；另一种倾向是变革社会的舆论环境和文化习俗，使之更包容、更开明、更开放，给予有缺陷的"狂"范畴以生存空间，让"狂"范畴携带的特殊天赋、独特才华和能力得到施展，此之谓合乎"道"。因此，"狂"范畴自问世之日起就面临着弘扬儒家理想和应对社会恶意舆评的双重考验。

"狂"范畴的舆论压力主要来自"乡原"。"乡原"又作"乡愿"，"原"与"愿"同，谓谨愿之人。"乡原"即乡里所谓谨愿之人，指善于取悦于人、左右逢源，最终名利双收的伪善之人。朱熹集注云："狂"是有志者，"狷"是有守者。志向高大的能进于道，操守坚定的能不失其身。"乡原"讥讽狂者行不掩其言、每事必称古人，又嘲讽狷者踽踽凉凉、无所亲厚。乡原之志只在于过好此世，使当世之人皆以为善则可矣。所谓"阉然媚于世"，"阉"同"奄"，是深自闭藏之意，意即压抑掩饰内心真实意图，以迎合顺应、亲媚取悦于世人[①]，谋取现世安稳富贵。孔子孟子生活的时代礼崩乐坏，世风如水下流，"中行"的理想人格求而不可得，相反"乡原"如鱼得水、名利双收，是世人眼中的善人和成功人士。他们对狂狷的讥讽嘲笑容易得到群体附和和盲从，产生舆论的放大镜效应。

宋代理学大儒朱熹对"狂"范畴的解读严谨切实，他坚信只有依靠外在天理的规训，对"狂"加以约束才能有所成就。他一般在贬义上使用"狂"，比如以"熹之狂狷朴愚，不堪世用"[②]贬低自己以示恭敬谦虚。朱熹对于经由"狂"入于"中行"抱持消极态度，

---

① （宋）朱熹：《四书章句集注》，中华书局2012年版，第384页。
② （宋）朱熹：《朱子全书》第21册，朱杰人、严佐之、刘永翔主编，上海古籍出版社、安徽教育出版社2002年版，第1095页。

认为这几乎不可能自然而然地发生，其时人们认为，"须是奋发，有豪迈之气，出得旧习了，然后求中。所以孔子道'不得中行而与之，必也狂狷乎'"。朱子则曰："窃谓所学少差，便只管偏去，恐无先狂后中之理。"① 朱子的担忧并非空穴来风，他坚信依靠外在天理对人加以约束以养成"中行"，舍此之外别无良策，所学若稍有差池，便会一路走偏，因而朱子主张甫一入道就需要彻底清除"狂"范畴的旧习气，使之时刻保持气禀纯正、豪迈、清朗，否则极易出现差之毫厘、失之千里的谬误。这一看法基本阻断了先"狂"后"中"的人格养成路径，"狂"范畴的自然生长也无从谈起。

明儒承接宋儒理学的格套，在理学烂熟化走向中受到社会生活领域新生事物的激发，重新评估"狂"范畴，为"狂"范畴正名，端的有赖于理学向心学之转变。明朝中期以后在固有的社会矛盾和新兴的商品意识刺激下，程朱理学失去了对社会人心进行诊断、疗救和净化的魅力，士风陷入庸俗化、虚伪化，日益颓靡。很多学者以不同的方式指出阳明心学的出现顺应了程朱理学在明代延续发展和自我修复的需要，如唐君毅认为，王学从朱子学转手而来②；岛田虔次认为，王学是从朱子学出发的③；狄百瑞认为，王学从程朱理学中获得灵感④；葛兆光指出，王阳明的问题意识即来自朱熹⑤；等等。这表明作为伦理道德主体的人走向日益深重的异化，对于以伦理道德为本位的儒家美学来说，问题已经相当严重。寻绎心学背景下那些为"狂"辩护的言论，就具有了突破儒家现实困境的意义。以一

---

① （宋）朱熹：《朱子全书》第23册，朱杰人、严佐之、刘永翔主编，上海古籍出版社、安徽教育出版社2002年版，第2623页。

② 唐君毅：《阳明学与朱子学》，载中华学术院编《阳明学论文集》，台北：华冈出版有限公司1972年版，第47—56页。

③ [日]岛田虔次：《朱子学与阳明学》，蒋国保译，陕西师范大学出版社1986年版，第82页。

④ William Theodore de Bary, *The Message of the Mind in Neo-Confucianism*, Columbia University Press, 1989.

⑤ 葛兆光：《中国思想史》第2卷，复旦大学出版社2001年版，第302页。

种不同流俗的主体自觉抵抗儒家日益走向庸俗化的现实，积极构建儒家审美的道统指向，这不啻为一场儒家内部发起的自我解毒和自我疗救。

王阳明对"狂"的认同不断深化，其强劲雄豪的底气来自"致良知"学说的建构与完成，这二者之间是相辅相成的关系。自阳明首开风气谈论"狂"的肯定价值，他的一言一行，被引为经典，以资借鉴，泽被其后学。如王艮、王畿、罗汝芳、杨起元、焦竑、李贽、公安三袁等，被世俗讥刺行不掩言时亦无所畏惧，他们或者用行动表明态度，或者发表言论观点，或者二者兼而有之，力挺阳明所主张的"狂"范畴。

阳明认为，恻隐之心人人本有，只要根于人心的这一良知尚存，则对百姓颠沛流离充满同情；万物紧密结合为一体，系于仁心，知与行都存乎此一念，良知一旦发动，也就化作有所作为、拯救黎民百姓于水火的行动。阳明提到自己"每念斯民之陷溺，则为之戚然痛心，忘其身之不肖，而思以此救之，亦不自知其量者"。正是基于救民于水火的良知良能，因此对于各种不怀好意的讥讽嘲笑都不介怀。既然人的知与行其实都是在一念之中，就不再是两截，就都成了内心寻找良知、趋向澄明境界的过程，从而有效地规避了程朱理学把"知"和"行"打成两截的毛病。"彼将陷溺之祸有不顾，而况于病狂丧心之讥乎？而又况于蕲人之信与不信乎？"[1] 作为"狂"者，甘愿为天下人蒙受谗言中伤和怀疑猜忌。这种自信和决心根植于良知，稳如磐石并且一以贯之。

对比朱子关于由"狂"入"圣"稍有偏差就差之万里的担忧，阳明将"狂"视作现实中唯一可行的入圣路径，他的"成圣必得破绽之夫"的说法，由内而外散发出对于"狂"范畴的饱满自信，其

---

[1] （明）王阳明：《王阳明全集》，吴光、钱明、董平、姚延福编校，上海古籍出版社2011年版，第90—91页。

中不排除有自我辩护的意图。阳明提出只需"一克念"就由"狂"入"圣",即便不克念,也因其心尚好而可以加以引导和裁制。这里显而易见地给"狂"范畴留足了发展空间。其弟子薛尚谦(侃)、邹谦之(守益)、马子莘(明衡)、王汝止(艮)向阳明师请教乡愿与狂者之分,阳明有一番著名的回答:"乡愿……其心已破坏矣,故不可与人尧舜之道。狂者志存古人,一切纷嚣俗染不足以累其心,真有凤凰千千仞之意,一克念,即圣人矣。惟不克念,故洞略事情,而行常不掩。"① 当其时,阳明平定宁王之乱立下大功,心学思想也蓬勃兴起,阳明势位隆胜而"谤议日炽"。弟子们认为别人忌妒眼红,所以对阳明师污蔑攻击。阳明并不以为然,地位高、权力大固然容易招人嫉恨,但是,深层次原因是自己扫荡干净了残余的"乡愿"意识,不再以取媚迎合他人为重,所以招致诽谤批评不断。阳明之所以毅然放弃"乡愿"意识,是因为洞见"乡愿"的本心已经破坏,不复有良知存在。"乡愿"在君子与小人两头都能左右逢源,既以忠信廉洁见取于君子,又以同流合污无忤于小人,圆滑善变,处处好评。但是,追问其内心,不难发现,忠信廉洁是"乡愿"用来取媚君子的手段,同流合污是取媚小人的方法。阳明剖析自己任职南京以前,尚有"乡愿"意思的残余。如今一任良知真是真非流行,再也不花费心思掩藏本心,"才做得狂者。使天下尽说我行不掩言,吾亦只依良知行"②。阳明对自己的"狂"者言行有明确的自觉意识,宁愿因为与时俗不合拍不协调而承受流言蜚语的围攻,淡淡的一句"吾亦只依良知行",尽显其"狂者胸次"。

阳明此番言论被后学在很多种场合下援引征用,可见在当时此言一出有振聋发聩之效。试看泰州学派后学焦竑的引用与评价(文

---

① (明)王阳明:《王阳明全集》,吴光、钱明、董平、姚延福编校,上海古籍出版社2011年版,第1287页。

② (明)王阳明:《王阳明全集》,吴光、钱明、董平、姚延福编校,上海古籍出版社2011年版,第1421页。

字与上文稍有出入，而总体上意思一致）："阳明子曰：'狂者嘐嘐，圣人而行不掩，世所谓败阙也，而圣门以列中行之次，乡原忠信廉洁，刺之无可刺，世所谓完全也，而圣门以为德之贼，某愿为狂以进取，不愿为乡愿以媚世也。'又曰：'某在南都以前，尚有些子乡原的意思，在如今信得这良知真是真非，信手行去，更不着些覆藏，才做得个狂者的胸次，使天下之人都说我行不掩言也罢。'"焦竑在征引阳明上述言论后，不由发出由衷的赞叹："噫，先生何止狂也，其狂而作圣者乎。"① 阳明由"狂"入"圣"不可谓不奇矣，足见阳明事功和学说对后进的启发和感召。焦竑又道："所以尤属意于狂也，狂者展拓得开"②，狂者志高，狷者有守，之所以鼓励学者宁为"狂"不为"狷"，是为了应对社会整体性的危机，突破困境，拓展出一片新天地，以王道仁政的治世理想为导向。

二 以"狂"寄"道"

明代心学学者为"狂"正名的路径，是回归孔子论"狂"的儒家原始语境，重新确认"狂"以载道、曲折通往"中行"的思路，这一观念愈益赢得广泛接受和认同。"狂"与"狷"对立互补，常常联袂出现，它们有高低层级之分，"中行"为上，"狂"次之，"狷"又次之③，对此学者们几无疑义。以论析精细通透而言，王畿的《与梅纯甫问答》一文堪为典范：

> 学术邪正路头，分决在此。自圣学不明，世鲜中行，不狂不狷之习沦浃人之心髓，吾人学圣人者，不从精神命脉寻讨根

---

① （明）焦竑：《焦氏四书讲录》，《续修四库全书》经部第162册，上海古籍出版社2002年影印本，第360页。
② （明）焦竑：《焦氏四书讲录》，《续修四库全书》经部第162册，上海古籍出版社2002年影印本，第152页。
③ （清）阮元校刻：《十三经注疏·孟子注疏》，中华书局1980年影印本，第2779页。

究，只管学取皮毛支节，趋避形迹，免于非刺，以求媚于世，方且傲然自以为是，陷于乡愿之似而不知，其亦可哀也已。所幸吾人学取圣人榖套，尚有未全，未至做成真乡愿，犹有可救可变之机。苟能自返，一念知耻，即可以入于狷；一念知克，即可以入于狂；一念随时，即可以入于中行。①

王畿辨析"狂"、"狷"与"乡愿"这三个概念，消化吸收了阳明师的"狂"者思想，几乎可作为阳明观点的注脚。他从心学思想原点出发，指出"狂"以践履见长，一心一意"只是要做圣人"，其行有不掩，虽然缺陷明显，但是"心事光明超脱"，也"不作些子盖藏回护"。这便是"狂"践履圣人之道的得力之处。"乡愿"是擅长嘴上说一套的"学圣人"，只一心用来谄媚他人，全体精神都从外在利益上照管，而且自以为是，所以不可寄希望于"乡愿"来践履尧舜之道。"狂"与"乡愿"的差异不可以道里计。"做圣人"强调行动践履的目的理想，"学圣人"强调学取圣人的外在形式特征。前者专注在自身良知等精神命脉上探究，后者将全部精神集中于外界毁誉；前者待人接物的瑕疵明显，自己能够察觉破绽之处，后者人人说好，毫无破绽，因而自我感觉良好；前者是学取圣人的根本精神，后者只学得圣人的皮毛枝节。当世风日益下行之际，真正的中行难以见容，而擅长嘴上说一套的"乡愿"貌似"中行"，在社会上反而能大行其道。因而儒家学术、道术的路头是正是邪，分歧就在这里，关键是防范乡愿习气。世人多批评"狂"身上显而易见的"行有不掩"的狂妄劲儿，王畿眼光颇为辩证地指出这既是"狂"范畴的"受病处"亦是"得力处"，在缺点中蕴含了闪光点：内心纯净阳光，毫不掩饰地追求道统理想；夫圣人所以为圣，"精神命脉全体内用，不求知于人"，常常自见己

---

① （明）王畿：《王畿集》，吴震编校整理，凤凰传媒出版集团、凤凰出版社2007年版，第4页。

过，成功了不自满，失败了不推卸责任，如此方日进又日进。王畿的辨析带有辩证的、理性的思考成分，他区分了"狂"范畴在人格上非"中行"的缺陷与践履"中行"之道的优点，强调后者以成为圣人的目的为导向，敢作敢当、行不掩言的性格劣势转化为强劲的行动力，若能谨慎防范避开阔略之处，自然能够入于中行。

在为"狂"正名的一波波声浪中，心学学者从《论语》《孟子》中重新"发现"了"狂"承续道统的精神气质，力排众议启用有个性缺陷的"狂"作为为天地立心、为生民立命、为往圣继绝学的主力，推动"狂"范畴从边缘的、从属的位置逐渐走向中心的、主导的地位，成为贯穿在明中晚期审美场域的一条主体性线索。士民自觉地反省儒学的"乡愿"化走向，展开道德的、审美的救赎，从原始儒家思想中获取灵感，建构弘扬道统的真诚淳朴的审美主体性，力图通过改变世道人心来改造社会。王门后学流派众多，思想多维发散，但是在掊击"乡愿"习气、反对儒学的"乡愿"化走向上，保持了一致立场。明代学者徐养元道："……而徒得谨厚之人，虽是好，然无益于事，未必能自振拔而有为，责之以任道则不足也。"[①]徐氏遣词用语温和持平，反"乡愿"的立场和态度却丝毫不含糊。这里的"谨厚之人"就是"乡愿"，也就是人们印象中的老好人。平心而论，人际交往合作中倘若缺乏谦恭、小心与顺从，势必增加矛盾纷争，老好人是人际交往必不可少的润滑剂，但是，"无益于事"、不足以"任道"是其致命问题，这个问题不仅事关个人性格，还事关儒家学术、道术的未来发展前途。

说"乡愿"们"无益于事"，这里的"事"特指儒家学术道统传承的大事，若说到急功近利地获取个人的生存资本，则非"乡愿"莫属。趋利避害植根于人性，本来无可厚非，心学对"乡愿"的掊击不

[①] （明）徐养元：《白菊斋订四书本义集说》，《四库全书存目丛书》经部第166册，齐鲁社1997年影印本，第719页。

是因为他们逐利的本性，而是因为"乡愿"依靠顺应迎合权贵阶层，依附于权力和金钱，获取了财富密码和权力密码。儒学的"乡愿"化走向，其实质是把儒家理想人格"中行"去目的化、去理想化，降格为逐利的手段和工具，从精英阶层到底层民众，普遍助长出一股两重性道德人格和依附型人格的风气。"以道殉人"或者说用儒家道统的冠冕言辞装饰权贵者的意图，构成明代社会整体性危机，那些能够带来快乐满足的道德感已经褪去了真诚的意味，士人之"身"的体验和感受与"道"断裂，扩展为难以弥合的鸿沟。良知尚存的士人对此多有描述，比如袁宗道诗中书写离开官场前后体验的改变："狂态归仍作，学谦久渐忘""十载贫兼病，半生狂与痴"[①]。儒学的"乡愿"化走向不仅是对"道"超越精神的背离，也背弃了"道"的独立性，而且迫使"道"沦为世人获取功名的手段或工具，造成明代社会隐蔽而且深刻的思想危机——儒家道统的工具理性化。王艮态度鲜明地表示："必不以道殉乎人"[②]，正是为了避免坠入将儒家道统工具理性化的陷阱，泰州学派倡导"尊身"即"尊道"，儒家士人尊重自身的主体意识与弘扬道统之间保持紧密一贯性，在做人的理想追求中标举"道"的统领地位，由此确立"狂"以寄"道"的价值内涵，为"狂"的正名提供了源源不绝的强硬底气。

　　反之，如果忽视或割裂"狂"以寄"道"的深刻关联，就会带来对于"狂"范畴的简单化、表象化理解。常见的一种误解就是将"狂"范畴与放浪不羁引为同类。这是对"狂"内在超越价值的漠视与曲解。袁宏道曰："右乡愿而左狂，则狂之不用常多而用常少。"古人以右为尊、左为卑，自古以来形成了卑"狂"尊"乡愿"的局面，因为除了极少数慧眼识人的圣贤，一般人更乐意与一团和气的"乡

---

① （明）袁宗道：《白苏斋类集》，钱伯城标点，上海古籍出版社1989年版，第43页。
② （明）王艮：《明儒王心斋先生遗集》，《王心斋全集》，陈祝生等校点，江苏教育出版社2001年版，第37页。

愿"相处，乐见他们担任津梁。人们常常嘲笑"狂"、批评"狂"，因为他们桀骜不驯、不受管束，很难获得长官任用。袁宏道于是借谈孔门弟子曾点之"狂"表明自己的观点，驳斥了世人对曾点放浪不羁的批评。曾点怀有宏大的圣人之志，而言行不够谦逊含蓄，所以通常被视作行不掩言，"则谓点一放浪不羁之士，而何与于治天下？"[①] 倘若只看到曾点行不掩言、放浪不羁的一面，就看不到曾点是治天下成就王道仁政的得力之人，所谓与圣人之志同，是一种大气象、大格局，烛照上古三代天下大治的尧舜治世理想。刘梦溪指出这是"可以兼济天下的寄道之狂"[②]，可谓一语中的。可见，正是因为心学学者确认"狂"以寄"道"的价值内涵，才能达成为"狂"正名的统一阵线。

以"狂"寄"道"的观念重新修复与巩固了"狂"与"道"的原始联系，泰州学派以"狂"寄"道"，学人之间彼此惺惺相惜、声应气求，视为同道中人。耿定向早年间赏识焦竑狂简纯粹的气质。焦竑时年二十五，功名未就而志向高远纯粹，连"素不为诗"的耿定向也罕见地为这个年轻人赋诗"竑乎简且狂"，鼓励他"狂更诣中行"[③]。耿师的殷切期待成为焦竑一生难以忘怀的宝贵记忆，"走之狂简亦不为先生之所弃"，二十年过去了，科场功名未就，而狂简依旧，一句"不殆于终负先生也哉？"[④]道出心中感激、恭敬与不安交织的复杂况味。焦竑之狂简不仅受到耿师的器重，也深受友人李贽的赞赏，何况李贽本来就是狂狷之人，在同声同气的朋友之间赠答往来无须拘泥客套，更加恣意率性，你唱我答，意气飞扬，情感奔放。焦竑赠诗云："昔我从结发，翩翩恣狂驰。凌厉问学场，志意纵横飞。慷慨思古人，自谓不足为。世俗薄朱颜，容华翻见嗤。中

[①] （明）袁宏道著，钱伯城笺校：《袁宏道集笺校》，上海古籍出版社2008年版，第1517—1521页。
[②] 刘梦溪：《中国文化的狂者精神》，生活·读书·新知三联书店2012年版，第78页。
[③] （明）耿定向：《耿定向集》，傅秋涛点校，华东师范大学出版社2015年版，第6页。
[④] （明）焦竑：《澹园集》，李剑雄点校，中华书局1999年版，第198页。

原一顾盼，千载成相知。相知今古难，千秋一嘉遇。而我狂简姿，得蒙英达顾。"① 不难看出焦李二人有相同相近的志气意趣，在治学上都秉承道统余脉，也都因"狂"以寄"道"而遭受世俗的讥讽与嘲笑，也都能够以欣赏的胸怀包容对方待人接物的瑕疵与不完满。二人颇有志同道合、高山流水之感。焦李二人书答中对狂简问题有多次讨论，譬如李贽在给焦竑的书信中以一贯激烈的言辞为"狂"辩护和伸张："求豪杰必在于狂狷，必在于破绽之夫。"② 总之，泰州诸贤重申以"狂"寄"道"的理念，乃是有意强化"狂"范畴的合法性。有关论述甚夥，恕不一一枚举。

三 良知造就的"豪雄"

心学及其后泰州学派崛起是思想史、美学史的重要事件，"狂"范畴的灵晕复归，与之息息相关。或者毋宁说，经受心学沾溉的审美范畴"狂"乃人为地建构生成。"狂"范畴的主体性要素如人的心、意、知、情、欲等，都隶属于心学所弘扬的"心""良知"范畴。随着心学、良知学的流布，"狂"范畴的主体性力量逐渐深入人心，承载了空前高涨的弘道传道使命，内涵也愈加丰厚。

阳明心学乃宗心之学，以人"心"为万有之归宿，"心"既是物质性的肉身的心，又是先天本然即具有天理意识的心本体；而程朱理学为宗性之学，即性（理）学，以外在于人的天"理"或者人承受天理的本"性"作为归宿。这意味着心学重内心自得体悟，程朱理学偏重外求知识。专力于外求天理上下工夫，难免流入烦琐支离、记诵词章的弊端，压抑束缚了人活泼泼的主体能动性，最终反而背离人的性命根本。心学用身心的真切体认扫除程朱理学末流的

---

① （明）焦竑：《澹园集》，李剑雄点校，中华书局1999年版，第588页。
② （明）李贽著，张建业、张岱注：《续焚书注》，社会科学文献出版社2013年版，第50页。

支离外求之弊、僵化拘执之陋，走上复兴圣学传承道统的新征途。心学学人身体力行的讲学活动，不啻为思想领域的启蒙和解放运动，打破了宋明程朱理学一家独尊的保守局面，于沉寂中唤醒人的内在生命力、行动力和反思力，为充满新意但不那么完美的独创性和个性鼓与呼，洋溢着蓬勃旺盛的智识，以及勇往直前的无畏气概。提点人心则采用类似于禅宗公案的当头棒喝方法，使人当下省察领悟，求学问道简易直截，讲学清新生动，将程朱理学末流的经院陋习洗濯了个干干净净。

（一）良知的自然显现

"狂"范畴的灵晕源自人心良知本然具有，良知见在且独立自足、不假他求。良知独立自足的完满特性使"狂"范畴自然而然地充盈，显现为豪迈洒脱的至善大美。朱子学尊奉的"理"指向外在于人的客观规律，天理对人施加影响和作用力是由外向内地发生，始终伴随着不自由感。王学推崇的天理转向内在于人的心本体，"心"即"良知"，是一种知道是非的"是非之心"，是建立在主体性基础上的道德良知，包括人的道德理性、道德情感和道德无意识，强调自我的灵明，也就是"心"在人的道德判断和道德行为上的绝对优先性。这就是"心外无理"，为心体之乐的绝对性、超越性预设了理论基础。

"良知"学说认为，普遍性的道德法则内在于人的主体性之中，无须刻意谋求，这是对孟子关于仁义礼智"四端"说的继承和发展。仁义礼智的四端分别指的是恻隐之心、羞恶之心、恭敬之心、是非之心，"人皆有之"，所以说"仁、义、礼、智非由外铄我也，我固有之也，弗思耳矣"（《孟子·告子上》）。阳明勇猛精进，将"良知"悬为本体，它散在于万殊万有，恻隐、羞恶、恭敬、是非之心不仅内在于人心，甚至普遍见在于禽兽草木，是那宇宙万有的本体之"心"，又是人人先天具足的本心，此即"万物一体"或"体用一原"。孟子式充沛的浩然之气、天地大美复苏了。阳明道："身之主宰便是心，心之所发便是意，意之本体便是知，意之所在便是物。"① 对于肉身存在的人而言，良知本体通过身、心、意、知、物的联动，构筑摆脱外在束缚、通往审美自由的可能。

孟子之"狂"是心学之"狂"的灵感，心学及泰州学派学人的很多表述与《孟子》的表述高度同源，但相比之下，实践性更为强劲。比如孟子有"人皆可以为尧舜"（《孟子·告子下》）的浪漫理想。孟子重点在一"为"字，也就是在成为尧舜的过程中，不排除若干精细工夫，"良知说"则有略去"为"字不讲的倾向，在"人"与"尧舜"之间，几乎直接画上等号。所谓"无善无恶"无须刻意防检，往悲观处讲不免会陷入"猖狂无忌惮"，往积极方面讲则廓开了主体能动性的域限，有可能创造出"人皆可以为尧舜"的现实世界。阳明强调良知自觉自愿就能知行合一，如今自信这良知本心，真是真非，信手行去，更不添加丝毫人为掩饰覆藏，他勇敢宣称："我今才做得个狂者的胸次。"② 在王阳明那里，"狂"是良知自由不羁、自然流畅的显现，是道德情感、道德意志和道德无意识的本然流露，越见得良知的精粹澄澈与"狂"的坦荡无私，倒是"乡愿"的种种假面、种种牵缠、种种回护，也无法掩盖它的狭隘与可笑。

"良知说"意味着积极有为的入世精神，听从吾心良知，于人伦庶物上格物致知、修齐治平。阳明曰："若鄙人所谓致知格物者，致吾心之良知于事事物物也。"这里的"事事物物"乃是儒家所关注的日常伦理生活，致知格物始终不脱离日用伦常、人伦庶物，在待人接物当中，洞见仁义礼智。吾心之良知即所谓天理，"致吾心良知之天理于事事物物，则事事物物皆得其理矣。"所谓致知就是致吾心之良知，格物就是事事物物皆得其理，故而合心与理而为一。心为

---

① （明）王阳明：《王阳明全集》，吴光、钱明、董平、姚延福编校，上海古籍出版社2011年版，第6页。
② （明）王阳明：《王阳明全集》，吴光、钱明、董平、姚延福编校，上海古籍出版社2011年版，第132页。

身之主，而心之虚灵明觉，就是所谓本然之良知。良知应感而动为"意"，阳明又道："意之所用，必有其物，物即事也。如意用于事亲，即事亲为一物；意用于治民，即治民为一物；意用于读书，即读书为一物；意用于听讼，即听讼为一物：凡意之所用无有无物者，有是意即有是物，无是意即无是物矣。物非意之用乎？"[1]"意"就是良知心体感受外物滋生出的意念情识，"意"变化多端，作用于不同的事物，这就是有事做事。对于明朝人来说，做事主要就是事亲、治民、读书、听讼这几件，事事物物受心体之主宰，深契明代士人熟读的《大学》格物致知之旨，从"明德于天下"之旨一步步推导到"治其国""齐其家""修其身""正其心""诚其意""致其知"，直到"致知在格物"[2]。明人将格物致知的兴趣转移到在人伦庶物上洞见良知本心，以此成就儒家理想之"道"，阳明承认人有圣愚之分，而良知不因圣愚之别而有分别，故云："圣人之学，惟是致此良知而已"，即使心灵遮蔽蒙昧已极的愚与不肖者，良知也未尝没有存在过，如果能致其良知，则与圣人无异矣。此"良知所以为圣愚之同具，而人皆可以为尧舜者"[3]，孟子的"人皆可以为尧舜"理想经过心学的阐发，可以通过讲学求道转化为现实。

"良知"以作用见性，效果直接显著，将空想转化为现实，这方面颇得佛禅"见性成佛"之精髓。心学虽然不能等同于禅学，但不能否认心学与禅学颇有契合之处。从心体的具体内涵来看，佛禅的"心"是无是无非、无善无恶的清净意识。因为人心被太多情识意志淤塞，故而人生出无量苦恼，众生辗转其中无法摆脱。这里的"心"又称"灵明"，对于佛禅而言洞见本心乃是虚无，而心学之"心"

---

[1] （明）王阳明：《王阳明全集》，吴光、钱明、董平、姚延福编校，上海古籍出版社2011年版，第53—54页。
[2] （清）阮元校刻：《十三经注疏·礼记正义》，中华书局1980年影印本，第1673页。
[3] （明）王阳明：《王阳明全集》，吴光、钱明、董平、姚延福编校，上海古籍出版社2011年版，第312页。

有丰厚的伦理道德内涵，心学所欲洞见的本心乃是"仁"，在"心"的旨趣上，佛禅与心学有根本性差异。鉴于佛禅将宇宙一切精神现象和一切物质现象皆目为假象"空"，万物变迁，世事无常，也就是没有恒定的本质和固有的形式，没有实质的规定性，唯有寂静空灵的本心是涅槃的真知。显然这里夸大了人的意识活动和精神思维的作用。而心学坚守万物一体之仁，良知与天地万物一气流通，良知也不能离开后者而单独存在，始终关系人伦庶物之事，此之谓"格物"。格物是知行合一的基础和前提，至于佛禅之徒遗弃伦理，以寂灭虚无为常，这并不适用于家国天下的治理。

"良知说"虽然令当时学人有耳目一新之感，以及拨云见日之痛快透彻，但是，客观上也会助长狂荡的流弊。明末东林党人顾宪成评论道："无善无恶四字最险最巧。君子一生，兢兢业业，择善固执，只著此四字，便枉了为君子；小人一生，猖狂放肆，纵意妄行，只著此四字，便乐得做小人。"[1] 顾宪成讲学议政，力图纠正学风流弊，提倡理学初创时期的平正深刻之风。他以批评者的视角评骘心学，有其犀利深刻之处，因为主张良知"无善无恶"，有可能走上混淆主客、颠倒理欲、取消差等的"空"观，非常接近佛禅老庄的相对主义观念，即主张取消差异的绝对性，那么既有的伦常秩序、礼教架构，以及所有稳固不变的东西都将被撼动，面临解体之虞，而这是君子最不希望看到的结果。

（二）自我成就的"豪雄"

"豪雄"就是一空依傍、自我成就的豪杰、英雄，这是阳明心学确立的"狂"范畴的突破创新形态。因为良知本体自我完足、不假他求，"豪雄"或"狂"者以一己之身承担起弘道使命，自尊自信、自我确立、自我成就，随任本心地践行家国天下的理想。自我造就

---

[1] （明）顾宪成：《顾端文公遗书》，《续修四库全书》子部第943册，上海古籍出版社2002年影印本，第291页。

的"豪雄"或"狂"之所以难能可贵，是因为王朝意识形态体系为依附顺从权贵与金钱的"乡愿"们提供了适宜的温床，在仕途上则孵化出人情练达、圆滑世故、处处逢源的所谓"通儒"。无论"乡愿"还是"通儒"，他们都擅长依傍外物和权贵，都善于借力，唯独不能够自信本心。按照心学良知心体本然具足的说法推论，"乡愿""通儒"的养成就是一个"去良知""去自信"的社会化过程。士人在求取功名之前依然残存几分从"四书五经"中获得的信念，还存几分正直的追求，而一旦踏上社会步入仕途，世俗的人情揣摩和功利算计成为日常套路，仕途磨炼就大大加速了"去良知""去自信"的进程。正如袁宏道所言，"通儒"入仕前后犹如换了一副嘴脸，当他们尚匍匐在狭窄逼仄的社会空间，"非不斤斤伉直，耻绚流俗"，而一朝跻身进入仕途阶层，"不复能自信其胸臆"，"揣摩念多，弥缝套熟"。这些掩藏回护的心念和套路越来越熟练，愈加难以摆脱，回首困顿窘迫之日，反而能"信心而行""信口而言"，行如其心，心应其口。当初的率真成为过往。世人所称道的"通儒"尚且如此，儒学的前途不禁令人唏嘘感慨，"所谓变塞，所谓不恒其德，乌能自强以希天之健也"！① 到明中晚期，儒学问世一千多年，人的社会心理与社会行为虽有变化，但所谓"通儒"仍然在顺着"乡愿"的惯性前行，孔子期待的"中行"人格一直都没有如其所愿地出现。

心学学者持之以恒地反对"流俗"，就是反对一心揣摩算计以迎合权贵或金钱的风气，这种恶劣风气的实质可以理解为"去自信""去自尊""反自强"。"流俗"拉低了儒家思想的品格，使之陷入功利化和矮化的窘困处境。从底层平民到顶层精英，善于变通迎合的两重性人格和依附型的妾妇人格，在社会上处处逢源，为儒家的仁

---

① （明）陈懿典：《寿尊师焦先生七十叙》，见（明）焦竑《澹园集》，李剑雄点校，中华书局1999年版，第1272页。

义礼智信和中行理想敲响了警钟，儒家发展面临有史以来最为严峻的挑战，是接受儒家理想的矮化、功利化直至完全溃烂，还是奋起反击，捍卫儒家士人真诚的道德理想，成为每一个士人需要直面的选择。

其实，自孔子确立中行的儒家理想伊始，儒学便一直难以摆脱"中行"理想异化或矮化的困境。所谓"儒家的困境"①在孔子生活的时代已然存在，至明季这一困境越发严峻，士人放弃自尊自信的后果是中行理想走向全面虚假化的崩坏。邹元标指出，岂只人活着时做大官者假，"即得美谥，亦假者众"，生前死后都不能免一个"假"字，世间人与事往往如此，他认为，世界原无定准，唯本心有定向，"惟不昧本心，即是为己之学"②，劝勉人们看淡一切世间毁誉得失与沉浮盛衰，这些虚假造作犹如浮霭往来，于世界并无一丝一毫的损益。

应对"中行"陷入的困境，意味着从文化惯例、习俗风气上进行抵制，心学将弘道希望寄托于"狂"。通过为"狂"正名和辩护，移风易俗，潜移默化，改变"乡愿"盛行的舆论氛围，为"狂"以寄"道"留出发展空间。自王阳明伊始，王艮、王畿、罗汝芳、杨起元、焦竑、李贽、公安三袁等深受心学濡染。他们生活在不同的时代和地域，将素来遭诟病的"狂"作为任道之器，赋予"狂"以突破儒家困境的意义，可以说是抓住了问题的症结。"豪雄"以其雄豪气势突破儒学困境，伸张自尊、自信的主体能动性，蔑弃以功名利禄为导向的短期目标和眼前利益，弘扬以自信本心为导向的儒家"中行"理想，只有打破了眼前利益强加在人身上的枷锁，才能使人重新站立起来，成为大写的人。

---

① ［美］狄百瑞：《儒家的困境》，黄水婴译，北京大学出版社2009年版，第117页。
② （明）邹元标：《愿学集》，《文渊阁四库全书》集部第1294册，台北：台湾商务印书馆1986年影印本，第65页。

儒家的困境是自身内在思想矛盾发展演变的必然结果。"乡愿"盛行下的流俗累积之风险，几乎伴随着儒家积极入世的追求，因为学而优则仕、修身齐家治国平天下的人生道路，与现实生活、功名利禄、眼前利益有千丝万缕的联系。儒家理想与人生现实之间联结紧密而难以分离。"乡愿"与庸俗的社会现象和习惯同流合污，"乡愿"比"狂"具有更灵活的社会适应性，更顺应现实社会心理需求。它将儒家寄道的理想作为名号和形式，其本质是依附型人格、妾妇人格，曲学阿世，臣服于权与势，顺应和助长了集体层面的道德虚伪。"乡愿"们也许只是出于肤浅平庸的动机，因唯恐被社会排斥成为异类而拒绝思考、一味顺应迎合。世人全面共谋而不知的罪恶缓缓地侵蚀腐化中行理想，它不像大奸大恶那样臭名昭著，容易激起众怒，倒是非常类似于一种不声不响发生的、众人习焉不察的"罪恶的平庸性"。所谓"罪恶的平庸性"或"罪恶的肤浅性"是汉娜·阿伦特（Hannah Arendt）提出的观点，原指法西斯极权统治下，以普通官员"耶路撒冷的艾希曼"为代表，各级官方组织全面丧失判断的权利与能力，从而共谋反人类的犯罪[①]。这里用来指涉儒家伦理道德在走向日常生活的全面制度化过程中，士民群体全面丧失反思的能力，无法承担传承儒家绝学的责任，无法判断盲从的悖谬，仁义礼智沦为获取功名利禄的手段，功名利禄成为人生主宰，儒家思想被追求功名利禄的平庸肤浅动机驱动着，走向矮化和异化。

设若光明正大地追求人欲满足的快感，倒也无可厚非，问题在于"乡愿"表里不一，使得集体层面的道德虚伪成为文化惯例，被人们接受并甘于被同化。儒家礼教在漫长的发展过程中被统治阶层固化为正统的、官方的意识形态，衡量一个"通儒"的评价标准，

---

① ［美］汉娜·阿伦特：《反抗"平庸之恶"》，陈联营译，上海人民出版社2014年版，第19页。

通常以儒家理想人格来要求。宋代大儒张载用一句"徇欲而畏人"揭穿了"乡愿"肤浅平庸的本质：既要满足一己私欲，又要顾及在人前维护体面的形象，而其心"穿窬之心也"，即穿墙打洞偷窃之心、奸利之心也。这是表里不一的典型症候。"遁辞乃乡原之辞也，无执守故其辞妄。"① "乡愿"心口不一，言辞虚妄不实，因为他们无所执守，放弃了儒家做人的底线。

"乡愿"的动机虽平庸，它侵蚀腐坏儒家思想根基的破坏力却不容小觑。其一，伪善淘汰真诚，在社会上得以通行无阻。根据宋儒吕希哲的解读，"乡愿"之"愿"与"原"相通，都做"善"讲，但是这种美好和善仅仅是刻意营造的自我形象，实质一心谋奸利、营私家。其二，在盲目从众、随大流的社会心理作用下，人们不假思考地以为"乡愿"就是善和美。"乡愿"混淆善和伪善，具有欺骗性，众人不能分辨也，"能使一乡皆以为善人者，以其外假饰以圣人之道，而内潜希世之志"②。似乎在社会伦理道德生活中有执守有理想追求的人，更容易成为异类，饱尝冷眼和讥嘲，遭到排斥和打击。其三，人们的从众心理更进一步使"乡愿"自以为是、执迷不悟。"乡愿"自以为善，对"狂"竭尽嘲笑和诋毁，"乡原惟欲人谓己为善，故以狂者为非是而斥之也"③。"乡愿"一门心思以媚世为务，颇得众人欢心，于是笃信自己绝对正确。世间流俗以依附、顺从为美为善，其中"乡愿"的利益获得感和心理满足感起了推波助澜的作用。

儒家道德在"乡愿""通儒"的逆推动下衍化为流俗、习惯，这是一个值得引起注意的信号。思想家指出："在一个古老而高度文明化的国度中道德彻底崩溃的那一刻，道德开始显现出这个词原初

---

① （宋）张载：《张载集》，章锡琛点校，中华书局1978年版，第322—323页。
② （宋）朱熹：《论孟精义》引吕侍讲（希哲）注，《朱子全书》第7册，朱杰人、严佐之、刘永翔主编，上海古籍出版社、安徽教育出版社2002年版，第847页。
③ （宋）朱熹：《论孟精义》引吕侍讲（希哲）注，《朱子全书》第7册，朱杰人、严佐之、刘永翔主编，上海古籍出版社、安徽教育出版社2002年版，第847页。

的意义,即一系列的风俗、习惯和礼貌"①,而古人亦云:"王道不行,风俗颓靡","乡愿"盛行既是道德下堕的动力,也是道德下堕的必然结果,浮沉俯仰,同流俗合污世,"故污世流俗之众人皆悦之也"②。其标志就是"自媚于世,而得其所欲"愈加盛行,不如此就到处碰壁,难以在复杂社会关系中立足安身。因此,有识之士对"乡愿"的排抵常常与抗拒"流俗"并论,对"狂狷"的肯定也常常基于这一考量。焦竑云:"狂狷尚可以入圣人,乡原却终不可入尧舜之道也。"③李贽云"论好人极好相处,则乡愿为第一",但是"论载道而承千圣绝学,则舍狂狷将何之乎?""有狂狷而不闻道者有之,未有非狂狷而能闻道者也。"④他们都将媚世欺心以满足私欲的"乡愿"视为践行儒家道统的拦路虎,抵制循规蹈矩、缺乏思考、一味迎合的流俗风气,唤醒自主自立的良知,在独立思考和自我造就中自我成就为"豪雄",与流俗风气明显区别开来。

"狂"范畴的主体是自我造就的英雄豪杰,积极有为地入世实践,是为了经世治国而不是仅图自我受用。阳明统一知与行,在事功业绩与立德立言两方面为后学树立了豪迈不羁、勇于担当的"豪雄"之美,在"乡愿"盛行的社会氛围中,一洗士人顺从迎合的妾妇心态,扭转士人立身处世的被动心理,使其更主动积极地介入家国天下的治理。

从立德立言的角度看,自我成就的"豪雄"显现了知行合一的道德之善与形式之美。阳明在朱子学一统天下的强势话语下标揭新

---

① [美]汉娜·阿伦特:《反抗"平庸之恶"》,陈联营译,上海人民出版社2014年版,第68页。
② (宋)朱熹:《论孟精义》,《朱子全书》第7册,朱杰人、严佐之、刘永翔主编,上海古籍出版社、安徽教育出版社2002年版,第848页。
③ (明)焦竑:《焦氏四书讲录》,《续修四库全书》经部第162册,上海古籍出版社2002年影印本,第359—360页。
④ (明)李贽:《与耿司寇告别》,《焚书注》,张建业、张岱注,社会科学文献出版社2013年版,第66页。

说，在独立思考中彰显立德立言的力量："每念斯民之陷溺，则为之戚然痛心，忘其身之不肖，而思以此报之"，哪怕自不量力也毅然前行，面对天下人的"相与非笑而诋斥之，以为是病狂丧心之人"，阳明以一句"呜呼，是奚足恤哉?"① 表达了对世间讥刺与非笑的无视。多少世人为圣贤之言所困而抱残守缺，正应了老话：尽信书不如无书。阳明成一家之说的理论创新勇气来自生活世界现实问题的激发，他有感于时代学术死气沉沉的局面，人生一世皆习于既成，相安相利恬然不觉忧患之将至。在立德立言上自我成就的"豪雄"勇于创立新说，在相沿相习的权威学说中发现破绽和不足，与时俱进地变革旧学说，适应时代变化发展的需要。"豪雄"有充分的自尊自信，不以圣人之是为是，阳明将反思投向圣人孔子，学贵在得之于心，以"心"为准绳，"求之于心而非也，虽其言之出于孔子，不敢以为是也，而况其未及孔子者乎?"② 不以孔子之是为是，不以孔子之非为非，求之于心如果是正确的，即使其言出于庸常之人，亦不敢以为非。独立思考、自信本心，这是在立德立言方面主体意识觉醒的重要内涵。

  从建立事功的角度上看，阳明文治武功独当一面，不仅"才兼文武"而且有"奇智大勇"，无愧"才雄""雄杰""命世人豪"的美誉。王阳明生活在特定的时空，他的事功践履不可能不带有所处时代和阶层的烙印。正德十四年（1519）宁王朱宸濠兴兵反叛，史称"宁王之乱"。这是一场皇权争夺之战，一时间明王朝政权岌岌可危。王阳明于危难之际仓促受命举兵勤王，他调兵遣将巧施谋略，仅用短短三十五天就平定了叛军。除此之外，他还镇压过江西南部农民起义和广西少数民族的反明武装，维护了政权和社会稳定。在古今儒者之林，他的事功业绩绝无仅有，即便放在整个明朝一众文

---

  ① （明）王阳明：《王阳明全集》，吴光、钱明、董平、姚延福编校，上海古籍出版社2011年版，第90—91页。
  ② （明）王阳明：《王阳明全集》，吴光、钱明、董平、姚延福编校，上海古籍出版社2011年版，第85页。

臣武将中也十分突出。王阳明用知行合一的事功证明了"豪雄"可以凭自我造就实现成圣的理想，而不需要完全仰人鼻息乃至失去自尊自信，也不必一心依傍皇权君势，完全失去自我思考。他将士人实现自身价值的取向从流俗普遍认可的"通儒"拨转向了理想化的"圣人"。"通儒"与"圣人"的不同追求就在于，"通儒"依附于皇权贵胄，排斥自尊自信的主体意识，而"圣人"是君主取法的对象，是儒家道统的代言人，在道统话语建构上具备相对独立的自我意识。

  心学思想呼唤更多的"豪雄"出现。阳明慨叹："非夫豪杰之士，无所待而兴起者，吾谁与望乎？"[①] "豪杰之士"就是"豪雄"或"狂者"的同义语，"无所待而兴起"就是空无依傍而自我成就、自我树立，崛起于寻常市井巷陌，初心不改，卓然不变，依凭的是一腔良知。这是"一切纷嚣俗染，举不足以累其心"的自在超脱，令人深感"有凤凰翔于千仞之意"[②]，凤凰高高翱翔于无尽天穹，视野无比开阔，充满自信与活力，挣脱流俗纷嚣，重获洒脱自在，赋予美以昂扬高蹈的内涵与豪放洒脱的形式，在瞻前顾后忙于弥缝格套的"通儒""乡愿"中，这种美绝难窥见。以阳明为标杆形象的"豪雄"，富有说服力地展示了致良知、自我造就的成功之路，彰显了就现实社会中的个人而言，在修身、齐家、治国、平天下的现实层面，"狂"范畴所能达到的高度，而这对于广大士民极具感召力。

  （三）在洒脱与敬畏之间摇摆

  寄"道"之"狂"带给士人独特的美感体验，这种体验感摇摆在洒脱与敬畏之间。洒脱是无拘无束、不受道德规范辖制的自在感，敬畏是谨慎而不懈怠、严肃而认真的道德满足感。阳明为"狂"范畴确立了良知本体，激发士人自觉的弘道意识，显现为富有感染力

---

① （明）王阳明：《王阳明全集》，吴光、钱明、董平、姚延福编校，上海古籍出版社2011年版，第64页。

② （明）王阳明：《王阳明全集》，吴光、钱明、董平、姚延福编校，上海古籍出版社2011年版，第1421页。

的、一触即发的道德情感，既有天赋良知的洒脱自然，又秉承了弘道的敬畏谨慎。因为弘道意识可能基于实用理性的反复权衡考量，也可能受到率性倡道的情感冲动驱使。"狂"范畴的率性倡道内涵，来自道德行为的发动，体现为情感的冲动性倾向，看上去不假思索、纯任自然，故有洒脱一说，而又紧密契合弘道的实用目的，此为敬畏的根源。

接下来，试对率性倡道的道德情感做进一步区分，一种是直觉的道德情感，即无须经过理性分析和利害权衡的自然情感；另一种是非直觉的道德情感，即对于道德行为有理性的认知或利害判断，或者表现为以理性为主导的道德情感。在百姓日用常行里，这两种道德情感常常你中有我我中有你地结合在一起，还与意志、认知等非情感因素相互渗透融合。古人对此混同使用，如阳明曰："知是心之本体。心自然会知"，就日常交往情感而言，孩子见父母自然生孝心而知孝，见兄长自然生出悌心而知悌，"见孺子入井自然知恻隐，此便是良知"。依照良知之知"自然"会知的逻辑，孝悌之心都是自然而然产生的情感，不假外求，无须刻意为之。必须承认"心自然会知"的"自然"其实含义颇为复杂，含有"自然（非人为刻意）"、"应然（为善应该如此）"和"必然（符合必然律）"的多重意义，"心"实乃自然情感、道德情感和道德理性的合一。阳明语中"见父自然知孝，见兄自然知弟"与"见孺子入井自然知恻隐"又有区分，前例见父母知孝顺、见兄长知顺从的应然性情感，以血缘基础上的日常人际交往为依托，后例见小孩误落深井而施以援手，是面对弱者深陷苦难之中的初始性、自发性情感。阳明指出日用常行的道德情感有"应然"性和"自发"性，但不含有"必然"性。"若良知之发，更无私意障碍"，这种情况下纯任道德情感自发充塞内心，则仁不可胜用矣。相反的情况譬如忤逆父母，不敬兄长，见孺子入井冷漠无视，等等，在身边同样屡见不鲜。阳明接着又指出："在常人不能无私意障碍，所以须用致知格物之功。胜私复理，即心之良知更无障碍，得以充塞流行，便是致其知。"① 由于私意障蔽了良知本心，解决问题的方法就是用"格物""致知"的工夫，克服普通人都可能会有的私欲迷惑，恢复天理良知。

致良知的工夫有两种，研究指出：王阳明的良知工夫有"著实用功"与"自然用功"的分疏②。一种情况下，直觉的意识、自然情感与道德情感相统一时，"自然用功"即可，这种当下工夫不涉及人为安排，不受规矩格套的拘束，不因意识流转而转变，只须一任良知的"自然之觉""本然之觉"。阳明说："良知亦自会觉。"③ 诸如"即刻当下""随时就事上"去"致其良知"的说法，尽显一副大自在、大气派、大自得。阳明又云："一是百是"④"一了百当的功夫"⑤，讲的都是洒落自在的痛快意思。另一种情况下，需要"著实用功"，对直觉的意识、自然情感下功夫，转化为道德情感的理性流露。即如陆象山在人情事变上做功夫之说，王阳明曰："除了人情事变，则无事矣。"⑥ 喜怒哀乐莫非"人情"，自视听言动以至富贵、贫贱、患难、死生，皆为"事变"，"事变"亦只在"人情"里。其要诀只在"致中和"与"谨独"。阳明强调在人情事变上做工夫，与之一脉相承的是在外在规矩上做工夫，使之归于中和，而中和的要诀在于心存敬畏感。

阳明的"狂"范畴维系着本体与工夫的体用合一，在洒落与敬畏两端之间摇摆不定。不仅"狂"范畴的良知摇摆在自然情感、直

---

① （明）王阳明：《王阳明全集》，吴光、钱明、董平、姚延福编校，上海古籍出版社2011年版，第7页。
② 吴震：《阳明后学研究》，上海人民出版社2003年版，第13页。
③ （明）王阳明：《王阳明全集》，吴光、钱明、董平、姚延福编校，上海古籍出版社2011年版，第126页。
④ （明）王阳明：《王阳明全集》，吴光、钱明、董平、姚延福编校，上海古籍出版社2011年版，第39页。
⑤ （明）王阳明：《王阳明全集》，吴光、钱明、董平、姚延福编校，上海古籍出版社2011年版，第116页。
⑥ （明）王阳明：《王阳明全集》，吴光、钱明、董平、姚延福编校，上海古籍出版社2011年版，第17页。

觉意识和道德情感、道德理性之间，而且"狂"范畴的工夫也摇摆在洒落自在与敬畏用功之间，表现为既肯定洒落，欣赏那种自在自得，又谨慎地保持克制，防范纵情妄为，敬畏服从理性，用道德理性范导直觉意识和自然情感，所谓洒落者，"非旷荡放逸纵情肆意之谓也"，而是"心体不累于欲，无人而不自得"[①]。因此阳明欣赏的不是恣意妄为，而是心不为意见情识欲念所牵绊，时时放下，时时自得，其实包含了著实用功的成果。因为心学主张心外无理，所以著实用功不是向外探求把握客体，而是通过内心的内省直观，对心之本体或良知作出当下即是的整体把握，归根结底是将道德理性纳入直觉式的自我把握。

阳明"狂"范畴的边界尽管不那么清晰，但是始终不放弃道德理性良知的监管，正因为如此，阳明"狂"范畴在洒脱自在之余仍然心存敬畏，戒备和防范情识欲念泛滥对良知心体可能造成的冲击。这种道德认知和道德理性确保了良知心体的充塞流行，调解主体的行为、意识、情感与规范格套之间的矛盾。然而，这种克制作风发展到泰州学派那里，布衣士人高亢的弘道使命大大强化了"自然用功"的维度，遂促使"任其自然""率其良知"的倾向愈演愈烈。

总之，阳明致良知的思想旨趣为"狂"范畴进一步深化和精致化的发展提供了理论生长点。良知说将道德的、审美的砝码从外在矩矱拨向人内在的良知心体，具有思想解放的先导意义。"狂"范畴是弘道意识的自然流露，纵横自在不受拘束，阳明笃信"人皆可以为尧舜"，复兴光大孟子之"狂"想，用他一生的戎马倥偬、著述立说和讲学传道展示了"豪雄"自我树立的现实可能性。由于王阳明的朝廷重臣身份，他所处的语境具有较强的约束力，所言所行皆符合君子"在其位而谋其政""达者兼济天下"的儒家传统。在符合

---

① （明）王阳明：《王阳明全集》，吴光、钱明、董平、姚延福编校，上海古籍出版社2011年版，第190页。

身份的前提下，在语境所能容许的范围内，他创造性地发挥了主体意志的能动作用，但又以天理抑制自由思考，把自觉意识意愿收纳进正统纲常。对于最广大的"愚夫愚妇"而言，如何自我成就，甚至成为圣人，这些问题尚有待泰州学派来尝试解决。

第二节 "身"本："狂"范畴的肉身实践

一 从"心"本体到"身"为本

王阳明的"狂者胸次"在16世纪的朝廷内外激起千层浪，可以想象人们对它怀有多少赞赏与惊喜，就会伴随着多少讥笑与嘲讽。"狂"范畴在争议中经由王门后学得到进一步发展。阳明弟子为数众多，后学门派纷杂，如浙中王学、江右王学、南中王学、楚中王学、北方王学、粤闽王学、泰州学派等，其中王艮和王畿将阳明学推拓发挥甚为得力。黄宗羲曰："阳明先生之学，有泰州、龙溪而风行天下，亦因泰州、龙溪而渐失其传。"[1] 二王都长于创造性地阐释和发挥，促使心学风行天下，在极盛时期，有登高一呼从者云集，甚至一境如"狂"之影响力。在这一演变过程中，以创造性作为驱动力，渐渐挣脱了阳明之"狂"范畴在敬畏与洒脱之间的克制，彰显了前所未有的批判精神和行动精神。但是这种倾向发展到极端，又不免暴露出空谈心性、忽视切实工夫的弊病，即所谓的"猖狂无忌惮"。

泰州学派创始人王艮乃著名的"狂"士。《明史》称："艮本狂士，往往驾师说之上"[2]，指出王艮延续了阳明心学将知行打成一片的血脉，意气高亢，行事奇崛，对阳明师说加以了跨越式发展。与阳明擅长文字著述不同的是，王艮更热衷于民间的、口头的讲学传道，喜欢立说而不喜欢落于文字，在其不多的存世文本和门人弟子记录、加

---

[1]（清）黄宗羲：《明儒学案》，沈芝盈点校，中华书局2008年修订本，第703页。
[2]（清）张廷玉等：《明史》第24册，中华书局1974年标点本，第7275页。

工和整理的他的语录中，都极难觅见"狂"范畴。可以说，比文字著述更清晰、生动地诠释"狂"范畴含义的，是其知行合一的行动。年轻的王艮行动"张皇"，他仿照孔子周流天下的车制，制作了一辆古色古香的蒲轮车，其上标识曰："天下一个，万物一体，入山林求会隐逸，过市井启发愚蒙。"① 在熙熙攘攘的闹市甫一出现，就引得观者如堵。他高调做事，自任以道，以古圣先贤自我期待，毫不掩饰弘道的高尚动机，作风张皇、行不掩言，正符合孟子笔下"狂"士"其志嘐嘐然"②的形象特征。这种行为做派很难不被人目为"怪魁"，就连心学学者管志道评价王艮时也表示不能赞同这种做法，曰："其高揭道标，遨游郡邑，倡言匹夫明明德于天下，亦吾之所不与。"③ 可见王艮高调行事的作风，以道自认、舍我其谁的出位之举，完全无视他人异样的眼光，属于人们眼中行为另类的极少数人，即便倡言致良知的心学学者，也有很多人像管志道一样对王艮的狂士行为持保留或反对态度。然而，对一介布衣王艮来说，万物一体之仁的良知在心头涌动，民间社会习惯的质朴率真的表达，正是良知在当下的自然显现，无须亦步亦趋照搬文人雅士高雅含蓄的行为范式。

王艮之"狂"以一往无前地弘道践履、讲学行动见长，遂有别于阳明师。泰州学派著名学者罗汝芳所言甚是精到："阳明先生与心斋先生，虽亲师徒，然阳明多得之觉悟，心斋多得之践履。要之，觉悟透，则所行自纯；践履熟，则所知自妙，故二先生俱称贤圣。"④ "狂"乃行动主体之"身"的自觉任道，自觉与社会上的一般庸人或"乡愿"不相同，不受名位限制，自觉承担起践履圣学的志向，泰州学派凭借对

---

① （明）王艮：《明儒王心斋先生遗集》，《王心斋全集》，陈祝生等校点，江苏教育出版社2001年版，第71页。

② （清）阮元校刻：《十三经注疏·孟子注疏》，中华书局1980年影印本，第2779页。

③ （明）管志道：《从先维俗议》，《四库全书存目丛书》子部第88册，齐鲁书社1997年影印本，第287页。

④ （明）罗汝芳：《罗汝芳集》，方祖猷、梁一群、李庆龙等编校整理，凤凰出版传媒集团、凤凰出版社2007年版，第219页。

"道"的自觉体认，获得自我认同，显示出不同于流俗的人格美。

阳明倡导"良知"说，故觉悟通透，王艮则强调践行良知须有切实可行的抓手，倡导以"身"为本。"身"指的是肉体的、物质的、生理的肉身，古人"身"与"躬"互训，象人之身，略有弯曲的脊骨构成人身体的主干。古人还认为，"身"能感知、有欲念、会思考、能够付诸行动，所以"身"是以肉身为基础的关系主体自我认识与反思的范畴。中国传统有贵心贱身、以身为牵累的看法，至心学而有重大改观。王艮揭扬以"身"为本的大纛，提出"安身立本""尊身即尊道""明哲保身"等重要思想。"身"范畴与人的主体能动性密切相关，而从传统进入现代的一个重要转变就是人对自身主体能力的确认，包括启蒙理性以及对启蒙理性进行反思的审美感知和审美判断能力。"身"的主体能动性一旦获得解放，内在蕴含的诸多可能性（比如以身任道或者任情纵欲等）就会转变为现实性。

王艮以"身"为本的思想内涵极为丰富，基本观点是强调"身"是行动和意识的主体，天地万物一切伦常秩序的维持和改善都依托"身"的能动性。王艮曰："是故身也者，天地万物之本也，天地万物，末也。"[①] 对于维护天地万物的伦常有序、和谐共生，人的肉身安全和健康发展在其中发挥着举足轻重的作用。他主张"明哲保身""尊身立本"，强调肉身安全的基础地位，如果贸贸然杀身、害身、伤身，那天地之间又能依靠何人之"身"来教化仁义礼智？古书里记载的杀身、伤身之举，被后人盲目颂扬，譬如为了尽孝尽忠而烹身、割股、饿死、结缨，在王艮看来委实荒唐，毫不可取，因为"不知安身便去干天下国家事，是之谓'失本'也"[②]，道出了

[①] （明）王艮：《明儒王心斋先生遗集》，《王心斋全集》，陈祝生等校点，江苏教育出版社2001年版，第33页。
[②] （明）王艮：《明儒王心斋先生遗集》，《王心斋全集》，陈祝生等校点，江苏教育出版社2001年版，第34页。

人人可能对此都产生过疑惑，但从来没有人敢于公开挑明的事实。这意味着对每一个个体之"身"的尊重和爱护，无论皇室贵胄还是野夫村妇之"身"，都是维持社会秩序、维护伦理纲常的践行主体。"身"是修身、齐家、治国、平天下的出发点。为了避免片面地爱身保身，走向自我受用和逃避社会责任，王艮强调"身与天下国家一物也，惟一物，而有'本末'之谓"①。"身"与"天下国家"是有本末之分别的"一物"，若加以絜度，则"吾身以为天下国家之本"②。王艮已经说得极为明白，"身"担负着"天下国家"的重任，只有保全肉身的安全健康，建设一个风清气正的朗朗乾坤，才拥有群体之"身"的坚实基础。"天下国家"成为"身"的必然归宿，"身"与"天下国家"成为不可分割的整体，此即为"一物"。

从阳明的"心"本体演变为王艮的"身"为本，"狂"范畴的内涵向更为现实具体的家国天下空间趋近。在陈献章、王阳明等心学学者那里，对主体意识的弘扬主要圈定在精神的、思辨的领域，当个人走进家、国、天下等社会的、现实的空间时，就更多强调个人的道德自律，保持敬畏之心，以谋求个人主体性的充分发挥与整体社会关系的和谐。王阳明曰："心者，天地万物之主"，王艮则曰："身为天地万物之本"，从"心"到"身"虽只一字之差，但其内涵存在实质性差异。"心"本体是精神性的，具有形而上的超越性质，"身"为本则是以物质性的、生理性的肉身为根本，凸显其现实的、社会的形而下属性，更为紧密地关联着家、国、天下。在个人与家国天下关系中，就主体能动性的发挥而言，"身"处于主导地位；就"身"与"天下国家"同为一物、不相暌违而言，二者没有孰高孰低、孰轻孰重之分。王艮曰："离却反己，谓之失本，离却天下国

---

① （明）王艮：《明儒王心斋先生遗集》，《王心斋全集》，陈祝生等校点，江苏教育出版社2001年版，第34页。

② （明）王艮：《明儒王心斋先生遗集》，《王心斋全集》，陈祝生等校点，江苏教育出版社2001年版，第4页。

家，谓之遗末，亦非所谓知本"①，在"身"与"天下国家"的一体关系中，突出"身"践行"天下国家"社会责任的优先性和必要性。总之，王艮以"身"为本的主张开启了心学发展衍化的新阶段，对"身"的突出强调尤其意味深长。泰州学派弘扬纲常礼教，与程朱理学殊无二致，但是侧重于转向"身"的主体能动性，而非外在天理的强力约束性，践行传统礼教也就具有了不一样的蕴含。

孔子弟子曾点鼓瑟言志的典故，是古人阐释"狂"范畴的镜子，从中折射出不同时代和语境下人们对"狂"价值评判的历时性变化。朱熹认为曾点志向高远，具有超越日常生活的悠然胸次，子路、冉有、公西华则拘泥于事，流于细枝末节，气象远逊曾点。"而其胸次悠然，直与天地万物上下同流，各得其所之妙，隐然自见于言外。视三子之规规于事为之末者，其气象不侔矣。故夫子叹息而深许之。"② 朱子的观点被普遍接受，在他眼中曾点之"狂"在于洞见了"道"之大美而行不掩言。

再看王艮从"身本论"出发对曾点之"狂"的评说。他认为，曾点不是"狂"在行不掩言，而恰恰是在"末"上缺乏切实具体的行动。王艮强调行动必须落地，故曰："点见吾道之大而略，于三子事为之末，此所以为狂也。"③ 这里的"末"与"本"对举。"本末一贯"是王艮知行合一的重要方法，"出不为帝者师，失其本矣，处不为天下万世师，遗其末矣。进不失本，退不遗末，止至善之道也"④。在"身"与"天下"本末一贯的关系中，"身"为本，"天下"为末，二者虽有本末之别，但是互依互存，不可偏废。王艮从

---

① （明）王艮：《明儒王心斋先生遗集》，《王心斋全集》，陈祝生等校点，江苏教育出版社2001年版，第75页。

② （宋）朱熹：《四书章句集注》，中华书局2012年版，第131页。

③ （明）王艮：《明儒王心斋先生遗集》，《王心斋全集》，陈祝生等校点，江苏教育出版社2001年版，第20页。

④ （明）王艮：《明儒王心斋先生遗集》，《王心斋全集》，陈祝生等校点，江苏教育出版社2001年版，第13页。

身本论出发,认为曾点颠倒了"身""道"的本末关系。"三子事"指孔门弟子子路、冉有、公西华有志于安邦定国、富国强民、兴教化民等身体力行的现实事务,是践行"吾道"的出发点和根本,那高妙大美、社会大同的"吾道"实为"末"。由于曾点关注"吾道"而轻忽日用常行的修为,以为是细枝末节,所以是"狂"。王艮语录又云:"曾点'童冠舞雩'之乐,正与孔子'无行不与二三子'之意同。故喟然与之。只以三子所言为非,便是他'狂'处。譬之:曾点有家当不会出行,三子会出行却无家当,孔子则又有家当又会出行。"① 这个比喻里,"家当"比喻人弘道的志向和能力,"会出行"比喻人处理日常人伦庶物的实际践行能力,这说明有高明的弘道理想固然重要,但更需要身体力行,践履行道,这样才能在现实中落地生根。他用"狂"指涉空有远大理想但是缺乏具体实践的空疏,也就是反对空谈心性与道统,王艮用弘扬道统的践履行动赋予主体自觉以明确的存在感,"道"由日常生活世界的具体践履起步,"狂"与"道"借助身体践履在百姓日用中实现内在统一。

二 以"身"任"道"

王艮开风气之先,以"身"为本,基于布衣士子弘道的自觉意识。对肉身及其本能冲动、欲望和情感的尊重只是其中一方面,更需要重点强调的是"尊身"与"尊道"不可分割的根性:"身与道原是一件,至尊者此道,至尊者此身。……须道尊身尊,才是'至善'。"② 从"心"本说到"身"本说,专注于士人自身的弘道意识,回到主体之"身",即那个作为认知、意欲、评价、行动的主体之"身"。主体之"身"在"家"所维系的伦理道德中,体会到自身行

---

① (明)王艮:《明儒王心斋先生遗集》,《王心斋全集》,陈祝生等校点,江苏教育出版社2001年版,第7页。

② (明)王艮:《明儒王心斋先生遗集》,《王心斋全集》,陈祝生等校点,江苏教育出版社2001年版,第37页。

动中内在一致的良知。"身"至尊至贵，是因为在"当下即是"的意义上，达成"身"即是"道"的认同，没有"身"的保全，也就无所谓对"道"的践履。

秉承这一思路，王艮、颜钧、何心隐等热衷讲学，发扬光大阳明开创的心学讲学之风，通过面向最广大士民阶层的讲学，践行儒家道统理想。他们在对往圣先贤的讲述描叙中充满自我反思意味，讲学与自我本"身"合一，"身"的自我意识得到确认，这种"致知"比任何外向求索都更为可靠，即便从"家"推向更为辽阔的时空视域"国""天下"，也依旧能得到确证。王艮于16世纪初在民间广设杏坛，布衣讲学，诲人不倦。他针对弟子的疑惑随机加以点拨和启发，其中涉及"身"的言语很多，不难推想当时门人弟子对王艮"身本"的说法充满兴趣。如何权衡"身"与"道"的轻重，难以确切把握，弟子们不断请益，王艮则一一为之答疑解惑。王艮论及"身"的话语可以归总为三类：一是从正面申说"身"之于家国天下的意义，如"身是天下国家之本""吾身犹矩""修身""立吾身"等；二是强调肉体之"身"的安全是所有一切的前提和基础，需要"安身""明哲保身"；三是反对流行的错误做法，不仅要警惕"害身""杀身""危其身"等对个体生命的漠视和戕害，也反对疏离社会、独善其身的"洁其身"。总之，在流传至今的文本中，王艮在不同场合对"尊身"与"尊道"两方面都有所强调，人人皆有"身"，首先要满足肉身的基本物质需求，"爱身""保身"，这是生命保存和延续的先决条件。在此基础上还要满足"身"的精神需求，"身"会感知、能行动、有感情，具有不学而知、不学而能的良知良能，是践行仁义礼智之"道"的意识和行为主体。否则，"知安身而不知行道，知行道而不知安身，俱失一偏"[①]。换言之，"身"的价值存在于"身"与"道"的关系中。

[①] （明）王艮：《明儒王心斋先生遗集》，《王心斋全集》，陈祝生等校点，江苏教育出版社2001年版，第18页。

可惜的是，存世的文本已然经过了弟子后人多次编纂加工，早已不复师门问答的原貌，加之师友问答的话语原境丢失，语录针对何人、何事、缘何而发，早已不得而知，寻觅王艮每段语录背后言语行为的原貌已属不可能。"身"虽然以肉身的自然物质属性为基础，但它更是特定身份地位塑造的产物，而泰州学派门下弟子人数众多，遍布社会各阶层，除了学而优则仕的官员，还有耕、樵、渔、盐、陶、僧、道等各色人等，同一句话是针对布衣学者还是针对官员学者，其语义差别会很大。对于那些惨遭苛捐杂税的盘剥、终日为衣食奔波劳碌的平民弟子而言，排在保身安身第一位的就是温饱，但是对于身在仕途的弟子来说，安身保身就不是温饱那么简单了。

王艮与弟子徐樾（？—1551）围绕"尊身""尊道"，有过多次讨论。徐樾，字子直，是王艮的嫡传弟子。他分别于1528年、1531年、1539年面会王艮，得其口传、心授，数年间书信问道不绝。仕途上他一帆风顺，屡屡获得升迁，《明史》《明儒学案》中都记载有其人其事[1]。这些相对明确的背景信息对于理解"身""道"难题十分必要。王艮对徐樾道："身与道原是一件。圣人以道济天下，是至尊者道也。人能宏道，是至尊者身也。尊身不尊道，不谓之尊身；尊道不尊身，不谓之尊道。须道尊身尊，才是至善。"[2] 从"道尊""身尊"不可分割的原则性关系论"身"与"道"，看上去既周全又

---

[1] 据《明史》（第24册，张廷玉等撰，中华书局1977年标点本，第7275页）徐樾条下："历官云南左布政使。元江土酋那鉴反，诈降。樾信之，抵其城下，死焉。"所言较为简略，似有所避讳。另见（清）黄宗羲《明儒学案》，沈芝盈点校，中华书局1985年修订本，第724页，其中交代较为详细。1550年元江府土酋那鉴谋反，杀害知府那宪，攻陷州县。朝廷派兵征讨，总兵沐朝弼与巡抚石简会师，分五路进兵。那鉴派人到监军佥事王养浩处称愿意投降，王养浩疑其有诈不敢前往受降。徐樾官至云南左布政使，布政使司专责民政事务，且他被派到军中承担的职责是监督军饷，因此受降不是他的职分，但他慨然请行。到达元江府南门外，那鉴没有出迎，徐樾就大声呵问，早已埋伏在此的叛军起而害之。姚安土官高鸶拼死相救，也遇害。那鉴叛乱一直没有平定，1553年那鉴死亡，其他土酋纳贡大象赎罪，嘉靖帝同意息兵。

[2] （明）王艮：《明儒王心斋先生遗集》，《王心斋全集》，陈祝生等校点，江苏教育出版社2001年版，第37页。

有点儿老套,还带有理想主义气息。王艮这里援引《孟子·尽心上》的表述:"天下有道,以道殉身;天下无道,以身殉道;未闻以道殉乎人者也。"① 这里的"殉"作"从"讲,"以道殉身"就是指人身所作所为都契合了"道",表明人的能动性和创造力得到充分彰显。而这种理想状态对天子提出了施行善政的高标准,反之恶政横行的时代,则不得不"以身殉道",人身为服从于"道"而不惜伤身杀身。这时治统对道统构成绝大的威胁,士人以"身"践履"道"也就受到治统的钳制。朱熹顺着孟子的话头推论道:"身出则道在必行,道屈则身在必退,以死相从而不离也。"② 指出治统有善政有恶政,"身"之出处进退,伤身、害身、杀身的风险隐匿其中。结合这些论说来看,王艮对徐樾的殷殷教诲中寄予了传承道统的远大期望,提醒弟子在"身""道"之间不能有任何闪失。随着徐樾在仕途上不断发展,王艮的担忧越发强烈:"幸得旧冬一会,子直(徐樾字子直)闻我至尊者道,至尊者身,然后与道合一,随时即欲解官,善道于此可见。吾子直果能信道之笃,乃天下古今有志之士,非凡近所能及也。又闻别后沿途欣欣,自叹自庆,但出处进退未及细细讲论,吾心犹以为忧也。"③ 然而事与愿违,徐樾虽曾有心脱离仕途,但身不由己,不想后来竟遇害。

可见"尊身"与"尊道"的矛盾焦点集中在治统与道统的撕扯中。"身尊即道尊"赋予"身"的自我理解以崇高的价值感,因为这里的"身"是道统弘扬主体士人之"身"。泰州学派以讲学著称,讲学是对他们自任儒家道统的传承者和维护者的士人身份的确认,士人有自身引以为自豪的道德体系和评判标准,"仁义礼智信""格致诚正""修齐治平",这些都属于儒家道统的学问,在讲学中塑造

---

① (清)阮元校刻:《十三经注疏·孟子注疏》,中华书局1980年影印本,第2770页。
② (宋)朱熹:《四书章句集注》,中华书局2012年版,第370页。
③ (明)王艮:《明儒王心斋先生遗集》,《王心斋全集》,陈祝生等校点,江苏教育出版社2001年版,第53页。

了士人不同流俗的身份认同。王艮引孟子"以道殉（从）身"，说明"身"是能弘道的士人主体之身，适用于治统与道统关系融洽的政治生态；而"以道从人"，一字之差，差之千里，意味着"身"与"道"都被动地听命于有权势之人，连自己都无法获得自尊自信，如何使别人对自己尊信？如果坚持"身"与"道"的主体性，则招致侮辱或危险，"身"之不存，"道"将焉附哉！

王艮等在民间讲学弘道中践行自己的理想观念，行动力强劲进取，更进一步激化了道统与治统撕扯中的"身""道"矛盾。这体现在三方面：一是他讲学不论贤愚，广大平民百姓，都被纳入了能弘道之"身"的可能范围，"身"具有了远远超出传统士人阶层的普遍性、广泛性，也就是说"身"乃是复数意义的群体之身；二是他出身盐丁，以一介布衣身份毅然以弘道自任，在民间讲学，取消束缚自我之"身"行动力的名位限制，从自我之"身"的角度，极大拓展了个体的主体能动性空间；三是他没有学而优则仕，没有进入统治集团，但依然为地方政务积极建言立策，参与进家国大事，赋予"身"以自觉主动地参与进家国大事的主体能动性。他明智地认为当道统被治统挤压时，就应当选择退隐，但不是隐士高人的独善其身，而是在治统鞭长莫及的乡村一隅继续践行道统。必须承认，"身尊""道尊"在民间语境中或许有践行的可行性，但稍有逾越则面临两难困境，"身尊即道尊"说无法摆脱治统的干扰和辖制，本身潜伏着"害身""杀身"的极大风险。

王艮开创"淮南格物说"，倡导"明哲保身"，态度鲜明地反对乡民割股疗亲之类的极端孝亲行为。但是，在其父守庵公93岁高龄无疾而终时，王艮恪守孝道，"天大寒，先生冒寒筑茔圹，由是构寒疾"[1]，因尽孝而伤身，英年早逝。时人李贽称赞他是气刚骨强的

---

[1]（明）王艮：《明儒王心斋先生遗集》，《王心斋全集》，陈祝生等校点，江苏教育出版社2001年版，第74页。

"真英雄"。继承王艮气骨的弟子指不胜屈："山农（颜钧）以布衣讲学，雄视一世而遭诬陷；波石（徐樾）以布政使请兵督战而死广南"，"心隐（何心隐）以布衣出头倡道而遭横死"①。李贽提及的这些泰州学派英灵汉子，因为尊道或不见容于世，或伤身、害身、杀身，而李贽本人亦遭迫害而身亡。清代黄宗羲的评论颇能代表后人的质疑和不解："人即不敢以喜功议先生，其于尊身之道，则有间矣。"② 面对各种风险的潜在威胁，王艮的"尊身即尊道"说为何还能赢得广泛拥趸，一度"风行天下"③？因为它恰恰应对了明代社会人心的整体性困惑，即"以道殉（从）人"带来士民自我价值失落的严重精神危机。

简言之，士人的主体性感知与儒家道德的象征意义脱离，身与道裂变、扭曲和背离，从根基上动摇了自"身"的感知、判断和理解。因此，泰州学派弘扬"身尊即道尊"，以一己之"身"承当道统，具有应对儒家现实困境的意义，即抵抗道统被工具理性化的时代痼疾，恢复道统的终极性价值地位，激活个体之"身"的主体能动性，将对自我之"身"的价值定位于士人弘扬"道"的终极理想上，确认了自我之"身"具有不可替代的崇高价值，在"身尊即道尊"的关联中，重新找回失落已久的士人自我价值。

三 "身"与"道"的两难

如上文所论，在"身"与"道"的关系中，弘道的使命感赋予人自"身"以意义和价值。千百年来，冒着杀身、灭族的危险，文死谏、武死战之士不绝如缕，"身"成为捍卫道统或维持治统的工具。相形之下，泰州学派弘扬的"身""道"关系则发生了耐人寻

---

① （明）李贽：《焚书注》，张建业、张岱注，社会科学文献出版社2013年版，第195页。
② （清）黄宗羲：《明儒学案》，沈芝盈点校，中华书局2008年修订本，第725页。
③ （清）黄宗羲：《明儒学案》，沈芝盈点校，中华书局2008年修订本，第703页。

味的微妙变化，一言以蔽之，就是在"身"与"道""本末一贯"的关系中，以"身"为本，确立人"身"的自我本位，重视人的肉身感受和需要，"身"中有情、有欲、有意志。王艮确立"身"的自我本位，也打开了通往"自然人性论"的关隘。

所谓身与道"本末一贯"，是就以身行道的方法而言，"学问须先知有个把柄，然后用功不差。本末原拆不开，凡于天下事，必先要知本。如我不欲人之加诸我，是安身也，立本也，明德止至善也；吾亦欲无加诸人，是所以安人也，安天下也，不遗末也，亲民止至善也"[①]。学者对此有"本体论"还是"工夫论"的不同看法。笔者认为，本体与功夫都统一于践履行动，这是由身道合一的关系决定的。探究身道关系，不是为了谈玄论道，而是为了解决以"身"践履"道"的实际问题。而解决问题必须有个可操作性强的"把柄"好下手，以"身"为本下功夫，见效简易直截。这符合王艮重视践履的一贯品格，他比较强调践履方法而不愿在体用问题上纠缠。后学罗汝芳所论甚是分明："……阳明多得之觉悟，心斋多得之践履。要之，觉悟透，则所行自纯；践履熟，则所知自妙，故二先生俱称贤圣。"[②] 身道"本末一贯"整合了传统已有的两种路径：一是道德认知上恢复儒家"道"统真诚合法地位，强调审美中"道"的纯正道德象征；二是道德情感上渲染仁义礼智根于心的想象，能知即能行。阳明破解知行分离的难题，由通透高明的觉悟入手，打通道德认知、道德情感与道德实践，将"知行合一"；王艮则从简易直截的践履入手，打通知行，身与道"本末一贯"。

"本末一贯"语出王艮《明哲保身论》："知保身而不知爱人，……此自私之辈，不知'本末一贯'者也。若夫知爱人而不知

[①] （明）王艮：《明儒王心斋先生遗集》，《王心斋全集》，陈祝生等校点，江苏教育出版社2001年版，第36页。

[②] （明）罗汝芳：《罗汝芳集》，方祖猷、梁一群、李庆龙等编校整理，凤凰出版社2007年版，第219页。

爱身，……此忘本逐末之徒，'其本乱而末治者否矣'。"①"物有本末"以及这里的"其本乱而末治者否矣"都出自《大学》："物有本末，事有终始，知所先后，则近道矣。"王艮在践履"身—物"或者"身—天下"关系（具体在处理"安身—亲民""保身—爱人"），以及个人的"出—处"或"进—退"问题上，都秉持以"身"为本的原则。

"本末一贯"包含三层意思。其一，"一贯"者，强调"本"与"末"是浑然的统一体，由本及末，一通俱通。新儒家深刻地指出："然心斋亦言安身保身，所以保家保国保天下，则亦不可即谓心斋只为自安自保其身，而言爱人也。观心斋言之本旨，唯在重此身之为本，以达于家国天下，而通此物之本末；遂知此身与家国天下，互为根据以存在。"②本与末互为根据而存在，颇含辩证意味。道之实现不能脱离身之践履，安身保身之价值必须在道之价值实现的前提下才能实现，否则一味保身安身，就背离了王艮的初衷。

其二，"身—道"又在发生次序上具有本末属性，是含有本末之别的浑融一贯。此处的"本末"，是指关系上有本末之别，遂有知行方面主次、轻重、大小、急缓的若干差别，这种差别若不加约束就会导致"身"与"道"分道扬镳。这里的"一贯"，是指关系上浑融合一，你中有我，我中有你，互为根据，互为参证。"知'明明德'而不知'亲民'，遗末也，非'万物一体之德'也。知'明德''亲民'而不知'安身'，失本也，'其本乱而末治者否矣'，亦莫之能'亲民'也。知'安身'而不知'明明德''亲民'，亦非所谓'立本'也。"③若无本末之别，关系中无主无次、无明无暗，终将走

---

① （明）王艮：《明儒王心斋先生遗集》，《王心斋全集》，陈祝生等校点，江苏教育出版社2001年版，第29页。
② 唐君毅：《中国哲学原论·原教篇》，中国社会科学出版社2006年版，第248页。
③ （明）王艮：《明儒王心斋先生遗集》，《王心斋全集》，陈祝生等校点，江苏教育出版社2001年版，第35页。

上虚无之途，招致观空证虚之病。若无一贯关系的包容涵摄，"身—道"关系崩裂，则将带来两种后果：或者偏重安身保身，开临难苟免之隙；或者辱身害身，于道无补，招致杀身之憾。王艮以践履道统之身为"本"，以身体力行的道统为"末"，凸显出践履道统过程中以自我为本位的主体性倾向。

其三，由于"身—道"关系浑融一贯又有本末之别，以"身"为本的主体性力量向外部世界辐射，于是，"身—物""身—心""身—家—国—天下""学—师友"等诸多有着本末之别的事象不断被裹挟进来。身体作为诸多关系的根本原点，由个人安身、保身、修身的良知本性——此之谓不"失本"，向外扩展到家族、社群、国家、天下万物——此之谓不"遗末"①，尤其强化了个人与他人的伦理道德关系和伦理道德实践。因此，个人自"身"的独特价值必须凭借对于群体自觉、天下重任的担当才能彰显出来，服膺"道"的理想信念而不受专制权威的宰制，自我内蕴的良知良能能够发挥到什么程度，也就是"道"发扬光大的限度。

概言之，"身"与"道"的"本末一贯"关系，虽有本末之分，但无主客之别，毋宁说，"身"与"道"都是践履行为中的主体，二者构成主体交互性关系。在"本末一贯"关系中的个人之"身"，是行动主体，具有撼天动地的气魄与潜在能力，能够对儒学在现实中的异化走向进行自我反思和自我批判，回归孔子为士人确立的"士志于道"。而作为行动对象与价值归宿之"道"，是价值主体，是士人之"身"觉醒的方向，"道"只有在士人之"身"上才能得以现实化。"身"的尊严不取决于外在的富贵利禄，而在努力增进修养、成己成人，胸中有坦坦荡荡之乐，无所歆羡，存坚强不屈之精神。在"身"与"道"这两个主体之间，构建起双向互动的主体间关系。

---

① （明）王艮：《明儒王心斋先生遗集》，《王心斋全集》，陈祝生等校点，江苏教育出版社2001年版，第4页。

众所周知，心学以"心"为本体，王艮亦然，但他又另立"身"为本——在践履"道"的过程中"本末一贯"的"本"，那么本体论意义上的"心"与方法论意义上的"身"为本之间是否存在逻辑关系？王艮道："然心之本体，原着不得纤毫意思的，才着意思便有所'恐惧'，便是'助长'，如何谓之'正心'？是诚意工夫犹未妥贴，必须'扫荡清宁'，'无意、无必'，'不忘、不助'，是他'真体存'，'存'才是正心。然则'正心'固不在'诚意'内，亦不在'诚意'外，若要'诚意'，却先须知得个本在吾身，然后不做差了，又不是'致知'了，便是'诚意'。……所谓'正心在诚其意者'，是'诚意毋自欺'之说，只是实实落落在我身上做工夫。"[1] 这里的"心"本体关联两个层面的含义：一是作为真善美本源以及乐感本源的心体或本心，是建立在感知觉基础上又不受感知觉限制的主宰；二是指肉身的"心"，古人认为心之官则思，是具有感知觉、能思考的心。王艮所谓正心在诚意，就是"实实落落在我身上做工夫"，即"扫荡清宁"，清除各种外在的人为意见，克服功名利禄的诱惑，恢复了人的自然本心，也就敞开了"着不得纤毫意思"的心之本体。由于王艮对"心"这两个层面的含义不加区分，将其打成一团，把本心或良知视同本然的知觉，物来自格、善恶自辨就是诚意工夫，崇尚本然知觉的自然情性观已经萌生。

也就是说，在身与道"本末一贯"关系的践履行动中出现了分叉，在弘扬道统、以身任道的主导价值近旁，生长出对人情人性的本然状态保持宽容甚至纵容的另一价值维度。沿着这一路向继续发展的早期代表人物有颜钧，他师承王艮，亦以一介布衣身份汲汲皇皇讲学弘道、行侠仗义而著称，同时他主张"从心以为性情"，"性"是人特有的性征，"情"是喜怒哀惧爱恶欲等发动，将"心"

---

[1] （明）王艮：《明儒王心斋先生遗集》，《王心斋全集》，陈祝生等校点，江苏教育出版社2001年版，第36页。

体等同于肉身流露的人性、人情；又自创"神莫"一词，指出"心之精神与莫能"，是寄寓在"性情"之中无声无臭、神妙莫测的驱动力，"性"与"情"具体可感，并且"性情也，神莫也，一而二，二而一者也"①，如此浑融一气，将本然知觉与良知心体搅打成一团，日后自然情性话语的滋生于此已现端倪，遇到某种合适的契机或刺激就会充分伸展。由儒入禅的邓豁渠倡导佛教的"放心说"，虽然背离了泰州学派自任于道的入世精神，但是他以出离人世的决绝，主张完全释放自然人性，赋予"情"以高度超越性的本体地位，加速了任情纵欲等自然情性话语的"旅行"。传至著名学者罗汝芳及其弟子杨起元，他们主倡"赤子之心"，儒、释、道三教会通，助力"心"本体蜕变成率性天真的"赤子之心"。后来还有李贽大名鼎鼎的"童心"说。至此，"身"的自我理解逐渐走向私性的自我意识，放大了肉身需要，爱身恋身乃至放任不羁，自然人性晃动了传统道德根基，生命的英雄维度和美善价值虽然渐渐失落，但是在自然情性上获得了更为彻底的解放，尊重人的肉身生命，尊重人的自然情感和欲望，尊重弱者和底层民众，普遍地尊重每个人，而这是现代社会有别于传统社会的基本伦理，也构成审美现代性的伦理基础，直到清末民初，知识界回溯晚明，重建现代性，不乏知识界人士将此作为重要的思想资源。

第三节 "英灵"：赤手掀翻天地之"身"

士人自"身"主体性发展的必由之路和终极诉求都不离对"道"的认同，审美现代性的萌生得力于从道统的传统文化土壤中汲取的养分。泰州学派践行"知行合一"、"身与道本末一贯"的主张，士人在"身"与"道"进退两难中赢得审美主体性的自觉伸

---

① （明）颜钧：《颜钧集》，黄宣民点校，中国社会科学出版社1996年版，第13—14页。

张，以"身"承担风险为高昂代价，尊身尊道并重的构想与以身殉道的行动构成强烈反差。泰州学派凭借对"道"的自觉体认和主动承当，获得自我反思与自我认同，显示出不同流俗的独立人格，并且"乐"在其中。他们走出书斋讲学启蒙，知行统一，"立身行道，身立道行"①，开拓民间社会文化新秩序，建立合理的"礼"治秩序。清新刚健的践履行为方式，塑造出士人自信的情感、自觉的人生态度、独立的人格精神。自"身"自觉的新天地打开了，"所谓个体自觉者，即自觉为具有独立精神之个体，而不与其他个体相同，并处处表现其一己独特之所在，以期为人所认识之义也"②。人己之对立越显，则自觉之意识越强。这种自觉与世俗庸常化、功利化的价值取向有对立、有差异，强烈凸显出士人之"身"的人格独立特征。在明代"身""道"崩裂的时代难题下，泰州学派标举知行合一、践履儒家道统，突出士人之"身"的自觉反思意识，在"身""道"互动中重塑士人主体的审美感知经验，表现为：自任于道的担当意识、恃道持道的自尊自信以及觉民行道的极致乐感。在审美主体的意识自觉和行动自觉双重意义上，身与道"本末一贯"有助于唤起士人对于"崇高"、"豪杰"等现象的审美感知和审美趣味。

一 自任于道，凸显担当意识

《孟子·万章下》有云："自任以天下之重也"③，以一己之身把天下的重任担负起来。"以圣人自任""自任于学"是"以道自任"的不同表达。"以道自任"是从士人形上理想追求的角度概括而言；"以圣人自任"则显得有点张狂，是以捍卫道统并富有献身精神的先知式人物自我期许；"自任于学"则是从讲学践履的角度而言，学以

---

① （明）杨起元：《曾子行孝》，《太史杨复所先生证学编》卷4，《续修四库全书》子部第1129册，上海古籍出版社2002年影印本，第449页。
② 余英时：《士与中国文化》，上海人民出版社2003年版，第270页。
③ （清）阮元校刻：《十三经注疏·孟子注疏》，中华书局1980年影印本，第2740页。

闻道，志以成学，学或者讲学的内容都紧密围绕着道统核心。自任建立在人人皆有的良知基础上，是自发显露的道德理性，人应当顺其自我的道德本性而行，在个人与"道"的有机演变之间保持动态的同步关系，可以并且应当为自己的行为担负全责。

泰州学派"赤手以搏龙蛇"或"赤身担当"①的自任意识，在继承宋明新儒学所强调的"为己之学"基础上加以了发展。狄百瑞认为："这个观念与道德生命中的自发思想相应，也与根植于'为己之学'的道德行为相关。"②儒家有"为己之学"与"为人之学"的区分，源自《论语·宪问》"古之学者为己，今之学者为人"的说法，二程子与朱熹认为"为人之学"是做给别人看的学问，为了人前炫示自己，"为己之学"旨在提高自己内在修养，为了推己及人，对他人有益。王艮倡导"为己之学"，在创新中蕴含发展潜力，他将道德理性和道德情感的活力归于人肉身本来具备的、知善知恶的良知。王阳明著名的"四句教"云："知善知恶是良知"，把道德创造的根源建立在先在超验的心性上。"有善有恶意之动"③，意念一经产生，有时为善，有时为恶，有时无所谓善恶，须经过致良知的工夫，使之皆成为善。而王艮的良知良能是所有人先天具有的超验存在，良知即天理，阳明那里"致良知"的工夫被悄悄改造成为"良知致"，意谓良知自然而然就获致了，凸显了良知自然率性即可获得的便利性。由于只重体认心的灵明，良知的实现完全无须"着实功夫"，不论贤愚不肖，人皆可以为尧舜，催生"狂"的内涵中人人平等的思想萌芽。

王艮主张："愚夫愚妇与知能行，便是道。与鸢飞鱼跃同一活泼泼地，则知性矣。"④又云："'天理'者，天然自有之理也，'良知'

---

① （清）黄宗羲：《明儒学案》，沈芝盈点校，中华书局2008年修订本，第703页。
② ［美］狄百瑞：《中国的自由传统》，李弘祺译，中华书局2016年版，第58页。
③ （明）王阳明：《王阳明全集》，吴光、钱明、董平、姚延福编校，上海古籍出版社2011年版，第133页。
④ （明）王艮：《明儒王心斋先生遗集》，《王心斋全集》，陈祝生等校点，江苏教育出版社2001年版，第6页。

者，不虑而知、不学而能者也。"① 天理是形上超越的根源，良知涵泳于人的内在心性，天理良知本是一件。按照身与道"本末一贯"的结构关系推论，身体是良知创生之所，属于"本"；良知先于一切知识和学问而存在，把它向人际、社群、国家充拓开来，实现所谓的"天理"，属于"末"；良知和天理都是不假人为、本来固有、自发而为。从"本"的方面来看良知现现成成，立足自身、安正其身，就是未尝发动、尚未应物接物时的良知。王栋是王艮的子侄辈，有云："先师（王艮）说'物有本末'，言吾身是本，天下国家为末，可见平居与物接，只自安正其身，便是格其物之本。格其物之本，便即是未应时之良知。至于事至物来，推吾身之矩而顺事恕施，便是格其物之末。"② 可见，良知为本，天理为末，依照本末一贯的方法，既要抓住根本的把柄，又不可遗末，如前文已述，本末对举并没有轻忽"末"的意味，事实上泰州学派尤其强调践履不可"遗末"。因此，自任于道的主体自觉担当意识乃是自然生成、自发彰显的道德情感与道德理性，没有纤毫的人力勉强，更无须向外格物致知，只须向自身絜矩，安正自身即可。

二 恃道持道，陶染审美感知力

"道"以其形上超越的内在属性给予士人以深刻的自我确信、高尚的尊严，"若以道从人，妾妇之道也。己不能尊信，又岂能使彼尊信哉？"③ 身道一贯，让人体验到作为行道主体强烈的自尊自信，自己是家国天下乃至万物的尺度，体认到自身的自由自在，挣脱桎梏并免于屈辱。赵贞吉曾受教于徐樾，他把读书人不能够自信本心的

---

① （明）王艮：《明儒王心斋先生遗集》，《王心斋全集》，陈祝生等校点，江苏教育出版社2001年版，第31页。
② （明）王栋：《明儒王一庵先生遗集》，《王心斋全集》，陈祝生等校点，江苏教育出版社2001年版，第172—173页。
③ （明）王艮：《明儒王心斋先生遗集》，《王心斋全集》，陈祝生等校点，江苏教育出版社2001年版，第37页。

弊病概括为"五蔽",蔽者,良知本心受外部世界的闻见道理支配,故而被遮蔽。归根结底,"蔽在不信自心",病根都出在缺乏对自我本来心性的确信。克服自蔽须对症下药,"必先讨去其蔽,而后可与共学"①。

　　人心容易自蔽,因为只要在世、只要行道,就无法摆脱来自他者的毁誉,"君子反求诸身,委曲尽道,世岂有恶之者哉!但在毁誉上弥缝,则便是媚于世耳"②。在乎他人毁誉则构成对本心自信的极大威胁,是"媚于世"还是"委曲尽道",前者不善不美,后者尽善尽美,君子必有所取舍。"诚以身莫荣于道义,学莫重于师友。有此师友,则一身有道义,而贵且尊;无此师友,则一身无道义,而卑且贱。"③ 师友讲学践履成为评判世间善恶、美丑、荣辱的依据,美丑判断中整合了道德的、政治的、社会治理的内涵。自尊自重("尊")、真实可信("信")是从主体深层次审美意识的角度规定了"身"的内涵。"尊身"不仅指保全形躯身体,更有维护自我生命尊严与信心的意味,是主体审美意识发展到高度自觉程度的产物,若无"尊身即尊道"、身与道"本末一贯"的强劲支撑,断不可能有此自觉的"尊""信"意识。

三　讲学行道,激发真体至乐

　　泰州学派以"乐是学""学是乐"的传统宗旨著称,"乐"是心体或性体的当下显现,具有浓厚的本体论意味,牟宗三指出:"平常、自然、洒脱、乐,这种似平常而实是最高的境界便成了泰州派底特殊风格"④,准确概括了泰州之"乐"的独特性。参考王襞总结

---

① (清)黄宗羲:《明儒学案》,沈芝盈点校,中华书局2008年修订本,第751—752页。
② (明)王栋:《明儒王一庵先生遗集》,《王心斋全集》,陈祝生等校点,江苏教育出版社2001年版,第168页。
③ (明)王栋:《明儒王一庵先生遗集》,《王心斋全集》,陈祝生等校点,江苏教育出版社2001年版,第170页。
④ 牟宗三:《从陆象山到刘蕺山》,台北:台湾学生书局1984年版,第283页。

其父王艮为学的三阶段，可知把复兴师道与乐之本体绾连为一体的"任师同乐"的思想，是王艮晚期思想走向成熟的产物，标志着其思想独创性的最终完成。王艮早期凭借自悟，"以圣人自任，律身极峻"，中期受阳明学启发，明了良知、易简、乐学之妙，晚期"本良知一体之怀，而妙运世之则"①，著有《大成学歌》。王栋认为，以师道自任乃是源于君道与师道、治统与道统的分离，"后世人主不知修身慎德为生民立极，而君师之职离矣"②。用道统来规范引导治统，这其实是宋明理学极为重视的一件大事，这是儒家知识分子形上超越的理想在现实社会求取实现的唯一途径，在君臣之伦外另立师友之伦，正是道统与治统相颉颃的一种人际关系架构，因此，"自先师发明任师同乐之旨，直接孔孟正传，而出其门下者，往往肯以讲学自任"③。以讲学倡明师道者，如王艮、王栋、王襞、徐樾、林春、赵贞吉、韩贞、夏廷美、颜钧、何心隐等，无论布衣还是官吏，无不倾力于讲学，若没有一腔承接道统、舍我其谁的英雄主义气概，怕是难以想象。这是一种超越了现世间种种凡庸琐碎，实现万物一体之仁的崇高感，也是一种强烈深刻、令万千平庸肤浅的感官悦乐黯然失色的身心合一之"乐"。

在以身任道的"乐"感中，士人人格独立的自觉意识与儒家伦理的、道德的传统紧紧交织在一起，新锐与陈旧共存，呈现出一种较为普遍的斑驳画面，即伴随士人主体自觉意识的发展的，是愈加积极地宣传倡导传统孝悌观念，使得"身"与"道"的矛盾张力进一步加大。如王艮的《孝箴》《孝弟箴》《乐学歌》④，王栋的《乡约

---

① （明）王襞：《明儒王东厓先生遗集》，《王心斋全集》，陈祝生等校点，江苏教育出版社2001年版，第217页。
② （明）王栋：《明儒王一庵先生遗集》，《王心斋全集》，陈祝生等校点，江苏教育出版社2001年版，第156页。
③ （明）王栋：《明儒王一庵先生遗集》，《王心斋全集》，陈祝生等校点，江苏教育出版社2001年版，第170页。
④ （明）王艮：《明儒王心斋先生遗集》，《王心斋全集》，陈祝生等校点，江苏教育出版社2001年版，第54页。

谕俗诗六首》《又乡约六歌》①，王襞的《青天歌》②，颜钧的《劝忠歌》《劝孝歌》③，等等，大量作品，都是面向愚夫愚妇进行启蒙而撰写的俚俗易懂的歌、诗、赋、箴，宣讲仁义礼智、孝悌忠信等伦理道德观念，他们憧憬着在恶政之外，依靠唤醒士人结成师友关系弘扬儒家师道，发挥"身"的能动性，拯救江河日下、浇薄顽劣的民风世情，实现儒家"政平讼息，俗美化成"的礼治社会。因此，师友之"身"充满英气担当，将个体的自尊自信向群体推广实现。他们留下许多诗歌，流露出自任自信、身道一贯、道由人弘的自在满足感，诸如"但将乐学时时尔，自有生机泼泼然。道在人宏原易简，悟来风月正无边"④，"纵横自在无拘束，心不贪荣身不辱"⑤，"悟来吾道足，适意起高歌"⑥，"负荷纲常只此身，险夷随寓乐天真"⑦，等等。诗歌中流露出"自在""适意""乐天真"的乐感，践履"道"不是负担，而是自任本心的"乐"与"学"。其中不再有魏晋士人在彷徨错乱中寻觅和依附于权势的战栗惶恐，也挣脱了唐宋元明士人"不在其位不谋其政"的拘束格套，自任而不依靠他者拯救、自尊自信而不为他者所惑、自在真乐而不限于自身适用，任道过程充满无畏和担当，笃行道统而不是效忠皇权或金钱，是审美现代性萌生阶段士人的独立人格和操守，也是从个体之"身"向家国天下之众生扩展的起点。

---

① （明）王栋：《明儒王一庵先生遗集》，《王心斋全集》，陈祝生等校点，江苏教育出版社2001年版，第199—200页。
② （明）王襞：《明儒王东厓先生遗集》，《王心斋全集》，陈祝生等校点，江苏教育出版社2001年版，第270页。
③ （明）颜钧：《颜钧集》，黄宣民点校，中国社会科学出版社1996年版，第57—58页。
④ （明）王栋：《明儒王一庵先生遗集》，《王心斋全集》，陈祝生等校点，江苏教育出版社2001年版，第199页。
⑤ （明）王襞：《明儒王东厓先生遗集》，《王心斋全集》，陈祝生等校点，江苏教育出版社2001年版，第270页。
⑥ （明）颜钧：《颜钧集》，黄宣民点校，中国社会科学出版社1996年版，第170页。
⑦ （明）颜钧：《颜钧集》，黄宣民点校，中国社会科学出版社1996年版，第73页。

第三章 外向承当的"狂侠"

黄宗羲较早从学理上系统评述泰州学派学者,他总论泰州学派曰:"泰州之后,其人多能赤手以搏龙蛇,传至颜山农、何心隐一派,遂复非名教之所能羁络矣。顾端文曰:'心隐辈坐在利欲胶漆盆中,所以能鼓动得人。只缘他一种聪明,亦自有不可到处。'羲以为非其聪明,正其学术也。所谓祖师禅者,以作用见性。诸公掀翻天地,前不见有古人,后不见有来者。释氏一棒一喝,当机横行,放下拄杖,便如愚人一般。诸公赤身担当,无有放下时节,故其害如是。"[1] 黄宗羲的思考代表了明末清初学人的基本研究范式,他们目睹明朝覆亡,在痛定思痛后深究学术危机以探寻社会危机的根源,主张从学术上挖掘泰州学派"掀翻天地"的行动力和社会危害性,而不满足于仅仅从利欲鼓动人心处入手批评,自有其眼光敏锐之处。但是黄宗羲也承认,从释家禅宗棒喝顿悟中诠释其"赤身担当,无有放下时节"的行动力,依旧是不够的。这种不同于佛禅的担当魄力,延续了儒家弘道笃行的传统,身肩儒家道义理想,做事诚笃超迈,类似"侠"的狂放雄豪而更有过之。"侠"是来自民间的、个体之间患难相依的、自发或自觉的抵抗意识,而"狂"源自士人群体之间自尊自信的任道使命意识。"狂"与"侠"在差异中达成妥协,复合为"狂侠"这一语词。

---

[1] (清)黄宗羲:《明儒学案》,沈芝盈点校,中华书局2008年修订本,第703页。

第一节 知行合一的"事"上磨炼

一 "狂"与"侠"的张力

"狂侠"是"狂"范畴与"侠"范畴的复合语词，彰显差异中的合作以及内在的矛盾张力。"狂"源自儒家士人自尊自信的任道意识，其内涵是以讲学行动践履儒家正统道脉，而"侠"是游离于儒家正统之外的非主流文化，是来自民间的、个体之间患难相依的、自发或自觉的抵抗意识。韩非子对"侠"的批评影响甚广："儒以文乱法，侠以武犯禁"[1]，这里的"侠"就是佩带刀剑聚集徒属的犯禁之人。韩非主张以严刑峻法治理国家，因此，对于那些违法犯禁之徒十分抵斥。东汉史家荀悦在《汉纪》中将"侠"列入戕害世间德性的"三游"之一，曰："世有三游，德之贼也。一曰游侠，二曰游说，三曰游行。立气势，作威福，结私交，以立强于世者，谓之游侠。"[2] 这是站在正统立场批评王道衰微、流俗已成，故多贬义。其实"游侠"一部分由春秋末战国初的"士"阶层中分化而出，"士"阶层原本拥有食田和职守，接受过礼、乐、射、御、书、数等所谓"六艺"的良好教育，在时代动荡转型的大变局下，流离失职，被抛向社会的各个角落。"游侠"不喜安居乐业，偏爱游处四方，不甘心老死沟渠，而愿乘隙奋勇于一时。司马迁依凭自身任气尚侠的个性气质，在《史记》中专设《游侠列传》，笔下对游侠多有褒美："今游侠，其行虽不轨于正义，然其言必信，其行必果，已诺必诚，不爱其躯，赴士之厄困，既已存亡死生矣，而不矜其能，羞伐其德，

---

[1] 《韩非子校注》（修订本），周勋初修订，凤凰出版传媒集团、凤凰出版社2009年版，第555页。

[2] （东汉）荀悦：《前汉纪》，《文渊阁四库全书》史部第303册，台北：台湾商务印书馆1986年影印本，第290页。

盖亦有足多者焉。"① 由此可见，"侠"游走在正统文化的边缘，重言守信，当维护生命和践行诺言必须做出非此即彼的选择时，不惜抛舍身家性命也要捍卫诺言。但是也要看到，"侠"不计利害得失以一腔热血誓死捍卫的，属于民间、私人之间的承诺，并不属于儒家道统意义的"正义"或"道"。

东林儒者顾宪成指出在阳明弟子之中，王艮既类似禅宗顿悟一脉的超悟通透，又诚笃地付诸家国天下的践履行动，"称有超悟而又有笃行者，莫如王心斋翁"②。明末清初大儒顾炎武则在肯定"狂者进取"精神的同时，提出"大凡伉爽高迈之人易与入道"③的观点，呼唤生活中出现更多任侠的豪杰。在"天下兴亡，匹夫有责"的主张中，不难看到它与"狂"范畴的亲缘联系以及提升发展。近人嵇文甫虽将王艮归入"狂禅派"，却又同时指出："他们这种行径，不合于'儒'，而倒近于'侠'。"④ 而冯友兰则认为，王艮"不惟不近禅，且若为以后颜习斋之学作前驱者"⑤。嵇文甫引进"侠"范畴用以救正"狂禅"范畴使用中的疏漏，对隐匿不彰的豪杰行为加以肯定，标志着"狂"范畴借助"侠"的躯壳重新被赋魅。左东岭、邓志峰等学者使用"狂侠"一词概括泰州学派的"狂"特质，强调"狂"具有类似"侠"而行动狂放的豪杰气概，以及"以天下为己任的出位之思"⑥，乃精辟之见。

泰州学派以王艮、徐樾、颜钧、何心隐等的思想和践履为代表，放大了心灵的狂放气魄，在以讲学为主的社会性践履中敢作敢为，应对来自现实生活各方面的攻讦和冲击，心灵、意志、情感交会出

---

① （西汉）司马迁：《史记》卷124《游侠列传》，中华书局1989年标点本，第3181页。
② （明）顾宪成：《顾端文公遗书》，《续修四库全书》子部第943册，上海古籍出版社2002年影印本，第339页。
③ （清）顾炎武：《菰中随笔》，《顾炎武全集》第20册，黄珅、严佐之、刘永翔主编，上海古籍出版社2011年版，第178页。
④ 嵇文甫：《晚明思想史论》，东方出版社1996年版，第84页。
⑤ 冯友兰：《中国哲学史》下，华东师范大学出版社2000年版，第301页。
⑥ 左东岭：《明代心学与诗学》，学苑出版社2002年版，第105页。

自由自觉的快感。王艮以行动气魄超出常人而闻名遐迩，李贽称许王艮的"气骨"和"英灵汉子"行为①，说道："此老气魄力量实胜过人，故他家儿孙过半如是，亦各其种也。"② 那么"狂侠"可以理解为以"身"寄"道"之"狂"在行动践履特质上的强化，行动力强劲近乎"侠"，譬如豪宕不羁、匡扶正义、济危扶困、轻财好施、朋友意气、勇于担当等行迹，与"侠"的特点兼容。"狂侠"由王艮的高调行事，经王襞的自律收敛，到颜钧的任侠率性，及至何心隐的悲壮遇害，处江湖之远而心系家国天下，在民间开展如火如荼的讲学启发人心、移风易俗，以图阻遏恶政或抵制恶俗社会风气。

　　以上就"狂"与"侠"的关系进行了辨析，可见启用"侠"这一来自民间的、非正统的抵抗力量，旨在凸显泰州学派勇于承当、富于讲学弘道行动力的特质。"侠"所奋勇维护的侠义道德与"狂"弘扬的儒家仁义道德，融合会通之处具体来说有两点：其一，它们都源自民间的自觉抵抗意识或自救意识；其二，它们都有自身认同的道义追求，"侠"重然诺轻生命，"狂"承担儒家道统理想。民间讲学是相对于官学而言的私学，泰州学派远离高高在上的庙堂，也就是在国与天下的政治构架之外，自觉履行治国平天下的重任。从这一点上看泰州学派勇于任事的行动力颇有类于"不轨正义"的"侠"。但是，"狂"与"侠"二者也存在不可融通的差异：其一，虽然都以来自民间的力量为行动主体，但是"狂"的行动主体是认可儒家道统的布衣士子，包括入仕或未入仕的士人，而"侠"则以民间的草根英雄为主体；其二，在道义追求上，"侠"所捍卫的是私人之间的忠与信，夹杂有较多私人的恩怨判断在其中，而15—16世纪讲学弘道之"狂"所捍卫的是原始儒家道统理想，所抵制的是现

---

① （明）李贽著，张建业、张岱注：《焚书注》，社会科学文献出版社2013年版，第195页。
② （明）李贽著，张建业、张岱注：《续焚书注》，社会科学文献出版社2013年版，第85页。

实生活中儒家道统的工具化走向,其内容性质迥异于"侠",具有独特的自身品质,即在修身、齐家、治国、平天下的"事"上磨炼,贯彻了弘道的使命意识。

二 "事"与"道"的分合

"事"是一个历史意蕴深厚的概念。古人"事"与"史"互训,《说文解字》:"史,记事者也,从又持中。中,正也。凡史之属皆从史。"① 事,从史,史官专职记事,天子之侧,诸侯之旁,盟会、宴私都有史官手捧书册随侍记载。可见,"事"具有某些特殊的规定性,不是凡人小事、日常琐事都可以被称为"事"或"史",而是指获得官方认同授权记录在册的那些事情,专事记载"事"的人被称为史官。自唐至清末,史官由专职记事而兼修国史。史官具有自觉的叙事意识,"叙,次第也"②,与"绪""序"通,叙事就是按顺序排列"事"。提到"叙事",不能不以悠久且早熟的历史叙事为圭臬,"叙事如书史法,《尚书·顾命》是也"③。意思是说,《尚书·顾命》的叙事清晰恰当,叙述旧王的丧礼和新王的登基典礼时,先按照空间顺序细细叙说礼服、礼器的陈设,再按照时间顺序粗粗叙说登基典礼始末,于粗细有别中体现礼仪制度的主导地位,在叙事顺序上匠心独运。

当"事"专指向"史",那么"事"以及历史叙事的地位都极其尊荣,"君举必书",所叙之事环绕君王左右。唐代设馆撰修国史大兴,刘知幾开辟求真史学的境界,意欲窥探国事过往的真相。《史通》"叙事"篇蔚为大观,"夫史之称美者,以叙事为先"④,确立了

---

① (东汉)许慎著,(清)段玉裁注:《说文解字注》,上海古籍出版社1988年版,第116页。
② (东汉)许慎著,(清)段玉裁注:《说文解字注》,上海古籍出版社1988年版,第126页。
③ (元)陶宗仪:《南村辍耕录》,中华书局1959年版,第107页。
④ (唐)刘知幾:《史通》,(清)浦起龙通释,上海古籍出版社2015年版,第153页。

实录直书、简要含蓄、彰善贬恶的叙事原则。其他叙事如稗官野史、丛谈小语、志怪志人、民间故事、戏剧等,地位卑下难成气候。可见,人类生活虽然处处有"事",但"事"分等级圈层,历史叙事的早熟与强势,阻抑了其他叙事自任胸怀的无羁想象。较之西方叙事学深厚的语言学传统和文类传统,中国本土叙事传统无须向语言学看齐,也超越文类的约束,却深受"事"本身的辖制。

到了程朱理学严密的逻辑体系中,则体现出脱离"事"而强言"理"的趋向,导致"事"的存在感模糊难辨。二程子曰:"若于事上一一理会,则有甚尽期,须只于学上理会。"[1] 人为制造出"事"与"理""学"之间的鸿沟。而"事有善有恶,皆天理也"[2],要察知事之善恶,亦抽象地统一于最高本体"天理",因那万事万物之理先验存在,早在冲漠无朕、事物尚未分化之际。"事"的丰富生动在天理的光环笼罩下晦暗难明。至朱熹论及"事"更具系统性,"事"关涉人和物,都以先验抽象的天理作为根据,人事和物事都具有完整的理,即所谓"理一分殊"。"八条目"起始乃"格物致知",亦要求从"穷天理"出发,继而"明人伦、讲圣言、通世故"[3]。求至善的所有践履和努力,朝向外在天理。这种自上而下的思理,由于轻忽日常践履,分裂"学"与"事",忽视内在人心的把捉,故而通往至善之"仁"的"穷天理"追求,并未给生活中"日新""又新"的"事"留出多少空间。

"事"的唤醒要到王学兴起纠正时弊,"心即理"说开启"事"向主体——人回归的历程。求至善只在人心,"心""物""事"统一的观点逐渐被人们接受。徐爱问询阳明师:"至善只求诸心,恐于天下事理,有不能尽。"因为天下"事""理"广博无边,所以徐爱怀疑"事""理"可能无法与"心"——弥纶。王阳明答曰:"心即

---

[1] (宋)程颢、程颐:《二程集》,王孝鱼点校,中华书局2004年版,第52页。
[2] (宋)程颢、程颐:《二程集》,王孝鱼点校,中华书局2004年版,第17页。
[3] (宋)朱熹:《朱子全书》第22册,朱杰人、严佐之、刘永翔主编,上海古籍出版社、安徽教育出版社2002年版,第1756页。

理也。天下又有心外之事，心外之理乎?"① 这出师生的经典问答，道出"心"与"事"的合一关系：心外无事、心外无理。心体发露于事父、事君、交友、治民等人情事物，当下显现心体之至善——孝、忠、信、仁。显然"心即理"说对于"事"的看法带来颠覆性变革，杨国荣认为："由'事'而显的意义则在进入人之'心'的同时，又现实化为意义世界，后者既是不同于本然存在的人化之'物'，又呈现为有别于思辨构造的现实之'物'，'心'与'物'基于'事'而达到现实的统一。"② 心与物沟通，知与行不分，皆不可离开"事"。

泰州学派用至简至易之学推动"事"向理敞开，推动心—物、知—行的统一。弥合"事"与"道"的裂隙，用"当下即是"的"工夫论"调和统一"事"与"道"。如王艮的"天理良知说"将天理与良知画上等号，提出"即事是学，即事是道"，"事"、"道"与"学"乃一体多面，当下即是，并无二致。应对生活世界最切近、最寻常的"事"，即日用家常事，通过道德情感和道德意志的作用，当下转化为修身、齐家的伦理道德，以言说方式显现为"学"与"讲"，"圣人经世，只是家常事，唐虞君臣，只是相与讲学"。圣贤是如此，凡夫俗子、愚夫愚妇亦如此，"视天下如家常事，随时随处无歇手地"③。推广到治国、平天下的大事，也是同样的道理。

三 "身"与"天下"的本末之分

泰州学派"狂"范畴具有笃行任道的特质，它的行动主体是"身"，行动对象是"家国天下"之"事"。"狂"的践履行为要置放

---

① （明）王阳明：《王阳明全集》，吴光、钱明、董平、姚延福编校，上海古籍出版社2011年版，第2页。
② 杨国荣：《心物、知行之辨：以"事"为视域》，《哲学研究》2018年第5期。
③ （明）王艮：《明儒王心斋先生遗集》，《王心斋全集》，陈祝生等校点，江苏教育出版社2001年版，第17页。

在儒家人生价值序列中，在修身、齐家、治国、平天下的进程中加以考量。以自我之"身"为出发点的家国天下连续体中，"家"是以男性血缘为纽带组织而成的人伦关系群体，"国"主要是指明王朝朝廷上下，"天下"则是指现实生活世界的人伦关系整体，"家""国"虽然是必不可少的中介，但是"身"与"天下"是最重要的两极，这就是践履"身""道"本末一贯关系的对象化形态。在王艮、颜钧、何心隐等人的践履当中，采用了不同的形式，比如王艮带动合族老小倾力讲学，改良一乡风气，颜钧、何心隐则尝试开展家族的自治管理。他们的狂者精神薪火相传，不绝如缕。在"身"与"天下"的关系之中，身体是践履仁义道德的主体力量源泉，"身"与"道"浑融一贯又有本末之别，在家国天下连续体中，演变为以"身"为行事之主体和根本，所承当之事为"天下"，也就是说向现实生活世界的整体性人伦关系扩展。王艮认为，践履"天下"诸事象为"末"，个人不"失本"才能不"遗末"①，也就是洞悉良知，安身、保身、修身而后向外扩展到家族、社群、天下国家，以"本"带"末"，"本末原拆不开，凡于天下事，必先要知本"②。本末一体，在个人与他人发生的社会关系中，于人伦庶物上强化了伦理道德意识和行为实践。

　　王艮从"身"出发，在"事"上磨炼工夫，之所以被正统的或保守的人士目为"狂"，一个不容忽视的原因在于搁置"治国"维度，不言"国/国家"即明王朝治理，而是直接链接到"平天下"的维度。表现在话语使用上，王艮以极高频率使用"天下国家"一词，却几乎从来不在以"身"践履治国理想的意义上单独使用"国/国家"一词。根据对《明儒王心斋先生遗集》的统计，与"身"对

---

① （明）王艮：《明儒王心斋先生遗集》，《王心斋全集》，陈祝生等校点，江苏教育出版社2001年版，第4页。
② （明）王艮：《明儒王心斋先生遗集》，《王心斋全集》，陈祝生等校点，江苏教育出版社2001年版，第36页。

举时有十次全都使用"天下国家",没有一次单独使用"国/国家"与"身"对举。可见,王艮所言之"天下国家",实则指向"天地万物",比如:"知修身是天下国家之本,则以天地万物依于己,不以己依于天地万物。"① 这里的"物"指的是人伦庶物,"天地万物"也就是构成现实生活整体的人伦关系。面向广大的百姓讲学传道、启蒙解昧也就凸显出"身"的重要价值。

也就是说,"狂侠"搁置模式化、体制化的王朝政治治理,转而关注更为宏阔的整体性的现实生活世界,关心每一个社会底层民众,倡言践履天下国家大事,构建由"身"直达"天下"的本末一体关系。这里固然有布衣士子因无缘仕途而有意回避朝廷政治的考虑,也另有一层考虑,因为"心"或良知即天理,借助自我之"身"内蕴的良知真心,直接与超越性的天理会通,践履天道仁道,关切天下苍生,从自我之"身"出发由本至末保持一体感,以成就"身"的意义完满实现。也就是说,泰州学派之所以给后世留下"狂侠"的印象,关键在于王艮首开风气以"身"为本,越过"家国"的序列层级,直接心系"天下国家"并且身体力行。如王艮所云:"'大人者,正己而物正者也',故立吾身以为天下国家之本,则'位、育',有'不袭时位'者。"② 又云:"'致中和,天地位焉,万物育焉',不论有位无位。孔子学不厌,而教不倦,便是'位、育'之功。"③ 这里的"不袭时位""不论有位无位"等话语,都清晰地表明王艮等人对此已然有自觉体认。他们明确意识到从"身"到"天下"本末一贯,旨在调整现实生活世界的人伦秩序,这是一种不安本位的高蹈举措。但是"有位""无位"在泰州学派眼中,又

---

① (明)王艮:《明儒王心斋先生遗集》,《王心斋全集》,陈祝生等校点,江苏教育出版社 2001 年版,第 6 页。
② (明)王艮:《明儒王心斋先生遗集》,《王心斋全集》,陈祝生等校点,江苏教育出版社 2001 年版,第 4 页。
③ (明)王艮:《明儒王心斋先生遗集》,《王心斋全集》,陈祝生等校点,江苏教育出版社 2001 年版,第 6 页。

有什么可值得踟蹰顾虑的呢！践履圣人之道，与"有位""无位"这种小节之善相比显然更有意义。所以王艮说："愚夫愚妇与知能行，便是道。与鸢飞鱼跃同一活泼泼地，则知性矣。"① 天地位、万物育、鸢飞鱼跃，使淆乱的世界恢复生机与秩序，是真正的至善大美。

由此可见，泰州学派心之所系远远超出了春秋战国"侠"的私人恩怨，而心怀高远，践履圣人之道关心现实生活世界，因而明中晚期的"狂侠"与春秋战国的"侠"有质的差异。"狂侠"是儒家士人之侠肝义胆，以良知本心的塑造和培育作为途径，以乐学思想的传播作为凝聚力和吸引力，启发愚蒙的能知能行，依靠日积月累、潜移默化作用于人心，其影响有可能导致回天转日的后果，比侠客单枪匹马的孤胆英雄壮举具有更为微妙、隐蔽和广泛的影响力。比如颜钧在家乡江西吉安永新县组织乡族老壮男妇成立"萃和会"，"讲耕读正好作人，讲作人先要孝弟，讲起俗急修诱善，急回良心"，宣讲儒家伦理道德教义，使得"人人亲悦，家家协和"，由此带来"闾里为仁风"②的理想愿景。"萃和会"带有小范围的社会改革尝试性质，后因颜钧遭母丧而中断。再如何心隐师从颜钧，而"其材高于山农而幻胜之"③。他捐弃家财在大家族内部创办自治管理组织"聚和堂"，对于子弟教育、衣食、住宿、冠婚、丧祭、税役、养老等进行更为周详细致的统一布置和安排，"一切通其有无，行之有成"。由于写信讥诮永丰县令额外征收"皇木银两"的赋税被捕充军。后来，北上京城，与方士兰道行密谋设计铲除奸相严嵩。他在漫游讲学中秘密结交异人，曾经协助友人程学博剿灭白莲教，与首辅张居正针锋相对并密谋倒张……他的许多行为有干涉朝廷政治之

---

① （明）王艮：《明儒王心斋先生遗集》，《王心斋全集》，陈祝生等校点，江苏教育出版社2001年版，第6页。
② （明）颜钧：《颜钧集》，黄宣民点校，中国社会科学出版社1996年版，第24页。
③ （明）何心隐：《何心隐集》，容肇祖整理，中华书局1960年版，第143页。

嫌，而这是王艮一直坚持回避的。显然何心隐的激进行为已经逾越了王艮定下的规矩，所作所为超出了朝廷能够容忍士人在野行道的限度，招致在朝人士的反感，及至被诬为"妖逆""大盗"，必欲除之而后快，遂造就悲壮惨烈的人生。而从何心隐角度看，他坚信为弘道理想讲学奔走有益圣学，不惜抛弃身家性命投身其中，宁愿遭致杀身之祸。李贽为何心隐立传，为其鸣不平曰："比其死也，人皆冤之。"称赞"何心老英雄莫比"[1]，也是从何心隐弘扬圣学道统的角度出发，肯定他是为理想献身的英雄。

王艮、颜钧、何心隐诸公堪称"狂侠"之佼佼者。他们主要通过现实生活世界的讲学实践等行动，以一己之"身"肩负起"天下国家"的重任。现实需要理想的烛照，行动需要理论的指导，但是也要看到，过于理想化地、急切地践行理论观点，缺乏对于现实社会复杂性的考量，就会遭遇强烈的反作用力。"狂侠"在历史长河中留下了耀眼但是短暂的光芒，有过于理想化和片面性的主观局限性。

四 "讲"与"学"的践履

儒家有深厚的讲学传统，孔子首倡"有教无类"，私学兴起，其后儒家热心讲学的风气一直延续。阳明"平生冒天下之非诋推陷，万死一生，遑遑然不忘讲学，惟恐吾人不闻斯道，流于功利机智，以日堕于夷狄禽兽而不觉"[2]。他一生戎马倥偬、案牍劳形，却始终不忘讲学。这就使得王学既是理论思辨的产物，又表现为一场声势浩大的讲学运动，阳明之后的思想界，讲学之风绵延不绝。

---

[1] （明）李贽著，张建业、张岱注：《续焚书注》，社会科学文献出版社2013年版，第86页。

[2] （明）王阳明：《王阳明全集》，吴光、钱明、董平、姚延福编校，上海古籍出版社2011年版，第45页。

泰州学派重视讲学践履，是对王阳明讲学倡导良知风气的继承和发展，讲学始终不脱离儒家事功传统与弘道意识，积极捍卫他们所理解的儒家道统谱系，有铺张扬厉之态势。从王艮到颜钧、何心隐、罗近溪等无不热衷于讲学，王艮曰："圣人经世，只是家常事，唐虞君臣，只是相与讲学。"① 他依托《周易》卦爻辞为讲学确立价值依据，乃时人习见的思路，虽不无牵强，但也可见为讲学张目的用心。王艮有云："六阳从地起，故经世之业，莫先于讲学以兴起人才"②，传达出启发愚蒙、开辟新天地的信心与决心。颜钧矢志"陶冶己心人性""以耕心樵仁为专业"，面向平民大众讲学传道。他自述讲学传道的师承曰："叨天降生阳明"，开启良知、直指本心；"继出淘东王心斋"，承继孔门仁道，印正阳明心学，晚年成就大成之学，"是故杏坛也，邱隅也，创始自孔子，继袭为山农，名虽不同，岁更二千余年；学教虽各神设，而镕心铸仁，实无两道两燮理也"③。他以孔子道统的承继者自任，义不容辞的责任感和自信自豪感溢出了字里行间，这种充满自信的狂士心态与王艮极为相似。

颜钧门人何心隐因为讲学而遭禁，他被官府缉拿，惨遭荼毒，曾撰写滚滚万言的《原学原讲》为讲学辩护。何心隐力陈"必学必讲"的根源、历史、意义与传承，曰："且高宗于傅说之欲其良言乃行者，亦无非欲傅说必学而必讲，以绍美于尹之必乐道而学，必训戒而讲，必相统相传其学其讲于其尹矣。"考镜讲学的源流是为了厘清道统脉络，为了更好地延续道统，所以说，必有所"学"必有所"讲"。他对"讲学"做详尽而周密的阐述，为讲学的合法性、正当

---

① （明）王艮：《明儒王心斋先生遗集》，《王心斋全集》，陈祝生等校点，江苏教育出版社2001年版，第17页。
② （明）王艮：《明儒王心斋先生遗集》，《王心斋全集》，陈祝生等校点，江苏教育出版社2001年版，第18页。
③ （明）颜钧：《颜钧集》，黄宣民点校，中国社会科学出版社1996年版，第36页。

性辩护，也为后人留下了理解"讲学"性质的重要文献。"必学必讲"以独断的语气突出讲学的必要性，"学"之乐与"讲"之乐都包孕了为往圣继绝学的崇高意味，在讲学践履中内化为人的良知真心，发而为自在自得的本心之乐。本心之乐也可以解读为率性之乐。即事是学，即事是讲，讲学当下显现生活世界之真实面貌，可从以下三方面来看。

首先，这种讲学之"乐"乃本体之乐，是讲学本身、本然具有之乐，无须费力外求，解除刻意寻觅"乐"的焦灼与失落，这的确已是轻松自然之乐。王艮所言颇有代表性："天下之学，惟有圣人之学好学，不费些子气力，有无边快乐。"① 这里的"好学""不费些子气力"都是强调"乐"本体无须他求的自然本性，是为"至简、至易、至乐存焉，使上下乐而行之，无所烦难也"②。王栋明白地指出："人之心体，本自悦乐，本自无愠。"③ 讲学就是恢复本体之喜悦，学不离乐，乐不离学。

其次，从接受角度看，"讲学"之乐是通过先"学"后"讲"不断循环递进的叙事行为，在百姓日用之"事"上能察知、洞见本心，摆脱过去被私欲、私意蒙蔽的迷惑状态。王艮作有著名的《乐学歌》："人心本自乐，自将私欲缚。私欲一萌时，良知还自觉。一觉便消除，人心依旧乐。乐是乐此学，学是学此乐，不乐不是学，不学不是乐。乐便然后学，学便然后乐。乐是学，学是乐。于乎！天下之乐，何如此学！天下之学，何如此乐！"④ 这里的"私欲"是

---

① （明）王艮：《明儒王心斋先生遗集》，《王心斋全集》，陈祝生等校点，江苏教育出版社2001年版，第5页。
② （明）王艮：《明儒王心斋先生遗集》，《王心斋全集》，陈祝生等校点，江苏教育出版社2001年版，第50页。
③ （明）王栋：《明儒王一庵先生遗集》，《王心斋全集》，陈祝生等校点，江苏教育出版社2001年版，第145页。
④ （明）王艮：《明儒王心斋先生遗集》，《王心斋全集》，陈祝生等校点，江苏教育出版社2001年版，第54页。

指"我执",未经理性思考和启蒙反思的个人意念,在"学""讲"环节接受师长的启发,培养个人独立思考和反思的知、情、意结构,塑造即便愚夫愚妇也能感知和理解的真正的"乐",以"乐"的人生追求为鹄的。"'不亦悦乎','说'是心之本体。"① 王襞对"乐"的理解更带有审美意味:"诸公今日之学,不在世界一切上,不在书册道理上,不在言语思量上,直从这里转机向自己,没缘没故如何能施为作用"②。讲学行动陶冶、熏染和塑造自我的心意结构,获得知、情、意相统一的快感,而不只是知识的记诵,也不只在思考与辩论中考量,而是知行合一的心性提升、情感濡染,因此"乐"是自我审美心意结构的构建。

最后,从传道角度看,"讲学"之"乐"赋予真知真行以厚重的历史感。"自先师发明任师同乐之旨,直接孔孟正传,而出其门下者,往往肯以讲学自任。"③ 泰州学派强调至易至简之乐,凸显讲学之乐的当下即得和轻松平易,之所以没有流于平面化、肤浅化和感官化,是因为葆有讲学之乐的厚重历史意味。讲学是延续继承孔孟道统余绪的践履行动,陶铸本心之乐与传承儒家道统的神圣使命融为一体,所"学"所"讲"都包孕了为往圣继绝学的崇高意味,彰显出儒家士人"身""心"统一的道统承当及其独立品格。审美之乐内化了儒家道统的理想追求,体现为无拘无束的心性之乐。比如颜钧所云"陶冶己心人性"以及"以耕心樵仁为专业",都明白无误地表明涵养塑造心性进而达到毫无羁勒的快乐,"是为'从心所欲不逾矩'之学"④。何心隐同样强调了同道中人相与讲学的乐感:"必无一事而无不讲其所学,必无一事而无不学其所讲,必相与相乐

---

① (明)王艮:《明儒王心斋先生遗集》,《王心斋全集》,陈祝生等校点,江苏教育出版社2001年版,第8页。
② (明)王襞:《明儒王东厓先生遗集》,《王心斋全集》,陈祝生等校点,江苏教育出版社2001年版,第227页。
③ (明)王栋:《明儒王一庵先生遗集》,《王心斋全集》,陈祝生等校点,江苏教育出版社2001年版,第170页。
④ (明)颜钧:《颜钧集》,黄宣民点校,中国社会科学出版社1996年版,第13页。

于所学所讲，以相忘乎其忧于不学不讲者也。"①"学"与"讲"是每个人日常生活中不可或缺的践履，神圣的光辉浸润了乐感的心意状态。可以说，"学"与"讲"已成为体验现实人生的关键词，这是日常生活的审美化，也是人生的艺术化。

第二节　行事主体："师"与"友"

一　立宗旨："为天下师"

"师"是"讲学"践履的行动主体，"讲学"的宗旨是"为师"，就是成为传承道统的行动主体，"讲学"则是"为师"的手段和途径。王艮曰："出则必为帝者师，处则必为天下万世师。"②"出"指出仕之人，儒家士人一般借助科举考试参与进入朝廷仕途政治，则必须树立理想，成为以师道影响治统之"师"；"处"是有才德而未出仕的处士，其人生理想则是必须成为启发天下苍生、造福后世之"师"。王艮对自己的要求显然是"为天下万世师"，放弃朝廷仕进的空间，而赢得更加广泛的受众群体。讲学践履从来不只是个人单纯的心性修养问题，而是事关风俗文化改良、社会风气治理的宏大使命。

王艮倡导师道，鼓励人人勇"为天下师"。这种理想化的主张在现实中能否落地？是否具有可行性？人人都为天下师，那么谁去做臣子？对于这些疑惑，王艮的观点是，"师"是传承师道之人，只有面对那些尊重和信任"师"的帝王将相或者普通百姓，"师"的现实价值才能实现。王艮曰："学也者，所以学为师也，学为长也，学为君也。帝者尊信吾道，而吾道传于帝，是为帝者师也；吾道传于

---

① （明）何心隐：《何心隐集》，容肇祖整理，中华书局1960年版，第9页。
② （明）王艮：《明儒王心斋先生遗集》，《王心斋全集》，陈祝生等校点，江苏教育出版社2001年版，第13页。

公卿大夫，是为公卿大夫师也。不待其尊信，而衒玉以求售，则为人役，是在我者不能自为之主宰矣，其道何由而得行哉？"[1] 对于"为天下师"的主体来说需要具备的基本修养，就是能够自信本心、自我主宰、以道从人。还有的士人出于生计考虑，出仕以谋求宦途利禄，那不是"为天下师"，是为"尽其职而已"。各在其位，各尽其职，这也是有积极价值的，但是，"非所以行道也"。换言之，"师"具有不依赖于治统君道的独立性，抓住了这一主宰或"把柄"，就已然在践履道统的路途中。

这位生活在15—16世纪上半叶的布衣士人，呼吁士人"自为之主宰"，不啻一声响亮的惊雷，开启了面向平民百姓思想启蒙的先声。针对他人的不理解和"好为人师"的非议，王艮胸有成竹地回应：

> 先生曰："礼不云乎：学也者，学为人师也。学不足为人师，皆'苟道'也。故必修身为本，然后师道立，而善人多矣。如身在一家，必修身立本以为一家之法，是为一家之师矣。身在一国，必修身立本以为一国之法，是为一国之师矣。身在天下，必修身立本以为天下之法，是为天下之师矣。故'出必为帝者师'，言必尊信吾'修身立本'之学，足以起人君之'敬信'，'来王者之取法'，夫然后'道可传'，亦'可行'矣。庶几乎'己立'后，'自配之于天地万物'，而非'牵以相从'者也。斯'出'不'遗本'矣。'处必为天下万世师'，言必与吾人讲明'修身立本'之学，使为法于天下，可传于后世，夫然后'立'必俱'立'，'达'必俱'达'。庶几乎修身'见'世而非'独善其身者'也。斯'处'也不'遗末'矣。孔孟之学正如此，故其'出'也，'以道殉身'，而不'以身殉道'。其

---

[1] （明）王艮：《明儒王心斋先生遗集》，《王心斋全集》，陈祝生等校点，江苏教育出版社2001年版，第20—21页。

'处'也,'学不厌',而'教不倦','本末一贯'。夫是谓'明德''亲民''止至善'矣。"①

由此可以见出,"师"的内涵以修身立本、自我做主为核心,是一个外延富有伸展性的概念。以"身"为出发点,在一家为一家之师、在一国为一国之师、在天下为天下之师。在传统的家国天下连续体中,"身"具有一个始终不渝的追求——"为师",修身立本,确立自尊自信之"身",遵循一以贯之的道统,而不是主宰家国天下统治秩序的君臣父子之道。因此,"为天下师"的宗旨与社会改良或变革存在着曲折的、隐蔽的关联。王艮引用宋代大儒周敦颐《通书》弘扬师道的观点,表达改良社会风气的诉求,以先觉觉后觉,则师道立矣,"师道立,则善人多",他认为,从人的培养出发,塑造修身立本之人,这样的善人层出不穷,则有望迎来清朗的政治风气,从而天下太平,"善人多,则朝廷正,而天下治矣"。王艮晚年领悟"大成学",就是探索"为天下师"理想在日常生活世界贯彻实施的关窍,那就是简易快乐,当下印证本心。诗曰:"我将大成学印证,随言随悟随时跻。只此心中便是圣,说此与人便是师。至易至简至快乐,至尊至宝至清奇。随大随小随我学,随时随处随人师。掌握乾坤大主宰,包罗天地真良知。"②通过对于弘道主体自尊自信心理的吁求,廓开格局和眼界,其不同凡响之处朗然呈现。

王艮在对士人"出""处""进""退"的选择上,明确师道优先于君道、道统优先于治统的基本定位。泰州学派推重师道,保持"身"的自尊自信,以师道抗衡君道治统的理路已然十分清晰。对于师道君道的演变历史脉络或称道统的梳理,泰州学派有不少讨论,

---

① (明)王艮:《明儒王心斋先生遗集》,《王心斋全集》,陈祝生等校点,江苏教育出版社2001年版,第39—40页。
② (明)王艮:《明儒王心斋先生遗集》,《王心斋全集》,陈祝生等校点,江苏教育出版社2001年版,第55页。

比如王栋认为君道师道的关系处于分合演变之中,"自古帝王君天下,皆只师天下也"。师道先于君道,具有不言自明的优先性,然而"后世人主不知修身慎德为生民立极,而君师之职离矣"①。上古三代贤明帝王的君道是师天下模式,帝就是师,他们修身立德为天地立心,为生民立命,然而后世帝王背弃了为天下师的优秀传统,谋取个人利益的最大化,造成君道与师道分道扬镳。君道衰变后蜕化为"天下利害之权皆出于我"②的君权。对这一问题的思考延续到明清之交,黄宗羲在《原君》一文中进行了深入的质疑和反思。泰州学派讲学兴盛时期,充满理想主义色彩地期望用师道制衡君道,约束泛滥无当的君权,有一定的合理意义。

因此,王艮从自我之"身"出发,以重塑人的身心体验,使之合乎师道为归宿,体现了自尊自信之独立人格的真切需要,"师"的至善大美被重点凸显出来。"狂侠"意味着以一介布衣的平凡身份,而拥有改良社会的高远情怀,以及主动介入社会的坚定意志,"为天下师"的宗旨锁定了"狂侠"改良社会的博大胸襟和心系天下的儒家主导价值观。"师"是真善美的交融,"虞廷师师相让之风"令人高山仰止,油然而生企慕向往之情,"故夫子叙之以彰其美"③。这里的美就是善,是道德意识、道德理性和道德行为的合目的性。泰州学派用"乐""快活"等字眼表达这种至善大美引发的本心之乐,如"快活歌兮快活歌,从师归来快活多。仁义礼智根心坐,睟而盎背阳春和"④。君师之间"师师相让",是古人心目中师道理想的黄金岁月,一言一行尽显师道的美好。

"为天下师"为广大布衣士人确立了人生方向,即通过"学"

---

① (明)王栋:《明儒王一庵先生遗集》,《王心斋全集》,陈祝生等校点,江苏教育出版社2001年版,第156页。

② (清)黄宗羲:《黄宗羲全集》第1册,浙江古籍出版社1985年版,第2页。

③ (明)王栋:《明儒王一庵先生遗集》,《王心斋全集》,陈祝生等校点,江苏教育出版社2001年版,第194页。

④ (明)颜钧:《颜钧集》,黄宣民点校,中国社会科学出版社1996年版,第61页。

和"讲"掌握儒学道统的话语权,用以反制不良的政治生态和习俗风气。以"学"为乐、以"讲"为乐,与"为天下师"环环相扣,模塑天下众生之"身"的心意状态,内在地契合儒家的政治功用底色,在"为天下师"的乐感中涂抹上浓墨重彩的事功意识,使得"狂侠"在践履道统的担当中具有政治功利性。当然这一特点也埋伏了日后讲学遭禁的隐患。个体之"身"转化为"师"的身份,通过讲学介入社会政治生活、介入现实,这是一种为人生、为苍生的价值实现之路。"师"提供了个体之"身"成己成人的路径,无须仰人鼻息受制于君臣权贵,也能够救世拯衰,使百姓出离苦海、各安生业,这是万物一体、济拔苍生的昂扬崇高之美。

二 求扩展:"师友"之伦

讲学鼓励讲学者与听众之间的交流表达,在倡道、弘道的交流过程中,师生关系与"五伦"中的"朋友"一伦发生交融渗透,转化成为彼此相因相须的师友关系,一种新型人伦关系"师友"之伦应运而生。古人强调师道尊严,天地君亲师排成一个备受尊崇的序列,在传统观念中师生关系存在高低级差,在教学传道中"师"是居高临下传授知识的权威,"生"是被动接受知识的弱势一方,"师生"相处成为亦师亦友是极为稀有的。但是"讲学"过程则不然,如前所论,讲学是"学"与"讲"的碰撞交流,从"为师"中推衍出"师—友"这一对新型的、平等的人伦关系,符合讲学践履师道的逻辑推衍。

师友之伦源自五品人伦,即所谓父子、君臣、长幼、夫妇、师友,但又有不同于其他四种人伦关系的特点。五品人伦对应古人天地君亲师崇拜的社会心理,核心是有差等之爱。天地崇拜搭建起人与宇宙/神的等级之"爱",君君臣臣是治统制度下的权力差距之"爱";父子兄弟长幼有别,是以血缘为纽带的有差等的亲疏之"爱"。每一个高等级序列下面又包含许多较低等级的序列,个人之

"身"处在有差等的序列之中,需要安守本位,由亲及疏、由内及外,自觉建构孝、悌、慈、仁等道德情感、道德意识和道德理性。师友受到共同的志向道义的感知,凝聚在一起,突出了共同的理想志向,淡化了人际之间年龄、出生、地位等导致的差序。这种师友关系又被称作"同志",泰州学派用"师友""同志"的深厚情感充实丰富了儒家仁学之"爱"。比如王栋论曰:"尊贵则荣,而保身、保家、保名节,斯与圣贤同其美矣。卑贱则辱,而败身、败家、败名节,斯与禽兽同其恶矣。然则师友岂不至重,岂不至亲乎?……凡处同志之有志向、有道义者,皆不得不以此爱爱之矣。"[1] 因为"师友""同志"之爱的内涵是道义担当,所以"至重""至亲",是善,也是美。

师友之伦较其他人伦关系显得"至重""至亲",是因为师友之伦具有其他人伦关系所不具备的"尊贵"意味。师友之间通过讲学践履达成彼此的认同和肯定,互尊互重,对于因为工具理性、工具行为造成的当下困境和人性的异化,师友之间的交往也能够通过讲学来辨析首尾、厘清本末,唤醒认识,达到共同发展和共同进步。颜钧推重"师"的大美到无以复加的程度:"亲生主恩,君养主义,师教则兼恩义而致之,遂于其任至重,其功至大,其师之自御也为慎独。"[2] 将"师教"之恩凌驾于血缘亲情和君臣之义,也是从"其任""其功"(也就是社会使命担当和效用)来评估的。

泰州学派在弘扬师道的儒家讲学传统上,特别强调"师友"之间即学即讲的切磋琢磨,取消名位限制,以人际交往的心理满足感"交"为诉求。何心隐认为单单有"师"并非等同于师道,师道必须借助师的力量来彰明传播,"师"也并不等同于"学",但"学"

---

[1] (明)王栋:《明儒王一庵先生遗集》,《王心斋全集》,陈祝生等校点,江苏教育出版社2001年版,第170页。

[2] (明)颜钧:《颜钧集》,黄宣民点校,中国社会科学出版社1996年版,第52页。

必须领受"师"的约束和引导，这里面需要注意"学"与"道"之中的人际交往理性。何心隐《师说》曰："师非道也，道非师不帱。师非学也，学非师不约。不帱不约则不交。不交亦天地也，不往不来之天地也。革也，汤武之所以革天而后天，革地而后地。否也，未尽善也，未尽学也，未尽道也。友其道于师以学而交乾坤乎？"①何心隐提出了"交"这一人际交往理性的关键词。"交"是师友基于共同求道志向上的心灵契合和交流沟通，以谋求共同利益、实现远大理想。何心隐在《论友》一文中分析了人际交往的几种形态，条陈其利弊，写道："天地交曰泰，交尽于友也。友秉交也，道而学尽于友之交也。昆弟非不交也，交而比也，未可以拟天地之交也。能不骄而泰乎？夫妇也，父子也，君臣也，非不交也，或交而匹，或交而昵，或交而陵、而援。八口之天地也，百姓之天地也，非不交也，小乎其交者也。能不骄而泰乎？"② 夫妇、父子、君臣，其交往格局受限于利益关系，弊处在"小"，或匹配、或狎昵、或僭越、或援助，不能够充分展开交往的可能性。因为等级差距客观存在，权力的不平等带来人际交往的实用功利理性。而"师—友"这种新型人际交往理性遵循了平等交往原则，超越了实用的、功利的交往理性导致的局限性。这与古人所云"君子之交淡如水"有相通之处，因为有容乃大，无欲则刚，如天地之交孕育万物，所以，人际交往理性发展到"友"已极尽高明。衍论至此，何心隐的师道观念中萌生出的新动向，进一步发展下去就是用师友之伦独立于君臣、父子、夫妇、长幼之伦，甚至以师道凌驾其上，有可能对君臣之伦提出质询或有冒犯之举，甚至参与进入顶层政治权力的搏击，从理论阐释到现实践履的转化过程中，出现"易天而不革天"的改良社会政治的动向。"师友"之伦的交往理性不受名位差等束缚，以弘扬师道为

---

① （明）何心隐：《何心隐集》，容肇祖整理，中华书局1960年版，第27页。
② （明）何心隐：《何心隐集》，容肇祖整理，中华书局1960年版，第28页。

共同理想，构建平等的人际关系，这种人际关系不再以血缘亲疏为主导，从而可以摆脱大"家"小"家"的血缘亲疏囿限；"师友"之伦也不以谋求更高等级秩序为人生目标，从而使得人与人的平等友爱具有了可能性；"师友"之伦亦不以某种现实的功利目的为导向，也就意味着在"为天下师"的理想号召下，不分亲疏、内外、地位高低，人与人互尊互重的交往理性具有了可持续性。总之，泰州学派因为重视讲学，故而在五伦之中特重师友之伦，在倡道弘道践履中，建构积极、平等、持久的情感体验，体现了与朝廷美学相对立的平民美学的心理逻辑。

何心隐将师友之伦超越于其他人伦关系，作为社会现实变革的人际关系基础，对其重要性强调到无以复加，是对泰州学派师道传承精神的极端化发展。何心隐用师道制衡君权、改良政治的理想，建构师友之伦成为其人员组织构成的基本理念。从王艮"学为天下师"的高远志向，到何心隐发展成为"学尽于友之交"，师友之伦的侧重点从"为师"转化为"友之交"。这种转换显得意味深长。王艮偏重于建构完美的社会理想，落实在自我之"身"，就是成为以讲学启发愚蒙之"天下师"；何心隐的兴趣则转向构建新型人际关系基础——"友之交"，讲学践履主体从个人之"身"扩展到"师友"之"身"，发挥讲学"为天下师"的社会干预功能。何心隐使之在现实的师友关系中得到了鲜活的预演和准备。源于此，何心隐的做法偏于极端和片面，他将五伦关系简化为师友之一伦，以师友之伦视作君臣父子等人伦关系不变的"宗旨"："文武虽父子，而师而友，一君臣也。武周虽兄弟，而师而友，一君臣也。宗旨，一君臣也，不外有宗旨也。"[①] 周文王与周武王是父子，武王和周公是兄弟，让他们成为圣贤的不是血缘关系，而是师友之间的切磋交往，成就了治统与道统的合一。将师友之交作为君臣、父子、长幼之伦的基础，

---

① （明）何心隐：《何心隐集》，容肇祖整理，中华书局1960年版，第37页。

直接挑战道德的血缘伦理基础及其差序社会心理，这种观念变革可谓剧烈。这意味着陌生人可以不分亲疏内外等差序，只要以践履师道为共同目标就可以结为平等无差、互相提携、互相尊重的师友之伦。中国作为古老的宗法制社会，以宗法血缘为情感纽带，伦理道德秩序建基于其上，虽然日益暴露出其狭隘性和弊陋之处，但是，如果只承认师友之伦为人伦宗旨，理想化地践履道统则失之于激进，也就与年深日久相沿成习的传统人情风俗相颉颃，同样让人们不堪忍受。也许以其高扬的理想能够吸引人们投身其中、沉迷其中，但是从长远看，很难让人们长久保持认同，毕竟祛除血缘基础上的人伦人情感受，一切服膺于理想，有违中国人的人情习俗。诟病何心隐者曰："人伦有五，公舍其四，而独置身于师友贤圣之间，则偏枯不可以为训。"[①] 何心隐践履理想的人生如烟花般绚烂又迅速熄灭，与此也脱不了关系。

综上可见，泰州学派的讲学践履延续了尊重"师"道的传统，呼吁士人勇于"为天下师"，倡导"师友"之伦的平等主体、交互主体关系。作为其他人伦关系的宗旨，这体现了布衣士人弘扬儒家道统的必然诉求。人际交往中"师"与"友"平等、交互的"学"与"讲"，范导士人乐感的生成样态：自立自得，自我造就，成人成己。具体而言，"师友"之伦的发展体现出从伦理走向心理以及从心理走向社会这两种动态趋向。其一，从伦理走向心理，指的是消解审美的伦理道德色彩，回归人情、人性等心理维度。"师""友"因为共同的社会理想、思想旨趣而有意识地聚集在一起，师友之伦无须依赖血缘纽带，也就不存在亲疏、远近、内外等差序格局，差别主要体现在得道有先后上。在"为天下师"的理想信仰基础上，赢得自我的尊信，师友之间平等交往，有可能产生至亲至尊之"爱"，这对于社会心理、审美心理的影响是潜移默化而极富深意的，对于

---

① （明）李贽著，张建业、张岱注：《焚书注》，社会科学文献出版社2013年版，第246页。

古典美学中以差等秩序为核心构建的审美范式产生冲击和碰撞，提供了理解人伦关系和人心、人情、人性的别样路径。去伦理化的趋势悄然现身，而只有跳出血缘伦理的限制，回归心理本位，对于人情、人性的理解和把握才有可能打开新局面，让过去被人伦关系的规范排斥在外的那些人情、人性进入人们视野。其二，从心理走向社会，指的是泰州学派推重讲学践履塑造和影响群体心意状态的效能，以期移风易俗，改良社会风气。师友作为践履行动的交互主体，处于动态生成中，边界不断开放和转化，在王艮的门人弟子中，耕樵农渔、缁衣羽流中资质禀赋秀逸者，悟道后讲学传道，成为新的师友之伦的发起者。因此师友之伦胸怀国事天下事，人人担当起改良社会风气的重任，人们的心意状态处在动态的相互濡染、相互促进、共同塑造之中，打上了布衣士人关切天下事的政治功利烙印。总之，"狂侠"的核心是在践履师道过程中建构与优化新型的师友之伦，在对儒家社会理想的憧憬追求中，一方面，从伦理走向心理，祛除血缘伦理的等差秩序，实现师友之伦的平等互重与互相提升；另一方面，从心理走向社会，在与现实人生的结合交会中，丰富了心意结构的社会功利性内涵，成为中晚明的时代精神和审美趣尚的风向标。

三 觅归属："家"与"会"

泰州学派的"身—家"一体观中，"家"是"身"向百姓日用、向生活世界回归的必由之路和归属。百姓日用是平等主体间交互性对话的对象世界。"家"是中国传统文化中极为特殊的层次，介于个人与国家之间，以宗法血缘关系作为把人们联系起来的天然纽带，强大而稳固，构成家国天下连续体的内在一致性。家国天下内在连续性的主体和出发点是"身"，"家国天下"是"身"这一制度化空间的延伸。由于"身"不能作为自身的衡量标准，需要借助"家"这一中介，"身"作为空间化的制度肉身价值才能得以彰显，"身"与"家"密切得不可拆分。

第三章 外向承当的"狂侠"

"狂侠"一脉的代表人物王艮、颜钧、何心隐等，都试图将个体之"身"的价值实现空间推导向家国天下的广域社会空间。若加以分疏，"身"价值归属的社会空间从血缘基础上的"家"，演变为非血缘关系人群结成的"孔氏家"，又称为"会"，即讲学讲会之"会"。明儒耿定向写道，其仲子问何心隐："子毁家忘躯，意欲如何？"何心隐答曰："姚江始阐良知，指眼开矣。而未有身也。泰州阐立本旨，知尊身矣，而未有家也。兹欲聚友以成孔氏家云。"① 这里何心隐扬言的"家"与"孔氏家"就是试图为个体之"身"的价值实现寻找到的社会空间归属。耿定向的行文中讥笑何心隐为"梁狂"，对其激进行为颇为反感和抵斥。而在何心隐看来，王阳明的贡献在于阐述良知，无待外求而自见本心，但遗忘了"身"作为肉身受客观物质条件和特定时空的限制，仅具有潜在的主体能动性；王艮阐述尊身立本之宗旨，强调尊身爱身保身，在践履道统的讲学中实现"身"的价值，但是王艮遗忘了"身"与"身"之间需要系统地组织起来才能成就大事，他认为众"身"的归属之地是"家"。可见何心隐的理想是沿着先贤的设想成就大事，组织天下同道，聚集师友成立"孔氏家"或"讲会"。立"会"讲学的灵感在王艮、王襞、王栋、颜钧等那里已经萌生并初步尝试，而何心隐的主张中"身"与"会"之间构建了更为紧密的关联，体现了更为自觉的社会实践意图。

师友之伦不以功名利禄等世俗功利为导向，而以抽象而美好的社会理想为导向，有赖师友依托"会"这一组织形式，展开长时段的共同维护。师友之间耳濡目染、相互促进、共同塑造，王栋道："须师友讲求潜心体悟，岁月磨砻，便亦可以明得尽矣。"② 师友共

---

① （明）耿定向：《耿定向集》，傅秋涛点校，华东师范大学出版社 2015 年版，第 631 页。
② （明）王栋：《明儒王一庵先生遗集》，《王心斋全集》，陈祝生等校点，江苏教育出版社 2001 年版，第 156 页。

同研磨，沉潜良知学说，体悟良知心体，可以少走弯路，不做无谓的浪费。师友交往讲习以"会"为组织形式，王栋曰："学无师友之会，则便精神散漫，生意枯槁，于何取益？于何日新？"① 可见"会"提供了师友之间思想的碰撞和交流空间，对于凝聚师友精神、激发活泼生机发挥了不可或缺的重要作用，无"会"则不成其为讲学。"会"的发展形态经颜钧改造为具有乡民自治性质的集聚，尝试社会风气的改良，颜钧在江西吉安乡村组织的"萃和之会"，"几近七百余人"，"为一家一乡快乐风化"②，为期三个月。如此众多的参与者，包含血缘亲友但显然已不限于血缘亲友。何心隐出身当地大族，财力较为雄厚，能够支撑他的师道理想尝试。他建立整个宗族的自治组织"萃（聚）和堂"，总理一族之政，身体力行师道理想。虽然这一践履师道理想的努力只局限在大家族内部，但是由于目标明确，可以集中钱、财、物，调动起人员力量，在家族管理上做深做透。何心隐采取的比较重要的措施是通过统筹规划子弟教育、老人赡养，使老有所养、幼有所教，旨在合族上下和睦和谐。他还组织抵抗不合理税赋，摒弃贿赂行为，为此开罪官府，招来牢狱之灾。颜钧、何心隐带有乌托邦色彩的泛家族自治的践履，是对"身"之归属"家"的制度性探索。

　　对"身—家"的"格物致知"，不带有任何陈见方得圆满。何心隐通过向"身""家"本源逆推、还原，呈现出它们的内涵不是给定的，人们的理解常常被遮蔽，"身—家"叙述的日常生活世界亦被预设了。他从字义逆推还原，把"身"加以空间化，曲解为"伸"，"身者伸也，必学必矩，则身以之而伸也"，又把"家"目的化，曲解为"嘉"："家者，嘉也，必学必矩，则家以之而嘉也。"③

---

① （明）王栋：《明儒王一庵先生遗集》，《王心斋全集》，陈祝生等校点，江苏教育出版社2001年版，第184页。
② （明）颜钧：《颜钧集》，黄宣民点校，中国社会科学出版社1996年版，第24页。
③ （明）何心隐：《何心隐集》，容肇祖整理，中华书局1960年版，第34页。

嘉，美也，引申为赞美以及快乐美好的情感。古人一般不严格区分美与善。按照传统思维惯性，"家"是保证男性血缘纽带传承和延续的人伦构成单位，但是何心隐认为"家"之所以成其为"嘉"，强调是"必学必矩"的形象化讲学，意即是讲学构成的师友之伦取代了传统的血缘关系，在"身—家"一体建构中至关重要，赋予师友之伦以至善至美的意味。

第三节 "龙德"与"凤"意象

一 "潜龙"、"见龙"与"亢龙"的行动感

"潜龙"、"见龙"与"亢龙"出自《周易》"乾"卦诸爻。"乾"卦象征沛然刚健的纯阳之德，《说卦传》："乾，健也"，《正义》曰："乾象天，天体运转不息，故为健也。""乾"卦除第三爻称"君子"，其他诸爻均称"龙"。龙喻及其卦爻辞的解释，历来众说纷纭，一般认为，明人借卦象、卦位，说明占卜之人在与卦象对应的时期，行动上应采取进退取舍之势。如第一爻"潜龙勿用"、第二爻"见龙在田"、第三爻"终日乾乾"、第四爻"或跃在渊"、第五爻"飞龙在天"、第六爻"亢龙有悔"，"潜龙"、"见龙"与"亢龙"等不同态势的龙德用来隐喻士人的出处行藏。对于泰州学派布衣弘道之人，时人常取用乾卦"龙"爻的卦象，象征泰州学派进取有为的践履态势和行事风格。具体来讲，就是取用乾卦的"龙德"隐喻象征王艮、王襞、颜钧、何心隐等布衣士子行不掩言、兼济天下的行动之美。一般人们习惯以第一爻"潜龙"意象象征布衣士子身处民间、未出仕而行道的态势。但是"狂侠"一脉学者不囿于其位，骨刚气烈，多出位之举，第二爻"见龙"昂扬奋发，第六爻"亢龙"高亢凌越，其发扬蹈厉的状态，显然更为契合泰州学派"狂侠"讲学行道的态势。梳理泰州学派成员适配的龙德意象，从其变化中可以管窥士人主体性发扬蹈厉的心路历程。

王艮与"见龙"意象紧紧联系在一起。他欣赏乾卦第二爻"见龙",也以"见龙"作为自我之"身"的形象认同。鉴于"见龙"阳刚威武之形象已然显现,相比"潜龙"的沉潜不可得见,"见龙"可以为人所清晰感知。王艮道:"'见龙'可得而见之谓也,'潜龙'则不可得而见矣。惟人皆可得而见,故'利见大人。"① 而第一爻"潜龙"则不可得见,处于阳刚之气初显但仍在潜伏隐藏状态。王艮认为以讲学兴起人才,可与乾卦阳气开始升腾相类比,"'六阳'从地起,故经世之业,莫先于讲学以兴起人才"②,既然开展讲学就要有所行动并且产生影响,而不能独善其身地隐居避世。"圣人虽'时乘六龙以御天',然必当以'见龙'为家舍。"③"见龙"是龙德的家园,是奠定日后盛功伟业的根基,为天下万世谋取福祉而不矜诩功名,"飞龙在天"象征圣人治于上,"见龙在田"象征圣人治于下,"惟此二爻,皆谓之'大人',故'在下必治,在上必治'"。④ 王艮取法孔子,不居尊位但怀出位之思,以先知先觉自任,活跃在民间讲学布道启发后知后觉者。他推重"见龙"意象,认同以布衣身份鼓倡讲学、勇敢出位的行事风格。

　　王艮心仪"见龙"而舍弃"潜龙"意象,其"狂"可见一斑。布衣倡道受制于名位所限,一般行事比较谦逊低调,因为未入仕途通常取"潜龙"卦位隐喻隐居民间修身养性,以区别于有名位的儒家士人。王艮、王襞、王栋合称"淮南三王",他们与弟子颜钧、何心隐都是布衣之身,从未涉足仕途,但是都反对隐居遁世。王艮认

---

① (明)王艮:《明儒王心斋先生遗集》,《王心斋全集》,陈祝生等校点,江苏教育出版社2001年版,第4页。
② (明)王艮:《明儒王心斋先生遗集》,《王心斋全集》,陈祝生等校点,江苏教育出版社2001年版,第18页。
③ (明)王艮:《明儒王心斋先生遗集》,《王心斋全集》,陈祝生等校点,江苏教育出版社2001年版,第4页。
④ (明)王艮:《明儒王心斋先生遗集》,《王心斋全集》,陈祝生等校点,江苏教育出版社2001年版,第11页。

为，长沮桀溺之辈逃避人世与鸟兽居，只能标志其不与世俗同流的高洁，严格来讲属于利己而不利人的保身行为，并不值得取法仿效。至于到深山与麋鹿为伴，像池中的菱荷一样洁身自好，这些远远不够，唯有"吾与点也"的孔门之乐值得追慕。王艮不管有没有名位，从事讲学倡道之举，赤手空拳廓开崭新局面，他对孔子的评价也晕染了"见龙"阳气已然显现的主观倾向："孔子谓'二三子以我为隐乎'，此'隐'字对'见'字，说孔子在当时虽不仕，而无行不与二三子，是修身讲学以见于世，未尝一日隐也。"他追慕效仿孔子讲学传道之举，以讲学显名于世为目标，未尝有一日隐居避世而不发声。王艮对"龙德而隐"的第一爻"潜龙"未加采纳，将"龙德而隐"理解为逃避世人的独善其身，"隐"是如长沮桀溺之徒"绝人避世而与鸟兽同群者是已"。王艮认为孔子乃"见龙"："乾初九'不易乎世'，故曰'龙德而隐'，九二'善世不伐'，故曰'见龙在田'。观桀溺曰滔滔者天下皆是也，而谁以易之，非隐而何？孔子曰：天下有道，某不与易也。非见而何？"[①] 王栋也明确表示出处之际"隐"最容易混淆视听，误导子弟避世以为高洁："其最难辨者，隐以为高"，反对"隐"而推崇"见"，可见赞化育而与天地参、踵步圣贤的"见龙"更值得欣赏。

"见龙"象征了"狂侠"的昂奋峻朗之美。在追求圣人之道过程中得到精神的提升，产生与"天地参"的至乐。现实压抑且反复无常，永不轻言放弃，如果暂时无法"见"于世，也在以退为进、以屈为伸的"潜龙"里包孕"见"的襟怀。王艮迫于时世的压力不得不委曲求全时则曰："弟近悟得阴者阳之根，屈者伸之源。孟子曰：不得志则修身见于世。此便是见龙之屈，利物之源也。"[②] 君子

[①] （明）王艮：《明儒王心斋先生遗集》，《王心斋全集》，陈祝生等校点，江苏教育出版社2001年版，第7页。

[②] （明）王艮：《明儒王心斋先生遗集》，《王心斋全集》，陈祝生等校点，江苏教育出版社2001年版，第46页。

能屈能伸，王艮试图说服自己接受暂时的屈曲，等待时机大展身手，处阴柔以待阳刚，但是他对权变和灵活并不真正满意，曰："应变之权固有之，非教人家法也。"① 必须警惕将权变作为手段和方法。王艮激赏的真体至乐是昂扬高蹈的"见龙"意象，在于借讲学传道以自我造就的践履之中。

"潜龙"意象呈收敛之势，蓄以待命而洒落自在，是王襞的绝佳写照。他传承王艮衣钵，发扬光大了民间讲学弘道的传统，在地处东南的江浙一带有极高的威信。但是，因为讲学的整个大环境出现波折，此外由于他自幼离家在越中长大，师从浙中阳明后学王畿，受其影响，偏好自然淡泊的行事格调，言行含蓄内敛，"先生固守素志，坚却不出"。其介然自守与王艮相类似，自幼受到良好教养，释放身心于自然山水之中，怡然自乐的淡泊优雅则有别于乃父。罗汝芳尝称赏王襞曰："迹若潜龙，而见龙之体已具矣。"② 形迹语动沉稳不张扬，而讲学弘道之践履主体得到了保持，在以讲学修身见于世的追求上与王艮毫无二致。他也说过与王艮"处必为天下万世师"非常类似的话："学师法乎帝也，而出为帝者师；学师法乎天下万世也，而处为天下万世师。此龙德正中而修身见世之矩"③，但他不以"见龙"而以"潜龙"自拟，而是更在意本心的安宁自在，一边是修身讲学见于世的振奋昂扬，一边是蓄以待命的清宁洒落，"潜龙"在安恬自在中随时振翮高飞，在清高闲远中志向高举，这两方面竟如此奇异地结合在一个人身上。在王襞的诗歌创作中，别有一种洒脱自在的自然风神，他欣赏和赞美"潜龙"意象，如

---

① （明）王艮：《明儒王心斋先生遗集》，《王心斋全集》，陈祝生等校点，江苏教育出版社2001年版，第14页。
② （明）王襞：《明儒王东厓先生遗集》，《王心斋全集》，陈祝生等校点，江苏教育出版社2001年版，第210页。
③ （明）王襞：《明儒王东厓先生遗集》，《王心斋全集》，陈祝生等校点，江苏教育出版社2001年版，第218页。

"从来幽壑底，嘘气有潜龙"①"倦依龙隐卧，歌趁鸟和鸣"②。流连在溪畔山涧，陶醉于霁月光风，领悟到身体形骸、百姓日用皆外物。

"亢龙"意象率性从心，生命力强劲野蛮，是颜钧喜用的龙德隐喻。一般认为"亢龙"高飞穷极、盛极转衰，故称"亢龙有悔"，所以多有规避。颜钧对"亢龙"反而不吝赞美。他读书开窍很晚，乡野间野蛮生长的好处是能够摆脱教条限制，在讲学践履中强悍、活泼而灵动，在辞气不文中不时有极为大胆的独创思想。他在诗中写道："率性从心御六龙"③，极富有创意地用自然本心统率潜、见、惕、跃、飞、亢等变化不息的龙德六爻卦象，比拟心性自由具有强劲的动力，用六龙的生生变化来喻示心性的自由舒展：从心所欲不逾矩、率性从心，为听众打开了关于良知本心的自由美好想象。颜钧论道："绪扬其中为时庸，易乎其六龙也则曰潜见，曰惕跃，曰飞亢，如此而为时乘，即变适大中之易，以神乎其学庸精神者也。……同入'从心所欲不逾矩'，以为乐在其中，正道也，皆晓易知易能，不虑不学，不失乎胎生三月赤子之丹蒸也。"④在稍显牵扯拉杂的言辞表述中可以寻觅到颜钧的意图，就是把《大学》《中庸》打成一块，号为"大中学庸"精神，用《周易》乾卦六龙意象类比他自创的"大中学庸"。除了延续王艮"为天下师"的积极有为理想，颜钧更强调使天下万世之人获见"从心所欲不逾矩"的良知本心，强调良知本心的自在快乐，人人都易知易能，不虑不学，如赤子婴儿一般发自天然本心地自由自在。儒家经典《大学》、《中庸》和《周易》六龙的本意已经无足轻重，重要的是他为人们渲染出从心所欲的神圣与光芒，心性情欲无所不得其宜地舒展开来，无往而不契合

---

① （明）王艮：《明儒王心斋先生遗集》，《王心斋全集》，陈祝生等校点，江苏教育出版社2001年版，第264页。
② （明）王艮：《明儒王心斋先生遗集》，《王心斋全集》，陈祝生等校点，江苏教育出版社2001年版，第265页。
③ （明）颜钧：《颜钧集》，黄宣民点校，中国社会科学出版社1996年版，第71页。
④ （明）颜钧：《颜钧集》，黄宣民点校，中国社会科学出版社1996年版，第18页。

仁道。所谓"制欲，非体仁也"①，因为从心所欲本来就无须压抑束缚。从这种至乐极境来看，"亢龙"被理解为："如此安身以运世，如此居其所，而凡有血气莫不尊亲，是为亢。丽神易仁道，无声臭乎上下四旁，所谓时乘六龙以御天，独造化也。"② 这里的"亢"是乾阳"时乘六龙以御天"的极致壮丽和酣畅淋漓。

何心隐本是泰州学派中最富"亢龙"气派的狂士，因为讲学遭禁遭缉拿，他以"潜龙"自喻，力倡一种不同于传统的、刚劲进取的"潜龙"意象。为避祸，他从不自言"亢龙"，但是时人皆以"亢龙"目之。何心隐所论之"潜龙"实质上就是传统所言之"见龙"。正因为如此，王艮认为，孔子是"见龙"。何心隐则认为孔子是"潜龙"，曰："潜于孔子者，用功而潜，潜而用功者也，非成功也，虽成功亦用功也。"③ 他重新诠释出与处、进与退的问题，用始终高亢进取的"用功"标志"潜龙"，不计成功与否，只进不退，或虽退亦进。他搁置了潜、见、惕、跃、飞、亢等不同的发展态势，只区分出"潜龙"中强调过程的"用功"与强调结果的"成功"两种形态，大人君子为使"凡有血气莫不尊亲"成为现实，唯有高亢进取之姿可取，这一点已十分了然。何心隐称颂潜龙的用功进取，表明了主体审美心意的自由自觉发展，以及无所依傍、成人成己的行动美学，可以理解为"用功"表征那种不在其位而谋其政的进取心和行动力，而"成功"则喻示在未来挑战治统取得某种进展、功成而居的自得自尊。他写道：

> 人之言潜，言成功也。我之言潜，言用功也。成功之潜，如伊尹之告归，周公之明农，潜易易也。用功则不然矣。孔子之象潜

---

① （明）颜钧：《颜钧集》，黄宣民点校，中国社会科学出版社1996年版，第82页。
② （明）颜钧：《颜钧集》，黄宣民点校，中国社会科学出版社1996年版，第50页。
③ （明）何心隐：《何心隐集》，容肇祖整理，中华书局1960年版，第30页。

龙，则曰"阳在下也。"……龙而潜，阳在下之象也。象以此者，象用功也。阳必用功而后能在下也。确乎其不可拔，是用功也。①

"潜龙"是没有政治话语权的布衣士人，所以处在下位。他从阴阳消长、对立转换的角度来肯定"用功"所起的作用，"且下非徒下已也，所以藏乎阳也。阳藏则气冲而纯见。阳不见下，下虽阴位亦自化，阴而阳也。故又继之曰'潜龙勿用，阳气潜藏。'言阳不言下，用功以文乎下，而不见其为在下之阳也。此惟孔子上达可以当之也"②。当此际，阳气被迫收藏转化为持久的用功，阳气累积终于焕发出气冲霄汉的光彩，则下位有可能转化为上位，在布衣士人讲学弘道的践履之中"用功"，日积月累的行动终有一天会扭转乾坤，有可能酿成社会生活领域的重大变革。因此至乐就在践履中，在于持续不断用功的进取状态中。

在运用《周易》龙德意象比拟出处行藏时，出于尊人卑己的表述习惯，自我定位一般偏低，他人评价则偏高，二者之间存在错位亦属正常。如王艮褒赞孔子的"见龙"风度，但言及自我则比较低调地谈屈伸之道，倾向于以"潜龙"自居，然而其同道中人皆以"见龙"视之。如焦竑道："我明之学，开于白沙（陈献章）、阳明两公，王心斋则横发直指，无余蕴矣。"并引用泰州学派门人赵贞吉《王艮墓志铭》之言：（王艮）"以明学启后为重任，以九二见龙为正位，以孔氏为家法"③，褒美溢于言表。王襞有隐士高风，他欣赏"潜龙"深藏不露、韬光养晦、自在安宁，更多出自自身性格和学养。从表面看"迹若潜龙"，实则为"见龙之体"④，是说王襞形迹

---

① （明）何心隐：《何心隐集》，容肇祖整理，中华书局1960年版，第29页。
② （明）何心隐：《何心隐集》，容肇祖整理，中华书局1960年版，第29页。
③ （明）焦竑：《焦氏笔乘》，李剑雄点校，中华书局2008年版，第101页。
④ （明）王襞：《明儒王东厓先生遗集》，《王心斋全集》，陈祝生等校点，江苏教育出版社2001年版，第210页。

上沉潜不露，但是内在精神上已然是讲学以成就圣人之道的"见龙"。

何心隐亦然，他极言"潜龙"之"用功"以免害全身，而在李贽看来，何心隐乃"见龙"，确切地讲是"亢龙"："吾谓公以'见龙'自居者也，终日见而不知潜，则其势必至于亢矣，其及也宜也。然亢亦龙也，非他物比也。龙而不亢，则上九为虚位；位不可虚，则龙不容于不亢。公宜独当此一爻者，则谓公为上九之大人可也，是又余之所以论心隐也。"① 李贽认为何心隐以"见龙"自居，然而始终行事高调进取，实际上乃成"亢龙"之势。《周易》乾卦云："上九：亢龙，有悔。"又云："'亢'之为言也，知进而不知退，知存而不知亡，知得而不知丧。其唯圣人乎！"② 朱熹《周易本义》云："亢者，过于上而不能下之意也。阳极于上，动必有悔。"③ 亢龙是讲学主体行动力量发挥的顶点和转折点，有"首出庶物""万物一体之仁"的济世雄心，执着不悔地践行良知本心与社会理想，其高亢凌厉之美中，风险已经急剧累积。

自我认同和他人认同出现错位，主要原因是自我认同与他人认同的出发点不同，自我评价倾向于谦逊低调，采用龙德意象也偏保守，而他人的欣赏和赞美不必顾忌太多。还需要考虑到当下所能查考的存世文献已经不复当时原貌，已然经过多次增删修改，一些比较狂悖的言论会被斧削，留存下来的文字记载只是思想的碎片，即时人所见、所闻的著述、言论，还有践履行动的事情。这些碎片综合形成对评价者的一种总体印象，那么在龙德意象的自我之见与他人之见之间的错位，恰好传达出时人对于被评价者那些未被记载留存下来的事情的总体印象，或有助于在思想的碎片之间拾遗补阙、参证补证。

---

① （明）李贽著，张建业、张岱注：《焚书注》，社会科学文献出版社2013年版，第247页。
② （清）阮元校刻：《十三经注疏·周易正义》，中华书局1980年影印本，第2、17页。
③ （宋）朱熹：《周易正义》，《朱子全书》第1册，朱杰人、严佐之、刘永翔主编，上海古籍出版社、安徽教育出版社2002年版，第31页。

二 "凤"意象的审美高标

如果说《周易》"潜龙""见龙""亢龙"的龙德意象象征"狂"自任于道践履行动的发展程度和运动态势,那么"凤"意象就是对"狂"整体气质风度的审美化把握。"凤"是翱翔于千仞的神鸟,本是高洁祥瑞的象征,阳明开其端,用"凤"比拟象征不循常轨、卓荦俊伟的任道之"狂",其后王畿、焦竑、李贽、袁宏道等人踵继之,高才奇气、不同流俗,虽有微病小瑕,但独具高蹈之美。"凤"意象成为象征任道之"狂"的绝佳审美意象,引领士人走出"乡愿"庸常习气的泥沼,重树儒家道统高标之美。

凤之象也,非凡鸟能比,有预兆"圣王""明王"出现的政治隐喻意味。依《说文解字》的解释,"出于东方君子之国,翱翔四海之外,过昆仑,饮砥柱,濯羽弱水,莫宿风穴,见则天下大安宁"[①]。凤鸟飞翔高远,是古代传说中的一种神鸟,它在舜时来仪,在周文王时鸣于岐山,它若出现则象征"圣王"之祥瑞。《论语·子罕》曰:"凤鸟不至,河不出图,吾已矣夫!"孔子由凤鸟不至、河图不出,而知天下治乱兴衰、有道无道。但倘若明王不作,即便麒麟凤鸟河图出现,亦非吉兆。焦竑曰:"麟见于西方,西主杀矣,获于采薪,赐于虞人,亦大不幸矣。故夫子涕泣而曰:孰为来哉,孰为来哉,吾道穷矣。乃作《春秋》以明天子之事,以严乱贼之诛,以立百王之法,而道之已矣于当时者,庶乎不已于万世矣,噫,是岂圣人之得已也哉。"[②]孔子已知明王不作,所以叹息"吾已矣夫"。焦竑又曰:"楚狂是陆通,接夫子之舆而歌,凤有道则见,无道则隐,无道而不隐,故以为德衰。诗曰:'凤凰鸣矣,于彼高冈。梧桐生

[①] (东汉)许慎著,(清)段玉裁注:《说文解字注》,上海古籍出版社1988年版,第148页。

[②] (明)焦竑:《焦氏四书讲录》,《续修四库全书》经部第162册,上海古籍出版社2002年影印本,第119页。

矣，于彼朝阳。'① 夫子之凤如无梧桐，何德之衰，非凤兮之衰，梧桐之衰也。"② 凤凰又名鹓鹐，习性与凡鸟不同，止则梧桐树，食则竹子的果实，饮水则只饮用甘甜的泉水。《庄子·秋水》曰："非梧桐不止，非练实不食，非醴泉不饮。"因此"凤"素来被视作王道仁政的祯祥之兆，只在天下有道的太平盛世为人所见方才为祥瑞征象，反过来说，若天下无道，出现凤鸟也只是一出悲伤的场景。

因为任道之"狂"的出现，"凤"具备了有道而见的条件，所以"凤"作为任道之"狂"的审美象征意象，以良政、美德为基础。"狂"范畴历来无法回避其明显的人格缺陷，即"贞于道，弗谐于俗"③。意思是坚贞不移地守道、持道、卫道，就难以得到世俗的认同和接受，理想与世俗之间的矛盾已经无法给"狂"留下一席之地。李贽道："豪杰之士绝非乡人之所好，而乡人之中亦决不生豪杰。古今贤圣皆豪杰为之，非豪杰而能为圣贤者，自古无之矣。"④ 李贽认为，为豪杰、为圣贤，则绝对不能成为乡人所喜好之人，因为世俗在选择所谓的好人时，自动淘汰了豪杰，而能够被世俗接受的那些"好人"又不能任道。袁中道云："狂狷者，豪杰之别名也。"并表示自己志在成为豪杰："若弟辈者，上之不敢自附于圣贤，而下之必不俯同于庸人。"⑤ 成为圣贤不能由自己说了算，但是不与庸人沆瀣一气是可以自我做主的，倔强孤傲的姿态中，表达了反对庸人习气、不同流俗的"狂"范畴共性。

王阳明创心学倡导"狂"之精神，他赋予"狂"一念能克即成

---

① 语出《毛诗大雅·卷阿》，参见（清）阮元校刻《十三经注疏·毛诗正义》，中华书局1980年影印本，第547页。

② （明）焦竑：《焦氏四书讲录》，《续修四库全书》经部第162册，上海古籍出版社2002年影印本，第190页。

③ （明）焦竑：《焦太史编辑国朝献征录》，《四库全书存目丛书》史部第105册，齐鲁书社1997年影印本，第243页。

④ （明）李贽著，张建业、张岱注：《焚书注》，社会科学文献出版社2013年版，第6页。

⑤ （明）袁中道：《珂雪斋集》，钱伯城点校，上海古籍出版社1989年版，第969—971页。

第三章 外向承当的"狂侠"

圣的可能性,以及凤凰凌空翱翔于千仞的高蹈之美。现实人格的缺陷越明显,自任于道的理想越高扬,在践履道统理想之途,不受制于身份地位,而是随顺良知,自我承当为天下万世师救危拯厄,这不仅是明代社会危机重重背景下,对于道统工具理性化的有力反拨,也与两重性道德人格、依附型人格相分离,标举新型的独立自主人格理想。

王艮、王襞都属意祥瑞的"凤"意象,突出任道精神,践行自我救赎以及救赎其他人的乌托邦理想。王艮在《鳅鳝赋》一文中用寓言的象征手法,托物言志,抒发以自我之"身"为出发点的万物一体之志。文中讲述市场上满满一缸等待出售和宰杀的鳝鱼,彼此挤压奄奄一息,不禁令人联想起明代社会被苛捐杂税压榨得"苟延残喘"的普通民众。一只泥鳅不知何故混入鳝缸,它灵活地奋力转身通气,一缸鳝鱼从昏睡中被唤醒。突然之间,风雨雷电大作,泥鳅乘雨势待跃入江海,回视鳝缸,心中不忍众鳝,于是泥鳅重新化身为龙呼风唤雨,雨水磅礴而下,淹没了鳝缸,鳝鱼纷纷从桎梏中解脱,欢快地一起奔向大江大海,喜获新生。王艮在末尾赋诗以言志曰:"一旦春来不自由,遍行天下壮皇州。有朝物化天人和,麟凤归来尧舜秋。"[①] 显然,王艮以文中泥鳅自比,用麒麟与凤凰的祥瑞意象寄托了"狂"的理想境界:欲救赎天下被压迫受苦难的人们,先从激发自我之"身"的主体性做起,让神州大地欣欣然恢复满满生机。其子王襞也在诗歌中多次抒发弘道的美好社会理想,与同志互勉,有诗云:"不怕人间浪笑迂,相逢便问有诗无。若教别物足营意,未必狂夫肯与俱。云薄九天高凤翻,风轻万里跃龙驹。须君共此相期处,永谢凡夫一类呼。"[②] 王襞在心斋殁后主持讲学,当地人

---

① (明)王艮:《明儒王心斋先生遗集》,《王心斋全集》,陈祝生等校点,江苏教育出版社2001年版,第55页。
② (明)王艮:《明儒王心斋先生遗集》,《王心斋全集》,陈祝生等校点,江苏教育出版社2001年版,第252页。

尊奉他们父子为"东海圣人",并修建可用于祭祀心斋的吴陵书院。王襞诗中的"凤"意象有崇敬赞美父亲之情,既有以父亲为荣的自豪,也有对自我的期许。诗又曰:"天边红日朗然开,五色云中彩凤来。无位真人重出现,有功圣世受恩回。千年俎豆昭□德,一代精英结圣胎。激励后人机要在,反身都具已灵台。"① 再如:"卓哉君子仰前修,直寻厥旨追趋跄。脱洒意趣迈英伟,凤皇千仞思翱翔。朋从扰扰若云集,突见邹鲁称吾乡。"② 在讲学弘道日积月累的践履中,看到民风逐渐改善,成效渐渐显现,讲学者心中洋溢着喜悦、轻快之情,不禁对未来满怀希望。的确,只有在新希望萌生的时代,人们才会生出这番不作伪、不做作的自信和期待。

"凤"意象象征"狂"之美,首先,美在以"身"任道的独特追求上。李贽、焦竑、公安三袁等都以"凤"意象喻示"狂",他们是相善的友人,认同和欣赏"狂"的独特追求,彼此同声同气,以一己"身"践行高明之道,而不必刻意迎合世道人心以谋取私利。具体到每个人,都是一个独特的个体。据袁中道回忆两位兄长个性不同,长兄袁宗道稳实收敛,主张收敛锋芒,与世抑扬浮沉,做一个审慎周全的人,才能安顿好亲人、保全好自己。袁宏道高明特出,宁愿被世人讥嘲,也要做特立独行的"狂"者:"谓凤凰不与凡鸟共巢,麒麟不共凡马伏枥,大丈夫当独往独来,自舒其逸耳,岂可逐世啼笑,听人穿鼻络首!"③ 他回忆李贽品评人物时谓袁宗道稳实,宏道英特,皆为名誉满天下的名士。然至于领悟佛性一路,则期待宏道,盖因为宏道的识力胆力过人,迥然不同世人,乃真正的英灵男子,可以担荷此一事耳。可见李贽对袁宏道之"狂"更为倾重,

---

① (明) 王艮:《明儒王心斋先生遗集》,《王心斋全集》,陈祝生等校点,江苏教育出版社2001年版,第255页。

② (明) 王艮:《明儒王心斋先生遗集》,《王心斋全集》,陈祝生等校点,江苏教育出版社2001年版,第269页。

③ (明) 袁中道:《珂雪斋集》,钱伯城点校,上海古籍出版社1989年版,第754页。

赞他是有担当的"英灵男子"。

其次，以"凤"喻"狂"，美在卓然不群、不同流俗的个性差异上。这种个性差异在与凡鸟的对比映衬中得到彰显。比如袁宏道在对策程文《第五问》中诗意化地描摹了凤凰的高绝之美，"夫凤凰之翔于千仞也，骞翥未毕，而天下之鸟，已黯然无色矣"①。凤凰振动羽翼冉冉飞升，那独一无二、不可仿效的风采气度，令普天之下习惯了亦步亦趋、模拟效仿的鸟儿们黯淡无光。再如焦竑使用"凤"意象比拟"狂"的高明超拔："大氐中行其犹龙乎，狂犹凤，狷犹虎，其卓荦俊伟，皆任道之器；至于乡愿者，狐也。狐肖人之形，不能辨其狐而反为所惑，至一逢狂狷，众口嗷嗷，必力排之而后已。""狂"如凤，"狷"如虎，"乡愿"如狐，世人接纳善于顺迎的"乡愿"，而围剿攻击"狂""狷"，因为世人迷失本心、不能明辨是非，良可悲也。面对世俗之称讥利害，同道中人彼此唯有相互勉励、增强自信，在迎头面对各路庸流的排斥诋毁和打击迫害时才能毫发无伤。狂狷之独特高明犹如凤，诋毁狂狷的世俗之徒犹如腐鼠，"不啻鹓雏之于腐鼠，而何足以入其灵台耶？"② 古书中的鹓雏属于凤，反差对比越鲜明，其中蕴含的褒贬之情就越是强烈。

再次，"凤"意象具有共同美的象征意义。"凤"意象不仅仅美在独特个性，而且美在以先知觉后知，凡鸟与凤鸟皆属于同类，对具有差异性的个体秉持宽容、包容，共同践行更高远、更美好的理想，对于现实的庸常人生实现超越。李贽用凤凰于飞的意象赞美"狂"、欣赏"狂"。心学主张圣愚一律，"狂"作为先知先觉者启发愚蒙弘扬师道，愚夫愚妇皆可以入道，所以满大街看去皆是圣人。那么独来独往、高飞天际的凤鸟与凡鸟一样为同类，其本心并无二

---

① （明）袁宏道著，钱伯城笺校：《袁宏道集笺校》，上海古籍出版社2008年版，第1517—1521页。

② （明）焦竑：《澹园集》，李剑雄点校，中华书局1999年版，第84页。

致，李贽相信凡鸟也能与凤鸟一样高高地翱翔在蓝天下，而不只有凤鸟孤独地单飞。若凤鸟只相信自己能飞得高，不相信凡鸟也能飞得高，这是凤鸟的局限，"见虽高而不实"，未能顿悟圣愚一致、凤鸟与凡鸟一致。也就是说独特的个性之美和高远的理想之美，人人皆有可能拥有，这是"凤"意象在审美意义上的极大拓展和创造性设想。李贽在作于1587年的书信中写道："狂者不蹈故袭，不践往迹，见识高矣，所谓如凤皇翔于千仞之上，谁能当之，而不信凡鸟之平常，与己均同于物类。是以见虽高而不实，不实则不中行矣。"①"狂"者不蹈袭旧有格套，见识高超。摆脱高冷之途就是相信凡鸟与凤鸟同类，以同类之心推而广之，相信凡鸟与凤鸟一样能够翱翔于千仞，由此就能入于中行。"所谓麒麟与凡兽并走，凡鸟与凤凰齐飞，皆同类也。"② 他从圣愚一律、万物同体的观点出发，断言凡鸟与凤凰齐飞，体现出万物皆同类、众生皆平等的超前思维，犹如明亮的星斗照亮了16世纪末的古老帝国。

最后，"凤"作为审美意象，美在珍贵稀缺。李贽在《八物》一文中比较充分地阐述了万物千差万别，各有其用。凤鸟资禀秀异、出类拔萃，虽然没有实际功用，不能满足世人切实的物质利益需求，但是天地之间需要麒麟凤凰、瑞兰芝草这一类"无益于世而可贵者"，这里体现了审美的正当性以及在人生中的不可或缺性。世界也需要像服箱之牛、司晨之鸡，乃至一草一木这类虽然稀松寻常，但是有实际用途、能发挥实际效益者。李贽将天地万物分门别类地命名为"八物"，"八物"并不是确指八种事物，而是虚指八类事物，以对应类比古今不同类型的八种人物，"八物具而古今人物尽于是矣。八物伊何？曰鸟兽草木，曰楼台殿阁，曰芝草瑞兰，曰杉松栝柏，曰布帛菽粟，曰千里八百，曰江淮河海，曰日月星辰"。每一种

---

① （明）李贽著，张建业、张岱注：《焚书注》，社会科学文献出版社2013年版，第66页。
② （明）李贽著，张建业、张岱注：《焚书注》，社会科学文献出版社2013年版，第73页。

人才皆有其长处和疵处，有其不可替代的个性价值，以俗眼看那马、牛、麟、凤，相去不可以道里计，"然千里之驹，一日而致；八百之牛，一日而程。麟乎凤乎，虽至奇且异，亦奚以异为也？士之任重致远者，大率如此"[1]。主张尊重万事万物的个体差异性，稀少珍贵的麒麟凤凰，与日常生活世界的千里马、八百牛，在发挥自我价值、任重致远的价值属性上，只有直接间接之分，并没有质的差异。文中折射出平等对待人才的观念意识，这是对人独特价值的重新发现，也是对审美稀缺价值的高度肯定。

风起于青苹之末，浪成于微澜之间。在风雨欲来、危机四伏的明代中晚期，"凤"这一古老的祥瑞意象被赋予了时代新质素，引领新时代的审美风尚。承认"中行"已不可得的事实，声讨"徇欲而畏人"的"乡愿"之流，针对的是迎合世俗而博取美誉、谋取私利的文化痼疾。正是习焉不察的庸常之恶腐蚀了儒家"中行"理想，唯有对症下药寻求突破和新变，变革从儒家理想内部开始酝酿。以祥瑞意象"凤"比拟象征"狂"的审美境界，在"中行"缺位、道德虚伪的普遍风气中重新树立了可以企及的审美高标。"狂"的高明特出、真诚卫道，与"狂"可非可刺的瑕疵破绽浑然不可分，这就意味着不必仰仗权势，无须一意迎合顺应他人做好人，而可以宽容个性差异，为个人的发展留足空间。先哲们虽然音声寂寥，但是并不孤单，他们同声相应、同气相求，在对"凤"意象的共鸣中建立起共同的审美旨趣，李贽道"爱其狂，思其狂"，正是彼此应和的空谷回声。

为"狂"辩护乃个体自觉的先声，自觉与一般社会所需之庸人不相同，自觉承担起践履圣学的志向，焕发出不同流俗的人格美。"宁为狂狷"的人格美理想，也投射在文艺创造领域，文如其人，收获广泛的呼应，推重不循陈规、不践旧迹。"童心""至情""性灵"

---

[1] （明）李贽著，张建业、张岱注：《焚书注》，社会科学文献出版社2013年版，第425页。

等带有明显缺陷人格痕迹的范畴兴起,用以抵制"不狂不狷"、因循守旧、株守陈言的文风。为"狂"辩护蕴含的审美理想进入文化基因,融会进审美现代性的大潮。

罗汝芳(字近溪)乃王艮弟子颜钧的弟子,他借助文人士大夫的良好学养,将"狂狷"拔擢到与"中行"同等的审美高度,赋予"狂狷"以独特的形式意味。他针对弟子关于"中行与狂狷体段何如?"的疑问,答曰:"其体段本是一样,观《易》谓'中行独复',则其特立径造,与动称古人,而踽凉卓越,气概正同。但其复自中通,美体畅发,视行之不掩者,则有间耳。"[①] 所谓体段,即身段、体态、模样的意思。人们能够感知把捉到"狂狷"与"中行"的相同气概,他们都是踽踽凉凉、特立独行,区别于流俗庸众风气。过去人们说到"狂"的特立独行、不合群时,不免带有几分怪异眼光,罗汝芳通过解读《周易》复卦爻辞"中行独复"得出结论,"中行"的气概正是那种特立独行、直承古人道统,"狂"也是以古圣人作为自我期待、志向高远卓绝,"狷"的风度也是落落寡合、孤高清冷,所以"中行""狂""狷"共同具有上下求索合乎中道的大美,留给后世无穷思慕。罗汝芳与前贤一样视"狂""狷"为达致"中行"的不二之选,他又从特立独行的感性形象层面,强化不同流俗、卓尔不群的个性之美。虽然"狂"与"中行"不能等同,中间尚隔了一层,但是借助极具辨识度的感性形象,对"狂"的个性之美做出高度肯定。

近溪的弟子杨起元(字复所)从"中行独复"出发,走向强调创新,反对一味循规蹈矩、墨守成规的"乡愿"做法。既然"中行"与"狂"都是孤独的存在,那么矫矫不群的内在操守与外在形象就不能被看作缺陷或破绽,"中立不倚""刚毅奋迅","岂循循然有规矩之谓哉"?杨起元试图扭转世俗对"狂"不与俗谐的偏见,接

[①] (明)罗汝芳:《罗汝芳集》,方祖猷、梁一群、李庆龙等编校整理,凤凰出版传媒集团、凤凰出版社2007年版,第20页。

纳"狂"、肯定"狂"的孤傲不群个性，不仅因为它与"中行"传承共同的任道精神命脉，而且这种孤傲不群、不与俗谐本身就是"中行独复"的美与善。依随顺从世俗规矩反而极为有害，"夫以循循然有规矩为中行，此乡愿得窃其似以为乱也"。"乡愿"从形式上学取圣人的规矩格套，只得到圣人的一点皮毛，并没有得到圣人的真精神，但是学取规矩形式能够获得世俗好感。当"乡愿"近乎盲目地推尊孔圣人，亦步亦趋地照搬套用儒家规矩时，就很容易用冠冕堂皇的形式取媚于没有独立思考能力的鄙儒群盲。《论语》作为经典具有独创性，而杨雄模拟《论语》作《法言》则陷入"乡愿"的格套，杨起元警告道："使后世学者毋以循循然有规矩求中行，而以可非可刺者弃狂狷，是吾道之幸也。"[①]"循循然有规矩"与王畿之言"学成榖套""学取圣人榖套"[②]是同义语，这些"榖套""规矩"用形式主义作风束缚了士人的想象，正好比科举考试约束和异化士人心灵的后果：儒家道统沦为获取功名利禄的工具，"士志于道"的古训被道统工具理性化代替，士人满足于流于形式的道德律令和教条框框。当此际，肯定"狂"的独特个性，鼓励打破规矩榖套，弘扬主体的自觉意识，具有现实意义。袁中道写道："世之君子，理障太多，名心太重，护惜太甚，为格套局面所拘"[③]，在世道安危治乱悬于一线之际，应对困局必须有破釜沉舟的勇气，还要有破除名心与理障格套的决心。"狂"与流俗的格格不入，在当下已不再是缺陷，而是应对困局必备的特立独行气质，象征"狂"范畴的"凤"意象于是升腾而起。

综上所述，在"凤"意象中，积淀了泰州学派笃行弘道的狂侠

---

① （明）杨起元：《太史杨复所先生证学编》，《续修四库全书》子部第1129册，上海古籍出版社2002年影印本，第474页。

② （明）王畿：《王畿集》，吴震编校整理，凤凰出版传媒集团、凤凰出版社2007年版，第4页。

③ （明）袁中道：《珂雪斋集》，钱伯城点校，上海古籍出版社1989年版，第719—725页。

精神，王艮以"身"为根本出发点，确立士人觉醒的方向，放大本心潜在的过人气魄，在践履家国天下序列之"事"的进程中，与"国"的王朝政治治理体系保持距离，心系天下百姓日用，其气骨强硬的"英灵汉子"形象充实了"凤"意象的独特美感。

第四章　内在超越的"狂禅"

以王艮为代表的泰州学派在危机四伏的政治生态下重建儒家美学的"身""道"一贯性,一方面面对严峻的挑战,激发出士人不断增强的自觉弘道意识;另一方面来自权力体系的威胁和风险不断累积,刺激士人更为自觉地反思和规避风险。王艮等人守持"身""道"两全其美的理想,而现实是,在道统与治统不可调和的矛盾下"害身""杀身"频繁出现,深深地刺激士人。"狂侠"作为泰州学派"狂"范畴发展演变的主线索和首要线索,其践履取向在现实中遭遇困境,引发士人对"任道"风险进行自觉反思,这是自我意识觉醒的士人必然要直面的难题。而这也是一个近乎无解的难题,因为越是自觉地践履儒家理想的"身""道"一贯性,则形势越危殆,几乎必然导致"害身""杀身"。王艮"尊身尊道"思想以"身"为本埋下了"身"与"道"的两难,在"狂侠"精神发展的极致处,士人遭杀身、害身的风险也达临界点。在士人对"任道"后果无法回避的自觉体认中,尊身尊道思想中本来包蕴的"爱身""保身"的私性自主意识得到强化,泰州学派"狂"范畴发展演变的另一主线索和次生线索"狂禅"逐渐清晰,提供了化解"狂侠"困境的反向出路,其发展苗头逐渐显现和壮大,兼之以禅悦之风、儒释道三教合流的时代思潮的推动,加速了任情纵欲等自然情性话语的传布,蔚为晚明风气之大观。

第一节 根基分叉:"意""心""身"为本

泰州学派"狂"范畴并非单向线性地发展演变,而是"狂侠""狂禅"两条线索的先后平行推进。早期勇于出位担当的"狂侠"数量在布衣士人王艮、颜钧、何心隐那里迅速达到了顶点,中晚期在被广大入仕的士人群体接受过程中,侧重当下顺适的"狂禅"一脉被罗汝芳、杨起元等发展壮大起来。这种转型发展的动力,既有"狂侠"思想本身内在矛盾和张力的作用,又有泰州后人融合儒释道三教的学养,在创造性阐发中促使其加速转向的推动力。在王艮"身""道"一贯思想中已然包蕴的转折契机,一旦遇到合适的社会氛围和社会心理就迅速滋长。罗汝芳师承"狂侠"一脉的颜钧,而其思想成熟向内转为"狂禅",颇有代表性。正如日本学者冈田武彦所指出的:"流于心斋、山农的泰州气节风骨,到了近溪已稍稍发生了变化。"[1] 罗汝芳在继承泰州学派的担当和气骨之际,又圆融地调和吸收王畿学风,从高亢肆意走向圆融通透,这种变化在学术思想的旷野中留下了雪泥鸿爪,值得一探究竟。

"狂侠"以王艮的"身"本思想为出发点,经由王栋"诚意"说的阐发,"意"的地位和作用被强调,罗汝芳进一步发挥以"意、心、身"为本的思想,从而为"狂侠"向"狂禅"的转向提供了思想基础。王艮"淮南格物"说的关键是"推本修身",而王栋讲学思想的关键则是"诵一庵子之言,不外诚意修身"[2]。王栋所谓之"意",属于心意状态的范围,是"心之主宰",而不是往常人们以为的"心之所发",那是需要时刻戒惧提防的心念之动。王栋曰:

---

[1] [日]冈田武彦:《王阳明与明末儒学》,吴光等译,上海古籍出版社2000年版,第171页。

[2] (明)王栋:《明儒王一庵先生遗集》,《王心斋全集》,陈祝生等校点,江苏教育出版社2001年版,第141页。

"旧谓意者，心之所发，教人审几于念动之初。窃疑念既动矣，诚之奚及？盖自身之主宰而言，谓之心。自心之主宰而言，谓之意。心则虚灵而善应，意有定向而中涵。非谓心无主宰，赖意主之。自心虚灵之中，确然有主者，而名之曰意耳。大抵心之精神，无时不动，故其生机不息，妙应无方。然必有所以主宰乎其中，而寂然不动者，所谓意也，犹俗言主意之意。"[1] 王栋的"诚意"说设立"心"为"身"之主宰，同时设立"意"为"心"之主宰，"心"与"意"一虚一实、一动一静、一灵一定，二者相辅相成、紧密结合，心意交织孕育无限生机。"诚意谓之毋自欺，谓不自欺其良知也。"[2] "诚意"的重要性不言而喻，不受见闻才识、利害关系、情感好恶的干扰和影响，保持良知本心有赖于诚意工夫。

诚意功夫到位则入"圣"，否则任由世俗观念左右，缺乏诚意慎独功夫，则只能入于"狂"。故曰："圣狂之所以分，只争这主宰诚不诚耳。若以意为心之发动，情念一动便属流行。而曰及其乍动未显之初，用功防慎，则恐恍忽之际，物化神驰。"值得注意的是，王栋将诚意功夫归结为"慎独"，作为"心"之主宰的"意"中有"独"。他特别拈出这个"独"字，其实颇接近不学不虑之良知，王栋曰："诚意功夫在慎独。独即意之别名，慎则诚之用力者耳。意是心之主宰，以其寂然不动之处，单单有个不虑而知之灵体，自作主张，自裁生化，故举而名之曰独。"[3] 王栋讲"诚意"工夫在"慎独"，从"工夫论"的角度强调维护保持"意"的独立不倚、寂然不动，不掺杂以见闻才识、情感利害，"诚意"工夫的关键其实就是保持初心，如此方能修身。

---

[1] （明）王栋：《明儒王一庵先生遗集》，《王心斋全集》，陈祝生等校点，江苏教育出版社2001年版，第148页。

[2] （明）王栋：《明儒王一庵先生遗集》，《王心斋全集》，陈祝生等校点，江苏教育出版社2001年版，第149页。

[3] （明）王栋：《明儒王一庵先生遗集》，《王心斋全集》，陈祝生等校点，江苏教育出版社2001年版，第149页。

以"身"为本践履家国天下之事，心意宏大、笃实、紧切，无论事大事小，自然欺它不过，诚意工夫自然就致知了。王栋的"诚意说"强调致知的纯粹自然，不可施加一毫增益，曰："盖物格而知至，方是识得原本性灵无贰无杂，方可谓之良知。若复云致，岂于良知上有增益乎？故谓致知则可，谓致良知则不可。"① 他在"致知"与"致良知"上加以区分，是为了强调良知上不可附着一点点人力，性灵、良知原本浑成，任何增益或削减都会导致良知丧失原貌，与王艮"良知致"的思想内在保持了延续性。在"身""心""意"三者关系上，"心"为"身"之主宰，"意"为"心"之主宰。王栋认为"心"则虚灵而善应，"意"有定向而中涵，"意"是"心"本来就有的主宰，曰："自心虚灵之中，确然有主者，而名之曰意耳。大抵心之精神，无时不动，故其生机不息，妙应无方。然必有所以主宰乎其中，而寂然不动者，所谓意也，犹俗言主意之意。"② "意"作为"心"的主宰，"心"精神活泛，生机不断，有"意"主宰的"心"能够响应千变万化，而不增加或损失分毫。

罗汝芳在"身"本不变的基础上，增加了以"意"和"心"为本，明确主张"意、心、身"三位一体共同为本根的格局。罗子曰："……物有本末，是意、心、身为天下国家之本也；事有终始，是齐、治、平之始于诚、正、修也。"又曰："致所往之知，果何在？在于诚意、正心、修身之如何而为本之始，齐家、治国、平天下之如何而为末之终。"③ 在延续明代学人对于大人明明德于天下、本末一贯的思想基础上，王阳明的"心"本说演变为王艮独树一帜的"身"本说，终于发展为罗汝芳的"意、心、身"为本说。这一理

---

① （明）王栋：《明儒王一庵先生遗集》，《王心斋全集》，陈祝生等校点，江苏教育出版社2001年版，第146页。
② （明）王栋：《明儒王一庵先生遗集》，《王心斋全集》，陈祝生等校点，江苏教育出版社2001年版，第149页。
③ （明）罗汝芳：《罗汝芳集》，方祖猷、梁一群、李庆龙等编校整理，凤凰出版传媒集团、凤凰出版社2007年版，第2页。

第四章 内在超越的"狂禅"

论转向的用意,在"狂侠"一脉一心一意以"身"任道的旨趣之外,用"意"和"心"这类内向化心灵力量的介入,削弱外向践履行动在弘道中独担大梁的地位,让内在于人心的、原初自然的心意状态在弘道中发挥本根作用,所以从"身"本到"意、心、身"为本的改变,紧扣泰州学派"狂"范畴主体性的逻辑演变,体现了对应于本根层面的诉求,此中变化不能轻易放过。

王阳明"心"本说与王艮"身"本说的意义毋庸多言,但是王艮"身"本说蕴含着现实与理想、治统与道统的内在困局,罗汝芳所言之"意"成为一个必不可少的中介范畴,连接起带有形上特质的"心"本体与带有形而下践履属性的"身"本体。"意"虽然也从"心"之属,"意"与"志"通①,而人的志意起灭不停、沉浮不定、变幻多端,不如"心"之官能思而睿,亦不如"身"之肉身实体能实实落落地践履。古人讲"诚意"多是从工夫上论述,"诚意"工夫需要用意恳切,稍有私意便不是"仁",但若著力把持,又反而构成私意,"毋意"即是不妄意。正源于此,罗汝芳将"意"与"心""身"等量齐观,共同成为本体,那么就必须给予"意"以贯通"心"与"身"的解读。

罗汝芳认为,"此心此身"皆为天机天理,"心"与"身"既关乎肉体愉悦,又直通天机天理的显现。故曰:"盖人能默识得此心此身,生生化化,皆是天机天理,发越充周,则一顾諟之而明命在我,上帝时时临尔,无须臾或离,自然其严其慎,见于隐,显于微,率之于喜怒,则其静虚而其动直,道可四达而不悖,致于天下,则典要修而化育彰,教可永垂而无敝矣。"② "一顾諟之而明命在我"语出《尚书·太甲上》,云:"先王顾諟天之明命,以承上下神祇",蔡

---

① (东汉)许慎著,(清)段玉裁注:《说文解字注》,上海古籍出版社1988年版,第2006页。
② (明)罗汝芳:《罗汝芳集》,方祖猷、梁一群、李庆龙等编校整理,凤凰出版传媒集团、凤凰出版社2007年版,第5—6页。

沈《书集传》曰:"谥"为"古是字"。罗汝芳引用《尚书》,旨在表明天命在我,转机就在这一顾念之间。当人冥然默识之际,一顾念之间的志意流转,充当了心与身的桥梁和媒介,自然而然地显现于极隐微的喜怒哀乐反应中,于是动静得宜,能够通达地践行天下之道、化育万物。

罗汝芳用"意""心""身"三位一体的观念诠释《大学》的修齐治平之道。罗子曰:"盖学大人者,只患不晓得通天下为一身,而其本之重大如此。若晓得如此重大之本在我,则家、国、天下攒凑将来,虽狭小者,志意也著弘大;虽浮泛者,志意也著笃实;怠缓者,志意也著紧切,自然欺不过。"[1] 这意味着继承王艮"身"与"道"本末一贯的思路,志意自然妥当,诚意工夫也无须人为著力,它自然而然地与"道"妥帖合拍。对于士人来说,难就难在如何知得"身""道"本末一贯,"身"是道德践履主体之身,约略接近于"道德行为";"道"可以视作贯通一切意识和行为的根本道德理想;人心不虑而知的"良知"即"心",充当了先验的道德认知的角色;而"意"是始终处于动态变化状态的志意、心意状态,人们无须刻意防检志意的起落、消长,亦无须时时警惕私意泛起,也就是说,任凭"意"生生灭灭的"本然"状态,就是道德理想的"应然"状态,也就契合了"道"。这种践履道德理想的过程如此轻松不费丝毫气力。"身"能够在保全现世的安稳和立身行道的理想之间做到两全其美,所以罗汝芳称如此遂能"安心乐意"地践履天下大道,从而为士人开辟了一条坦道通途。

罗汝芳的阐发颇受时人拥护,在明人撰述中此段言论被高频摘录:

罗子曰:"汝若果然有大襟期,有大气力,又有大识见,就

---

[1] (明)罗汝芳:《罗汝芳集》,方祖猷、梁一群、李庆龙等编校整理,凤凰出版传媒集团、凤凰出版社2007年版,第3页。

第四章 内在超越的"狂禅"

此安心乐意而居天下之广居，明目张胆而行天下之达道。工夫难得凑泊，即以不屑凑泊为工夫，胸次茫无畔岸，便以不依畔岸为胸次。解缆放舡，顺风张棹，则巨浸汪洋，纵横任我，岂不一大快事也耶！"①

罗汝芳为士人描绘了一幅令人无比神往的"心""意""身"纵横自在的境界，可以想见此语一出，广大受众心驰神往，举座一片哗然。罗汝芳讲学传道的反响极为热烈，至少在那一瞬间，他的"纵横任我"的境界对受众产生了巨大的感召力。"意"被推向极端本然的、无为的状态，也就接近了佛道的空、无理念。罗汝芳主张诚意工夫如果零乱，难以凑合凝聚成一个绝大的工夫，那就任其零散，不必心中扰扰不安；狂者胸次茫然浩荡，不见边界堤岸，那就随顺它浩浩汤汤流向天涯。"安心乐意"与"明目张胆"在这里皆为中性词，人的志意无论如何发动，都能"居天下之广居""行天下之达道"，其理据正在于此，亦即"意""心""身"合而为本根，确立道德意识的本然状态"意"、道德行为的实然状态"身"、道德理想的应然状态"道"或"心"。这三者之间融合贯通为一体，取消它们之间的区别对待，实现从肉身到志意情识全面化的自由自在。

第二节　内向收缩：赤子"孝"心

如此势必引出一个问题：人的意识活动纷繁芜杂、善恶交织，并非都一一契合儒家传统的道德规范或者可实现的道德目标（注意：是可实现的！）尤其是身处政治窳败、风俗浇薄的社会语境中，说服人们接受纯任志意的本然状态就是以身弘道，必须有可实现的道德

---

① （明）罗汝芳：《罗汝芳集》，方祖猷、梁一群、李庆龙等编校整理，凤凰出版传媒集团、凤凰出版社2007年版，第62页。

目标作为依凭，否则空谈仁义道德、天命之性，难逃空疏之病。为此罗汝芳提出一个重要见解，"孝、弟、慈"尤其是"孝"，就是人们纯任良心自然就能实现的道德目标。罗汝芳曰："且引《康诰》以推极于不学而能，见孝、弟、慈悉出于良心自然。"①罗汝芳所言之"孝、弟、慈"都是建立在血缘伦理基础上的道德情感、道德意志和道德行为，较之王阳明所言人人皆有之"恻隐之心"，突出了血缘关系建构的道德情感所具有的自然属性。当然由于罗汝芳所处时代和认识的局限，他不可能认识到，紧密依托血缘人伦基础的孝、弟、慈，虽然含有人类本能意识和情感冲动的自然属性，但是并不全然由人类本能冲动或自然情感组成。比如"孝"在很大程度上不能脱离后天有意识地、有目的地培养和模塑；还有道德判断和道德评价的思维过程，在遵从道德规范的行为中，道德理性内涵是比较突出的。

"孝、弟、慈"（尤其"孝"心）在罗汝芳的思想体系中的地位举足轻重，是用以证明"良心自然"在现实中具备可实现性的关键范畴，亦即"孝"心能够确保践履道德理想的行为落实到每个人"身"上自然而然地得以实现。明代士人将通往"大道"的"良心自然"视作"天机"，与百姓日用、当下发生的"人事"相对待，设若只是领教天机之高妙，不能用人事来印证和践行，则流于玄虚。罗汝芳设定"孝"心既是"天机"的发露，又见于日用"人事"，"孝"统一了形上之"道"与形下生活世界之"术"。且看罗子的解答：

  罗子曰："天机、人事，原不可二，固未有天机而无人事，亦未有人事而非天机。……孝也者，孩提无不知爱其亲者也；弟也者，少长无不知敬其兄者也。故以言其身之必具，则曰：

---

① （明）罗汝芳：《罗汝芳集》，方祖猷、梁一群、李庆龙等编校整理，凤凰出版传媒集团、凤凰出版社2007年版，第4页。

第四章 内在超越的"狂禅"

仁者人也,亲亲为大焉。以言其时之不离,则曰:一举足而不敢忘,一出言而不敢忘焉。迩可远在兹也,则廓之而横乎四海;暂可久在兹也,则垂之万世而无朝夕,此便是大人不失赤子之心之实理、实事也。"①

罗汝芳界定"孝"就是人人之"身"必然具有的道德情感——"孩提无不知爱其亲者也",将"孝"与懵懂婴儿眷恋父母的自然情感画上等号,看似粗疏其实别有一种睿智在其中。因为经验直觉告诉人们,赤子婴儿依恋父母出自生存本能,可以落到实地。严格地讲,这与经过道德规范训导的孝敬爱护双亲,仍有质的区别。不过,从"孝"的可实现性层面来看,孩提爱恋其双亲的确自然而然地发生,人性本然如此,无须借助外力,比空疏玄虚的道德宣讲更能落地生根。罗汝芳强调"孝"的可实现性,笃实延续了泰州学派狂侠一脉重视道德践履的精神,"孝"心联结起"狂侠"与"狂禅"。

罗汝芳上承颜钧的外向践履作风,下启周汝登、杨起元对于生命、生存等内向体验的重视,在"狂侠"向"狂禅"转化并最终确立的过程中,起到了承上启下的关键作用。颜钧、何心隐等先后因讲学身陷囹圄,他不避嫌疑,不遗余力地施以援手,闻颜钧获罪,羁縻留都,乃"称贷二百金往救,竟得释";闻何心隐蒙冤遭囚,于是"鬻田往援之"。有的人对他不理解,风言风语传开,认为何心隐讲学"害道,宜置于法"。罗子坦然应对:"彼以讲学罹文罔,予嘉其志,遑论其他乎?"② 文网无处不在,罗汝芳吸取了泰州前辈讲学涉险常遭困厄的教训,寻找到一条从"天下国家"退回到"孝"、

---

① (明)罗汝芳:《罗汝芳集》,方祖猷、梁一群、李庆龙等编校整理,凤凰出版传媒集团、凤凰出版社2007年版,第146页。
② (明)罗汝芳:《罗汝芳集》,方祖猷、梁一群、李庆龙等编校整理,凤凰出版传媒集团、凤凰出版社2007年版,第861页。

内向化践履圣人之道的途径，以生生为大德，笃信人性之善，通过化育宣讲，用对所有生命的尊重关爱唤醒人的良知，周汝登《圣学宗传·罗汝芳》云其治理宁国期间"不事刑补，惟以化育人才为功课"，可见罗汝芳在主政一方时已经践行了这一理念。

从学理上分析，罗汝芳的灵活发挥在于将作为"实然之事"的"赤子之心"，提升为"实然之理"的"大人不失赤子之心"。杨起元回忆其闻之罗师曰："人生于父母，不可不知所以为子，而父母所生者人也，不可不知所以为人。以其所以为子者，为人是谓事天如事亲，而可以言仁矣。以其所以为人者，为子是谓事亲如事天，而可以言孝矣。此孔子之教也。孟子以一言尽之曰：'大人者不失其赤子之心。夫人而曰大，则与天地合德，不亦仁乎？赤子之心知有父母，而已不亦孝乎？赤子之心不失，即可以为大人，是孝固所以成其仁也。惟至于大人然后虽不失赤子之心，是仁又所以成其孝也。然则仁与孝一而已矣，必兼举而言之其义始备得于孝。'"① 可见罗子擅长从近身之"事"的描述中，引导弟子领悟其中的"仁""孝"之理，亲切自然，一如邻家絮语，而又处处扣合儒家仁孝之道。罗汝芳撰有《孝经宗旨》，《四库全书总目提要》曰："此书皆发明《孝经》之大旨，用问答以畅己说，与依文诠释者不同。汝芳讲良知之学，书中专明此旨，故以宗旨二字标题。"② 也就是说罗汝芳对"孝"的发挥寄托了良知心学的理念。具备可实现性的"孝"是实然之事，却并非人生鹄的，毕竟耽溺于具体实际的人与事，缺乏普遍性和超验性。故而罗汝芳所言"赤子之心"不限于实际发生的孩提时光，而是永恒存在、永不泯灭的人心之本。诚如周汝登所言："近溪学以孔孟为宗，以赤子良心不学不虑为的，

---

① （明）杨起元：《续刻杨复所先生家藏文集》，《四库全书存目丛书》集部第 167 册，齐鲁书社 1997 年影印本，第 228 页。

② （清）永瑢等：《四库全书总目》，中华书局 1965 年影印本，第 267 页。

以孝、弟、慈为实,以天地万物同体,撒形骸,忘物我,明明德于天下为大。"①赤子之心是永恒不变的心之本体,它脱胎于赤子婴儿依恋双亲的自然情感,升华提纯为大人"意、心、身"结合的心本体,意识自然发露而为爱亲敬长之心,在日用常行中身体力行,不虑不知,不假人为,无不契合良知心体。

由于"孝"在通往"赤子良心"之际发挥了协调联络"意""心""身"的作用,况且"孝"浅显易懂,面向受众容易讲说明白、很快见效,所以"以孝言仁"是罗汝芳思想中一以贯之的红线。罗汝芳弟子杨起元在《孝经宗旨跋》中说:"罗夫子独得此经之旨,故其言孝也,以仁言孝;其言仁也,以孝言仁。起不敏,不足以知之,然窃意欲明《孝经》之宗旨,似当自罗子始。"②确切地讲,"孝"只是"仁"在父子血缘亲情上的具实呈现,"以孝言仁"是以部分代整体,以具体代抽象,依托"孝"心自然的赤子之心,使得"仁"内涵受到自然生发的血缘亲情的主导,以此规范引导了"仁"道。罗汝芳的思想理路面临着如何使之一以贯之,也就是理论思想的进一步整合,关键是整合"天道"与"性命"的关系。据杨起元《近溪先生一贯编序》中所言,罗汝芳另一弟子熊偯在师殁后,喟然叹曰:"吾师以孝弟慈尽人物之性,其即孔子一贯之旨乎?性一而已。一何在?一之于孝弟慈也。儒先皆谓一不可说,以予观之,安在其不可说也。孔子引其端,而吾师竟其说矣。后圣复起,不易吾师之言矣。"③言辞中虽多褒美,但总体上对罗汝芳学术思想的创造性和独特性是概括得比较准确的,那就是推拓"以孝言仁"的思路,将之整合为一以贯之的天人合一之性,一言以蔽之,就是人性本善,此为天地生生之大德。

---

① (明)罗汝芳:《罗汝芳集》,方祖猷、梁一群、李庆龙等编校整理,凤凰出版传媒集团、凤凰出版社2007年版,第862页。
② (明)罗汝芳:《罗汝芳集》,方祖猷、梁一群、李庆龙等编校整理,凤凰出版传媒集团、凤凰出版社2007年版,第969页。
③ (明)罗汝芳:《罗汝芳集》,方祖猷、梁一群、李庆龙等编校整理,凤凰出版传媒集团、凤凰出版社2007年版,第952页。

王艮讲圣人之道愚夫愚妇可与知能，取消了圣愚之别，说明工夫易简，人人都有成圣的可能。而罗汝芳与杨起元这一对师生则宣扬赤子已全然具有这一美质，杨起元曰："圣人之道至易至简，不特夫妇可与知能，即赤子无不全具，然不讲于学以明之，虽有美质，无由而入。"① 也就意味着完全取消后天习得和规范养成，用工夫的"无"来等同于"易简"之学。

罗汝芳论述赤子之心的终极依据在于天命之性。天人相互感应，万物生生不息，人有生命孕育则有孩提赤子之心，因此，赤子孝心出自天道，在"生"的意义上实现天人合一。罗汝芳曰："物无一处而不生，生无一时而或息。……夫物无不生，天之心也，生无不遂，天之道也。吾心其心而道其道，是能与天为徒矣。夫既与天为徒，则感应相捷影响，而长生不为我得耶？"他通过万物生的生命自然观，为赤子孝心打通了天道与人道的关隘，一通百通，推而广之，"岂独孝弟为然哉？推而君臣、而夫妇、而朋友、而万民、而庶物，固无一而不在好生之中，亦无一而或出于存心之外"②。杨起元引罗汝芳师之言曰："天命不已者，生而又生也。生而又生者，父母而己身，己身而子，子而又孙，以至曾而且玄也。……直而竖之，便成上下古今；横而亘之，便作家国天下。"③ 从生殖崇拜、生命美学的角度肯定"生生"为天命之性，在天命之性的框架中，"盖心者，身之神明，则主宰于一腔之中，而贯彻于八荒之外。自其流通不已者，则为命；自其生化无遗者，则为性；自其统摄无端者，则为天"④。

---

① （明）杨起元：《续刻杨复所先生家藏文集》，《四库全书存目丛书》集部第 167 册，齐鲁书社 1997 年影印本，第 230 页。
② （明）罗汝芳：《罗汝芳集》，方祖猷、梁一群、李庆龙等编校整理，凤凰出版传媒集团、凤凰出版社 2007 年版，第 322 页。
③ （明）罗汝芳：《罗汝芳集》，方祖猷、梁一群、李庆龙等编校整理，凤凰出版传媒集团、凤凰出版社 2007 年版，第 951 页。
④ （明）罗汝芳：《罗汝芳集》，方祖猷、梁一群、李庆龙等编校整理，凤凰出版传媒集团、凤凰出版社 2007 年版，第 259 页。

以孝言仁的局部代整体论证思路，被自然生命崇拜的"生生"大德笼罩了。

王艮等人倡导发挥士人出位担当意识的"生意活泼"，发展成为罗汝芳的源自自然生命崇拜的"一团生意"，削弱了士人主动自觉甚至有点儿刻意为之的承当意识，转化为纯粹自然而然的生命意识。罗汝芳认为仁是天地生生的大德，"吾人从父母一体而分，亦只是一团生意"。天地之间，"人"因为怀有仁心而成其为人，而"仁"也依赖人得以现实化，"人"与"仁"的契合点就在于充满生命生存感的"生理"："人既成，则孝无不全矣。故生理本直，枉则逆，逆非孝也；生理本活，滞则死，死非孝也；生理本公，私则小，小亦非孝也"①。这里的"生理"乃生命本然之理，鲜明活泛，大公无私，一切纯任自然生命的韵律就是"仁"与"理"。

以此观照泰州学派的尊"身"与尊"道"问题，新的突破之路已然清晰显现，那就是向"家"内向化回归之态势。弟子问罗子："立身行道，果是何道？"罗子答曰："大学之道也。"《大学》明德、亲民、止于至善，说到底，"也只是立个身。盖丈夫之所谓身，联属天下国家而后成者也"。"是则以天下之孝为孝，方为大孝；以天下之弟为弟，方为大弟也。"② 对比王艮、颜钧、何心隐等践履家国天下之事的高蹈做派，再看罗汝芳通过天下国家之事内向回归到家之"孝"，几乎完美地规避了士人在天下国家立身行道的风险，以"孝"为原点，化天下国家之事为"孝"之大者，一切政治的、制度的、社会的难题都化为乌有，唯独凸显了"孝"的自然而然以及广大无边。这也就将以身弘道、尊身尊道的践履精神收缩凝练为"立个身"，功夫论上也同步显现这种变化，从天下到一国再到一家

---

① （明）罗汝芳：《罗汝芳集》，方祖猷、梁一群、李庆龙等编校整理，凤凰出版传媒集团、凤凰出版社2007年版，第15页。
② （明）罗汝芳：《罗汝芳集》，方祖猷、梁一群、李庆龙等编校整理，凤凰出版传媒集团、凤凰出版社2007年版，第83页。

的重心收缩，通通凝聚为"孝"的宗旨。有弟子问道："如何见得是致的工夫？"罗子曰："致也者，直而养之，顺而推之。所谓致其爱而爱焉，而事亲极其孝；致其敬而敬焉，而事长极其弟，则其为父子兄弟足法，而人自法之。是亲亲以达孝，一家仁而一国皆兴仁也；敬长以达弟，一家义而一国兴义也。"① 这一论述为"狂禅"的内向化发展奠定了基调和方向，以爱亲敬长的血缘自然情感为基础，顺势推导，体现出对于自然人性的顺应趋势。

黄宗羲评论罗汝芳之学乃"以赤子良心、不学不虑为的，以天地万物同体、彻形骸、忘物我为大"②。可谓平心之论。罗汝芳以赤子之心取譬，直指宇宙、人生与个人存在的真机。所谓赤子之心，就是赤子原初的心，孩提的欢笑发自本能，身心凝聚，浑然未分，罗汝芳以之作为先验存在的道德意识、道德情感和道德行为，如亲亲长长这一类的爱敬之心皆然。作为先验道德本体的赤子之心与当下即是的日用常行、视听言动之间，罗汝芳对此缺乏清晰的划界，他欣赏日常平易自然的人情流露，天命之性浑沦不息，道不离物，日用常行皆为自然。宇宙之间、视听言动之际、人情平易之处，最高妙神圣的也即最平易简单的所在，最切至的也就是最富于生机的。

泰州学派王艮提倡"乐"或"乐学"，重视活泼泼的真机，不排斥道德规范、道德理性内容，只要它们与百姓日用的节奏与韵律相协调；颜钧、何心隐、罗汝芳都传承了"身""心"生机活泼的内核，在古老的经典《周易》中汲取"生生"这一宇宙万有变迁的先验法则，将之整合与改造为能够被士人接受和认可的良知本体的原则。"生生之仁"体现最切近的，莫过于人的生命繁衍以及民生日用良知良能的赤子之心。罗汝芳所言"赤子之心"较之前辈学者，

---

① （明）罗汝芳：《罗汝芳集》，方祖猷、梁一群、李庆龙等编校整理，凤凰出版传媒集团、凤凰出版社2007年版，第86页。
② （清）黄宗羲：《明儒学案》（修订本），沈芝盈点校，中华书局2008年版，第762页。

有以下三点突出的变化。

其一，个体生命、生存中饱含"志""意""情"的生机，这本身就是美与善。赤子之心自然生发，志意、情感的表达乃不可阻遏的生机，如春行雷动般警切振奋。嵇文甫在《晚明思想史论》中称罗汝芳为"生机主义者"① 盖与此有关。生机不只是审美特征，而且就是审美本体，是宇宙、人生和个体唯一的实在，"盖生生之机，洋溢天地间，是其流行之体也"②。亦即生机具有美的形上性，既可在林林总总的纷纭现象中感受其感性的存在，又必须超越感性的存在，直观那不在场的生命的安顿之所，故而谈到"狂禅"，必然不能忽视生机勃发的生命自由感。

其二，人与自然、宇宙之间保持着生命的整体感，此为美善之博大与浑整。中国人对于主体、客体的区分素来不如西方美学那么自觉，主客体浑融合一的倾向也体现在生命生存层面。罗汝芳认为"赤子之心"绾连了起群体生命的律动，"岂惟尔身，即一堂上下，贵贱老幼，奚止千人，看其手足拱立，耳目视听伶俐，难说不活泼于鸢鱼，不昭察于天地也"③。不论人的高低贵贱、长幼尊卑，人人手足耳目同乎鸢鱼、同乎天地、同乎生生不已之心，取消人与人的区隔和差异，取消天人隔阂，取消物我对立，生命本来就充溢在宇宙间，宇宙的万事万物、人类和个人都是生命的主体，不再有"我""你""他"的对立与差异，进入浑然一体的博大境界。或者毋宁说，天、地、人、万物俱是主体，赤子生机的流动构成了主体间的内在联系，最大限度上淡化了主客对峙可能引发的胶着、争扰和消解，有的只是互相补充、增益和彰显。宇宙有生命，自然有灵魂，人心有灵性。这外部世界与人心相互作用，持续不断。在此阔大的

---

① 嵇文甫：《晚明思想史论》，东方出版社1996年版，第29页。
② （清）黄宗羲：《明儒学案》（修订本），沈芝盈点校，中华书局2008年版，第762页。
③ （清）黄宗羲：《明儒学案》（修订本），沈芝盈点校，中华书局2008年版，第788页。

背景下,"狂禅"呈现出浑整、流动和博大的非凡气度,令人无比神往。

其三,"赤子之心"不学而能,不虑而知,为良知道德境界的升华。"赤子之心"是良知良能的代名词,"赤子即已无所不知、无所不能也"①,"在目前言动举止之间,觉得浑然与万物同一,天机鼓动,充塞两间,活泼泼地,真是不待虑而自知,不必学而自能,则可以完养,而直至于'不思而得,不勉而中'境界"②。这是道德境界、人生境界和审美境界的合一,不需要费力规范日常的意识和思维,也不必刻意遵循道德行为规范,任凭个体感受和直观体验的流注,"赤子之心"是先验的、自明的本体,"初生即有,先天存在",不事外求,在现象直观中足以获得丰富的体验。

相比在辞章记诵的学问中皓首穷经、窒息生气的僵化工夫,罗汝芳"提醒心性极为真切"③,用出色的讲学口才唤醒众生,令人有神清气爽、耳目一新之感。生命的本真和欢欣复苏了,蓬勃生机既是宇宙法则也是人心本体,赤子良心处处遍满,与日常生活融合无间,天命之性与赤子之心融合无间,生理本能、生命冲动等"意""情""欲"与本原的"性"相交重叠,与人类的形上追求合流。赋予生命的本能冲动以形上追求,满足了士大夫阶层对于形上境界的需要,与"狂侠"以"身"行"道"的外向价值诉求渐行渐远,文人追求形上境界的倾向愈益显露。但是也必须承认,这种整合和改造不免留有"大而无统,博而未纯"的学理疏漏。

生命以个体的形式存在,取决于自由的自我意识,由此造就了无数个别的、具体的、偶然的生命现象。"狂禅"确证个体自我存在的自由自觉,在独特而不可重复的生命体验中觅得了源头活水,在

---

① (明)罗汝芳:《罗汝芳集》,方祖猷、梁一群、李庆龙等编校整理,凤凰出版传媒集团、凤凰出版社2007年版,第116页。
② (清)黄宗羲:《明儒学案》,沈芝盈点校,中华书局2008年修订本,第798页。
③ (明)罗汝芳:《罗近溪先生语要·序》,光绪二十年江宁府城重刊本。

乐感中适得其所。罗汝芳强化了生命存在的维度和向度，将纵横任我的自由和愉悦感指向个体独特的生命体验，消泯了主客体差异，获得了整个宇宙万事万物生命存在的浩瀚背景。任何一个事物都与万物有着或远或近、或直接或间接、或有形或无形的关系，它们构成了一个系统之网，彼此交织缠绕、互相联系、互相补充，在审美活动中敞开、照亮、澄明，从可见的在场的现象世界升腾跃入不可见的不在场的现象世界。审美本来就是个体的独特体验，生命一旦回归个体，审美也就回归人的本性，成为个体生命的绿色通道。就其本质而言，"狂"开启了自我心、性、情、欲自由的大门，使得生命因此而敞开、觉醒和呈现。无论现实多么混乱、绝望、江河日下，在审美活动中都会使它洋溢着自然人性的空气，审美活动见证了自由、人性的尊严，在精神上得到超升就有了可能。

第三节 走向虚灵："自然之谓道"

"身—道"一体关系中，"身"是个体所拥有的具体的肉身，有着丰富细腻的私性自我意识，无数个体之"身"共同构成群体关系中的众"身"。王艮"尊身尊道""大人造命"思想本来就包蕴了"爱身""保身"的私性自主意识，但是被其过人的气魄和意气担当遮掩。王艮弟子门人甚众，其子王襞、门人罗汝芳富有讲学盛名，此外还有赵贞吉、邓豁渠、管东溟、杨起元等，尽管学术旨趣各有千秋，但都以现成良知、当下顺适的自"身"意识的收敛为根基。现实的残酷与压力、士人的妥协与适应，外向的出位进取渐渐淡化，代之以向内在自由意志开掘，张扬主体的自由意志，忘怀一切外在的戒律和束缚，当下直观宇宙、人生和个体心灵唯一的实在——一团真机涌动、蓬勃活泼的生意。"狂侠"中质实、直露、高蹈的内容逐渐剥落，而虚灵、空觉、内省的比重逐渐加大。个体之"身"的生存状态和心意状态存留了大片可供开垦的处女地，主体意识激活了个人之"身"在生存、生命和生活不同层面的细腻体验,"狂禅"作为生存美的肉身体验被不断凸显和充实。

泰州学派"自然之谓道"的思想源头可以上溯到王襞。王襞传承家学之力甚大,他弘扬光大王艮的"百姓日用""尊身尊道"说,进而提出"率性修道说"①。在王艮语录中,涉及天命之性的内容并不多,比如认为良知本体便是天命之性,不着一丝人力安排而自然生动活泼;"良知之体,与鸢飞鱼跃同一活泼泼地。……要之自然天则,不着人力安排"②。又有云:"天性之体本自活泼,鸢飞鱼跃便是此体。"③天命之性本自活泼自然的思想被王襞发扬光大。王襞又曾师事阳明门下的钱德洪、王畿,深受王畿万缘放下、任良知本体顺布流行思想的影响。相较于王艮布衣弘道、积极入世、主动担当的儒者作风,王襞在"自然之谓道"的路向上走得更远。王襞曰:"希天也者,希天之自然也。自然之谓道。"④寄予天地自然之道以理想,学界一般认为,他受教于王畿,有心仪佛禅老庄的潜在可能。存世文本可能经过了后人修订、加工,王襞的佛老思想其实很隐晦,道家思想的流露则相对明晰一点,"自然之谓道"曲折隐晦地透露出倾向自然之道的乐趣。

"自然之谓道"与"百姓日用是道"都有"道本平常""不假人为""直截快乐"的意义,但是,"自然"与"百姓日用"的侧重点本身存在差异,"百姓日用"一词侧重人事日用的天然生态,无论就其日常生活经验来看还是从日常伦理道德来看,都暗含了事上工夫,

---

① (明)王襞:《明儒王东厓先生遗集》,《王心斋全集》,陈祝生等校点,江苏教育出版社2001年版,第216页。
② (明)王艮:《明儒王心斋先生遗集》,《王心斋全集》,陈祝生等校点,江苏教育出版社2001年版,第11页。
③ (明)王艮:《明儒王心斋先生遗集》,《王心斋全集》,陈祝生等校点,江苏教育出版社2001年版,第19页。
④ (明)王襞:《明儒王东厓先生遗集》,《王心斋全集》,陈祝生等校点,江苏教育出版社2001年版,第220页。

具有强烈的现实关怀;"自然"一词偏重大化流行的天地生态及其主宰万有的规律性,既是现实的自然万物,又是超现实的本然属性,举目看那庭前春草葱茏、鸡雏谷种、驴鸣马嘶,生机盎然,这充满勃勃生机的日常风光,不禁令人们渴望把捉住冥冥之中主宰大化流行的神秘力量——"自然","自然"即"至道"。所以,"自然"既是现实中森然万物的当下存在,又是超越有限时间空间的永恒之"道";"自然"本与人世间的日用伦常略无关涉,但是,作为一种无为而无所不为的主宰,它是百姓日用常行契合良知本心的内在规律性。借助"自然"这一中介范畴愈益频繁地出现在讲学之中,"狂"范畴被提升到超越现实功利的精神境界,同时在与日用伦常和现实世界的疏离中,"狂"范畴外向承当的行动力不可避免地削弱了。

由此看王襞论"率性之谓道",一定程度上有助于化解王艮笃实践履的偏颇。这种偏颇体现在无法通透地、透彻地观照生命,对儒者而言难以摆脱声名之累,不借助外力单纯依靠儒学本身,绝难解脱,正好比拔着自己的头发要离开地球一样不现实。王栋曾道:"常人之病,莫重于好货好色;儒者之病,莫隐于好胜好名。"① 即便如王艮那样的儒之大者,也不能免俗。李贽不吝赞美王艮的气魄和担当,但也指出其不足:"最高之儒,徇名已矣,心斋老先生是也。"② 王襞主张纯任天命之性,葆有向形上层次超越的冲动,则有提升生命境界之效用。王襞曰:"吾人至灵之性,乃天之明命于穆不已之体也。故曰:天命之谓性。是性也刚健中正,纯粹至精者也。率由是性而自然流行之妙,万感万应,适当乎中节之神。故曰:率性之谓道。此圣人与百姓日用同然之体,而圣人者永不违其真焉者耳。"③

---

① (明)王栋:《明儒王一庵先生遗集》,《王心斋全集》,陈祝生等校点,江苏教育出版社2001年版,第153页。
② (明)李贽著,张建业、张岱注:《续焚书注》,社会科学文献出版社2013年版,第85页。
③ (明)王襞:《明儒王东厓先生遗集》,《王心斋全集》,陈祝生等校点,江苏教育出版社2001年版,第216页。

从践履百姓日用的圣人之道,到关注士人的形上超越追求"养心之学",王襞道:"尝思□□悠远,襟怀洒落,兴趣深长,心情朗逸,非有得于养心之学,未或能然。"王襞对于"自然"的欣悦以及对天命之性、养心之学的关注,与日后罗汝芳"纵横任我"的讲说,在追求生命生存内在超越之境上,存在某种一致性。

生命存在之于士人具有双重意义,一方面是承担家国责任、完成人生义务;另一方面是追求自由、自在与自然的心灵境界。泰州学派所宗之"自然"兼有精神超越之道与当下的生活世界承当。责任与义务犹如人生而有的脐带,系连着家国天下,推动士人积极入世,追求事业和功名,或参与生活世界变革,或则汩没于日常琐事。但是人生而向往自由、追求超越,植根于人性深处的需求,渴望为人之"身"觅得一处灵魂的安顿栖息之所,期冀摆脱俗务后的自在、适意与潇洒。如果说"狂侠"着眼现世人生,张扬主体意识和行动力量,行不掩言地践行儒家道统理想,彰显勇于承当的英灵、豪侠之美,丰富了儒家美善观的内涵,那么"狂禅"就是在现实高压条件下身体力行儒家道统的精神超越,试图在内在自我的小天地里解决精神拯救的问题,不费些子气力就能够化解来自现实的焦虑和恐惧,"养心"敞开了心性灵动活泼、生机无限的可能性。

言及"自然",就不能不谈论明中晚期儒道释三教合流的思想大潮,阳明心学、泰州学派与明末禅悦之风交互影响,彼此推动。学界对禅宗已有许多精彩的论说,与"自然"打成一片是禅宗热衷的话头,在一瞬间的淡远心境中获致永恒的真意,常常依凭了大自然风土事物的某种感发,对此人们几无疑义。"禅之所以多半在大自然的观赏中来获得对所谓宇宙目的性从而似乎是对神的了悟,也正在于自然界事物本身是无目的性的。花开水流,鸟飞叶落,它们本身都是无意识、无目的、无思虑、无计划的。也就是说,是'无心'的。但就在这'无心'中,在这无目的性中,却似乎可以窥见那个使这一切所以然的'大心'、大目的性——而这就是'神'"①。当高蹈进取的肉"身"无力承载来自方方面面的压力,这时就轮到"自然"出场,"自然"以其无目的的合目的性,一举贯通现实世界与超越境界,良知"自然",不学而知、不虑而为,既是"狂侠"的理想追求,更是"狂禅"的独擅胜场。

"狂禅"虽然具有禅宗回避现实人世、随遇而安的不思不虑,但是并不遗忘人"身"的快适自在。这延续了王艮"身""道"一体的理念,因为对人肉身感受的重视与对人的志、意、情、欲等主体意识的宽容是同步的,相比禅宗的清净无为,"狂禅"更突出地体现出肉身与精神彼此互相造就的特点。比如罗汝芳、赵贞吉为官期间,均注重在庶民中推广讲学、开展教化,以"孝弟慈"作为行动准则,巧妙地用无为而无不为的"赤子之心",来宣扬践行"孝弟慈"的主体自觉意识,在当下领悟、平易直接的工夫上,颇为接近禅宗顿悟一派。赵贞吉、杨起元等公开推崇禅学和庄学,认为"禅之不足以害人明矣"②,也正是从这一层面上讲的。

禅宗对士人最富有吸引力的地方,无外乎提倡本心即佛,解脱一切外在的羁绊,什么苦行、坐禅、读经,都可以丢弃,追求顺适自在,与泰州学派"尊身尊道"的理念里应外合,对"意、心、身"所涉人性的自然表达秉持宽容甚至纵容,肉身的快适感、志意的畅达感与心的形上满足感调和塑造了士人理想的生命生存样态。禅宗认为浩瀚宇宙万有皆为人心幻化所生,"心"是最神圣的居所:清净、安宁,人们寄希望于大自然净化身心,在顺心适意中求得大解脱、大自在。与自然物、自然现象不同,人无法摆脱七情六欲的搅扰,在"意、心、身"为本的前提下顺适自然,赋予人的肉身感受以顺适的合法追求,意味着赋予个人独特的个性、意志及行动都

---

① 李泽厚:《中国思想史论》上,安徽文艺出版社1999年版,第216页。
② (清)黄宗羲:《明儒学案》,沈芝盈点校,中华书局2008年修订本,第748页。

可以行使自由无碍的权力，"自然""适意"的主张遂包含有放任情欲、追求情欲之乐的倾向。"狂禅"的理论主张演变到这一步，实已出离王艮初衷。它放大了人性与佛性同一的一面，放弃约束人性的情欲泛滥，无法维系士人对于终极境界的敬畏和仰慕，最终危及理论自身存在的基石，也动摇了人们对"禅宗"的信念。泰州学派对自然顺适的生命、生存境界的阐发，客观效应上是对人们独特个性的无条件接受，为思想话语的创新迭代大开方便法门。但是，现实之中人们更多接触到士人那些逾闲荡检的行为、背离名教的言论、猖狂自恣的观点，不免让人有世风日下的忧虑。刘宗周认为："王门惟心斋氏盛传其说，从不学不虑之旨，转而标之曰'自然'，曰'学乐'，末流衍蔓，浸为小人之无忌惮。"[1] 这种担忧颇有代表性。

"自然"也是道家尊崇的大道，比之禅宗的"自然"是"无著无缚无解"和"无起无得无念"的空无。老庄道家所云"自然"是大化流行的"自然而然"，与宇宙秩序生生化化密切相关；般若思想中的"自然"偏向于无差别宇宙本体的"自然而然"，空性观贯穿宇宙本体的"空"、人性本原的"空"和"工夫论"的"空"。"禅门有一种逐渐向上层社会渗透与向文化阶层靠拢的趋势，这种文人化的禅思想常常对具体的宗教仪式与世俗生活如神话、礼仪、戒律、忏悔甚至于教义采取鄙夷的态度，把它们看成是形而下的、琐碎的、着相的东西而加以贬斥；而对于抽象的、玄虚的、空灵的终极境界却有一种特别的爱好，他们不断地追问一切的最终本原，并把这种本原视为拯救人生的唯一实在。"[2] 从个体生命、生存的救赎而言，禅宗"自然"适逢其时，比道家的"自然"大道，来得更为彻底。来自佛禅和老庄的"自然"与儒家不学不虑的"赤子之心"协同作

---

[1] （清）黄宗羲：《明儒学案》，沈芝盈点校，中华书局2008年修订本，第12页。
[2] 葛兆光：《中国禅思想史——从6世纪到9世纪》，北京大学出版社1995年版，第165页。

用，那生机勃勃的活力，与不学不虑的自在，比遗世独立更加彻底地遗忘形骸，对名教纲常起着摧枯拉朽的作用。

王襞对于"乐学"的阐释中已经有空性的些微流露，但是巧妙妥帖地收纳在"自然"之中。王襞曰："不知原无一物，原自现成，顺明觉自然之应而已。自朝至暮动作施为，何教非道？更要如何，便是与蛇画足。"① "原无一物""原自现成"中都可以捕捉到佛禅老庄糅合的痕迹。"自然"成为儒释道三教会通中四处逢源的概念，对于儒家来说，"自然"是天命之性，生机活泼；对于佛禅来说，"自然"是"无""空"性的最佳代言；对于道家来说，"自然"乃无为而无所不为的至简"大道"。

罗汝芳将"仁"之"乐"理解为"生意活泼"的"快活"，"自然"或"天然"就是自己"身"中即有的源源不绝、发自赤子之心的生机或生意，"自然"也就是"身"中"本然"如此之意。"所谓乐者，窃意只是个快活而已，岂快活之外，复有所为乐哉？活之为言生也，快之为言速也，活而加快，生意活泼，了无滞碍，即是圣贤之所谓乐，却是圣贤之所谓仁。……盖人之出世，本由造物之生机，故人之为生，自有天然之乐趣，故曰：'仁者人也。'此则明白开示学者以心体之真，亦详细指引学者以入道之要。后世不省，仁是人之胚胎，人是仁之萌蘖，生化浑融，纯一无二。故只思于孔、颜乐处，竭力追寻，顾却忘于自己身中，讨求着落。诚知仁本不远，方识乐不假寻。"② 字里行间洋溢着蓬蓬勃勃的生机，富有感染力和感召力，人人依本心所生发的志、意、情，是那活泼泼的生机所在，人人所思、所想、所言、所行，从"身"中自由流露出来，充满无限生机。这种快乐毫不受限，堪比天地之大德，此乃圣贤所谓之仁。

---

① （明）王襞：《明儒王东厓先生遗集》，《王心斋全集》，陈祝生等校点，江苏教育出版社2001年版，第216页。

② （明）罗汝芳：《罗汝芳集》，方祖猷、梁一群、李庆龙等编校整理，凤凰出版传媒集团、凤凰出版社2007年版，第337页。

赤子之心全自真心而来，充塞于宇宙、社会和人群，浑沦一片，"乐"就是主体生命存在中纵横任我的自由感。"自然"之谓"道"的含义具体包括以下三方面。

其一，从天道来看，"自然"是人与天地宇宙交融合一、生机畅遂的自由感。王襞阐发的"乐学"说，把良知看成人的生理、知觉本能，肯定了由此产生的感受天然合理。相比较之下，他更渴慕与自然相融相通的悦乐境界，"鸟啼花落，山峙川流，饥食渴饮，夏葛冬裘，至道无余蕴矣"①。到罗汝芳，他所理解的宇宙本体是生意、生机等涌动着蓬勃生命意味的东西，他看整个宇宙是一个大生命，是永不停息的生命之流，人与宇宙的生命脉搏交相契合。天人合一是中国古典美学的一个根本观点，尤其宋明理学认为人生的最高理想是自觉地达到天人合一之境界，物我本属一体，内外原无判隔，可惜为私欲所昏蔽，妄分彼此。但是，罗汝芳认为，有我之私心也无法阻碍天人一体之自觉，"若论天地之德，虽有我亦隔他不得"。又曰："即有我之中，亦莫非天地生机之所贯彻，但谓自家愚蠢而不知之则可，若谓他曾隔断得天地生机则不可。"②与宋明理学对人欲的排斥不同，罗汝芳认为，私欲与天地不相判隔，天人无二，于是亦不必分别我与非我，消弭内外之对立，人与自然融为一片。

其二，从仁道来看，"自然"是人们对同胞的同情、关怀、仁爱毫无阻滞加以流露的自在感，不分等级、不论地位、不避嫌疑。王襞也说过"乐即道"，罗汝芳的人生本体是"仁"，认为"乐"即"仁"，"人之出世，本由造物之生机，故人之为生，自有天然之乐趣，故曰：'仁者人也'"。③一洗理学家迂阔毁情的呆板作风，仁不是克己复礼，是仁爱之心的自然流露，赋予"仁"以盎然的乐趣。

---

① （明）王襞：《明儒王东厓先生遗集》，《王心斋全集》，陈祝生等校点，江苏教育出版社2001年版，第214页。
② （清）黄宗羲：《明儒学案》，沈芝盈点校，中华书局2008年修订本，第767—768页。
③ （清）黄宗羲：《明儒学案》，沈芝盈点校，中华书局2008年修订本，第791页。

泰州学派有浓厚的现实关怀之情，罗汝芳依然延续了这一传统，"仁"给予人以同感、同情和仁爱为核心的快乐。他在仕途奔波多年，每当于堂阶牢狱之间目睹百姓饱受刑讯之苦，不由为之心酸，"及睹其当疾痛而声必呼父母，觅相依而势必先兄弟，则又信其善于初者，而未必皆不善于今也已。故今谛思吾侪能先明孔、孟之说，则必将信人性之善，信其善而性灵斯贵矣，贵其灵而躯命斯重矣。兹诚转移之机，当汲汲也，隆冬冰雪，一线阳回，消即俄顷"①。在一瞬间因耳闻目睹百姓的痛苦呼告而恻然不已，直观生命生机的宝贵，对愚顽不化的民众也能用一颗仁爱之心去包容、去教化，于是怀着欢欣爱养百姓的心态，即便在刁民身上也能看到残存的一丝善良本心。他甚至天真地设想以此改变人情世习，出守宁国府时，"令讼者跏趺公庭，敛目观心，用库藏充馈遗，归者如市。其在东昌、云南，置印公堂，胥吏杂用，归来请托烦数，取厌有司"②。他自己亦如赤子般任心直行，对犯人和小吏毫无戒备、毫无保留地予以全部信任、同情和仁爱，这是对孟子"性善论"的继承和扩展，隐含了以"仁爱"为情本体的动向。

其三，从人道来看，尊重人性本然和生命的本能冲动，对人本然之性在视听言动上的鲜活显现保持悦乐与兴趣，体现出人本然之性层面的以人为本。泰州学派对人性的理解基于"性善论"。王襞在其"自然之谓道"的基础上还提出了"率性之谓道"，道本自然，则率性行之，这一说法顺理成章。他说："率由是性而自然流行之妙，万感万应，适当夫中节之神。故曰：率性之谓道。"③ "率性而自知自能，天下之能事毕矣。"④ 这里的"性"固然是指生命的本

---

① （清）黄宗羲：《明儒学案》，沈芝盈点校，中华书局2008年修订本，第781页。
② （清）黄宗羲：《明儒学案》，沈芝盈点校，中华书局2008年修订本，第763页。
③ （明）王襞：《明儒王东厓先生遗集》，《王心斋全集》，陈祝生等校点，江苏教育出版社2001年版，第216页。
④ （明）王襞：《明儒王东厓先生遗集》，《王心斋全集》，陈祝生等校点，江苏教育出版社2001年版，第215页。

根，但并非静止的、不变的，而是运动变化不息的生命本然之性，它主要表现为人对生活、生存权利的渴望与追求。罗汝芳则将"人之性"拉向视听诸感官的本然反应，曰："诸君知红紫之皆春，则知赤子之皆知能矣。盖天之春，见于花草之间，而人之性，见于视听之际。今试抱赤子而弄之，人从左呼则目即盼左；人从右呼则目即盼右；其耳盖无时无处而不听；其目盖无时无处而不盼，其听其盼，盖无时无处而不展转，则岂非无时无处，而无所不知能也哉！"① 贺瑒云："性之与情犹波之与水，静时是水，动则是波，静时是性，动则是情。"② 其实罗汝芳所言之"性"更接近"情"或"欲念"等本能的不假思索的身体反应。赤子对外界的声色刺激所作出的顾盼辗转是一种条件反射，是一种非理性、非思辨的生命冲动和本能，感觉、感知、生理本能构成了对性之本体的增益。罗汝芳对其师颜钧"制欲非体仁"说非常佩服，他后来引申发挥，认为人的欲望是天然合理的："万物皆是吾身，则嗜欲岂出天机外耶？""形色天性，孟子已先言之。今日学者，直须源头清洁。若其初，志气在心性上透彻安顿，则天机以发嗜欲，嗜欲莫非天机也。"③ 不难看出对颜钧观点的进一步延伸发展。

　　罗汝芳承续王艮的"百姓日用是道"，区分出两种性质的"心"：作为心性本根的"赤子之心"与现实的、日常的"庶人之心"。罗子曰："圣贤之学，本之赤子之心以为根源，又征诸庶人之心以为日用。"④ 从理想的角度说，"赤子之心"不仅指人人身为孩提赤子时没有受过世俗见闻浸染之心志，而且是圣人心性的本根、本体；"庶人之心"则是赤子长大成人后的日常生活心态，"庶人之

---

　　① （明）罗汝芳：《罗汝芳集》，方祖猷、梁一群、李庆龙等编校整理，凤凰出版传媒集团、凤凰出版社2007年版，第116页。
　　② （清）阮元校刻：《十三经注疏·礼记正义》，中华书局1980年影印本，第397页。
　　③ （清）黄宗羲：《明儒学案》，沈芝盈点校，中华书局2008年修订本，第800页。
　　④ （明）罗汝芳：《罗汝芳集》，方祖猷、梁一群、李庆龙等编校整理，凤凰出版传媒集团、凤凰出版社2007年版，第268页。

心"是"赤子之心"在百姓日用中的感性呈现,是可以直观获得喜悦快乐的现象世界。但是经验告诉我们,形、色、声等物理属性通过人的直观把握和领悟洞察,构成审美的对象,感知觉具有主观的性质,视听言动之美因人而异,喜悦快乐的赤子之心体在个体成长过程中,日常心态受到世俗见闻见识浸润,颇多计较思量,快乐不复永恒。罗汝芳道:"而圣人之所以异于吾人者,盖以所开眼目不同,故随遇随处,皆是此体流动充塞。一切百姓,则曰'莫不日用',鸢飞鱼跃,则曰'活泼泼地',庭前草色,则曰'生意一般',更不见有一毫分别。所以谓人皆可以为尧、舜。"[1] 赤子之心体不增不减,圣人与吾人之区别,在于能够祛除赤子之心的遮蔽,恢复心体流动充塞的原初状态,开眼看世界则莫不鸢飞鱼跃、生机盎然。

赤子之心超越感性又不离开感性存在,是现象世界的唯一实在,虽然不在场,但可以通过体悟在瞬间悟道,使之敞开和显现。问题是"既子之手也是道,足也是道,耳目又也是道,如何却谓身不及乎鸢鱼,而难以同乎天地也哉?"[2] 在罗汝芳看来,那唯一的实在就是蓬勃的生机,超越一切时间和空间,是生命之为生命的终极意义和价值,超越之道就在驱除遮蔽,直达明觉通透的真机。罗汝芳对"狂"的解读,突出特点是将活泼泼的生命存在的冲动置于所有情感的核心,具有生命美学、现象学美学的特点。对他来说,生命的本来的实在,并不是理性的思考、辨析,而是非理性的本能、冲动和感情,这种情感以"赤子之心"为号召,通天贯地。从天地之境看,"狂"是宇宙大化流行不已,生机畅遂;从仁道之境看,"狂"化民风俗、扭转愚顽的人情世习,是一种博大的胸襟气度,将天下万世之人纳入怀抱之中,亲之、爱之、敬之,浑然一

---

[1] (清) 黄宗羲:《明儒学案》,沈芝盈点校,中华书局2008年修订本,第795页。
[2] (明) 罗汝芳:《罗汝芳集》,方祖猷、梁一群、李庆龙等编校整理,凤凰出版传媒集团、凤凰出版社2007年版,第346页。

片天机；从心性之境看，"狂"是不知其然而然，直心而行，在童子日用捧茶、通衢大道官马往来等具体、个别、偶然的现象中直观生命的自在方便、广大精微。

第四节　脱身离情："一切放下"

泰州学派王艮开创的"身尊道尊""明哲保身"继阳明心学之后弘扬"身"之本，带来"身"体验的擢升，既高扬承载儒家入世精神的弘道使命和自尊自信交织而成的乐感，又重视肉身体验上生理的满足与心理的快适合一的自在洒脱。可以说，"狂"范畴对于主体性的弘扬，是肉身与精神、现实与理想、感性与理性的交融。

人之"身"有感受和选择的自主判断。生命中在场的或不在场的存在，因缘际会得以敞开、澄明、呈现，在理性知解与逻辑判断之外自己显现着。生命存在本身并不是简单地被个体直接触及而被直观，而必须在心灵中经历现象界的种种可能的变化，那些在缘起缘灭中永恒不变的"真"相就可能被彰显出来。当外在天理对人的束缚减弱了，庄敬涵养工夫被不学不虑、当下即是的工夫取代，直觉、顿悟取代了事上磨炼、扩充等渐修工夫，纵横自在的身心自如状态成为热词。那不知亦不虑的"赤子之心"本体，以取消工夫的方式实现了本体工夫的统一。本体即工夫，反之亦然。这种身心体验带给人的就是浑沦顺适、自在洒落，接近黄宗羲所云"真得祖师禅之精者"[①]，具体而言"身"的体验上呈现出两个新特点。

一方面是通过无存想、无预期的去"蔽"，带来"身""心"一体的自在与解放。心学认为，良心本来自明，蔽即自昧良心，去蔽则复归于本心自明。圣人与常人之别就在于是否能够"自明"，罗汝芳曰："故圣人即是常人，以其自明，故即常人而名为圣人矣；常人

---

① （清）黄宗羲：《明儒学案》，沈芝盈点校，中华书局2008年修订本，第762页。

本是圣人，因其自昧，故本圣人而卒为常人矣。"① 圣人能自明，常人则自昧，检讨自明还是自昧便看心灵、精神、意志是否能够自主。"身""心"达到"自明"境界，在儒、道、释方面都有极多的相关论述关注人生的修养、超越和解脱。受到佛老思想浸润而又谨慎提防滑入佛老的儒家士人，更多地强调心灵自由的根基在于自信本心。如赵贞吉指出学者有"五蔽"，都在此中立论，比如"蔽"在不自信其心，而生逡巡袭取、虚恍意见、纷纷玩物、妄生支离、立基无地等诸多毛病，"今欲直得本心，而确然自信，惟当廓摧诸蔽，洞然无疑，则本心自明，不假修习，本性自足，不俟旁求，天地万物，惟一无二，在在具足，浩浩充周矣"②。把精神、意识和情感从遮蔽直觉、悟性的日常成见中摆脱出来，顺适当下，即得本体流行，有物横于心中，则反为心障。心中种种魔障一丝一毫也不存留，能够不为私欲所缠绕，不为声色货利所戕害，冲破毁誉关卡，挣脱名缰利锁……如此则本性自足，本心见在，当人们无须人力强求，也不由定见遮蔽心智，就能获得坦坦荡荡、明亮敞开的自足本心。

然而，另一方面儒家经世的立场决定了这种人生解脱之道难以彻底，论天命之性归于"善"，即便换一种说法，归于原初即有的"赤子之心"，也是强调这一善根人人生而有之。佛禅出离人世的立场带来极为丰富和通透的人生解脱论，也就是关于生命存在的所谓"真学问"。关系心性的转化与解脱，对于士人来说极具吸引力。邓豁渠舍弃人伦亲情、由儒入禅，一意追求直透最上一层的"真机"，在很大程度上也是一种超越一切有限、进入无沾无滞的生命本真存在的内在冲动。因为"去蔽"意味着祛除一切由人的经验、知识和判断构成的先入之见，要达到一切放下的无念想状态、自明境界，

---

① （明）罗汝芳：《罗汝芳集》，方祖猷、梁一群、李庆龙等编校整理，凤凰出版传媒集团、凤凰出版社2007年版，第143页。
② （清）黄宗羲：《明儒学案》，沈芝盈点校，中华书局2008年修订本，第753页。

唯有通往佛禅色空观基础上的"一切放下"理念，否则人只要在世就必然或多或少存有体验或追求某种特定心理状态的念想，就会有"善""恶"之别的预期心理。心学学者主张祛除"善""恶"之别只是一种理想化的表达。在超越凡人凡情而入空灵心性方面，邓豁渠解析得极为通透、彻底："如此说心，是个习成的。'良知岂用安排得？此物由来自浑成。'如是会去，还较一线。这一线，便隔万里。"①"良知岂用安排得？此物由来自浑成"一语出自王阳明②，邓豁渠理解的良知浑成，是无善亦无恶、极为清爽灵动之物，未经过后天知识、逻辑和情感的沾染，是浑然一体的混沌。但是，面对生命生存的终极拷问，"良知"仍有局限性，"良知，神明之觉也，有生灭。纵能透彻，只与造化同运并行，不能出造化之外"③。也就是说无法"离生死苦趣，入大寂定中"，摆脱生死忧患而得虚静清净，以寂灭为乐。因此，因循生命生存的内在超越一路，几乎必然通向佛禅参破镜中幻影、直达性命真窍的境地。

修身养性、关切生命真机，儒、道、佛都有自己的门径，只不过各有所长、各有所短。《南询录》中多次申说儒、道、佛的区别是绝对的、不可弥缝的。邓豁渠曰："修养的，脱不得精气神；修行的，脱不得情念；讲学的，脱不得事变。皆随后天烟火幻相，难免生死，故其流弊也。玄门中人，夸己所长；禅门中人，忌人所长；儒门中人，有含容，能抚字，蔼然理义之风，只是他系累多，不能透向上事。"④在邓豁渠看来，儒家认为自然而然且倍加珍视的（比

---

① （明）邓豁渠著，邓红校注：《〈南询录〉校注》，武汉理工大学出版社2008年版，第57页。
② 原文为："良知底用安排得？此物由来自浑成。"可参见（明）王阳明《王阳明全集》，吴光、钱明、董平、姚延福编校，上海古籍出版社2011年版，第864页。
③ （明）邓豁渠著，邓红校注：《〈南询录〉校注》，武汉理工大学出版社2008年版，第23页。
④ （明）邓豁渠著，邓红校注：《〈南询录〉校注》，武汉理工大学出版社2008年版，第61页。

第四章 内在超越的"狂禅"

如功名利禄),恰恰是佛家视之为迷昧并避忌不迭的。可见邓豁渠比较强调儒、道、佛的义理、旨趣之分别,性命事上绝不愿意拖泥带水,这种立场态度与罗汝芳、管志道、杨起元等调和三教的旨趣颇不相同。但也正是坚持佛禅与儒、道的绝对差异,他在佛禅的超越精神层面体现出极为纯粹和通透的空观。

佛老都主张取消一切差别对待之心,面向日用常行、面向生命和生存本身,常人凡情自然消融转化为虚灵的身心快适。邓豁渠曰:"他睡觉,你也睡觉,便无分别去也。""必是你与他,是一般吃饭,是一般睡觉,便是泯然无复可见之迹,便是藏身处没踪迹,没踪迹处不藏身。如是机轴,自然虚而灵,寂而妙。"① 常人的分别心无所不在,对于儒家来说首当其冲的是取消善恶的执念。人们排斥不善不好的,希冀存留善的好的,对此,罗汝芳应道:"欲求停当,岂不是个善念?但善则便落一边,既有一边善,便有一边不善;既有一段善,便有一段不善。如何能得昼夜相通?如何能得万物一体?"② 从空间和时间上看,理性上任何的执着一念都是偏执,时间上无法永恒辉耀,空间上无法与万物一体。恒久不息、万物一体的"乐"必须摈弃理性思考,去除我执,因为所有的理性思考都有片面性,而乐是浑然一体的,不可以拆分,更不可以动用理性力量进行分析。心体不要求停当,不要持任何理念。当下现成,不必安排,才安排便有害于自然流行的本体,何不解除一切束缚,融入自然的生命中去,直往直来,当机立断。

儒学一旦取消分别心,也就为佛禅的性命之学大开方便法门。泰州学派在"身"的内在超越层面与佛禅多有关涉,但是并没有走向彻底佛禅化,在肉身体验的现实感性层面和性命虚灵的形上超越

---

① (明)邓豁渠著,邓红校注:《〈南询录〉校注》,武汉理工大学出版社2008年版,第39页。
② (明)罗汝芳:《罗汝芳集》,方祖猷、梁一群、李庆龙等编校整理,凤凰出版传媒集团、凤凰出版社2007年版,第169页。

层面之间，保持着模糊的张力结构。像邓豁渠这样决绝出家之人，即便在泰州学派中也属于异类，他主张见性而不拘戒律，造成"身"与"性"的分离，忽略"身"的肉身物质限制，而在"性命"上日益走向玄远幽深，由于其学说通透爽快，产生了较大影响。常人对于"心""性""命"的把握，总要受到肉身这一物质的、生理的基础限制，如果将肉身的物质属性和生理基础一概清除干净，而追求高深玄远的性命之学，则有遁入虚空之忧。"今之人，皆指肉团之心为心，其中一点空虚，曰神明之舍。以六尘缘影、昭昭灵灵者为心，犹为认贼为子，况以脏腑为心乎？学者不知心，不知性，不知命矣，其何以脱凡情，离色身，超入圣化？"① 对于通透性命根柢的高人而言，只觉得邓豁渠的思想无比爽快，而对于尚未通透性命的常人而言，就很难领悟其形上超越的透彻欢欣，反而很容易将形上超越的大欢欣降格理解为现世的纵情欢娱。邓豁渠曰："自透关人视之，谓渠在世界外安身，世界内游戏，一切皆妙有也。未透关人视之，谓渠言在世界外，行在世界内，一切皆纵情也。其所以颠三倒四，世情中颇有操守者，尚不如此，安能免人之无议也？"② 也就是说，从悟道程度完全不同的视角出发，会得出迥然不同的看法，邓豁渠对此也是心知肚明。

　　对于常人而言，摆脱凡情而入圣，关窍是"一切放下"，邓豁渠认为顿悟求道不可拖泥带水，遂舍弃人伦，出家为僧，一心超悟圣境。所谓凡情，是指人为创造的世情学问，属于制度、教育和文化；凡情与空灵的心性决然对立、要进入圣境，就要打通世情关口，克服既有文化的桎梏："要得超凡入圣，必须一切放下。有心放下，就放不下。饥来吃饭倦来眠，行所无事，不求放下，心自放下。一切

---

① （明）邓豁渠著，邓红校注：《〈南询录〉校注》，武汉理工大学出版社2008年版，第62页。
② （明）邓豁渠著，邓红校注：《〈南询录〉校注》，武汉理工大学出版社2008年版，第71页。

放下,不拘有事无事,则身安,安则虚而灵,寂而妙,自然超凡入圣。超凡入圣之诀,只要过得凡情这几道关。一切世情与一切学问,皆凡情也。如此凡情,都是心性上原没有的"[1]。他认为世上一切学问、善恶取舍、知识道理,是阻碍人们超凡入圣的几道关卡,唯有一切放下,出离尘世烟火,身心安静则气清,气清则精神灵彻,通透本元,而成大化之功,这也就走向了清净寂灭的涅槃境界。

第五节 清净而不寂灭:"生意活泼"

邓豁渠基于佛禅的形上超越追求可以成为士人心向往之的境界,但是在现实之中绝无可能成为泰州学派的主流。这不仅仅是因为他一意孤行地追求解脱之道,缺乏稳妥规划培养门人弟子继承衣钵,还因为抛家别业、舍弃人伦的做法违背士人修身齐家的一般观念。邓豁渠曾经抠衣从师赵贞吉,多年以后赵贞吉亲耳听到邓豁渠的异端言论,情绪一时难以平复,《明儒学案》与邓豁渠本人对此事都有记述:

> 时有来大洲问学者,大洲令渠答之。大洲听其议论,大恚曰:"吾藉是以试子近诣,乃荒谬至此。"大洲入京,渠复游齐、鲁间,初无归志。大洲入相,乃来京候谒,大洲拒不见。属宦蜀者携之归,至涿州,死野寺中。[2]
>
> 渠昔落发出家,乡人嗟怨赵大洲,说是他坑了我。大洲躲避嫌疑,说不关他事。[3]

---

[1] (明)邓豁渠著,邓红校注:《〈南询录〉校注》,武汉理工大学出版社2008年版,第55页。
[2] (清)黄宗羲:《明儒学案》,沈芝盈点校,中华书局2008年修订本,第706页。
[3] (明)邓豁渠著,邓红校注:《〈南询录〉校注》,武汉理工大学出版社2008年版,第31页。

两处记载互为参照，可以见出常人对于落发出家这类"自了汉"行为的抵触和抗拒。虽然脱色身、离凡情可以作为士人"向上天机"的精神追求（明中晚期也有许多著名的居士，比如赵贞吉、管志道、杨起元、焦竑、李贽等），但是，当一个成年人采取割舍日用伦常的行动时，通常被视为家门不幸。赵贞吉顾念师生一场的情谊而心存不忍，出钱出力相帮，试图有所挽回，无奈邓豁渠一心摆脱苦海轮回、寻觅至乐和解脱，在形上超越的理路上再不回头。

泰州学派传至著名学者罗汝芳，其影响迅速扩大，盖因罗汝芳调和肉身的俗世体验与超越性的精神快适，试图在二者之间达成一种平衡，提倡恢复赤子本心那种浑沦顺适的"身"体验。他用"生生"之大德化解佛禅的寂灭清净，他所采用的譬喻在不弃绝肉身感受的同时具有形上超越性，更加容易为常人所理解和接受。最具有代表性的是"赤子之心"，本身洋溢着肉身的鲜活属性，还有"解缆放船"、"顺风张棹"、童子捧茶、推车操舟等，都不脱离肉身体验，而又着重于自心舒展的解脱之道，心灵趋向开放和包容，打开了意志与情感的闸门，激扬出一股尊重个性需求的风潮。

"赤子之心"之所以能够融合肉身的鲜活生命力和先验的道德属性，是因为赤子皆知皆能，纯任本然冲动而无所不适，是人生之初不学不虑的良知良能，也是一切肉体的生命原初起点。古人认为，"形色"与"天性"对立，"形色"是肉身的视听言动表现，"天性"是人之为人的天命之性。罗汝芳曰："目视耳听，口言身动，此形色也，其孰使之然哉？天命流行，而生生不息焉耳。"[①] 儒家士人学习圣学的宗旨在于求"仁"，而仁心见在于赤子孩提之际的爱亲敬长之心，"夫人生之初，则孩提是已，孩提所知，则爱其亲、敬其长焉是已。爱敬不失其初，则举此加彼，自可达之人人，联属家国天下，

---

① （明）罗汝芳：《罗汝芳集》，方祖猷、梁一群、李庆龙等编校整理，凤凰出版传媒集团、凤凰出版社2007年版，第133页。

以成其身，人曰大人，学曰大学矣"①。从孩提之"仁"心出发举一反三、推而广之，则立其身成大人，为修齐治平之道也。

良知心体妙应圆通、本然洁净，附着不得丝毫的人为刻意，这与禅宗以自心为超越性本源的说法如出一辙。禅宗所讲的心，又作自心、真心、自性、真性，自心本自清净、本来具足、不生不灭、不增不减，都是突出自心是超越的主体性本源，进而可以说也是宇宙和人生的本源。且看《坛经》对"自性"的表述，与罗汝芳论说的"吾心良知"，二者比照可见在本体"清净"或"洁净"方面确实相通。

《坛经》曰："慧能言下大悟'一切万法不离自性'。遂启祖言：'何期自性，本自清净；何期自性，本不生灭；何期自性，本自具足；何期自性，本无动摇；何期自性，能生万法。'"②罗汝芳则曰："吾心良知，妙应圆通，其体极是洁净，如空谷声响，一呼即应，一应即止，前无自来，后无从去，彻古彻今，无昼无夜，更无一毫不了处。但因汝我不识本真，自然（作"生"讲）疑畏，却去见解以释其疑，而其疑愈不可释；支持以消其畏，而其畏愈觉难消。故工夫用得日勤，知体去得日远，今日须是回转贪痴，牙根咬定，斩钉截铁，更不容情。汝我言下，一句即是一句，赤条条，光裸裸，直是空谷应声，更无沾滞，岂非人生一大快事耶？"③两相对比，可见超越的良知心体类似洁净空寂的"知"。心学学者区分"知"有两种，一种是本然之知，一种是闻见之知。良知为不虑而知，相当于佛的智慧，是众生在赤子孩提时本然就具有的。心体不学不虑、空灵洁净，是大千世界唯一的真实、真性。年岁既长，许多人情事物

---

① （明）罗汝芳：《罗汝芳集》，方祖猷、梁一群、李庆龙等编校整理，凤凰出版传媒集团、凤凰出版社2007年版，第16页。
② （唐）惠能：《坛经》，尚荣译注，中华书局2015年版，第21页。
③ （明）罗汝芳：《罗汝芳集》，方祖猷、梁一群、李庆龙等编校整理，凤凰出版传媒集团、凤凰出版社2007年版，第95页。

纷纷扰扰，不容人不去思虑，闻见益多，迷情谬种散播，心体不再空寂，人也失去了曾经的快活。当此际，如果日日在事上用功穷理，徒然地增加迷思，若想回归本然之知，只可能是南辕北辙的做法。

那么罗汝芳调和佛禅与儒家的重要举措在于将赤子之心这一"天性"诠释为"生生之德"。罗汝芳曰："盖性由心生，是上帝生生之德也。上帝以此而生生，即以此而生天下万世之民，天下万世之民，皆其生生之德所生也。固其生之为性，即帝之性。"又曰："其实，下民即上帝，如子之于父，精神血脉，皆父所受也。"[①] 生命的繁衍和延续是世人生活中的大事，维系着家庭和社会的稳定发展，罗汝芳在"生"之为性上的立场，一方面，消除了佛禅弃绝人伦义务的偏狭，使之更易为世俗生活世界所接受；另一方面，"生生之德"可以诠释为与儒家的"仁德"贯通，依据是《易·系辞下》的"天地之大德曰生"，"生"之为性确立了人人先天具有儒家伦理道德的"仁德"，具体显现为孝悌慈之心。

与禅宗追求清净真性、以直截了当把握佛性根源相类似，心学及泰州学派以良知心体为本，是为了探求获致本心的途径。那就是借助"只在当下"的觉悟直截达到，不应该迂回曲折，凝结心思，祛除遮蔽，还原为原初本来一切具足、不带任何沾滞的赤子本心。义理需要顿悟才能获致，事上工夫也是与顿悟相仿佛的"无工夫"。邓豁渠一语道出在这个问题上人们常犯的错误就是体用不一："都说理由顿悟，事由渐修，是由李家路欲到张家屋里去一般。"[②] "理"在心体，"事"是"理"的发用，顿悟心体则要求事上工夫也要直截了当，不能拖泥带水地渐修。人的"身""心"原本凝聚，驰求

[①] （明）罗汝芳：《罗汝芳集》，方祖猷、梁一群、李庆龙等编校整理，凤凰出版传媒集团、凤凰出版社2007年版，第326页。

[②] （明）邓豁渠著，邓红校注：《〈南询录〉校注》，武汉理工大学出版社2008年版，第33页。

外物以求安乐，是蔽而不知；心存念想以求强力把捉，或借涵养工夫体验观照到心中景况，是另一种翳蔽，人为制造差别和对立，导致身心支离。罗汝芳主张"善求者一切放下放下（笔者注：第二个"放下"疑为衍字），胸目中更有何物可有耶？"① 这是顺其自然、天人浑然一体的自适。觉工夫难做，就以不做工夫为工夫；不设特定的目标，没有预期的希望，也无准则、规范、格式的束缚，还原赤子之心的浑然状态，这是肉身与精神双重的大自由和大快适。

心念一转、以时而显的体"悟"工夫伴随着极大的身心快乐体验，在人情往来、百姓日用处，恍若有神明，但是，难以揣度把握，"悟人情事变外，有个拟议，不得妙理。"② 这是事上磨炼过程中必经的阶段。不同于邓豁渠与俗世一刀两断的悟入方式，罗汝芳强调自性的作用，彻悟大道只在此身，此身浑是赤子，契机的获得各各不同，但都必须经由意向活动的激活，即"彻悟"赤子之心、复见良心自然的环节。体悟靠心，心体明觉通透，是为妙心。心主认识、领情感、统思虑，具有自主性，只要彻悟良心自然，一任心体变化莫测，流露为千变万化的情感和欲望，都无往而不合乎道。是否能够借体悟复见赤子之心完全取决于人的自性。既然如此，对于生灭不息的意念活动就能够坦然面对甚至怡然自得："然其能俄顷变明白而为恍惚，变快活而为冷落，至神至速，此却是个甚么东西？此个东西，即时时在我，又何愁其不能变恍惚而为明白，变冷落而为快活也。故凡夫每以变幻为此心忧，圣人每以变幻为此心喜。"③ 这里所说的变幻莫测的东西就是个体倏忽万变的意向活动，即感觉、知觉、生命的本能冲动，它们不是压抑、奴役和低级的标志，而是美

---

① （明）罗汝芳：《罗汝芳集》，方祖猷、梁一群、李庆龙等编校整理，凤凰出版社2007年版，第855页。另据（清）黄宗羲《明儒学案》（沈芝盈点校，中华书局2008年修订本，第778页)，原文为"善求者一切放下，胸目中更有何物可有耶？"

② （明）邓豁渠著，邓红校注：《〈南询录〉校注》，武汉理工大学出版社2008年版，第75页。

③ （清）黄宗羲：《明儒学案》，沈芝盈点校，中华书局2008年修订本，第770页。

好的、必需的，因人而异。之所以强调"变幻"莫测，是因为心念活动不是成年人带有功利目的的精心算计和谋划，而是复见孩提之心的良知自然，未经审查监控的意向活动，它展现人的本能、冲动和本性等人生之初而具有的生机。

用"赤子之心"解释"仁"字，突出了人类意识活动本身的审美价值，即未经后天加工改造的、无目的性的、非功利性的意识冲动，这与"仁德"一样值得重视和认同。罗汝芳曰："盖此'仁'字，其本源根柢于天地之大德，其脉络分布于品汇之心元。故赤子初生，孩而弄之，则欣笑不休；乳而育之，则欢爱无尽。"[1] 在"身"体验的内在性维度上，出现了一些新的动向，突出体现为罗汝芳以"美"字代替"善"字，"善恶"写作"美恶"，比如"能保其无美恶哉？"[2] "亲疏美恶"[3] "香之美恶，从鼻嗅以辨别"[4] 等，大大增加了"美"的极致体验成分，与此前泰州学派学者不一样——他们一般以"善"字代替"美"字，并且很少单独谈"美"。亦即"美"包含"善"并且不限于"善"。而罗汝芳钟爱"美"的极致体验，经常论及"美"的体验。《周易·坤》云君子之美："君子黄中通理，正位居体，美在其中而畅于四支，发于事业，美之至也。"罗汝芳用来表达讲学的美感体验曰："人作学问，发于四肢，方为真学问。动容中礼，舞蹈不知，四体不言而喻，才叫做'黄中通理'，美之至也。"[5] 这一转变可以说具有必然性。

其一，心念活动具有美抑或善的潜在可能，与心念起灭的功利性、目的性导向是否明晰有关。也就是说，当心念活动与伦理道德

---

[1] （明）罗汝芳：《罗汝芳集》，方祖猷、梁一群、李庆龙等编校整理，凤凰出版传媒集团、凤凰出版社2007年版，第337页。

[2] （清）黄宗羲：《明儒学案》，沈芝盈点校，中华书局2008年修订本，第775页。

[3] （清）黄宗羲：《明儒学案》，沈芝盈点校，中华书局2008年修订本，第795页。

[4] （清）黄宗羲：《明儒学案》，沈芝盈点校，中华书局2008年修订本，第792页。

[5] （明）罗汝芳：《罗汝芳集》，方祖猷、梁一群、李庆龙等编校整理，凤凰出版传媒集团、凤凰出版社2007年版，第353页。

的功利性目的直接相关时,"善"就凸显为价值取向。王艮、王襞、王栋、颜钧、何心隐等学者重视在外向化践履儒家理想之中获得领悟,立吾身以为天下根本,家国天下的践履以目的性和功利性为导向,否则就散漫无章,无法聚焦于家国天下。这一外向化践履行动虽然强调"不费些子力气""不执意见""人心本自乐",但是其践履儒家道统的内在旨趣和功利目的非常清晰。王艮曰:"天理者,父子有亲,君臣有义,夫妇有别,长幼有序,朋友有信是也。人欲者,不孝不弟,不睦不姻,不任不恤,造言乱民是也。存天理,则人欲自遏,天理必见",① 这一说法出自《王道论》,较之日常讲学语录显得比较保守,其中关于"天理"与"人欲"的区别主要在于前者符合儒家道德理性,后者违反儒家道德理性,延续了以儒家伦理道德的"善"为主导的理路。

当心念活动的天理与人欲之分淡化了伦理道德目的,无目的性、非功利性得到凸显,此时"美"取代"善",上升为主导价值。同样是褒"天理"贬"人欲",褒贬的价值内涵发生了改变,罗汝芳界定"人欲"是"有所为而为",天理则是"无所为而为",曰:"乍见孺子入井,而发怵惕恻隐之心,是无所为而为也。若生于恶声、纳交、要誉,则是有所为而为矣。有所为而为,即人欲,非天理也。"② 儒家学者所言"天理"都指向"善",而这里更明确地体现了一种非功利性、无目的性的审美主义取向,也就是说人的情感欲望等意念活动,只要是非功利、无目的地发生,情不知所起而起,就契合美善兼而有之的"天理"。与罗汝芳颇有交集的戏剧家汤显祖主张"情至"论,有言道:"如丽娘者,乃可谓之有情人耳。情不知所起,一往而深。生而不可与死,死可以生。生而不可与死,死而不可复生者,皆非情之至也。梦中之情,何必非真?天下岂少梦中

---

① (明)王艮:《明儒王心斋先生遗集》,《王心斋全集》,陈祝生等校点,江苏教育出版社2001年版,第64页。
② (明)罗汝芳:《罗汝芳集》,方祖猷、梁一群、李庆龙等编校整理,凤凰出版传媒集团、凤凰出版社2007年版,第350页。

之人耶。必因荐枕而成亲，待挂冠而为密者，皆形骸之论也。"① 倘若从"天理"的非功利性、非目的性、非理性特征来考察汤显祖的"至情"，就不难理解"至情"之"美"美在何处，"至情"的源头说不清道不明，人力无法干预或有意阻遏，冲决世间一切人为努力和作用，包括时间和空间，包括生和死。当汤显祖的戏曲作品中把"至情"的非理性、非功利性渲染演绎到极致时，一部伟大的戏剧就此诞生。推而广之，经典文学作品中那些一往而深的情感莫不如此，它们深深打动人心、历经时间的考验而历久弥新，正是一种难以说清道明的情感和心念活动，如果一种情感或心念活动能够清晰道出其中原委和利害关系，那就不再具有"至情"震撼世人心灵的神奇力量了。

泰州学派对无目的、非功利、非理性的心念活动的审美认同，并不可以在与情感欲望的纵容之间画上等号。与之正相反，泰州学派的学者对于自以为是的任情纵欲一直都是抵斥反对的，欣赏的是那处于生生不息状态之中、无目的、非功利、非理性的心念活动。随着人类生命的繁衍传续，新生命、新意识、新生意缤纷绚烂地呈现，这种生意生机值得讴歌。罗汝芳曰："勿忘勿助，与鸢飞鱼跃同一活泼，此意却须互见。今时学人任情执是，已大非集义家法，乃遽以活泼自处，岂于兹训未加理会也耶！"② 赤子之心充满活泼泼的生意，源于无所为而为，而并非自以为是地放任，是顿悟默识"此心此身，生生化化，皆是天机天理"③ 的自然情感，喜怒哀乐等形色发抒皆为天性、天机或天理的自然流露。

其二，重视灵感、顿悟等非理性的神秘创造力和默识洞察能力。

---

① （明）汤显祖：《汤显祖全集》，徐朔方笺校，北京古籍出版社1999年版，第1153页。
② （明）罗汝芳：《罗汝芳集》，方祖猷、梁一群、李庆龙等编校整理，凤凰出版传媒集团、凤凰出版社2007年版，第371页。
③ （明）罗汝芳：《罗汝芳集》，方祖猷、梁一群、李庆龙等编校整理，凤凰出版传媒集团、凤凰出版社2007年版，第5—6页。

灵感、顿悟都是非理性的心念活动，灵感是探寻良久不得而又不期而至的高浓度思维结晶；顿悟是不经过概念、判断、推理等逻辑思考环节，而直接洞见本质。它们的出现都不遵循固定套路和既有规则，来无踪去无影，无迹可循，无法复制，古人用可以囊括时间重要性的范畴"时"来表达非理性活动出现的规律，"时"表示不确定的任意时间，指涉时间到了或时机成熟了，灵感、顿悟等突破性的认识飞跃和创造力爆发就是"因时而显"的神秘体验，在长时间专注于某个问题之后豁然开朗、柳暗花明又一村。

泰州学派很多学者都表达过灵感或顿悟突发时的神秘莫测和对个人的深刻影响。王艮年轻时学由自悟，二十七岁萌生"必为圣贤之志"，潜心体悟仍有未尽透彻之处，苦苦求索两年后，二十九岁因梦见天坠落而奋力托天，整顿失序的日月星宿，使之归位，醒后顿悟万物一体之仁、宇宙只在我心，从此觉悟。这个著名的梦成为后来王艮悟道立说、求道行道一生的重要标志性事件，《年谱》记载曰：

> 四年己巳，先生廿七岁。（默坐体道，有所未悟则闭关静思，夜以继日，寒暑无间，务期于有得。自是有必为圣贤之志。）
>
> 六年辛未，先生廿九岁。（先生一夕梦天坠压身，万人奔号求救，先生独奋臂托天而起，见日月列宿失次，又手自整布如故，万人欢舞拜谢。醒则汗溢如雨，顿觉心体洞彻，万物一体，宇宙在我之念益真切不容已，自此行住语默，皆在觉中。题记壁间，先生梦后书"正德六年间，居仁三月半"于座右，时三月望夕，即先生悟入之始……）①

---

① （明）王艮：《明儒王心斋先生遗集》，《王心斋全集》，陈祝生等校点，江苏教育出版社 2001 年版，第 68 页。

再看颜钧悟道的重要突破时机，是"七日闭关"后的突然开悟，其过程和方法充满了神秘色彩。颜钧的《自传》曰："俯首澄虑，瞑目兀坐，闭关七日，若自囚，神智顿觉，中心孔昭，豁达洞开，天机先见，灵聪焕发，智巧有决沛江河之势，形气如左右逢源之□。"①根据学者的研究，颜钧的七日闭关法透露出反智的神秘主义倾向，与儒家的静坐修养、佛教徒的静坐修禅、道教徒的闭关修行等方法都有相契合之处②。简单地说，就是用闭目、塞听等身心控制的方法，把肉体和精神都逼入绝境，然后倒头酣睡，接下来充分放松身体和意识。颜钧在叙述"七日闭关"的修行方法时大加渲染，不排除为了显得高深莫测而刻意为之，其实作用原理并不复杂，先让身体经历持续高频的束缚、强制作用，直到身体能够承受的域限，身体极度疲累、紧张和痛苦，这时束缚突然全部解除，人可以获得脱胎换骨的自由解脱感，所谓先苦后甜的轻松甜美较之平时更胜一筹，也就是这个道理。

把颜钧充满神秘色彩的悟道方式与其弟子罗汝芳所主张的悟道方法比照起来，会发现他们共同的取向：重视并设法激发"睡"与"梦"中的非理性活动，通往悟道之巅。其实，王阳明在诠释《周易》"通乎昼夜之道而知"一句时，就有推重"夜气"的言论，曰："日间良知是顺应无滞的，夜间良知即是收敛凝一的，有梦即先兆。"又曰："良知在'夜气'发的，方是本体，以其无物欲之杂也。学者要使事物纷扰之时，常如'夜气'一般，就是'通乎昼夜之道而知'。"③入夜以后天地一片混沌，万物褪去了五彩斑斓的外衣，人的视听感官也暂时停止了作用，夜晚正是良知收敛凝聚的时刻。待

---

① （明）颜钧：《颜钧集》，黄宣民点校，中国社会科学出版社1996年版，第24页。
② 马晓英：《明儒颜钧的七日闭关工夫及其三教合一倾向》，《哲学动态》2005年第3期。
③ （明）王阳明：《王阳明全集》，吴光、钱明、董平、姚延福编校，上海古籍出版社2011年版，第120页。

拂晓来临，万物显现，声音、形状、颜色纷至沓来，刺激着感官，白天正是良知妙用发生的时刻。被"人欲"包围时，常常夜晚休息不好，白天昏头昏脑。王阳明对于"夜气"和"梦"的理解虽然受到时代的限制，科学实证的研究不足，但是，有助于人们调理和解放情识意念，安顿身心，为创造性思维和灵感的发生创造有利条件。

罗汝芳讲学中特别重申"睡""梦"等非理性活动对于悟道的重要作用。他年轻时悟道受颜钧讲学"急救心火"的感召和启发，之后一直恭谨地师事颜钧，留下不少佳话。他天资聪颖、好学深思，对于颜钧大力渲染的"七日闭关法"几乎从不提及，但是延续了王艮、颜钧等对于"睡""梦"等非理性活动的重视。他认为，悟道时专注于此，久久不能通透，要等到一个特定时候出现，突然眼光就变得透脱，心境也变得豁然开朗，这时生机充盈，美妙难言，曰："专切久久，始幸天不我弃，忽尔一时透脱，遂觉六合之中，上也不见有天，下也不见有地，中也不见有人有物，而荡然成一大海，其海亦不见有滴水纤波，而茫然只是一团大气，其气虽广阔无涯，而活泼洋溢。"浑整、通透、活泼、无垠，道出了因时而显的灵感或顿悟的超绝体验，这是审美与体仁高度结合酝酿而生的乐感。

"美"与"善"被激活的重要契机是"夜"、"睡"与"梦"。"夜"与"日"、"睡"与"醒"相对，白天清醒的时候，人的意识活动高度运转；夜晚睡梦中意识放松了监控，各种潜意识和前意识活跃起来。神秘的顿悟体验不能在白天清醒的时候依照理性计划获得，即便千回百转地寻觅也不可得。倘若得一契机抵达澄明之境，轻轻快快转一念头，则天理当下呈现，此所谓"以时而显"。罗汝芳曰："孔门学习，只一'时'字。天之心以时而显，人之心以时而用，时则平平而了无造作，时则常常而初无分别，入居静室而不异广庭，出宰事为而即同经史。"[①] "时"不是对未来的揣摩逆料，不

---

① （清）黄宗羲：《明儒学案》，沈芝盈点校，中华书局2008年修订本，第768页。

是对过去的盘查追忆，而是就在当下的某个瞬间自然合乎律则。对于根器超绝的上根之人，听闻一句开启人心的话就可以当下心体澄澈，"若上智之资，深造之力也，一闻此语，则当下知体，即自澄澈，物感亦自融通，所谓无知而无不知，而天下之真知在我矣"①。"要之，物感有时而息，则天体随时而呈，不惟夜气清明，方才发动，即当下反求。"② 对于根器平凡的人来说，则要利用好"夜""睡""梦"这一时机，趁夜气清明时分身体放松，耳目心思都已休歇，让赤子良心本体复现。罗汝芳言道："盖良心寓形体，形体既私，良心安得动活？直至中夜，非惟手足休歇，耳目废置，虽心思亦皆敛藏，然后身中神气，乃稍稍得以出宁，逮及天晓，端倪自然萌动，而良心乃复见矣。"③ 较之人们白天的心思活泛，深夜入睡以后，意识和超我都放松了对潜意识的监管，潜意识开始活跃起来，现代心理学利用睡眠和梦进行心理辅助治疗，有助于恢复身心安宁，罗汝芳通过自我感知体悟以期实现良心的重新发现。

由此可见，赤子良知根植于人性深处，它可能被遮蔽但是不会永远丧失。罗汝芳在人性善恶问题上守持无条件的性善论，这是合乎逻辑的立论基础。据周汝登《圣学宗传》"罗汝芳"条记载，罗汝芳一以贯之地守持赤子良心先天即有的性善论，他中进士后出任宁国府亦是如此治理百姓，不事刑捕，唯以化育人才为功课，以春风化雨般的讲学教化熏陶感染人心，使人心归于向善；对待曾经一起讲学的师友颜钧、何心隐等，在他们落难时不避嫌疑，鼎力相助、相救；在讲学遭朝廷打压之际慨然辩护、坚持弘道志向，不仅是古道热肠的侠义精神，而且依凭儒家士人的良知作为底气。他也看到

---

① （清）黄宗羲：《明儒学案》，沈芝盈点校，中华书局2008年修订本，第792页。
② （明）罗汝芳：《罗汝芳集》，方祖猷、梁一群、李庆龙等编校整理，凤凰出版社2007年版，第124页。
③ （明）罗汝芳：《罗汝芳集》，方祖猷、梁一群、李庆龙等编校整理，凤凰出版传媒集团、凤凰出版社2007年版，第20页。

很多人的良知本体在喧嚣嘈杂的人世间几乎荡然无存，也许人们无法知晓洞见它，但是当夜晚降临，睡梦之中，潜意识的赤子良知会浮上意识的海洋。无论是当下显现的良知本体还是夜气清明时分放松全身心戒备时潜意识的自由活动，都充溢着勃勃生机，犹如海面上的雾气无限延展、自由弥散。一旦进入这一时间，良知本心涌动，人们会以一种更加宽容、博爱、仁慈的崭新眼光，重新打量我们曾经见惯不惊的人情世故，通透事物的真相，眼前万物重新被赋予生命存在的意义，一切既熟悉又陌生，自由澄明，闪烁着奇异的光彩。

其三，从质实的"百姓日用"走向虚灵的"生活妙应"。

如果说王艮把王阳明师的"良知说"从"心"本体转向"身"为本，那么罗汝芳成功地将"身"为本重新回归到人心，即所谓的"赤子之心"。"身"本强调在"百姓日用"的视听言动、喜怒哀乐中实现尊身尊道理想，并且推而广之扩展到家国天下，践履儒家道统理想，行动笃实刚健，不惜触犯统治集团利益，这就无法避免在现实中碰壁以及遭统治集团的打压。罗汝芳以"赤子之心"为本，在内向化探索之路上，赋予日用常行以虚灵的超越性质，虚灵则无从落到实处，既不流于空寂、堕入虚空，又避免与"百姓日用"现实的、权力的维度发生正面冲突，质朴实在、刚健进取的"百姓日用"一词，被虚实相辅相成的"生活妙应"一词取代。罗汝芳曰："盖人身耳目口鼻，皆以此心在其中，乃生活妙应。生活妙应，非仁如何？其生活妙应，必有节次分辨，即是心之义，而所由以发用之路也。惟人心在人身，如此要紧，则心失而身即死人矣，此所以为可哀也。人身与仁心，原不相离，则人能从事于学问，而心即不违仁矣，此求放心，所以无他道也。"[①] 据前文所述可知罗汝芳所言"仁心""人心"就是"赤子之心"。"人身"与"仁心"紧密结合，

---

① （明）罗汝芳：《罗汝芳集》，方祖猷、梁一群、李庆龙等编校整理，凤凰出版传媒集团、凤凰出版社2007年版，第352页。

密不可分，人心依托人身而存在，人身的视听言动思、喜怒哀乐之发抒中内在有人心，保持"身""心"原本不分离的形态，这就是"生活妙应"。试想只要通过非理性的心念活动就可以当下直观洞见人心，恢复身心一体，"生活妙应"吸收佛教妙有思想，与现实、与社会避免正面交锋，顺利达成了和解。

　　超越性理想与现实境况的调和，带来"中"、"和"与"中和"的"浑然"之美。试问，世人生活在世俗的枷锁之中，谁人不向往这种自然浑成的"中和"与"停当"。身心本来一体，浑然一体的本然状态契合人的本能与情绪体验，不带有一丝人为的拆解和刻画。罗汝芳描述道："今日果欲天则本然，一一于感发处，节节皆中得恰好，更无毫厘之过，亦无毫厘之不及，停停当当，成个中和。"①"中和"在罗汝芳口中被赋予了人性本然的意味，遂与其他纷繁而类似的论述区别开来，别有一番生机在里面。故而"中和""太和"就在天性"浑然"之中。"浑浑沦沦而中，亦长是顺顺畅畅而和"②描绘了一幅多么美好的图景。"浑沦"或"浑然"是"中和""太和"的关键词，强调天性本然如此，保留天地混沌未曾开凿一窍一孔的整体感，"感物则欲动情胜，将或不免，而未发时，则任天之便更多也。盖其初道不可离，是见道已彻。其次，戒谨恐惧，是卫道已严，再加喜怒哀乐一无所感，此时天性浑然，大可想见！"不于此时此处觅中和，又从何处觅中和？罗子又曰："夫中和既大同乎天下，则圣人必天地万物皆中其中，方是立其太中；必天地万物皆和其和，方是达其太和。"③ 践行《大学》里的修齐治平之道，也就演变为天性浑然的"中和""大同乎天下"的美好愿景。

---

　　① （明）罗汝芳：《罗汝芳集》，方祖猷、梁一群、李庆龙等编校整理，凤凰出版传媒集团、凤凰出版社2007年版，第124页。
　　② （清）黄宗羲：《明儒学案》，沈芝盈点校，中华书局2008年修订本，第787页。
　　③ （明）罗汝芳：《罗汝芳集》，方祖猷、梁一群、李庆龙等编校整理，凤凰出版传媒集团、凤凰出版社2007年版，第13页。

第四章 内在超越的"狂禅"

天性浑然从内在超越的源头处确立了无存想、无预期的心念状态。摆脱一切束缚阻塞精神自由的偏执之见，直到不存在丝毫主客的对立分野，宇宙、万物与人浑然一个整体，是谓"浑沦"；对司空见惯的日常事物转换一种眼光，当下开悟，在眼前展开一个前所未有的美妙新世界，充分体验自由融通的感受，是谓"顺畅"或"顺适"。人心这个有生命力、充满价值的世界与外在世界之间的距离弥合，人与生存环境重新结合在一起，不仅人的各种感觉和情感，就连他的生命，都与遍布自然中的生命连为一体了。这种对我们身内外生命同一体的经验，在万物归一浑沦顺适的神秘状态中，取消了有生命的和无生命的界限，也取消了主体与客体甚至客体与客体之间的界限，"明目张胆"一词在这里没有张狂放肆的贬义，而是安心适意、达成大道的同义词。值得一提的是，罗汝芳所说的"中和"之美，虽然沿用了儒家古老的范畴，但是从内涵上消解了儒家古典"中和"范畴包蕴的规范性、层级性和实用理性，取消人为克制和束缚，宣扬自由无涯的心理体验，欣赏接纳生命的无意识冲动，这毫无悬念地走向了古典"中和"范畴的反面，成为"狂"的代名词，这可谓旧瓶装新酒的绝佳示范。

儒家思想破除我执的助力很大一部分来自佛禅。心学重视事上磨炼，很难摆脱指向心即理目的的心灵执念，从佛禅角度看这就是一种"障"。邓豁渠道："说个磨练，就有个事，有个理，有个磨练的人，生出许多烦恼，不惟被事障，且被理障。欲、事、理无碍，须要晓得事就是理；欲透向上机缘，须要晓得理上原无事。"[1] 这个磨炼工夫说得极为通透，将"理上无事"向佛禅空观上导引。

综上所论，回到天性本然的赤子之心确立了"狂禅"内在超越

---

[1] （明）邓豁渠著，邓红校注：《〈南询录〉校注》，武汉理工大学出版社2008年版，第44页。

的方向，浑沦顺适的事上磨炼工夫确保了内在超越的途径和方法，给士人带来洒落自然的审美体验，这三者存在高强度联系。心即理的心学思想发展到泰州学派，强调了一种无翳蔽、不割裂的本然天性和自由心态。审美体验关注审美主体心理快适的感受，通过直观日用常行，通往内在超越的自由心态。二者实际上多有相通之处，比如去蔽、直观、开悟既可以视作工夫，又可以看作审美体验。就二者的不同之处看，审美体验侧重"不知其然而然"的感知觉，尤其是将儒道佛三教的观念融合调适在洒落自然的审美体验中，自内及外，更无分别。审美体验在与宇宙、人性、自然的交融中更加深邃、超脱和富于形上意味，从而牢牢占据了士大夫的心灵。"狂禅"的审美融合体现在以下三方面。

首先，构建起一个以人生论为中心，将宇宙论、人性论、致知论贯通的思想世界和行为世界。泰州学派学者与《周易》、佛禅、道家以及道教打成一片，在"狂禅"纵横自在的人生理想中，不难捕捉到各种微妙的因素：儒的刚健进取、万物一体之仁，道的逍遥无为、自然顺适，禅的心下顿悟、虚灵空无，甚至道教或民间宗教行功的方法，所有这些在回归赤子之心的解脱与快活中统一，三教合一汇合成一股合力，为"狂"范畴渲染了独特的色调。

在泰州学派初创伊始，王艮、王栋等绝少涉及佛禅，亦罕言道家，他们以原始儒家思想为依托，力图维护儒家思想的纯粹、正宗地位，以明朝官方规定读书人的必读书《四书》为准头，其中主要又以明代士人最重视的《大学》为出发点，阐释发挥自己的思想观点。而王襞由于成长经历、求学师从、个人性格气质等因素，并不讳言佛禅，也会以儒释道，激赏自然无为的美景以抒发个人理想抱负。赵贞吉（号大洲）以儒学为主体，对庄学和禅学也颇多包容，他把《中庸》"天命之谓性"解读为不假人为的无善无不善，把"喜怒哀乐之未发谓之中""发而中节谓之和"解读为率性而不假人为，"老子观窍与观妙，同出同玄之旨，与此同也。佛氏不思善，不思恶,见本来面目之义,与此同也"。① 赵贞吉调和三教,重视挖掘三教在差异中的相同相似之处,这也源于明朝中后期嘉靖、隆庆、万历年间禅悦之风盛行,属于士人较为普遍的取向。至于邓豁渠则将穷究性命之道的举措推向了极致,以"寂灭为乐","渠思性命甚重,非拖泥带水,可以成就"②,落发出家遁入空门的"自了汉"行为不太能为世人所接受,但是其通透爽利的解脱之道对于士人具有吸引力。

罗汝芳活动的时代与赵贞吉大体相近,属于同时代人。罗汝芳发挥孟子的"放心"之旨,将性善论、人性自然论和禅宗"即心是佛"论融为一体,禅宗"直指本心"、顿悟的简便工夫不仅完全取代了程朱理学格物致知、步步推进的烦琐工夫,而且取消了心学事上磨炼的工夫。老庄主张在内心世界里解脱羁绊、返回自然,追求无拘无束的生活方式也乘虚而入,"吾人只能专力于学,则精神自能出拔,物累自然轻渺。莫说些小得失忧喜,毁誉荣枯,即生死临前,且结缨易箦,曳杖逍遥也"。③ 这里面既有道家逍遥游的境界,也混杂了佛禅脱离苦海涅槃解脱的思想,但是又紧紧收缩在儒家重言人生轻言死亡的传统之中。

其次,立身行道的质实与形上超越的虚灵在审美上融合。"狂禅"的心念自由或者自由意志跨越在现实的与超验的两个层面,在宇宙、自然与生活之间优游,圆融自在。肯定人的感性生存层面的日用,又未止步于现实、停留于日用之念想,质实与虚灵融合生成为"生活妙应"。用以诠释心之本体"灵明""灵知"的"赤子之心"范畴,鲜明地体现了肉身的质朴实际与心体的虚灵超越之间的二重性。与现实生活保持直接联系,在因时而显的契机作用下,顺

---

① (清) 黄宗羲:《明儒学案》,沈芝盈点校,中华书局2008年修订本,第755页。
② (明) 邓豁渠著,邓红校注:《〈南询录〉校注》,武汉理工大学出版社2008年版,第23—24页。
③ (清) 黄宗羲:《明儒学案》,沈芝盈点校,中华书局2008年修订本,第766页。

适当下以体悟大道，超越之路就在驱除遮蔽、抵达明觉通透之地，生命的真机得以敞开，精神澄明获得超越。在心性论问题上，对心念自由的包容肯定，因为被放置在虚灵超越的精神追求层面上，所以更容易得到士阶层的广泛接受，形上境界的引导与超越性价值的显现耦合而成的审美融合，正是广大士人审美期待的折射。可以说，正是士人旺盛的审美期待，才造就了泰州学派审美融合的"狂禅"特色。罗汝芳叙述道："收拾一片真正精神，拣择一条直截路径，安顿一处宽舒地步，共友朋涵泳优游，忘年忘世，俾吾心体段与天地为徒，吾心意况共鸢鱼活泼，其形虽止七尺，而其量实包太虚；其齿虽近壮衰，而其真不减童稚。"[①] 心体澄湛通明，工夫易简直接，境界恢宏开阔，宇宙天地人浑融无间，这等的自在宽舒、浩荡从容，隐约中有"曾点之乐"的气象，又是如此接近虚灵空觉，如羚羊挂角，无迹可求。

最后，有为与无为融合化生出鸢飞鱼跃、生机无限的心意化世界。宇宙、自然和日常生活世界本来按照各自的客观规律运行，从审美融合的视角出发，用活泼灵动的心意活动投射在整个浑沦一体的世界，其中有来自《周易》的刚健蓬勃的生机，有佛禅的色空虚灵，有老庄的洒脱自然，有儒家踏实的安身立命。感知、欲望、意志、情感等主体因素积极参与进来，创造生化出一个鸢飞鱼跃、蓬勃生机的心意化世界。这个心意化世界因人而异，它固然有现实生活世界的投影，但并不是忠实地再现客观生活世界；它虽然也有现实世界情感的投射，但是虚灵写意，充满形上超越的大胆创意。罗汝芳所言极为精彩："子若拘拘以停当求之，则此鸟此苗何时而为停当，何时而为不停当耶？"[②] 视听言动思的本然形态与造化之妙、生

---

① （明）罗汝芳：《罗汝芳集》，方祖猷、梁一群、李庆龙等编校整理，凤凰出版传媒集团、凤凰出版社2007年版，第306页。

② （清）黄宗羲：《明儒学案》，沈芝盈点校，中华书局2008年修订本，第776页。

生之德、赤子之心一样，容不得去思量是否停当，正如圣人所言那柏林的禽鸟、海畴的青苗，兀自生机萌发，茁壮成长。这是自然景象，又不完全是自然景象，它们都是显现形上超越境界的自然万物，是主观心意化了的自然万物。佛老之学也以尽心为宗，只是仅仅求吾心而忽视外界，弃绝日用人伦而流于虚寂、陷于自私。泰州学派有意识地排除佛教出离人世的观念和行为，构建起好一幅欣欣向荣的自然图画，它为世人树立起一面旗帜，借鉴自然界的无所为而生机勃发，类比作为人们心意自然状态的向导，观照欣赏人伦物理中人性自然的流露，对现实人伦物理的关心顾念之心殷殷可鉴。

将自然无为的虚灵与现实事功的质实交融，意味着取消戒慎恐惧的渐修工夫，赤子良知现成、当下即是，遂将吾心良知的自然发动当作本体与性命，在本体上做工夫，本体即工夫。邓豁渠曰："但有造作，便是学问。性命上无学问。但犯思量，便是人欲。性命上无人欲。"[1] 罗汝芳则曰："故工夫用得日勤，知体去得日远"[2]，他们不约而同地排斥认识与学问的作用，提倡顿悟排斥渐修，包容欣赏自然原初的心念活动。到晚明社会江河日下，其末流产生蔑视人伦道德和世之纲纪的风气，助长了猖狂无忌惮的时代审美偏至，则又走向了另一个极端，亦不容不忧矣。

---

[1] （明）邓豁渠著，邓红校注：《〈南询录〉校注》，武汉理工大学出版社2008年版，第39页。

[2] （明）罗汝芳：《罗汝芳集》，方祖猷、梁一群、李庆龙等编校整理，凤凰出版传媒集团、凤凰出版社2007年版，第95页。

第五章　亦圣亦狂:存乎一念的审美困境

　　心学以扫除程朱理学末流的流弊、复兴圣学为己任，反对支离外求的做法，讨论真切体认心体的学问。泰州学派承认以现实肉体之"身"践履儒家理想之"道"，而肉身受到物质的、心理的、意识的诸多局限，"身"难以清除纷纭的意念使之归于纯净的心本体。在注定有缺陷的"身"范畴与儒家理想的"道"范畴之间，使之消除紧张对立关系，达至一切纯乎天理流行的圣人境界、审美境界，这不仅是泰州学派学者，也是有明一代士子看待人生、对待审美时的总体性期待视野。泰州学派在外向践履的雄劲气魄和内向超越的赤子良心两个不同的维度，尝试了"身"与"道"一以贯之的可能性。这种尝试的结果在"圣""狂"两端摇摆。"身"与"道"的结合大体有三种关系形态。其一是一念能克，由"狂"入"圣"，导向圣人境界，"一克念即圣人矣"。[1] 王阳明、王艮可作为其代表。其二是一念不克，由"圣"跌落为"狂"，导致形上超越的堕落，以及现实世界中绝圣弃智的訾议，比如颜钧仗义行侠与强取他人财物的矛盾。其三是一念存乎"克"与"不克"之间，引发形上与形下两个世界的紧张和撕扯，"学阳明不成，纵恣而无廉耻；学心斋不成，狂荡而无藉赖"。[2] 说的正是这种情况。面对道统工具理性盛行

---

　　[1]（明）王阳明：《王阳明全集》，吴光、钱明、董平、姚延福编校，上海古籍出版社2011年版，第1421页。

　　[2]（明）邓豁渠著，邓红校注：《〈南询录〉校注》，武汉理工大学出版社2008年版，第35页。

带来的流弊,"真"范畴承担起审美救赎的重任。

第一节 道德之本:纯乎"天理"而无"人欲"之杂

王阳明开创心学倡导良知,重新诠释宋儒"存天理灭人欲"的命题,这一问题关系到由"狂"入"圣"的根本。"天理"与"人欲"是宋明儒思考的关键问题,圣人与凡人的区别在于圣人之心即"天理",天理统摄圣人之心,超凡入圣的目标一致,以达成天理为准头,而宋儒明儒的心路历程不同。这里的"人欲"包含两个层面,本然层面是指耳目口鼻身的感官需要,精神意识层面指心有所向的意念情识。阳明认为"作圣之本"或称"作圣之功"就是清心寡欲,使心体纯然天理而祛除人欲的杂质,或者说减人欲而复天理,阳明所言"人欲"偏重指精神意识活动,阳明曰:"圣人之所以为圣,只是其心纯乎天理,而无人欲之杂。……后世不知作圣之本是纯乎天理,却专去知识才能上求圣人。以为圣人无所不知,无所不能,我须是将圣人许多知识才能逐一理会始得。故不务去天理上着工夫,徒弊精竭力,从册子上钻研,名物上考索,形迹上比拟,知识愈广而人欲愈滋,才力愈多而天理愈蔽。"又云:"吾辈用功只求日减,不求日增。减得一分人欲,便是复得一分天理,何等轻快脱洒!何等简易!"[①] 从字面上看是对宋儒"存天理灭人欲"命题的延续,体现了宋明儒在这一问题上一以贯之的形上追求,但是从具体工夫来看,宋儒外求天理,陷入支离破碎的"知识"误区。这里的"知识"泛指人类积累的知识,包括"名物上考索"的考据研究、"册子上钻研"的文献资料,也包含"形迹上比拟"的人世经验,在这些知识、资料、经验上耗费大量精力和心血,显得非常不值得。

---

① (明)王阳明:《王阳明全集》,吴光、钱明、董平、姚延福编校,上海古籍出版社2011年版,第31—32页。

心学主张减少人欲，取消工夫，着眼点转移到守持内在纯粹无杂念的心体上，从而内心纯正、行为端正。凡人向外探求知识和经验，即便取得功名利禄、富贵荣华，也脱离了天理的轨道，无法达到圣人境界，这种思想是对宋儒理学工夫的一种反方向运动。

一　知行合一在一念之间

由"狂"入"圣"存乎内心一念之间，在"天理"与"人欲"的消长之间，有必要确立一个可供评判的标准。"狂"范畴的丰富复杂性在于"天理"与"人欲"之间处于非常微妙的动态关系之中，它随着语境、场景、时代氛围的转化而呈现出不同价值，有时候被赋予美感，有时候被祛除美感，赋魅与祛魅并存，美与丑、善与恶错杂。因为这一念之间的流转极为复杂，原因既有接受者所处时代风气、社会心理和精神气候的差异，又有"狂"的主体意识本身牵涉到不同阶层利益和不同面向的需要时，而呈现出不同的影响效应。"狂"既有意识失范的一转念，猖狂妄行带来正价值的破坏或毁灭，又有意识自由、不受束缚的创造性心理和行为，能够创造出前所未有之价值，这些都是不争的事实。

存乎内心一念的工夫很难把捉和判断对错与善恶，常见的方法是为它确立一个明确的指向，内心一转念可以滑向人欲，也可以通往天理，心学以"知行合一"来衡量内心一念能否通往天理。当"狂"的自我意识处于社会包容度比较大的弹性空间时，士人主体面对儒家道统日渐衰微、生活领域新问题不断萌生，肩上压力越大，士人负重前行的主体自主、自立、自由意识越得到激发。"狂"成为明儒摆脱外在知识、经验、规则、惯例的约束和规训，主体意识能动性的超常态发挥，从承担儒家道统的使命来看，"狂"一念之间的超常态发挥具有了美与善的合目的性，这种合目的性的明确指向就是心学所强调的"知行合一"。

为了避免重蹈宋儒支离外求天理之"知"的老路，阳明倡导"知行合一"意义非同寻常。那些名物、书册和形迹上的知识,使人耽溺其中,自以为高人一等,其实那不过是仅让个人受用的、与"行"脱离的"知"。真正的"知行"统一于万物一体之心,人的气禀、脾性、心念活动等千差万别,人不必拘泥于强求一律的格套、规矩等知识与经验,可以清除掉各种有形的无形的绳墨束缚,让心灵自由任运,使心体纯粹。知行合一于做"事",从百姓日用到家国天下,带有无往而不适的心理自由感,这也是美感的源泉。明季士人有意识地区分"狂"的表象与内在精神,"狂是躁率,亦与狂狷之狂不同"。① 指出率性肆意的形迹只是"狂"的表象,还要结合践履弘道理想诉求来考量"狂",加以一番芟芜除秽。诚如袁宏道所言:"世人不知狂为何物,而以放浪不羁者当之,则谓点一放浪不羁之士,而何与于治天下?"② "治天下"一词道出了"狂"在"事"上"知行合一"的特征。

泰州学派发挥"知行合一"的思想,赋予"狂"范畴以治理天下的任道之器、承当精神,充满主动担责、积极行动的意味,行为感强烈。行为可以通过言语加以把握,根据奥斯汀、塞尔等的言语行为理论,言就是事。而"事"概念在中国文化中有浓厚的本土特色③,意味着人所从事的多样活动、所作的多种事,与百姓日用始终不脱联系。修身、齐家、治国、平天下为"事"的代表性表述。当我们引入"事"的哲学视角理解现实世界和人类生活中的行为,"狂"体现于做事过程中自我意识越界带来的积极行动力、创造力以及反思力。事实上,只要我们把"狂"范畴的逻辑起点放置于"事"的联系中而不只是主体意识外化的放浪不羁表象,并且着眼于做事的内在规律和特性,"事"就是一个理解"狂"范畴十分有效

---

① (明)焦竑:《焦氏四书讲录》,《续修四库全书》经部第162册,上海古籍出版社2002年影印本,第184页。

② (明)袁宏道著,钱伯城笺校:《袁宏道集笺校》,上海古籍出版社2008年版,第1518页。

③ 杨国荣、刘梁剑等:《人与世界:以事观之——杨国荣教授访谈》,《现代哲学》2020年第3期。

的视角。"狂"范畴的功能不是描述是否与事实相符的问题,自我意识本身无所谓真假,而是评价以言行事是否适当地呈现言外之力的,言外之力是否适当地作用于事。伴随"狂"向"圣"转换提升,人们对理想人格"中行"的企慕,被个体人格"狂狷"取而代之,这源于现实世界中做人与做事的轻重衡则。"事"由人做,作为意识主体的自我以及作为反观对象的自我在做事过程中发生关联,充实和丰富了生命体验,在所有体验中,又以人与人关系的体验最为复杂,单就言语行为而言,"中行"远较"狂狷"完美,但若从"事"的角度观照人所处的世界,就会有不一样的体验,人在做多种事时以言行事的合目的性与适当性得以凸显,具体到对人的自我意识、人格表现的关注则会弱化,也就是说关切点在于人选择做什么事、事做得如何、事怎么做,而不是拘执于做事之人能否取悦于人。

二 "天理"与"人欲"的现实争议

以上理论落实到现实语境,存乎内心一念而由"狂"入"圣"的情况可以说既不乏正面榜样,也不缺少反面案例。王阳明知行合一的思想与事功业绩共同向士人证明了由"狂"入"圣"的可行性。凭一念发动的自我奋斗实现成圣理想,他将士人实现自身价值的目标设定从醇儒、硕儒、大儒拨向了圣人。儒之大者,仍然是依附于君权治统的有限主体意识,而圣人乃天下师,是君主取法的对象,具备了相对独立自主的主体意识。从儒之大者的理想转向圣人,这一改变是良知的觉醒和发现、主体意识的觉醒。王阳明自称"狂者",王畿从知行合一的角度赞许道:"狂者之意,只是要做圣人,其行有不掩,虽是受病处,然其心事光明超脱,不作些子盖藏回护,亦便是得力处。"[①] 王阳明那种圣人如凤凰高翔的自尊自信,在朝廷

---

① (明)王畿:《王畿集》,吴震编校整理,凤凰出版传媒集团、凤凰出版社2007年版,第4页。

第五章　亦圣亦狂：存乎一念的审美困境

各级权力体系中战战兢兢、如履薄冰的士夫中实属难得一见。王阳明的文治武功为世人树立了依靠良知、自我成就的榜样，彰显了"狂"在政权体系中可能达到的最耀眼的高度，其影响和感召力不可小觑。

心学以入圣为导向，所以重视内在良知而轻忽外在知识和经验，以及重视致良知的工夫而轻忽工夫可能产生的影响和后果。阳明把孟子"人皆可以为尧舜"的话头重提，曰："圣人之学，惟是致此良知而已。自然而致之者，圣人也；勉然而致之者，贤人也；自蔽而不肯致之者，愚不肖者也。愚不肖者，虽其蔽昧之极，良知又未尝不存也。苟能致之，即与圣人无异矣。此良知所以为圣愚之同具，而人皆可以为尧舜者，以此也。"① 这里延续了孟子式"狂"的传统，但是正如顾宪成所忧虑的那样，孟子所说的"人皆可以为尧舜"，重在一"为"字，略去"为"字的修养磨炼工夫不讲，在人与尧舜之间直接画上等号，即"无善无恶"，则不免堕入"猖狂无忌惮"的末流风气，这种担忧无疑是有依据的。

现实语境中泰州学派学者能否由"狂"入"圣"，取决于"天理"与"人欲"的一念之间，这带来颇多争议。泰州学派中不乏狂人，被时人追捧为"圣人"的并不多，王艮被乡人誉为"东海圣人"也许可以算比较没有争议的一位。"先生之学以悟性为宗，以格物为要，以孝弟为实，以太虚为宅，以古今为旦暮，以明学启后为重任，以九二见龙为正位，以孔氏为家法，可谓契圣归真，生知之亚者也"。② 这一评价并非过誉之词，王艮讲圣人之学、传圣人之道，在成人成己的行动中赞化育而与天地参，尽管他留下了一些行不掩言的狂言狂行，但是他重视自我道德的修养和完善，虽然不以严守规矩为要务，但是他律身极峻，听任本心良知自觉地抵御功名利禄

---

① （明）王阳明：《王阳明全集》，吴光、钱明、董平、姚延福编校，上海古籍出版社2011年版，第312页。

② （明）焦竑：《焦氏笔乘》，李剑雄点校，中华书局2008年版，第101页。

和富贵荣华的诱惑。他拒绝进入仕途，不以讲学营私利，属于比较纯粹的民间讲学，他认为至乐就在其中。罗汝芳认为"天理"无所为而为，"人欲"有所为而为，曰："乍见孺子入井，而发怵惕恻隐之心，是无所为而为也。若生于恶声、纳交、要誉，则是有所为而为，即人欲，非天理也。"①以之反观王艮思想，可以说王艮的践履非常接近纯乎天理而无人欲之杂。但即便如此也不能说他毫无心之所向，比如李贽就指出王艮对圣人名声过于看重，而这显然是一种"心之所向"，批评不可谓不尖锐。

　　后世对泰州学派毁誉参半，激赏泰州学派的往往强调他们身肩道义，践履儒家理想，以成圣的目标自我期待，追求万物一体之仁。颜钧豪侠率性，贺贻孙为颜钧作传，语多景仰，称他为"豪杰之士"，谈及他的生平细节，"先生豪宕不羁，轻财好施，挥金如土，见人金帛辄诟曰：'此道障也。'索之，无问少多，尽以济人"。又有："往往于眉睫间得人，玄悟稍迟钝即诟詈，众相顾错愕，先生自若也。尝与诸大儒论天命之谓性，众方聚讼，先生但舞蹈而出。"②这是从一个景仰者的视角叙述事情。慷慨好施是优点，但是易位思考的话，强求他人奉献出钱财、接济穷人，不说是敲诈勒索，也确乎有点强人所难。颜钧善于巧妙地启发人开悟，但是有人领悟得慢了一点，他张口就大骂；又或者在讲学论道、大儒争论不下的严肃场合，他手舞足蹈地走出来，往好处说是天真率性，往反面想则是随心所欲、不分场合，也不顾及他人感受。

　　再看诋毁泰州学派的意见，主要针对的是他们言行不谨、率性而为、威胁社会稳定。以嘉靖万历年间文坛领袖王世贞为例，颇有代表性。黄宗羲谈及王世贞对泰州学派的定位在当时影响很大，曰：

---

① （明）罗汝芳：《罗汝芳集》，方祖猷、梁一群、李庆龙等编校整理，凤凰出版社2007年版，第350页。

② （明）颜钧：《颜钧集》，黄宣民点校，中国社会科学出版社1996年版，第82页。

第五章 亦圣亦狂:存乎一念的审美困境

"何心隐传泰州之学,为江陵所害,弇洲据其爱书作传,人遂以游侠外之。"① 王世贞身居高位,更看重社会稳定大局,他的《弇州史料》援引自书册,并非严谨考订的历史,观点虽不足论,但也颇能看出一些问题。他对泰州学派(尤其是颜钧、何心隐)极为诋毁,将他们视作不轨于正义、伤风败俗、行为不端的豪侠之徒。史料本身不会说话,但是对史料的选取本身是带有倾向性的,王世贞诟病颜、何之处,一是有意大肆宣传炫耀吸引徒众,"所至必先使其徒预往,张大炫耀其术";二是要挟富人欺骗勒索钱财(颜钧设计谋取赵贞吉钱财未遂,此事无从查考),何心隐要挟勒索富家子百金,"尝与一富室子善,偕之数百里外,忽曰:'天下惟子能杀我,我且先杀汝。'继之湖中而挟使手书取其家数百金,而后纵之";三是率性而为、行为不谨或不端,如辱骂、殴打、奸淫之事,如颜钧以罗汝芳为门人,告诫罗汝芳不要参加殿试:"戒且勿廷对",后来因罗汝芳中举(并非王世贞史料中所言"廷对")而"笞之十五",颜钧"挟诈人财事"遭难,身陷囹圄,罗汝芳募集资金营救他出狱,"出则大骂汝芳不已"。还有借写何心隐顺带曝光颜钧的不堪,"何心隐者,其材高于山农而幻胜之。少尝师事山农,山农有例,师事之者必先殴三拳而后受拜。心隐既事山农,察其所行意甚悔。一日值山农之淫于村妇,避隐处,俟其出而扼之,亦殴三拳使拜,削弟子籍,因纵游江湖"。其实细究之,明朝自上而下率性而为者比比皆是,颜钧、何心隐视钱财如粪土,仗义疏财并不只针对他人,更不是为了谋取私利,王世贞站在维护政权统治稳定的角度,贬斥泰州学派乃至进行人身攻击则有失偏颇,其曰:"嘉隆之际讲学者盛行于海内,而至其弊也,借讲学而为豪侠之具,复借豪侠而恣贪横之私。其术本不足动人,而失志不逞之徒相与鼓吹,羽翼聚散闪倏,几令

---

① (清)黄宗羲:《南雷文定五集》,《续修四库全书》集部第1397册,上海古籍出版社2002年影印本,第599页。

193

人有黄巾五斗之忧。盖自东越之变为泰州,犹未至大坏,而泰州之变为颜山农,则鱼馁肉烂不可复支。"① 由于王世贞所处时代的局限性,他对泰州学派学术缺乏客观考量,情绪化成分居多,其言只可参考。

从泰州学派学术思想上考索和反思,这方面黄宗羲的评骘比较能切中肯綮:"顾端文曰:'心隐辈坐在利欲缪漆盆中,所以能鼓动得人。只缘他一种聪明,亦自有不可到处。'羲以为非其聪明,正其学术也。"泰州学派的学术思想中蕴含了儒家士人弘扬道统的新动向,是儒家思想自我发展到了临界点的一个信号,他们重视工夫简易直接,良知本心自然而然地获得,重视肉体之"身"由此获得的快乐,这就为人性自然打开了方便之门,对于内心良知的领悟,如果放弃所有的约束和规则,那么这就会走向圣愚一律的平等,也会走向猖狂肆意,导致由"狂"入"圣"本身意义的消亡。

三 随心所欲的心体之"乐"

泰州学派所鼓倡学之"乐"、乐本体,为内心一念走向人欲并最终肯定人欲,打破了壁垒。王阳明对"乐"有自觉防范意识,提醒后学注意区分,防范心体之"乐"堕入放逸,曰:"君子之所谓洒落者,非旷荡放逸,纵情肆意之谓也,乃其心体不累于欲,无入而不自得之谓耳。夫心之本体,即天理也。天理之昭明灵觉,所谓良知也。"② 这里的心体不为人欲所累,深究一步来讲,或者是出离红尘人世的无欲,或者是纵情任意的满足,除此之外其实并没有第三条道路。黄宗羲在《明儒学案》援引师说,刘宗周论曰:"特其(笔

---

① (明)王世贞:《弇州史料后集》,《四库禁毁书丛刊》史部第49册,北京出版社1997年影印本,第702—703页。
② (明)王阳明:《王阳明全集》,吴光、钱明、董平、姚延福编校,上海古籍出版社2011年版,第212页。

者注：指王阳明）急于明道，往往将向上一几，轻于指点，启后学躐等之弊有之。"① 向上超越之途不能完全离开戒律和规范基础上的自我约束，刘宗周认为阳明弘道之心过于急切，在工夫修为上缺少必要的、适当的指点，对于后学的流弊负有一定责任。黄宗羲基本遵从师说，指出泰州学派在"乐"学问题上存在疏漏，曰："故言学不至于乐，不可谓之乐。至明而为白沙之藤蓑，心斋父子之提倡，是皆有味乎其言之。然而此处最难理会，稍差便入狂荡一路。"② 黄宗羲抓住了泰州学派深深吸引求学者的"乐学"主张，这也放松了对人欲的管控，放任人心所向的诸多意识心念活动，而意识一放纵就极易流于狂荡。邹元标认为这是后学中出现的流弊，是对泰州学派乐学主张的曲解，曰：先生主乐，末世有猖狂自恣以为乐体者，则学者之流弊也。"此非泰州之过，学者之流弊也。"③ 所以不能把问题都推卸在泰州学派"乐学"的学术主张上。

　　从主体情识意念自觉自主发挥的维度考察，"乐学"、乐本体的主张有其积极意义。"道"作为儒家的形上追求，只属于极少数的思想权威，自古只有圣人之道、君子之道，没有百姓之道、凡人之道。因为"不知"，所以无论是百姓还是他们的寻常日用、衣食住行、视听言动都是被排除在"道"或"天理"之外的。尤其宋明理学将圣凡之别加以绝对化，"存天理灭人欲"昭示了凡人与"天理"对峙的局面，更不用说百姓日用与"天理"能够产生联系。王阳明的"心即理"说将天理与人心相统一，天理不再是外在强制的道德律令，曰："与愚夫愚妇同的，是谓同德；与愚夫愚妇异的，是谓异端。"④ 阳明肯定"良知良能，愚夫愚妇与圣人同"是从良知本体存

---

① （清）黄宗羲：《明儒学案》，沈芝盈点校，中华书局1985年修订本，第7页。
② （清）黄宗羲：《明儒学案》，沈芝盈点校，中华书局1985年修订本，第719页。
③ （明）邹元标：《愿学集》，《文渊阁四库全书》集部第1294册，台北：台湾商务印书馆1986年影印本，第289页。
④ （明）王阳明：《王阳明全集》，吴光、钱明、董平、姚延福编校，上海古籍出版社2011年版，第121页。

在的意义得出的结论,良知本体见在,不分圣愚贵贱。在致良知的工夫上,圣愚仍有区别。他紧接着指出:"但惟圣人能致其良知,而愚夫愚妇不能致,此圣愚之所由分也。"① 可见,王阳明虽然从理论上承认了圣愚无差等,但是在"工夫论"上又取消了圣愚无差等,因此是一种停留在思辨层次的、不彻底的圣愚一律观。

由此来看王艮的"乐学"主张,凸显出一种比较彻底的圣愚一律思想。王艮对王阳明的话语资源稍作改动,大胆发挥己意道:"惟百姓日用而不知,故曰:以先知觉后知。是圣愚之分,知与不知而已矣。"② 又言道:"圣人之道,无异于'百姓日用'。""凡有异者,皆谓之'异端'。""百姓日用条理处,即是圣人之条理处。圣人知,便不失;百姓不知,便会失。"③ "圣人经世,只是家常事。"④ 王艮富有创造性地提出,虽然圣愚有分别,但只是认识上先知、后知的问题,而不是认识可能性上知与不知的问题,从而跨越了圣人与凡人百姓之间不可逾越的鸿沟。罗汝芳也指出圣人"自明",常人"自昧"⑤,主要取决于心灵、精神、意志是否能够自主。这就为价值重估开辟了新路,日常的、世俗的生活世界逐渐被纳入美与善价值判断的视域。

后学大多沿这一思维进路深入下去。比如出家人邓豁渠理解"百姓日用"就是毫无做作、全无机心的天理之所在,关键是洞察觉知即可,故曰:"学百姓学孔子也——百姓是今之庄稼汉,一名'土老',他是全然不弄机巧的人。""学得一个真百姓,才是一个真学

---

① (明)王阳明:《王阳明全集》,吴光、钱明、董平、姚延福编校,上海古籍出版社2011年版,第56页。
② (明)王艮:《明儒王心斋先生遗集》,《王心斋全集》,陈祝生等校点,江苏教育出版社2001年版,第60页。
③ (明)王艮:《明儒王心斋先生遗集》,《王心斋全集》,陈祝生等校点,江苏教育出版社2001年版,第10页。
④ (明)王艮:《明儒王心斋先生遗集》,《王心斋全集》,陈祝生等校点,江苏教育出版社2001年版,第5页。
⑤ (清)黄宗羲:《明儒学案》,沈芝盈点校,中华书局2008年修订本,第773页。

第五章 亦圣亦狂：存乎一念的审美困境

者，才是不失赤子之心。"① 再比如积极创设讲会聚众讲学的何心隐，他理解的"乐学"是"学"与"讲"交互主体间的作用和共鸣，即学即讲百姓日用常行的貌、言、视、听、思，通过讲学共同体的通力协作，在讲学中实现"圣"的理想目标，即所谓"圣其事者，圣其学而讲也"。② 甚至到了事事讲学、乐以忘忧的境界："必无一事而无不讲其所学，必无一事而无不学其所讲，必相与相乐于所学所讲，以相忘乎其忧于不学不讲者也。"③ 在你学我讲、互学互讲的状态下，情识意念得到洗礼，似乎通体沐浴着神圣的光芒，生活、生命、生存转化为对百姓日用的"学"与"讲"，在"讲学"中洞见生活真谛、领悟生命存在的意义，满足内在于每一个人内心深处的成圣的高级需要，在讲学中是自由发挥创造力的最佳状态，心中充满深刻强烈的幸福感、愉悦感。

泰州学派学者尽管由于言行举止常常被世人目为颠倒错乱、怪异出格之"狂"，但是难以否认，他们志向高远，一心一意摆脱凡庸，成为圣人，以圣为终极价值追求。那些被他者视为"狂"言"狂"行的，泰州学派认为这是内心清净、不受人欲摆布的纯净本心流露，邓豁渠言道："不拘有事无事，则身安，安则虚而灵，寂而妙，自然超凡入圣。"④ 还有那些被他者视作离经叛道的，泰州学派认为这是对天理的守持和护卫，是行不掩言的率直，是在践履成圣成德的理想；那些被长期无视的百姓日用常行，泰州学派慎重地对其加以对待，因为这就是"道"，是儒家伦理道德的真实展现场域，平淡中蕴含回味，"市井小夫，身履是事，口便说是事，作生意者但说生意，力田作者但说力田，凿凿有味，真有德之言，令人听之忘

---

① （明）邓豁渠著，邓红校注：《〈南询录〉校注》，武汉理工大学出版社2008年版，第63、64页。
② （明）何心隐：《何心隐集》，容肇祖整理，中华书局1960年版，第4页。
③ （明）何心隐：《何心隐集》，容肇祖整理，中华书局1960年版，第9页。
④ （明）邓豁渠著，邓红校注：《〈南询录〉校注》，武汉理工大学出版社2008年版，第55页。

厌倦矣"。① 更有那些被他者视为与世俗落落寡合、难以和谐相处的，泰州学派则认为不被世俗舆论左右的自尊自信之人，才是传承儒家道统最可靠的中坚力量，"论载道而承千圣绝学，则舍狂狷将何之乎？"② 从传统转型进入现代社会，观念意识发生急剧变革，泰州学派重新发现了人的肉身，尤其情识意念的内在世界中蕴含了巨大能量，恢复自然本性就能超凡入圣，从这个角度看圣愚乃一律，一视同仁地尊重每一个肉体之身，面向最广大的愚夫愚妇进行启蒙和讲学，以先知觉后知，成人成己，这是儒家士人修齐治平、超凡入圣的理想人生。

围绕"狂"与"圣"复合范畴的知识建构和生产是"狂"赋魅的重要来源之一。将这两个对立的单体范畴并列语出《尚书》："惟圣罔念作狂，惟狂克念作圣。"③ 是说周成王告诫诸侯国君服从周王朝的统治，智慧通达即便是"圣"，若无善念或不遵从上帝旨意就堕落为"狂"，反之"狂"也能升华为"圣"。《尚书》作为最古老的经典之一被后世不断阐释，对"圣""狂"之分早期更强调其分野，晚近更强调转化，宋明理学家发挥阐释的想象力与创造力，把对立转化的枢纽落实在"理"或"心"的环节。心学鼻祖陆九渊从人心与道心的区分入手强调为"圣"为"狂"系于能否心存一念，人心惟危，道心惟微，"罔念作狂，克念作圣，非危乎？无声无臭，无形无体，非微乎？"④ 心无二心，有所敬畏才不为恶，只有发自内心的真实追求才能驱策着抵达中道。为"狂"为"圣"转折极其重大，而意念起伏变化极其微妙，其中意识的能动性被放大了。

针对《尚书》中"圣"与"狂"相反相成、相偶相依的问题，历代多有描述或阐释，朱子之语颇能代表主流观点："狂者，非猖狂

---

① （明）李贽著，张建业、张岱注：《焚书注》，社会科学文献出版社2013年版，第72页。
② （明）李贽著，张建业、张岱注：《焚书注》，社会科学文献出版社2013年版，第67页。
③ （清）阮元校刻：《十三经注疏·尚书正义》，中华书局1980年影印本，第229页。
④ （宋）陆九渊：《陆九渊集》，钟哲点校，中华书局1980年版，第395—396页。

第五章 亦圣亦狂:存乎一念的审美困境

妄行之谓也。其志大,其言高,不合于中道,故谓之狂。"① 将"狂"定调为志向远大、言论高调,有意识地与世俗常见理解"猖狂妄行"相区别,在"狂"的越界行为"志"与"言"中植入传承儒家道统的精神,以实现与"圣"理想的合流。但是朱子对于由"狂"入"中"的修身途径持悲观态度,"窃谓所学少差,便只管偏去,恐无先狂后中之理"。② 因为理学坚信只有依靠外在天理对人的约束才能养成"中行",只怕差之毫厘,谬以千里,在入道伊始就以各种限制加诸主体意识,清除"狂"豪迈纯正的任道气质中夹杂的偏至行为。王阳明更看重任道的意志是否真诚,主张取消烦琐的本体工夫,克念即可达圣人境界,"一克念,即圣人矣。惟不克念,故洞略事情,而行常不掩"。③ "狂"锐意进取而言行流露破绽遭人非议怨刺,矢志于道统的崇高使命意识与做人做事不能兼顾各方面感受而产生不和谐的声音,这些世俗的纷乱喧嚣皆不足以挂累其心。泰州学派开创者王艮非惟不加克念之功,而且取消本体工夫,他主张尊身尊道不可分,为"狂"范畴提供了稳固有力的行为主体和肉身基础,源于此,王艮开创的泰州学派风行天下,影响所及之处狂者辈出。

王艮、王畿、王襞、王栋、颜钧、何心隐、罗汝芳、管志道、袁宏道、李贽等在继承孔孟儒学"圣—狂"思想的基础上,赋予"狂"向"圣"转换生成的可能性,或视"圣""狂"无差,极大地提升了"狂"范畴的审美品格。缺陷成为美感源泉,狂放雄豪、自由不羁的自我表达为"狂"增添灵晕。"狂"范畴的赋魅抑或祛魅高度依赖社会语境,当语境改变,"狂"范畴的祛魅则暴露出自我意识失范、恣意妄为的种种流弊。

---

① (宋)朱熹:《朱子全书》第7册,朱杰人、严佐之、刘永翔主编,上海古籍出版社、安徽教育出版社2002年版,第846页。
② (宋)朱熹:《朱子全书》第23册,朱杰人、严佐之、刘永翔主编,上海古籍出版社、安徽教育出版社2002年版,第2623页。
③ (明)王阳明:《王阳明全集》,吴光、钱明、董平、姚延福编校,上海古籍出版社2011年版,第1287页。

泰州学派的思想与践行,是由"狂"入"圣"的统一还是"圣""狂"的两相对峙,不同时代的人们,出于不同价值立场,会得出两种截然不同的判断,在"圣""狂"上陷入僵持胶着。与此密切相关的还有泰州学派崇奉以身为本的天理良知,与他者眼中的人欲横流,二者是统一还是对立?如果后续有合适的经济、政治、社会文化土壤,也许由"狂"入"圣"、由"人欲"显现"天理"也不是完全没有可能。李贽想象过有那么一天,"狂"自行消歇,人们不但不再侧目而视"狂",而且喜爱"狂"、思念"狂",并且认为"狂"就是善和美:"是千古能医狂病者,莫圣人若也。故不见其狂,则狂病自息。又爱其狂,思其狂,称之为善人,望之以中行,则其狂可以成章,可以入室。仆之所谓夫子爱狂者,此也。"[①] 这种理想颇有前瞻性地代表了儒家思想内在自我发展的前进方向,是从传统社会转型向现代社会初始迈进的观念跃迁。

第二节 美感变迁:"身"的"至近至乐"

"人"本与"身"本仅一字之差,却相去甚远。在儒家语境中,"人"指的是仁义礼智之人,从外在行止看需符合礼义规范,从内在的知情意看需契合仁义礼智,做到内仁外礼的人就是君子,凡人虽达不到也应当以此为努力方向,所以"人"意味着在天地君亲师一个个变换的伦理等级秩序中的不同定位,至于物质存在的肉身是不太受重视的,因为"身"不具备"人"的社会属性和伦理价值。这就带来审美中对于伦理道德价值的一边倒,虽然也承认五官感知与人欲,但是主张清心寡欲、克制人欲甚至去除人欲,所以在审美中对肉身自然的感知欲望持比较漠视的态度,更倾向于超感官的心理游目,或者是历史社会之眼的俯观仰察。因此,在审美感知中,色、

[①] (明)李贽著,张建业、张岱注:《焚书注》,社会科学文献出版社2013年版,第182页。

形、声的形式刺激诱发的感性冲动，受到来自伦理道德内涵的超感官引导和规范，很难专注于纯粹的感性形式冲动。而在以"身"为本的前提下，体认天理良知之际，视、听、嗅、味、肤触发的五官感知是原初的、未加修饰涂改的感知觉，契合心体本身不容添加一物的纯粹性，使得感性形式冲动具备了相对独立性，有可能撑破伦理道德内涵的约束而自为自足地存在。"身"的情识意念与感知觉之间的关系既同化又顺应，生理感受与心理感受结合为当下的、一过式类似消费的快感，塑造了"狂"独特的审美感受。

一 尊"身"立本：肉身感受的发现

"身"本的重要意义在于百姓之"身"从被漠视到被重视，改变了审美的主体性基础，也就改变了审美快感的构成。百姓之"身"的感知与感受，在较长一个时期以来是被忽略的。因为百姓为谋求温饱而竭尽全力，经常不得不面对冻馁与饥饿的折磨，无暇他顾，所以节制肉身欲望的问题对于挣扎在温饱线上的百姓来说是个伪问题。孔子主张"无欲则刚"（《论语·公冶长》），孟子认为"养心莫善于寡欲"（《孟子·尽心下》），主要是从统治者、执政者以及士人的德性涵育出发考量这一问题。孟子有朴素的民本思想，指出百姓与君王有同样的感官嗜欲，目的是劝勉执政者适度地节制人欲，能与百姓同乐，这一主张无疑带有天真的理想主义色彩。其实就面对各种诱惑、人欲被极度刺激的执政者而言，孟子要求他们做到"寡欲"，除非执政者自身禀赋极佳、意志极强，否则绝难企及，在现实中常常会沦为一句空话。

由于"身"意识由占统治地位的伦理道德主导，百姓之"身"表现为单面性的身意识。伦理道德意识的一面得到不断强化，而作为肉身基础的感官感受则被隐匿。百姓为了获得伦理道德认同而伤身、害身，已然成为常态；对于执政者而言，目睹百姓饥饿冻馁而能生恻隐之心，就是良知本心见在。阳明心学坚信人人皆有恻隐之心，这是一切善念的基础。从阳明对恻隐之心的强调中不难看到，百姓肉身遭受的痛苦与折磨，能够激发执政者同情共感的不忍人之心，从而慨然出手拯救。明儒热衷治《大学》，"修齐治平"里的"修身"，也是旨在将肉身的感性活动服膺于至高无上的道德理性和道德意志。于是，出现了一种耐人寻味的审美现象，生活在水深火热之中的百姓，无疑是对饥寒困苦体验最为真切的群体，但是却极少能够看到以他们为主体来叙说身体遭受的种种折磨苦难，那些流传后世的作品基本上都是文人抒写的所见所闻。比如唐代白居易脍炙人口的《卖炭翁》，"满面尘灰烟火色，两鬓苍苍十指黑"，"可怜身上衣正单，心忧炭贱愿天寒"，"牛困人饥日已高，市南门外泥中歇"。这是诗人眼中所见卖炭老人的饥寒、辛劳和疲累。卖炭翁的身体之苦必须由诗人来帮他表达出来，他自己不能表达身体的感受，即便痛苦至极。这里面的原因是多方面的，受教育的程度、文学创作在社会分工中的专门化、创作主体的门槛条件等，都是制约"卖炭翁"自主表达身体感受的因素。除了这些因素，还有不容忽视的一点，就是"卖炭翁"对于自我身体的感受缺乏自主、自觉意识，缴纳租税、劳役徭役、谋生养家……被这些规训驱策着的身体逐渐对身体感受钝化，失去了表达和叙说的欲望。

基于"身"的去意识形态化，王艮以"身"为本的思想恢复了当下的切"身"的感受。肉身感受、五官感知是当下地、具体地、即时地发生的。王艮的"身"本思想有一个重要的基础，就是他对于自身、亲人以及他人的肉身感受有异常直观强烈的体验，这是他创立淮南格物说，倡导尊身立本的直接来源。根据《年谱》记载，王艮廿三岁客居山东时染病，跟行医之人学得倒仓法，用饮食催吐治愈了疾病，遂究心医道。又载，王艮廿六岁，在一个隆冬的清晨，寒风凛冽，他的父亲因服户役必须早起赶赴官府报到，便急急忙忙地拿冰冷的水洗了把脸，寒冷彻骨。目睹父亲服役之苦，他请求以自身代替父亲服役。由于身体苦痛的切身感受具有当下性，事过境

第五章 亦圣亦狂：存乎一念的审美困境

迁，感受就发生钝化、削弱，甚至被遗忘了，所以"身"本思想必然会带来审美改变，即重视当下的、即时的感受。王艮天赋异禀，在悟道之前对于身体由疾病、天气、劳役等引发的苦痛感受已有异常敏锐的察知、共感和反思。

王艮尊身立本思想的出发点非常朴素，就是减少和避免百姓之"身"的苦感、痛感。他看到百姓身边伤身、残身、害身的现象比比皆是，而人们却麻木不仁或者习以为常，这可称之为"失本"。常见情况有三种。一是贫困导致的身体饥寒之苦："人有困于贫而冻馁其身者，则亦失其本而非学也。"① 二是因情绪失控失去理智，人们轻则辱骂、重则大打出手导致的身体伤害："众人不知学，一时忿怒相激，忘其身以及其亲者，有矣，不亦危乎？"② 三是为仕进、干禄的功利目的坎坷奔波，因仕途风险连累而身体受到摧残："仕以为禄也，或至于害身，仕而害身，于禄也何有？仕以行道也，或至于害身，仕而害身，于道也何有？"③ 这三种情况有鲜明的现实针对性，道出了明代中叶以来东南沿海一带乡人浇薄的生活日常。王艮反思乡人伤身害身的痛苦，发现有很多问题是可以避免的。比如贫困无法疏解，可以发动善人来救助；殴打致伤致残的，可以通过启蒙教化乡人控制恶劣情绪来减少伤害；功名利禄不属于身体的基本需要，那么远离官场功名、淡化逐利之心，可以避免二次伤害。以上三种情况如果能够规避，百姓之"身"就可获得安全和满足，归结为一个宗旨就是"'安身'者，'立天下之大本'也"。④ 具体而言，就是

---

① （明）王艮：《明儒王心斋先生遗集》，《王心斋全集》，陈祝生等校点，江苏教育出版社2001年版，第13页。
② （明）王艮：《明儒王心斋先生遗集》，《王心斋全集》，陈祝生等校点，江苏教育出版社2001年版，第15页。
③ （明）王艮：《明儒王心斋先生遗集》，《王心斋全集》，陈祝生等校点，江苏教育出版社2001年版，第8页。
④ （明）王艮：《明儒王心斋先生遗集》，《王心斋全集》，陈祝生等校点，江苏教育出版社2001年版，第33页。

尊身、保身、爱身、修身，恢复了"身"之于"人"不可或缺的肉身基础需求得到满足的正当性和必要性。

王艮抵制和排斥肉身的感官快适、人欲逸乐，这种节制人欲的立场既是感性入世的，又是理性反思的。因为身本思想的出发点是满足肉身基础需求，以规避苦痛为中心，辅之以理性节制人欲逸乐。如果身体以取乐为目的，与尊身尊道思想是违背的，我们可以将此理解为一种朴素的、有节制的道德理性。据《年谱》记载，王艮三十五岁时已经靠自学阐发明了，自得于心。他的父亲喜爱捕猎，一天在溪水上架起渔网捕捉大雁，捕捉到十余只。其时王家已经越来越富庶，捕雁无关生计，属于兴趣爱好。父亲的这个爱好招到王艮的极大反感，"先生几讽之，公焚其网，纵雁飞去"。[①] 于是颇有喜剧性的一幕出现了，儿子对父亲出言规劝，最终父亲让步，为表改过决心，还烧了渔网，放生了大雁。可能读者会觉得王艮为人子，有点不近人情，其实从王艮朴素的道德理性出发，放纵人欲只图自身受用是违反"修身"原则的，追求身体快乐是人的本能，而这需要理性控制。随后不久发生的事情让父亲对王艮又多了一些了解。父亲患痔疮疼痛加剧，王艮侍奉在老父亲身边，看到血肿加重，不嫌污秽地凑上去亲口吮吸掉血肿，令父亲大为震惊和感动。这前后两件事发生在同一年，王艮年谱的记载如果属实，我们可以梳理出王艮后来成熟的尊身尊道思想的脉络：所尊之身旨在减少或避免肉身苦痛，并且节制肉身的快乐欲求，遵循了一种朴素的、理性的节制人欲的思路。

王艮的主张脱胎于商品经济兴起、新旧社会面临转型的特殊时期。这不禁让我们想起马克斯·韦伯的著名论断："对财富的贪欲，根本就不等同于资本主义，更不是资本主义的精神。倒不如说，资本主义更多的是对这种非理性（irrational）欲望的一种抑制或至少是

---

① （明）王艮：《明儒王心斋先生遗集》，《王心斋全集》，陈祝生等校点，江苏教育出版社2001年版，第69页。

一种理性的缓解。不过，资本主义确实等同于靠持续的、理性的、资本主义方式的企业活动来追求利润并且是不断再生的利润。"①15—16世纪的明朝社会经济的运行，同样需要对非理性欲望进行抑制或缓解，这是新经济因子得到持续发展的必要条件。王艮早年在山东经商，经营得当，遂发家致富。不难想象，一个成功的商人经常面临着利益的取舍，需要作出明智的判断，需要买卖双方以及中介彼此合作以谋求利润最大化，这才是生财之道，一味贪婪追求利润是无法持久盈利的。尽管王艮成名以后绝口不提早年经商经过，《年谱》中也含糊带过（据学者考证较大可能是贩卖私盐），这其实也无可厚非，特定时代下普通人奋斗留下的足迹，必然是被时代推挤着的，不能用当代人的是非标准去生硬地评判。

王艮强调身体是践行道统的主体，扬弃工具价值，突出主体价值。传统儒学强调身体是实践仁义礼智信的工具，突出的是其工具属性。从工具属性中摆脱出来，重新发现人的身体，泰州学派以身为本则将作为肉体之身的主体价值和主体意义加以强调，初级层次是满足身体的基本物质需要，规避身体苦痛和伤害，做到安身养身；中级层次是保持理性和节制，在世人沉酣名利时保持警惕，做到保身爱身；高级层次是立身行大道，践行老安少怀的儒家理想，这是尊身修身，也就通往了"道"。这一改变虽然看上去隐微，实质意义重大，孔子讲仁者"爱人"，王艮讲先要"爱身"："若夫知爱人而不知爱身，必至于烹身割股，舍生杀身，则吾身不能保矣。""爱身"是"爱人"的充分必要条件："能爱身，则不敢不爱人。"②经过这番论证，"身"的本体意义得到了凸显。焦竑高度评价道："心斋先生以修身为格物，故其学独重立本。是时谈良知，间有猖狂自恣者。

---

① ［德］马克斯·韦伯：《新教伦理与资本主义精神》，于晓、陈维纲等译，生活·读书·新知三联书店1987年版，第8页。

② （明）王艮：《明儒王心斋先生遗集》，《王心斋全集》，陈祝生等校点，江苏教育出版社2001年版，第29页。

得此一提掇为功甚大，故阳明门人先生最得力。其后徐波石、赵大洲、罗近溪、杨复所诸公，皆自此出，至今流播海内，火传而无尽。"① 此言非虚也。

泰州学派认为培育儒家伦理道德的基础，是满足声色嗅味的基本感官欲求。面向百姓的伦理道德教化以满足肉身的基本感官需要为诉求，王艮的"明哲保身"思想正是以此为基础，"'明哲'者，'良知'也。'明哲保身'者，'良知'、'良能'也。所谓'不虑而知'，'不学而能'者也，人皆有之，圣人与我同也"。② 因为满足自身基本感官需要是一切高级需要的基础，它发自人的本能，无须借助任何外力，所以是不虑而知、不学而能的良知良能。王艮以"保身"这一基本感官需要为切入点，呼唤百姓保护身体、满足基本需要，人人知保身，为了实现人人能保身的目的，就会互相关爱保护对方或他人的身体。他的推理逻辑是这样的：知保身，则能爱身，则不敢不爱人，则人必爱我，则吾身保矣。同理，能爱人则人不恶我、能爱身则人敬我、能敬身则人不慢我，则吾身保矣。"此仁也，万物一体之道也。"因此，以满足自身肉体的本能需要为出发点和归宿，体现了一种处理自我与他人利益的理性，用现代博弈理论来看，这种构想能够保证各方面利益的最大化，是理性人的选择。

在王襞、颜钧、何心隐、罗汝芳等那里，同样强调了自身感官满足对于道德完善的基础意义。罗汝芳诠释得很透辟，"明德不离自身，自身不离目视、耳听、手持、足行，此是天生来真正明德。至于心中许多道理，却是后来知识意见"。③ 也就是一旦人人都把道德的自我完善建立在耳目手足基本感官感受的满足上，那么一切都真实自然，发自本心，出于本能。身体的本能体验欺骗不了自己，也

---

① （明）焦竑：《澹园集》，李剑雄点校，中华书局1999年版，第746页。
② （明）王艮：《明儒王心斋先生遗集》，《王心斋全集》，陈祝生等校点，江苏教育出版社2001年版，第29页。
③ （清）黄宗羲：《明儒学案》，沈芝盈点校，中华书局2008年修订本，第811页。

欺骗不了他人，虚假作意失去了生存的土壤，这不就是一种单纯简单的快乐？

最终从身体耳目手足的感知体验中，可以发现最切近最快乐的事。王襞道："古今人人有至近至乐之事于其身，而皆不知反躬以自求也。"[1] 肯定至乐就在每个人自"身"，它是人际关系和谐的基础，是道德自我完善的根基，它是真切的、直接的、具体的感知体验，无人可以替代，是百姓长久以来忽略了近在身边的至乐，可惜许多人意识不到，驰求外物以寻乐，白白浪费许多精力。"反躬以自求"（王襞语）或"反身而诚"（王栋语）都强调了对身体感知觉的体验，由于身体有基本生理需要待满足，属于现实的、具体的、当下的受用，也就是百姓日用中饥食、渴饮、冬裘、夏葛的基本生理需要或基础感官满足。这些自身受用实实落落的，有声音、有色彩、有形象、有故事，即为"有下落"，故曰："当下自身受用得着，便是有下落，若止悬空说去，便是无下落。"[2] 有下落才不流于虚玄，道德完善才切实可行。

二 "不必察私防欲"：规训对私欲的放行

放松防范，"不必察私防欲"，为自然人性进入审美打开了最后一道堤防。人生活在具体的社会关系之中，人的身体以自然物质属性为基础，社会文化、习俗规范在人的身体上打上了深刻的烙印。这种改变很大程度上属于观念意识层面，也有的改变作用于人的肉身外在形态。原初自然的"身"只存在于理论思辨之中，在社会生活中并不存在。说到饥食、渴饮、冬裘、夏葛固然是生理本能，但是如何满足衣食需要则必然带上了社会的、文化的、风俗的色彩。

---

[1] （明）王襞：《明儒王东厓先生遗集》，《王心斋全集》，陈祝生等校点，江苏教育出版社2001年版，第214页。

[2] （清）黄宗羲：《明儒学案》，沈芝盈点校，中华书局2008年修订本，第854页。

罗汝芳忽视了人的身体带有的社会化痕迹,强调今日的身体就是原初的身体,那么身体所知所能,则契合良知良能。罗汝芳道:"吾子敢说汝今身体,不是原日初生的身体?既是初生身体,敢说汝今身中即无浑沌合一之良心?"① 赤子初生,思维尚未分化,身心处于混沌合一状态,不学不虑,欢乐无限。原初发生的,未被社会、文化形塑的知能就是真正的快乐。然而今日之身虽由往日之身长成,已非原初的形貌样态,赤子有无限的欢乐,而长成后的今日反而不快乐,罗汝芳认为是因为没有醒悟自身就是赤子,今日的身体与原初的身体并没有差异,"到此,方信大道只在此身,此身浑是赤子,又信赤子原解知能,知能本非虑学"②,猛然彻悟"身"的自然生理本能就是原初的身,是至乐的源泉,至乐就在赤子啼笑的本能活动中。

泰州学派对人的基本欲求持积极肯定态度,对逸乐主张节制,这为生理本能主导的情识意念提供了生存权支撑。王艮反对人为强制干预,主张顺其自然:"'无为其所不为,无欲其所不欲',只是'致良知'便了。故曰:'如此而已矣。'"③ 王艮将致良知的主旨衔接插入孟子的原话,是要表明愚夫愚妇悟道的窍门在于,只要彻悟了每个人本有的良知,百姓日用的一切都消消停停、妥妥帖帖,符合那无所不在的道。这里的"欲"是广义的意欲、意念等意向活动,比较接近"意",并不限于狭义的"欲",即由身体产生的感官欲求。

节制"人欲"涉及两个层面,一是节制耳目口鼻身的感官需要,包含食、色、性等生理本能,二是管控心有所向的意念情识。历史上对人欲加以节制的理据主要在于,人欲较多保留了人的动

---

① (明)罗汝芳:《罗汝芳集》,方祖猷、梁一群、李庆龙等编校整理,凤凰出版社2007年版,第43页。
② (明)罗汝芳:《罗汝芳集》,方祖猷、梁一群、李庆龙等编校整理,凤凰出版社2007年版,第37页。
③ (明)王艮:《明儒王心斋先生遗集》,《王心斋全集》,陈祝生等校点,江苏教育出版社2001年版,第12页。

物性，人欲中泥沙俱下，有善有恶，良莠混杂。对此，无论儒家还是道家，历来基本上都是持保留与抵制的态度，儒家主节欲，道家讲无欲，都是教人设定较低限度的肉身满足。孟子从治国理政的角度劝导执政者应寡欲。告子主张以原初自然的、完全无待教导的本能为人性，"生之谓性""食色性也"（《孟子·告子》），属于非常独特的言论。宋儒的理欲之辨主张存理去欲，实际也是节欲说。欲与理相对待，伊川说："不是天理，便是私欲。……无人欲即皆天理"①，朱子认为应该严辨天理人欲，严加防范。宋代的理学家之所以排斥人欲，其实并不是否认一切欲望，他们同样承认必须满足人的基本生存需要，掊击的是百姓之欲以及过度的感官之欲。同样是人欲，在统治者天然合理，在普通百姓则是人欲横流，时人官安吾疑道："众人之人欲，自尧、舜为之，皆天理之流行。尧、舜之天理，自众人为之，皆人欲之横肆。"② 揭示了百姓的人欲长期被忽视、遭否定的状况。

天理人欲之辨还涉及公私之分别。天理归于公，人欲归于私，似无疑义。朱子存理去欲的观点影响深远，"凡一事便有两端：是底即天理之公，非底乃人欲之私"③。天理与人欲、公与私、仁义与利心、是与非一一对应，之间的对立犹如水火不可调和，"人之一心，天理存，则人欲亡；人欲胜，则天理灭，未有天理人欲夹杂者"④。天理人欲体现在个人身上表现为此消彼长、此胜彼退，"无中立不进退之理。凡人不进便退也"⑤。又如仁义之心对应天理之公，逐利之心对应人欲之私，曰："仁义根于人心之固有，天理之公也；利心生于物我之相形，人欲之私也。循天理，则不求利而自无不利；殉人

---

① （宋）程颢、程颐：《二程集》，王孝鱼点校，中华书局2004年版，第144页。
② （明）邓豁渠著，邓红校注：《〈南询录〉校注》，武汉理工大学出版社2008年版，第70页。
③ （宋）黎靖德编：《朱子语类》，王星贤点校，中华书局1986年版，第225页。
④ （宋）黎靖德编：《朱子语类》，王星贤点校，中华书局1986年版，第224页。
⑤ （宋）黎靖德编：《朱子语类》，王星贤点校，中华书局1986年版，第224页。

欲，则求利未得而害己随之。"①

但是细究之，未必尽然，在公与私、天理与人欲之间并不能简单地一一对应起来。人欲虽然属于私欲，但是满足基本生存权的人欲并不等同于私欲，只有过度的佚乐才是私欲。有人问朱子："饮食者，孰为天理，孰为人欲？"朱子曰："饮食者，天理也；要求美味，人欲也。"② 个人私欲与普遍天理相对立，超过基本生存的需要，如食而求美味、衣而求美服、不安于夫妇之道而别有所为，则是人欲之私。平心而论，存天理去人欲固然有修身自律的积极意义，但是过于严苛地抵制、压抑、遮掩个人私欲，甚至视人欲如洪水猛兽，则助长了一种口是心非的道德虚伪主义，以及小心防范而催生紧张、扭曲的心理阴影，违反了身心健康发展的内在自然。

可见，泰州学派对于个人私欲做出新解释，从而为自然人性留出了发展空间。王艮的《乐学歌》轻松爽快，即便乡里的愚夫愚妇也能听懂，打消学习儒家经典的畏难情绪，对讲学产生兴趣，歌中写道："人心本自乐，自将私欲缚。私欲一萌时，良知还自觉。一觉便消除，人心依旧乐。"③ 如前所述，泰州学派学者所言"私欲"主要是指人后天成长过程中接受的道理闻见："人欲者，不孝不弟，不睦不姻，不任不恤，造言乱民是也。存天理，则人欲自遏，天理必见"④，也就是所有那些违反了原初纯净自然的赤子之心的念想，都可视作人的私欲。赋予心体以"乐"的本体属性，顺应了人追求快乐的本能心理，就自然阻止了人欲泛滥，无人能够拒绝这种讲学传道的吸引力。泰州学派对人性秉持宽容和真诚的理解，弘扬心体之

---

① （宋）朱熹：《四书章句集注》，中华书局2012年版，第202页。
② （宋）黎靖德编：《朱子语类》，王星贤点校，中华书局1986年版，第224页。
③ （明）王艮：《明儒王心斋先生遗集》，《王心斋全集》，陈祝生等校点，江苏教育出版社2001年版，第54页。
④ （明）王艮：《明儒王心斋先生遗集》，《王心斋全集》，陈祝生等校点，江苏教育出版社2001年版，第64页。

"乐",顺应人性自然需求,更符合受众的接受心理,而不是施加外在道德律令的强制力。过分防范人欲可能会造成失之一偏的后果,诸如防欲、遏欲、去欲、无欲等流行观点注重的都是从外部加以强制和约束。

顺应人性自然需求的引导"存天理",较之遏止人性自然需求"遏人欲"的禁止与围堵,更容易见出成效。将重心放置在人欲大防,过程繁复、困难、痛苦,积极效果有限,而消极效应日益累积,加重了心理负担,淆乱了心意。泰州学派普遍将讲学重点放在"存天理"而非"去人欲"上,王艮道"存天理,则人欲自遏,天理必见"[1],正是此意。王栋道:"甚者,破碎一生神思,收放心,去欲念,竟莫窥见此一即天心天日,此心自有聪明,随所欲不逾矩者。"[2] 从这样的怪圈中跳脱出来,能够轻而易举地获得美好的心理体验。王栋曰:"但能决定以修身立本为主意,则自无念,不必察私防欲,心次自然广大。"[3] 处处提防检讨身体的过失,则心理上负累重重;不必察私防欲,则心胸宽广,心理轻松自在。王栋又曰:"察私防欲,圣门从来无此教法,而先儒莫不从此进修,只缘解克己为克去己私,遂漫衍分疏而有去人欲、遏邪念、绝私意、审恶几以及省防察检纷纷之说。而学者用功,始不胜其繁且难矣。然而夫子所谓克己,本即为仁由己之己,即谓身也,而非身之私欲也。克者力胜之辞,谓自胜也。"[4] 这一段话富有新意地阐释了"克己"的意思,不是克制去除自我的私心,而是"己克",就是自己不凭借任何外在的强制力量,顺从自己本心就能够为仁道。语意的这一翻转就回到了"身"的良

---

[1] (明)王艮:《明儒王心斋先生遗集》,《王心斋全集》,陈祝生等校点,江苏教育出版社2001年版,第64页。
[2] (明)颜钧:《颜钧集》,黄宣民点校,中国社会科学出版社1996年版,第49页。
[3] (明)王栋:《明儒王一庵先生遗集》,《王心斋全集》,陈祝生等校点,江苏教育出版社2001年版,第202页。
[4] (明)王栋:《明儒王一庵先生遗集》,《王心斋全集》,陈祝生等校点,江苏教育出版社2001年版,第150页。

知本体上，先儒各种提防、省察私欲的做法劳而无功，现在可以取消了。颜钧将之比喻为向外求取揩抹心灵的灰尘，批评费力做无用功："至曰无欲，如将索外摸揩尘垢，徒劳而不知所以为用"①。然而需要注意的是，泰州学派反对察私防欲的消极工夫，并不等于放纵人欲，他们主张人欲要节制而不严防、随顺它而不祛除殆尽，寡欲而非无欲。

到了何心隐的"寡欲""无欲"说，鼓倡主体性强劲的弘道意愿，为意志自由鼓与呼。他认为儒家原典的"无欲"并不要求摒弃人欲的情识意念，后世在对孔子孟子"无欲"的诠释理解中产生曲解，发生了误导，导致学术上的一连串连锁反应。孔子的确谈无欲，但孔子所好者仁也，"好仁"就是孔子的无欲；孟子谈"无欲其所不欲"，不要贪图自己不该要的，这里面已经隐含了孟子的立场，因此绝对的不带有任何情识意念的"无欲"本身就是不存在的；周敦颐所言"无欲"也不同于孔孟的原意。何心隐进而重新诠释"寡欲"与"无欲"："且欲惟寡则心存，而心不能以无欲也。欲鱼欲熊掌，欲也。舍鱼而取熊掌，欲之寡也。欲生欲义，欲也。舍生而取义，欲之寡也。能寡之又寡，以至于无，以存心乎？欲仁非欲乎？得仁而不贪，非寡欲乎？从心所欲，非欲乎？欲不逾矩，非寡欲乎？能寡之又寡，以至于无，以存心乎？"② 这里是说，欲生欲义，都是欲，舍生取义就是"欲之寡"也。那么"寡欲"就是践履儒家道统之人对于自我情识意念的自主筛选和取舍，以便采取更加强劲有力的行动。他将"寡欲"与"性命"之学结合，提出了"尽性至命于欲之寡"的命题，赋予弘道行道以尽性至命的超越意义，曰："性而味，性而色，性而声，性而安佚，性也。乘乎其欲者也。而命则为之御焉。是故君子性而性乎命者，乘乎其欲之御于命也，性乃大而不旷也。凡欲所欲而若有所发，发以中也，自不偏乎欲于欲之多也，非

---

① （明）颜钧：《颜钧集》，黄宣民点校，中国社会科学出版社1996年版，第49页。
② （明）何心隐：《何心隐集》，容肇祖整理，中华书局1960年版，第42页。

寡欲乎？寡欲，以尽性也。"[1] 人性是根本，味、色、声、安逸等都出自人性需要。人欲出于天性，具有毋庸置疑的天然合理性。声、色、味、安逸的享乐欲望都是人的天性，顺任人欲，生理上的感知觉没有限制，由生理的满足带来心理的轻松自在，也就体现为道德心胸的宽广，相反，察私防欲是在肉身感知上的阻碍，必然会限制心意的自由自在，道德气象也好不了。人性需要凭借人欲而体现，而人命则统御人欲。人欲所发，发而中节，比如舍鱼而取熊掌、舍生取义等，这就是寡欲，就是尽性至命。何心隐《寡欲》《辩无欲》两篇论文振聋发聩，为人的肉身具有的强大意志力鼓与呼，赋予践履儒家道统的意志行为以尽性至命的地位。

总之，泰州学派开创时期反对察私防欲主张的原因有三。第一，立足于讲学对象的主体，他们是没有接受过教育的乡野百姓，所以反对严密防守人欲，而主张理性地满足基本生存需求的合理性，避免因为纵欲而浪费资源，拖累基本生存需求无法满足。如王栋曰："故于耳目口鼻四肢之欲，人所必不能无者。一切寡少则心无所累，便有所养，而清明湛一矣。此非教人于遏人欲上用功，但要声色臭味处，知所节约耳。"[2] 第二，培养道德意识依靠顺应、唤醒、激励人的内在自我力量，即赤子良知本然见在的"乐"以及洞见此乐的"学"。根据人本主义心理学的研究，道德意识不仅仅是环境输入的结果，也非单纯地压抑人的某种欲望、本能的产物，它更多的是靠促进、鼓励、帮助人的内在能力、本性（如自我实现的倾向等）而形成的[3]。泰州学派主张不假人力、顺任人的内在自然和良知，与人本主义心理学的原理有契合之处，有助于推动道德和审美

---

[1] （明）何心隐：《何心隐集》，容肇祖整理，中华书局1960年版，第40页。

[2] （明）王栋：《明儒王一庵先生遗集》，《王心斋全集》，陈祝生等校点，江苏教育出版社2001年版，第165页。

[3] ［美］A. H. 马斯洛：《存在心理学探索》，李文湉译，林方校，云南人民出版社1987年版，第144—145页。

的转型。第三，在人欲问题上的有理性的宽容态度，带动相关一系列意识和观念的转变，比如对于私欲、私心的宽容与理解，对于布衣士人弘道张扬意愿和意志的接受和感动，美感的来源更为多样多元。

三 "理必始于可欲"："天理"与"人欲"的混融

"天理"与"人欲"之分的观念松动，进一步发展下去则是取消差异，混同二者，"圣""狂"难分。回到"天理"与"人欲"之辨的问题上，对其内涵的全新阐释造成这一对范畴差异性的瓦解，也使得范畴内涵日益不确定，实质上是取消了二者的差异。这是中国古代思想史和美学史中一个有趣的现象，范畴的语词外壳与意蕴内涵之间张力极大，意蕴内涵如滚雪球般不断增殖，而语词外壳则保持较长时期的稳定不变，比如"天理"与"人欲"这一对范畴即是如此。宋明理学力主存天理灭人欲，强调对立与分殊，内涵相对清晰。到了泰州学派也谈论"天理"与"人欲"，但是意蕴内涵扩张，几乎撑破了范畴的语词外壳。读者如果不仔细辨析这一对范畴在具体文本和语境中的意义内涵，就非常容易陷入迷魂阵。

无论"天理"与"人欲"的内涵如何伸缩、改变，有一点是不变的，那就是"天理"相对于"人欲"拥有绝对不容置疑的地位。正所谓"今盈宇宙中，只是个天，便只是个理，惟不知是天理者，方始化作欲去"，[1] 于是在对"天理"的诠释中融入了各家各派崇奉的核心理念。泰州学派所言之"天理"指向人心本然，未被后天闻见道理污染的本心。当我们一一剔除后天的影响习得，那么本心可能就只剩下生理本能和无意识的条件反射了。而食色这类生理本能一旦被接纳为天理，那么任何人为的思量、守持和探

---

[1] （清）黄宗羲：《明儒学案》，沈芝盈点校，中华书局2008年修订本，第777页。

寻就降格为较低价值的"人欲"。邓豁渠道:"性命上无学问。但犯思量,便是人欲。"① 这好似给了程朱理学视为格物致知工夫的"学问""思量"一闷棍,因为按照泰州学派的理路,天理良知就在吾心、吾身。之所以有"天理"与"人欲"的对立分殊,是因为不知,像宋明之际许多理学家那样外求格物,反倒弊端丛生。这就完全把程朱理学的"天理""人欲"颠倒了个儿,"天理"的内涵被吾心吾身的情识意念充斥了,也就是说"天理"已经被实质性地"人欲"化了。

"天理"内涵转化为"人欲",意味着"人欲"名正言顺地成为"天理"。罗汝芳主张"赤子之心浑然天理"②,"此心此身,生生化化,皆是天机天理"③,所以泰州学派发展下去,就出现了认"欲"为"理"的苗头,杨起元道:"学虽极于神圣,而理必始于可欲。今吾侪一堂之上,何其可欲如此也。目之所视,因可欲而加明;耳之所听,因可欲而加聪;声之所发,因可欲而加畅;心之所思,因可欲加敏,何善如之。但能信此可欲之善,原有诸己,不待作为,于是由可欲而充之。……至于待人接物,一切不忘可欲之念,而仁爱行矣。直至神圣,亦可欲之至于化而不可知也。举凡有生之类,同一可欲之机,洋洋在前,优优乎充塞宇宙,虽欲违之,其可得耶?"④ 杨起元的观点"理必始于可欲",可以说对程朱理学的天理人欲之辨来了一个彻底反转,在人们目所视、耳所听、身所发、心所思之际,因为有欲念驱动才有耳目身心的灵活敏捷反应,相反,无欲念驱动的人生就暗淡无光、缺乏生机,爱亲敬长的欲念施于父母显现为孝

---

① (明)邓豁渠著,邓红校注:《〈南询录〉校注》,武汉理工大学出版社2008年版,第39页。
② (明)罗汝芳:《罗汝芳集》,方祖猷、梁一群、李庆龙等编校整理,凤凰出版社2007年版,第75页。
③ (明)罗汝芳:《罗汝芳集》,方祖猷、梁一群、李庆龙等编校整理,凤凰出版社2007年版,第5—6页。
④ (清)黄宗羲:《明儒学案》,沈芝盈点校,中华书局2008年修订本,第811—812页。

行，施于兄弟显现为长幼有序的序行，同理，施于君臣朋友，待人接物一切有序，仁爱在其中运行。他将"一切不忘可欲之念"作为君臣、朋友、夫妇的伦理原则，推广开来以"可欲之念"作为宇宙生机的源头，至此，在其师罗汝芳那里充塞于天地之间的生生之大德，演变为一切有生之类皆有的"可欲之机"。

总之，"天理"与"人欲"这对宋明理学话语最为关键的范畴，经过泰州学派的创造性发挥，其意义内涵发生混淆、错乱和颠倒，"天理"与"人欲"的区分已经失效，二者混同成为趋势。明中晚期学风疏阔，随意发挥成为风气，有学理上的深层次原因。方学渐（字达卿，号本庵）受学于张绪、耿定理，在程朱理学的框架下填充心学的义理，在泰州学派中亦属于自出机杼。他在谈论"天理"与"人欲"相互转换时写道："天理人欲，原无定名，以其有条理谓之理，条理之自然谓之天，动于情识谓之欲，情识感于物谓之人。故天理而滞焉，即理为欲；人欲而安焉，即欲为理。凡欲能蔽其心，而理则心之良也。"① 这一番理解颇有新意。何为"天理"？就是有条理且合乎自然；何为"人欲"？动于情识且感于物。天理本来自然流畅，凝滞不通便成人欲；人欲本来动荡不宁，如能安宁则成天理。它不是区分具体行为现象，而是从运动变化的性质上区分天理人欲，二者之间的对立是相对的，转化反而是绝对的。

"天理""人欲"这一对范畴在应用中出现混合、融会的趋势。具体情况因人而异，各有特色，总体而言，呈现出对人欲的价值认同。从部分认同到泛化认同，范畴边界模糊，彼此互相侵入对方范畴，盗取具有肯定性价值内涵的语词外壳，借助范畴语词的混用，获得本身不可能具备的意义内涵。"人欲"对"天理"的挤占，或者说"天理"对"人欲"的侵入，表明了"人欲"的合法性地位上升，而"天理"则走下了高高的神坛。黑格尔认为："欲望是任性或

---

① （清）黄宗羲：《明儒学案》，沈芝盈点校，中华书局2008年修订本，第843页。

形式的自由，以冲动为内容"①，那么以身为本则是为人欲提供了冲动的肉身基础，天理良知、顺应自然，则为人欲提供了自由的依据。内容与形式结合的人欲，以摧枯拉朽之势扩张，形式的自由与内容的冲动要求摆脱任何形式的制约和束缚，促使审美感知、审美体验走向去道德化、去意识形态化，旧的"乐"很快餍足，新的"乐"不断涌现，以更直观、更强烈、更新颖的方式满足人们对"乐"不断擢升的需求，这也就走向放达自恣，招致了"猖狂无忌惮"这类批评。

第三节　审美救赎：比较视野的"真"范畴

一　"药石"隐喻的社会疗救面向

泰州学派"狂"范畴乃任道之"狂"在家国天下的道德的政治的践履中，坚守师道传承，"道统"给予"狂"最深层次的自信，用以对治时代的审美危机。由于"中行"理想在现实中的缺位，导致儒家美学被"乡愿""或伪""中行"主导，"中行"之美被矮化和异化。"狂"范畴从古典美学中次要的、边缘的角色，逐步从隐到显、从边缘走向中心，彰显审美反思的成果。在程朱理学走向经典化、神圣化的过程中，弊端也逐渐显露出来，士人心怀为理学发展消积导滞、加以疗救的自觉意识，为"狂"辩护确立了审美主体的独立自觉意识，"狂"被比拟为对治社会沉疴的药石，旨在自我反思和自我疗救。

染沉疴的社会与不断滋生的"乡愿"，这二者互为因果，具有身体政治学的隐喻象征意义。"狂"本身有不与俗谐的毛病，"乡愿"没有明显可感的毛病，但是"于用心处有不正矣"②，偏离正道的与

---

① ［德］黑格尔：《哲学史讲演录》第1卷，贺麟、王太庆译，商务印书馆1959年版，第99页。
② （宋）朱熹：《晦庵别集》，《朱子全书》第25册，朱杰人、严佐之、刘永翔主编，上海古籍出版社、安徽教育出版社2002年版，第4932页。

世俗和谐相处成为社会普遍风气，表明社会有机体从每一个细胞开始变质腐化。心学学者揪心世风日下和习俗堕落，将之视作社会疾病的典型症候，孔子用疾病隐喻社会不良风气的"民有三疾"说，为后世学者提供了阐释理解的空间。《论语·阳货》"子曰古者民有三疾"章中，孔子伤感地指出上古先民固然有狂、矜、愚三疾，但是人心淳厚，"三疾"之中仍有正面的积极因素，比如率性、清廉、憨直。随着世风日下，人心混乱加剧，"三疾"演变为狂荡、忿戾、狡诈。焦竑耳闻目睹现实社会伦理道德的异化，对现实深沉的关怀让他无法闭目塞听躲进书斋。朱子诠释"三疾"更强调气禀之偏的危害，而焦竑更偏重社会习俗的归因，曰："古之三疾，今或有之，犹为不善变也，况并其疾且无之，疾且无之，又况其德之美者乎？""狂矜愚是疾之名，肆廉直是疾之实，肆廉直者，气禀之偏也，荡忿戾诈则习俗之使然，而非气禀之过矣。""三疾是疾，无三疾又另是一大疾，治心之学，去疾之药也，若药不瞑眩，厥疾不瘳，吾人其苦学哉。"[①] 社会习俗的形成是政治、经济、文化长期作用于人心的结果，民众"三疾"的变异走向折射出整个社会的陈规陋习和深层次矛盾。"狂"能够重塑仁德、疗救风俗习气、祛除弊病，这是从阳明一脉相承下来的疗治社会的良知，因此"狂"被喻为"药石"，"狂"范畴在事功上外向践履与在性命上内向探索，也就具有了疗救社会痼疾的意义。

"药石"疗救"社会沉疴"的古老隐喻启发人们，儒家面对自身发展中的困境，有自我拯救、自我救赎的反思机制。救赎之路通过自我反思实现，以"狂"范畴为代表，重新启用这类长期遭诟病、不合乎"中行"的范畴或思想（比如援佛入儒、援道入儒）作为儒家"中行"理想陷入困境之际的解决方案。杨起元将对孔子思想进

---

① （明）焦竑：《焦氏四书讲录》，《续修四库全书》经部第162册，上海古籍出版社2002年影印本，第186页。

第五章 亦圣亦狂：存乎一念的审美困境

行质疑和反驳的庄子、列子等，视作"不失为狂"，意思是说从疗治社会痼疾的价值上看，当社会有机体机能紊乱、痼疾发作时，这些人可以充当拨乱反正的药石。在他看来，依旧亦步亦趋推尊孔子的人，就堕入了"乡愿"之流；批评反思孔子的人（如庄子、列子），反倒犹如药剂针石，能够清除社会有机体的毒素，恢复有机体的生命活力。杨起元道："庄列于孔子犹药石也，而雄之推尊反为恙疢，其毒滋多，庄列即不得为中行，犹不失为狂，而雄则愚而入于乡愿之党"①，这里"雄"系指西汉的扬雄，且不论他对扬雄的评价是否得当，从"药石"隐喻的角度看，不"狂"不"狷"的"乡愿"盛行，对于儒家社会这个有机体的健康发展而言有害无益，而反思特征明显的"狂"范畴是儒家沉疴的一针解毒剂。

药石隐喻从疗救的实用功效上看对治儒家思想困境，在文艺审美领域，药石隐喻以其审美超越的独特价值，承担起士人审美救赎的使命。袁中道肯定性地评价李贽的文学创作成就，也使用药石隐喻，他在《李温陵传》里写道："夫六经、洙泗之书，粱肉也；世之食粱肉太多者，亦能留滞而成痞，故医者以大黄蜀豆泻其积秽，然后脾胃复而无病。……则谓公之书为消积导滞之书可；谓是世间一种珍奇，不可无一，不可有二之书亦可。"② "洙泗之学"原指重视个人修养的曾子学派，这里指代宋代的二程、朱熹等发扬光大自我内省形成的程朱理学，从六经到洙泗之学是儒家学说官学化的正统思想，所以以美食佳肴"粱肉"喻之。大鱼大肉再好，吃多了也会消化不良，长期下来就会拖成疑难杂症，对付这种疾病，医生常常用导泻之药——大黄和巴豆——清热解毒，促使身体自行排出陈旧的秽物，于是身体得以康复。由这一隐喻类推，儒家学说在异端思

---

① （明）杨起元：《太史杨复所先生证学编》，《续修四库全书》子部第1129册，上海古籍出版社2002年影印本，第474页。
② （明）袁中道：《珂雪斋集》，钱伯城点校，上海古籍出版社1989年版，第723—724页。

想的冲击下，有助于消除自身累积的弊端，在反思中重新获得生机活力。儒家古典美的"中行"理想，以对"狂""狷"的宽容和接纳消积导滞，在反思中疗救"中行"异化滋生的弊病。李贽以其瘦劲险绝的反思批评、不阡不陌的创新表达，让人们在酣畅淋漓的宣泄、疏导中获得启发、受到教益，获得痛感与快感并存的阅读快感。

中国人做事行动的现实逻辑独具特色，社会学领域对此有颇为深入的一系列研究成果，简言之，就是天命观、家族主义和儒家思想统一性关系中遵循人情、人缘、人伦的三位一体，"情为人际行为提供'是什么'，伦为人际行为提供'怎么做'，缘为人际行为提供'为什么'，从而构成了一个包含价值、心理和规范的系统"。① "百姓日用而不知"，它们作为一个整体而运行，并且凝结为文化基因的记忆。这种人际行为系统有着令人愉悦的温暖的人文情味，但如果处处以取悦他者为手段也会成为做事的压力和负担，"乡愿"就是后者的产物。眼前利益与当下价值成为主宰日常生活人际交往行动的规则与惯例，"术"盛行则"道"不彰，"乡愿"极为典型地代表了钻营取巧、急功近利的行为模式类型，成为束缚人们做事开拓进取的阻力。心学学者之所以为"狂"赋魅，而将"乡愿"树为众矢之的，分析如下。

一是"乡愿"不专指某一类人，而是一种被社会普遍接受和认同的文化现象。令心学学者深感道统危殆的是三代而下尽是此种"乡愿"，他们追名逐誉之心一以贯之，对于求至善则漠然置之。人有名利之心本来也无可厚非，"狂"也不排斥名利心，更何况心学对此保持比较开明开放的态度。为什么对"乡愿"之流驰声走誉的套路如此深恶痛绝？因为"乡愿"做人的形象看上去太过完美，套路完美就容易被人接受认可，污染和误导社会风气时遗患无穷。具体

---

① 翟学伟：《中国人行动的逻辑》，生活·读书·新知三联书店2017年版，第218—219页。

第五章 亦圣亦狂:存乎一念的审美困境

来说,这种完美做人做事的套路就是"只管学成彀套","惟以媚世为心"①,因此"乡愿"文化的精髓是做人毫无破绽,既能迎合君子,也能取悦小人,专注于皮毛枝节的外在形式,将全部精神集中于外界毁誉,在媚世与取媚之中获得极佳的自我满足感,陶醉在虚妄的自我想象中,这种文化心理到了非破不可的时候。

二是"乡愿"学"道"源头不清,"知"上有偏差,"行"上也有偏差,与"道"的统绪似是而非。如果说"道"是由少数圣贤创造的大传统,那么"乡愿"则是一个人数庞大的群体在日用常行中跌打滚爬、借鉴"道"衍生出的小传统,它自发地萌生,绵延长久,有极强的社会适应性。"学无本原,所以仁为似仁,义为似义,故曰不可入尧、舜之道。"② 仅仅得仁义的形式而未得仁义的真精神,已然成为成功做人、以言行事的文化惯例与规则。从学以载道而承往圣绝学的终极价值来看,则舍"狂""狷"别无他求。焦竑认为"乡愿"问题复杂,关系世道人心,"只真伪二言,足以定之。大氐中行其犹龙乎,狂犹凤,狷犹虎,其卓荦俊伟,皆任道之器;至于乡愿者,狐也"。③ 这里的"真"字内涵丰富,确切地讲主要指挺然任天下事、不问自身毁誉利害的任道之真心。

三是"乡愿"与社会变革创新的内在发展要求相龃龉。"乡愿"的特点是蹈袭古人,与人与事迎合顺应从不抵触,步步貌似学尧舜,与物无忤。一个稳定社会必须遵循规矩,但是亦步亦趋的高度配合又会阻挠创新、扼杀活力,当人们"论好人极好相处,则乡愿为第一"④ 的时候,社会心理已经被感性的、功利的判断主导:无毁无誉、小心谨慎、保持禄位、庇荫子孙,局限于眼前的有用,实际上于世有害,作为文化精英的士人喜爱"狂"、呼唤"狂",在这种审

---

① (明)王畿:《王畿集》,吴震编校整理,凤凰出版社2007年版,第4页。
② (明)袁宏道著,钱伯城笺校:《袁宏道集笺校》,上海古籍出版社2008年版,第277页。
③ (明)焦竑:《澹园集》,李剑雄点校,中华书局1999年版,第84页。
④ (明)李贽著,张建业、张岱注:《焚书注》,社会科学文献出版社2013年版,第66页。

美心理中蕴含了社会转型和变革时期期待创新的内在需要。

　　做事就是处理人与世界（主要是与人）的关系，理想的人伦关系是上古黄金时代的和谐有序，由于"道"长期缺位带来人与人关系的功利化。"狂"范畴之所以赋魅也是因为有了"乡愿"急功近利的人情关系取向的反衬，"狂"不善于弥补和谐人际关系，这一缺陷反而凸显出做事的真诚。缺陷本身是不美的，但是不善于经营和谐人际关系的同时，也就阻断了在关系中营私取巧的可能，反而具有了质朴的美善价值。"如张江陵犹是豪杰手段，未可轻也。"① 一代名相张居正为人颇有争议，但是富有胆识，以雷霆手段治国理政，袁中道对其给予了肯定，这是一种将做人与做事分离的远见卓识。"狂"与"乡愿"的差异，代表着不同的话语方式和行为逻辑。"乡愿"的行为如果被急功近利驱使，就失去了主宰行动逻辑的正当性"道"，在适人得人、处众人之所好以悦世人时，谋取一己私利。"狂"通过回归道统的保守主义呼告，赋予其勇于任事的行动逻辑以正当性，所以即便在以思想激进著称的泰州学派那里，也体现出卫道的保守倾向，即对道统更为明确的捍卫意识。

　　"狂"范畴对社会生活与社会心理的理性主义反思，具有创造的、革新的意味；在以艺术等为代表的文化运动中，它常常呈现为反思、质疑和否定。"狂"的赋魅带来文化艺术运动的新潮流，与之密切相关的是对自然人性的肯定，保持宽容，激励创新。二者之间存在着紧张的关系。"狂"的创新、变革并非打乱这个世界的秩序，而是秉持捍卫道统的保守主义出发点，在伦理生活的土壤中重拾被急功近利原则毁弃的真善美，为社会重建规范和希望，以构建和谐新世界。16、17世纪为中国文化面临重要转型的微妙时期，出现了诸如"爱其狂""思其狂"② 等饱含激烈情感的表述，与人交往和做

---

① （明）袁中道：《珂雪斋集》，钱伯城点校，上海古籍出版社1989年版，第970页。
② （明）李贽著，张建业、张岱注：《焚书注》，社会科学文献出版社2013年版，第181页。

第五章 亦圣亦狂:存乎一念的审美困境

事中接纳缺陷人格,不以媚悦他人作为出发点,增加日常交往透明度,增强宽容和理解,鼓励创新。真诚做事、狂直做人,遂具有变革文化惯例习俗的价值,即宽容和接受人做事的个体差异,接受人的缺陷与不完美,在捍卫道统的保守主义倾向中开启对人的宽容和理解,讴歌不践往迹的创新。叩问天地,放眼六合,主体意识精骛八极的能动性得到彰显。

明代中晚期围绕"狂"的知识生产,重释认知与道德的规范基础在于某种程度的自由或自然,进而关联生命体验的核心理念是"道"。破除同一性逻辑在自我意识上的专断,对自我意识呈包容态度。"狂"范畴的自我意识涉及两种情形:一是主客体关系中作为意识主体的自我,即第一人称的自我,强调个人意志的能动性,跨越言语行动秩序的有效边界,志向远大、言辞高调;二是作为意识主体反观对象的自我,是自我意识的对象化,此即第三人称的自我,把"狂"置入任道的使命下加以反思。因此,具有审美价值的"狂"与"直"兼容但与"荡"不兼容。"直"表示真诚的言语行为、自我取效的态度保证;"荡"是言语行为超出适当的边界,无法取效。"狂"与独抒胸臆的创新兼容,与固守格套、因循守旧不兼容;"狂"与宽容兼容,与狭隘不兼容。这两种情形下的自我意识彼此渗透融和,作为意识主体的自我翻转为意识主体反观的对象,在流转过程中强化"狂"的自我意识。对人的缺陷宽容,但是对社会习俗惯例不宽容。凡此种种,已经接近现代意识萌生的边缘。在"狂"的自我意识和反思意识觉醒的高度来看,一度达到前所未有的高度,但是依靠自我意识及其反思实现自律,重视内在自我意识而忽视客观事实及其规律,缺乏科学的事实判断,无法遏止"狂"意识失范的诸多风险(如游谈无根、束书不观、肆意妄为等),"狂"范畴赋魅对于宽松的社会语境和话语生态高度依赖。理想与现实双管齐下营构出"狂"的浪漫旨趣,对于百姓日用而不知的日常交往关系的批判,尤其是对"乡愿"人格意识的挞击,与自任于道的理想主义讴歌互为表里，共同谱就特立独行、不同凡响的"狂"想曲。"乡愿"是乡里所谓谨慎恭敬之人，有来自日常现实"乡愿"人格意识批判的锋芒，反衬渲染出"狂"被理想主义赋魅的灵晕。

总之，"狂"范畴具有审美救赎价值，正是基于它自身是儒家思想中非"中行"的属性，可以起到药石消积导滞的疗效。"狂"范畴经由孔子的正名："不得中行而与之，必也狂狷乎！"成为儒家思想内部的自我反思范畴。在合适的时代环境和思想土壤下，"狂"范畴的价值重估成为可能，"乡愿"之害以人人不能觉察的方式盛行，瓦解了儒家伦理道德的真诚性，"狂"范畴作为解毒的药石，参与进入儒家突破审美困境的救赎之途。"狂"范畴作为个体自觉的表征，身心一体，良知朗朗，成为践履道统的根本出发点，个体自觉与社会庸常流俗不同，自觉承担起践履圣学的志向，在对"真"范畴的重新确认中，焕发出不同流俗的人格美，社会有机体也因为这股清流的注入而焕发出生气。

二 "真"范畴的审美救赎旨趣

因为主体处于权力关系以及伦理道德向度中，直言作为主体建构的模式，关心自我以及治理他人，抵制权力或者进入权力，那么以"自然"为核心价值建构主体之"真"涉及三个维度：一是内在精神性维度，二是外在现实性维度，三是内在性维度与外在性维度之间的张力结构。张力作用带来可预估风险的增加，直言主体的审美意图可以清晰分辨。

（一）内在精神性维度之"真"

重树"真"范畴对治"伪"与"假"的猖獗，是明朝中晚期审美大潮中比较清晰的诉求。从传统进入现代，"真"这一古老的范畴在审美观念上发生转变和转型。泰州学派对"真"范畴的诠释始于王艮，"真"是"狂"范畴本身应有之义，即狂直地坚守正道，《说文解字》："直，正见也。"① 王艮确立了良知本然、人心自然的自然人性论倾向，奠定了审美现代性视域下主体人的基本权利。而在18世纪的法国，启蒙思想家卢梭以倡导自然人性、鼓励说真话而著称。王艮比卢梭（1712—1778）早出生200多年，两人差异几乎无处不在，但是他们都积极倡导人性的"真"与"自然"，在审美现代性的基本问题主体建构上殊途同归。"真"范畴既古老又现代，在世界范围内都有反响，可以建立起联系，将王艮与卢梭的"真"范畴加以比较，借助外视角的比照有助于更加清晰地认识自身，也可以与审美现代性视野下的主体性建立起关联。

主体之"真"的核心价值是直言，就是人必须说真话或正直的话，即直言主体。汉语"直"的本义与曲相对，正直是引申义，带有复杂的伦理道德意味。直言即正言，与邪曲之言对举。古希腊哲人也指出直言蕴含着伦理及政治的关系，柏拉图借苏格拉底之口，批评"诗人最严重的毛病是说谎"，唯有"城邦的保护者可以撒谎"。② 以解构主体性为务的福柯，最终还是深入古希腊哲学，梳理苏格拉底、犬儒学派等的直言谱系，围绕主体对自我的关心和塑造，界定直言的三重结构性特征是：真相、公开表态和风险。③

内在精神性维度的"真"或者"自然"，至少含有三种可能：一是生来就完全具备的自然人性，非由后天之"习"而生；二是生时虽无，长大了自然发生的人性，亦非由"习"而促成；三是人性中只有萌芽而未成为现实的因子，须经过"习"才能自然苏生。古今中外，对此看法大同小异。人性的内在自然，往往牵涉中国古人

---

① （东汉）许慎著，（清）段玉裁注：《说文解字注》，上海古籍出版社1988年版，第634页上。
② ［古希腊］柏拉图：《文艺对话集》，朱光潜译，人民文学出版社1963年版，第23、40页。
③ ［法］米歇尔·福柯：《说真话的勇气：治理自我与治理他者Ⅱ》，钱翰、陈晓径译，上海人民出版社2016年版，第4页。福柯早期致力于拆解主体性的主体理论，在法兰西学院开设的最后一轮讲座中，此时他已走到生命尽头，慎重研究主体建构的伦理问题。

关于性善与性恶、本然之性与气质之性这类穷本极源的聚讼，以自然人性作为人之为人的依据，乃至生命的本根，具有形上的意谓。此外，由于"性"与"心""理""气""情"等范畴存有交集，言及心性自然，又常常关涉认识活动、情感活动及其物质基础，知、情、物浑然一体。

在传统社会，构成主体内在性自然的价值意识，如欲望、动机、兴趣、趣味、情绪、情感、意志，保持相对静止、稳定、和谐状态，而在传统向现代急剧变动的时代，内部的分化演变成为主旋律。卢梭生活于启蒙运动的大时代，人的理性精神擢升，卢梭对自然界怀有热忱的求知冲动，隐居期间曾着手编写《皮埃尔岛植物志》，晚年在郊外孤独漫步中遐想，因为发现了两种巴黎附近相当罕见的植物品种而"欣喜若狂"[①]……但他更侧重为感性精神辩护，肯定个体的独特情感、意识和体验，推动审美价值从实用功利的价值依附关系中脱离并独立出来，主体内在自然的价值意识此消彼长、暗潮涌动。

卢梭乐于称道山水自然，因为自然形式的秩序和规律唤起主体的内在自然意识，既有和谐愉悦的内心静观，又有先恐惧后痛快的内心激动。甜美的和谐、恐惧的痛快，都是大自然激发起的独特、强烈而难忘的美感。卢梭属意崇高，"我所需要的是激流、巉岩、苍翠的冷杉、幽暗的树林、高山、崎岖的山路以及在我两侧使我感到胆战心惊的深谷。这次我获得了这种快乐"[②]，那蕴含无尽威力的自然，作为异己的力量外在于人，令人震颤恐惧。然而人并非被动盲目地匍匐在大自然威力之下，潜在而莫测的理性精神和主体力量被激发，在恐惧中获得极大满足。在主客体的对峙中，虽然感到自己

---

① [法]让－雅克·卢梭：《孤独漫步者的遐想》，钱培鑫译，译林出版社2013年版，第10页。

② [法]卢梭：《忏悔录》第一部，黎星译，人民文学出版社1980年版，第212页。

渺小，同时有一种无以名状的力量把主体的存在价值彰显和提升到另一种境界。

自然的崇高与返璞归真的主体需要极易产生契合。正如康德指出的："崇高必定是纯朴的，而优美则可以是着意打扮和装饰的。"①卢梭厌恶自然人性逐渐被俗务扭曲，渴望逃避世事回归自然。自然绝非消极的人世避难所，而是以其质朴的力量，重新恢复和塑造主体内在自然的所在。卡西尔认为："他从一开始就跟社会相反相成：他不从社会逃离，就不能效力于它，就不能向它奉献出他原可奉献的东西。"② 自然让主体复苏和新生，自由创造的情感、意念或欲求，与无识无虑的赤子之心一样都属于未经刻意雕琢的人性自然，纯朴而突兀，虽然缺乏打扮修饰后的和谐，但令人有恐惧与愉快交织的复杂感受。而这意味着对自然生发的情感、意念、欲望等保持宽容，肯定个体具有的自然权利，这使不可重复、不可替代的个体独特性得以弘扬。

王艮论说"自然"时，是在"天理"的意义上使用的。在王艮文集中可考的"自然"范畴出现5次，相近的"天然"范畴出现4次，皆可作常见义项"自己如此、不加人力"讲，如"象阴阳自然之势"③，"无心于宝自然得"④。尤其值得注意的是把"天理"等同于"自然"："天理者，天然自有之理也。……惟其天然自有之理，所以不虑而知，不学而能也。"⑤ 也把良知本体等同于自然："良知之体，与鸢鱼同一活泼泼地，当思则思，思过则已。……要之自然

---

① ［德］康德：《论优美感和崇高感》，何兆武译，商务印书馆2001年版，第4页。
② ［德］卡西尔：《卢梭·康德·歌德》，刘东译，生活·读书·新知三联书店2015年版，第19页。
③ （明）王艮：《明儒王心斋先生遗集》，《王心斋全集》，陈祝生等校点，江苏教育出版社2001年版，第66页。
④ （明）王艮：《明儒王心斋先生遗集》，《王心斋全集》，陈祝生等校点，江苏教育出版社2001年版，第57页。
⑤ （明）王艮：《明儒王心斋先生遗集》，《王心斋全集》，陈祝生等校点，江苏教育出版社2001年版，第31—32页。

天则，不着人力安排。"① 这里的"自然"既是本体论意义上的良知之体，又是形上超越意义上的自然天则。他把人人本然皆有的天理良知比喻为鸢飞鱼跃，象征刚健灵动、生机盎然的良知本然状态，一反程朱理学强调外在天理造成人为的束缚感和不自由感，重视激发愚夫愚妇先天即有的内在良知，不着人力而自然妥当，活泼泼的主体能动性被唤醒了。

王艮对"自然"的激赏，颇为类似道家思想主张，但是旨趣殊异。道家的自然观以消解主体的积极有为作为基础，易流于枯寂清冷。众所周知，道家自然观的审美超越价值借助"吾丧我"的万物一体境界显现，如老庄将"自然"等同于"无为"。《老子》一书中五次谈及"自然"，指的是取消物我对立、从世界隐退的任其自然状态，在对精神自由的超功利追求中，逃避社会政治、世俗事务。但是逃避不等于彻底的非功利性，它是以一种消极被动的方式保全性命，此为其功利性。正所谓："自我在其中逃避世界的内在空间不能被错误地认为是心灵与心智，因为无论心灵还是心智都只存在于与世界的相互关系中，并且只有在这种相互关系中才发挥作用。"② 取消物我对立，摒弃我见，用消解主体积极能动性的方式，达到在乱世保全自身性命的功利目的。然而，这种对生活世界极度冷漠无感的内在性自然，是有残缺的，不会带来真正的内在心灵自由。

王艮把"自然"视作一种健康活泼的人性本然状态，感性地存在于百姓日用常行中，而不是一味地遁入心灵深处。姚文放在剖析王艮"不袭时位"的命题时，精辟地指出："王艮关于进退出处变通趋时的讨论其实也是在张扬一种人格理想，一种人格美。"③ 王艮以回归原始儒家道德理性和道德情感为旨趣，削弱理学的人为刻意，

---

① （明）王艮：《明儒王心斋先生遗集》，《王心斋全集》，陈祝生等校点，江苏教育出版社2001年版，第11页。
② 贺照田主编：《西方现代性的曲折与展开》，吉林人民出版社2002年版，第370页。
③ 姚文放主编：《泰州学派美学思想史》，社会科学文献出版社2008年版，第55页。

第五章 亦圣亦狂：存乎一念的审美困境

建构积极而自然、灵动而真率的主体。具体而言，就是在人伦事务上积极承当，良知在人伦物理上自然显现为善行善念，见诸道德情感和道德理性，而不是用各种有意识无意识伪装日用常行，使仁义礼智流于仪式化、形式化，这样才能建构出参与家国事务积极、主动、"不容已"的自然状态。

良知本体不着人力安排但是活泼灵动、当下显现，这是"真"与"自然"的美感源泉。王艮留存下来的诗作多为哲理诗，常用百姓习见的自然意象讲解良知自然，这些意象清新、质朴、强健、生机勃勃，很能点拨提振人心。如"不觉腔中浑是春""真机活泼泼一春江"里的"春"意象活泼而富有生机，"鸢鱼昭上下""变化鱼龙自此江"里的"鸢鱼"意象灵动变化，"灵根才动彩霞飞，太阳一出天地觉"里的"太阳"意象宏大而温暖，"欲与天地参、利名关不住""此道虽贫乐有余，还知天地以吾庐"里的"天地"意象伟大庄严，"化工生意无穷尽，雨霁云收只太空""云行雨施风雷动，辟阖乾坤振此居"① 里的"云"与"雨"意象造化神奇、滋养万物……不过，这些都不如《鳅鳝赋》中的"泥鳅"意象别开生面："忽见风云雷雨交作，其鳅乘势跃入天河，投于大海，悠然而逝，纵横自在，快乐无边。回视樊笼之鳝，思将有以救之，奋身化龙，复作雷雨，倾满鳝缸，于是缠绕覆压者，皆欣欣然有生意。"② 泥鳅既是良知本体的隐喻，也象征了真善美的至高理想，还是王艮的主体认同与自我形塑。风雨雷电、鳅、鳝，都不是文人常用的审美意象，尤其泥鳅灵活机智、勇于乘势，不仅自身纵横自在、快乐无边，而且善于造势，为奄奄一息者带来生机活力。试比较《庄子》中类似的意象"鱼"，如《逍遥游》里的北溟之鲲、《秋水》里的濠河之

---

① （明）王艮：《明儒王心斋先生遗集》，《王心斋全集》，陈祝生等校点，江苏教育出版社2001年版，第56—59页。
② （明）王艮：《明儒王心斋先生遗集》，《王心斋全集》，陈祝生等校点，江苏教育出版社2001年版，第55页。

229

鲦、《大宗师》里的车辙之鲋，他们生活在自己的世界，顺其自然，消极无为，与充满生命创造力的鳅鳝分明是来自两个不同的世界。

　　王艮与卢梭激赏的主体自然状态，是对人性自然的积极肯定：越是奇崛艰险的环境，越是激发出自然的生机，充满可能性。不仅如此，这种相似的内在自然还具有共通的道德本源。如果说王艮把自然状态的本根建立在道德谱系的良知，那么卢梭则以宗教谱系的良心为依归，它们都以人类共同的怜悯心、同情心为基础，具有共通的人类学和心理学动因。良知"不虑而知，不学而能"，例如孺子入井而生恻隐之心，这是人的道德本能，被看作天赋的道德情感与道德理性，而良知并不只呈现为恻隐之心，还有仁心、孝心等，"知得良知却是谁，良知原有不须知。而今只有良知在，没有良知之外知"。① 良知是先天地存在于人心之中的超越性道德本体，并在日用常行中呈现。良知是浑沦一体的，是本体与工夫、存在与显现的内在同一。在卢梭那里，人的心灵中先于理性的原动力被区分为两种：自爱和怜悯。前者被欲望和需要刺激会导致朝向奢侈的堕落，后者是良心的源泉："仔细思考人的心灵的最初的和最朴实的活动，我敢断定，我们就会发现两个先于理性的原动力：其中一个将极力推动我们关心我们的幸福和保存我们自身；另一个将使我们在看见有知觉的生物尤其是我们的同类死亡或遭受痛苦时产生一种天然的厌恶之心"。② 良心遵循自然的最高法则，在不被欲望干扰时能够自然显现。道德的原则即良心，埋藏在人们灵魂深处，良心原则不可抗拒，因为"良心始终是不顾一些人为的法则而顺从自然的秩序的"。③ 王艮以人类共有的怜悯心、同情心为基础，确立伦理道德谱系中主体

---

　　① （明）王艮：《明儒王心斋先生遗集》，《王心斋全集》，陈祝生等校点，江苏教育出版社2001年版，第57页。
　　② ［法］卢梭：《论人与人之间不平等的起因和基础》，李平沤译，商务印书馆2015年版，第40页。
　　③ ［法］卢梭：《爱弥儿》下卷，李平沤译，商务印书馆1978年版，第415页。

的自主自立地位，将自然范畴建构为充满生机活力的、独立自在的主体认同，在内在性维度上与传统开始发生分化。人性的自然状态，不着人力安排，现现成成，乃明觉自然之反应，这是主体情感的自然本真状态和本然动力。用良心或良知作为人的自然情感的依据，用真实无妄、直接而不造作的快感，构建审美现代性视域下主体内在的自然本真状态。

（二）外在现实性维度之"真"

我们把直言主体看作完整的社会的个体和行为主体，主体生活在群体、人伦关系之中。主体内在精神性维度的分化，不仅以各种精神的、价值的形态作用于生存活动，而且通过外在性的风俗影响着日常生活各领域的运转，与他者联系，与群体联结。这里的抵抗，指对主导文化权力采取不顺从的主体认同姿态。反思和解除主体对外在世界的屈从状态，成为主体的本然反应方式，这与"批判"类似，即"不像那样和不付出那种代价而被统治的艺术"。[1]只是在系统性反思的理性力度上不如"批判"强烈。运用理智照亮被遍布在社会各个细枝末节的风俗习惯遮蔽的心智，摆脱主体盲从、屈从于外在习俗的状态，这是更加自然和顺应人性本真的生活方式，是对主体日常生活世界遍在的私利心和工具意识的消除，对主体情感的净化和陶冶以恢复审美独立意识，对工具意识的抵抗成为贯穿主体外在性维度的主线，与内在性维度的分化，互为表里。

风俗是特定时空人们风气、礼节、习惯等的总和，是相沿积久的行为方式和生活方式。权力通过话语权表现出来，并配合各种规训的手段将权力渗透到社会生活的各个细枝末节中去，风俗是主导型文化权力在社会各个毛细血管的遍布。对于风俗习惯的批判，西方自苏格拉底开始。苏格拉底并不打算颠覆现存社会生活秩序，对风习流俗的

---

[1] ［法］米歇尔·福柯：《什么是批判：福柯文选Ⅱ》，汪民安编，北京大学出版社2016年版，第174页。

批判比较温和中庸。卢梭对风俗的反思批判则非常鲜明和自觉，在公众舆论中卢梭是一个"文化的破坏者，因为他宣布一切文化成果都毫无价值"。他希望拯救这个"过分精耕细作的世界的病源"。① 其实，卢梭并非一个反文化的厌世者，在文明昌盛、科技进步、物质繁盛的时代，他力图防止人类迷失自身，反对西方现代性过程中主体的去主体化问题。"他一面赞美人类精神的进步，一面又很惊讶地看到公众的不幸以同比增长着。"② 科学技术开启改天换地的新纪元，主体的自我意识觉醒和理性立法使得社会生活日益规范化、理性化，然而，现代性的自反性非常具有反讽意味，主体的理性算计将主体拖入被控制、被羁押的异化境地。在他看来，人具有自然的本性和要求，这些自然的要求比经过矫饰的风尚更合理，是真正的快乐。

现代主体服膺科技理性，物欲泛滥的炫耀性消费话语占据上风，交织为风俗，在日常生活中达成工具意识对主体审美独立意识的全面挤占，淳朴自然的人性状态难以寻觅。"在一般平民中间，虽然只偶尔流露热情，但自然情感却是随时可以见到的。在上流社会中，则连这种自然情感也完全窒息了。"③ 卢梭是新教徒，年轻时出于外界原因一度改宗天主教，但他并不把人看作受神奴役的对象，而是看作自主的个体，人自主行动的动力来自感情，他对自然感情推崇备至，认为"先有感觉，后有思考"是"人类共同的命运"。为了论证自然状态合乎历史起源的依据，卢梭想象自然状态的野蛮人情境，当然这一立论基础本身，正如论者所指出，具有暧昧性，因为自然状态游离于事实（客观的自然事物和人的本然状态）与假定意义（设想的自然状态的野蛮人）之间。④ 结合社会人类学和考古学

---

① ［法］罗曼·罗兰编选：《卢梭的生平和著作》，王子野译，生活·读书·新知三联书店1993年版，第13页。
② ［法］让－雅克·卢梭：《卢梭评判让－雅克：对话录》，袁树仁译，商务印书馆2015年版，第153页。
③ ［法］卢梭：《忏悔录》第一部，黎星译，人民文学出版社1980年版，第181页。
④ 何中华：《重读卢梭三题》，《山东大学学报》（哲学社会科学版）1999年第2期。

成果，需要把卢梭对自然状态的暧昧设想做一点修正："我们最早的先辈们生而平等，但冰河时代刚刚回暖，他们中就有部分人开始放弃一些平等权利了。"① 就是说，不平等是人类社会历史发展过程中出现的一种动态的复杂性现象。基于个人成就的不平等一定程度上有助于激发社会进取，而固守不平等，则会抑制创新，最终制约社会的有序发展。卢梭的直觉得到了人类学与考古学的证实与补充。只有祛除日常生活遍在的雕琢伪饰之风，才能恢复人性自然本真的平等状态，卢梭的自然观是基于西方现代性风俗批判的新一轮主体自觉。

而中国人重视观照和反思风俗习惯则基于维护稳定的政治学考量。《晏子春秋·问上》曰："百里而异习，千里而殊俗"，"风"侧重民众因所处水土环境差异导致的不同性情风气，"俗"侧重民众因随顺君王之好恶而导致的习惯喜好，"凡民函五常之性，而其刚柔缓急音声不同，系水土之风气，故谓之风。好恶取舍，动静亡常，随君上之情欲，故谓之俗"。杨树达的训释是："文以欲释俗，乃声训。"② 正因为风俗之中不仅蕴含了水土环境的差异因素，而且民俗折射出上之所好及下之人情欲望的流动，所以从风俗中可以直观地洞见政治得失，如"命大师陈诗，以观民风俗"（《尚书大传》），"观风俗，知得失"（《汉书·艺文志》），"观风俗之盛衰"（《论语·阳货》郑玄注），等等，不一而足。风有厚薄，俗有淳浇，唯有圣人、大人，才能化成良风美俗，否则落入人欲的汪洋，"圣人作而均齐之，咸归于正；圣人废，则还其本俗"③。古天子巡狩则观风问俗，较之古希腊哲人对风俗的反思，中国古人心之所系颇为沉重。习俗相沿久远，民众浸染既深，变更殊为不易，非人中豪杰，无以担此重任。

---

① ［美］肯特·弗兰纳里、乔伊斯·马库斯：《人类不平等的起源：通往奴隶制、君主制和帝国之路》，张政伟译，上海译文出版社2016年版，第589页。
② 周振鹤编著：《汉书地理志汇释》，安徽教育出版社2006年版，第493页。
③ （汉）应劭撰，王利器校注：《风俗通义校注》，中华书局1981年版，第8页。

王艮以一介布衣之身，承担起敦风化俗的重任，身体力行狂直之"真"。弘治十四年（1501）19岁的王艮奉父命"客山东，商游四方"，于正德二年（1507）25岁时在山东第一次拜谒孔庙，到正德六年（1511）29岁一日做梦天坠压身，遂有救世之念。短短十年间，王艮从偏远海滨的年轻盐户，出门远行经商致富，成长为独立思考的士人。正德年间（1506—1521）世风大坏，明武宗朱厚照行止荒唐、管理失序，使社会风俗和道德传统大幅度衰变，嘉靖以后士绅诸多感伤的批评，人们对太祖洪武年间四民秩序井然、民风质朴怀有普遍的怀旧情绪，由此可窥见人心之困惑与不满。[1] 再从地理空间看，王艮系扬州府治下泰州安丰场人，地名中的"场"字表示盐场，僻处海滨，民多朴野、不事商贾，但到正德朝，经商风愈刮愈烈，奢靡风习随之盛行，"扬俗尚侈蠹之自商始"。[2] "正德以前，民皆畏官府，追呼依期而集，无事棰楚。……今逋负争讼，至习惯不畏官府矣。"[3] 王艮亲身经历民风从质朴节俭转向奢侈浮夸，强烈的对比作用，内外因相互激荡，王艮自觉地以拯救世风为己任，萌生出自救、自觉的自我意识，具有超前性；同时他追慕太祖、稳定田制的主张又显示出农业文明和封建制度下的保守性。王艮依靠经商致富，但是他反对游民经商，观念上仍延续了儒家重义轻利的思想，主张以农业为本、减少游民，敦风化俗，以维护社会稳定为先务。

　　王艮对上古三代和明太祖治下的怀旧情绪，与卢梭追慕遥想远古人类的自然状态，从对伦理道德形式主义的现实批判来看，颇有共通之处。王艮对明太祖极为推崇："钦惟我太祖高皇帝教民榜文，以孝弟为先，诚万世之至训也。"[4] 明太祖朱元璋为明代社会建立了自给自足

---

[1] [加]卜正民：《纵乐的困惑：明代的商业与文化》，方骏、王秀丽、罗天佑译，广西师范大学出版社2016年版，第163页。
[2] 《嘉靖惟扬志》（1542年）卷11《风俗志》附，宁波天一阁藏明嘉靖残本。
[3] 《邵武府志》（1543年）卷2《风俗》，宁波天一阁藏明嘉靖刻本。
[4] （明）王艮：《明儒王心斋先生遗集》，《王心斋全集》，陈祝生等校点，江苏教育出版社2001年版，第50页。

第五章 亦圣亦狂:存乎一念的审美困境

的农业经济,确立了士农工商四民稳定和谐的社会等级秩序,在王艮看来,其养民之道"不外乎务本节用而已。古者田有定制,民有定业,均节不忒,而上下有经,故民志一而风俗淳。众皆归农,而冗食游民无所容于世。今天下田制不定而游民众多,制用无节而风俗奢靡"。①明中期以来,在商业化、货币化和城市化的持续冲击下,稳定的社会秩序逐步解体,成为困扰大明统治阶层的棘手难题。到万历初年时,"散敦朴之风,成侈靡之俗,是以百姓就本寡而趋末众,皆百工之为也"。② 商业逐利本能受到前所未有的刺激,道德崩溃、主体伦理谱系淆变。将风俗奢靡归罪于田制不定、百姓趋之若鹜从事手工业以争相牟利,这是当时士绅的普遍看法。士人也兢兢业业于逐利,抛弃了本应给他们带来优越感的道德理想,更加赤裸裸地把圣贤经典作为钓取功名的手段,伦理道德走向更加全面的形式主义。明人张翰感慨道:"所谓诵法圣贤者,取陈言应制科尔,甫服冠裳,辄尽弃去。悲夫!以是立功名且不可,何论道德!"③ 科举考试中蹈袭陈言以应制科、试对策,不仅对于功名事业有害,而且对于合范的道德秩序的颠覆、毁坏之力更甚。滥用人的聪明才智于一味逐利,并不能带来主体身心的自由解放,反而陷入更为深重的束缚。那么,身体力行地重建和恢复传统道德秩序,则具有了尊重主体价值的意义。

王艮对理想社会的设想依托于恢复有序稳定的人伦关系。在构建社会和谐关系中,他尤其重视确保个人的身体得到保全并且能够接受教化,说到底还是落到"身"这一根本上,令每个人身心健康、和谐发展。《王道论》中写道:"故凡民之有德行才艺者,必见于人伦日用之间,而一乡之人无不信之者。"④ 他认为王道就体现在平民

---

① (明)王艮:《明儒王心斋先生遗集》,《王心斋全集》,陈祝生等校点,江苏教育出版社2001年版,第65页。
② (明)张翰:《松窗梦语》,盛冬铃点校,中华书局1985年版,第68页。
③ (明)张翰:《松窗梦语》,盛冬铃点校,中华书局1985年版,第61页。
④ (明)王艮:《明儒王心斋先生遗集》,《王心斋全集》,陈祝生等校点,江苏教育出版社2001年版,第64—66页。

百姓日常生活的衣食住行之中，体现在人伦交际的应对举措当中。在现实中王艮拒绝出仕，坚持布衣倡道，宣扬王道社会，彰显士人主体自觉意识，即在人伦关系主导语境下，化被动为主动，抵制人的价值的商业化沦陷，重建仁义有序的人伦关系。他用"百姓日用是道"点拨门人，在身心教化上渲染"自然"天则。百姓日用主要包括日常生活和日常交往活动，不着人力自然停当，就能够与"道"同一，反之夹杂各种流行意见就迷失了"道"。百姓处于日用而不知的蒙昧状态，必须依靠先知觉后知，恢复日常生活和交往活动中尊崇自然天则的主体认同："百姓日用处，不假安排，俱是顺帝之则"①，"良知天性，往古来今，人人俱足，人伦日用之间，举而措之耳"。② 百姓日用既是"体"又是"用"，即体成用，即用显体，体用不二，体与用是朴素的辩证转化关系，这就使得重建王道理想的社会难题，落实到了日常生活和日常交往中，确切地说落实到了依据自然天则建构的直言主体身上。

（三）"真"范畴的殊途同归

直言主体的内在性维度与外在性维度之间相互关联、相辅相成，又相互制约、相互冲突，构成复杂的张力结构。它们构成直言主体的内在驱动力，以及各种风险的内在根源和重要的生成机制。风险来自现代性的自反性，自反性伴随现代性而来，它的出现具有强制性。自反性的内涵颇为复杂，安东尼·吉登斯与乌尔里希·贝克等强调社会制度或社会结构的自反性，是实用主义的考量，二者的分歧在于吉登斯理解自反性为自我反思性，贝克解释自反性为自我对抗，斯科特·拉什则补充了美学意义的自我自反性。③ 直言

---

① （明）王艮：《明儒王心斋先生遗集》，《王心斋全集》，陈祝生等校点，江苏教育出版社2001年版，第72页。

② （明）王艮：《明儒王心斋先生遗集》，《王心斋全集》，陈祝生等校点，江苏教育出版社2001年版，第47页。

③ ［德］乌尔里希·贝克、［英］安东尼·吉登斯、［英］斯科特·拉什：《自反性现代化：现代社会秩序中的政治、传统与美学》，赵文书译，商务印书馆2014年版，第146页。

第五章　亦圣亦狂：存乎一念的审美困境

主体的自反性使自己充满迷人的魅力，又迅速过渡为风险，将自身带入风险的旋涡。下面试从实用层面、美学层面和审美建构层面具体考察。

第一，实用层面上，祛除形式主义，拯救风俗流弊，与带有浪漫理想色彩的乌托邦元叙事建立关联。卢梭重视直言主体个人的权利，通过主体之外的社会政治制度、法律制度的设计，建构人性本真状态能够得以长存的乌托邦。而王艮企慕重回王道社会，在主体与主体之间的人际伦常关系中建构直言主体活泼自然的乌托邦。考虑到自反性带来的风险，毁弃人际伦常的规范化程式化，与伦理、道德、政治都有联系的风俗终将走向更深的堕落。

卢梭的政治和教育性论著《爱弥儿》，想象在自然状态下对爱弥儿进行教育，培育人性自然的一代新人，通过自然教育塑造直言主体的身心。这种理想化的自然教育观，能治疗科学艺术繁荣表象下道德的堕落："在我们的风尚中流行着一种邪恶而虚伪的一致性，好像人人都是从同一个模子中铸造出来的：处处都要讲究礼貌，举止要循规蹈矩，做事要合乎习惯，而不能按自己的天性行事，谁也不敢表现真实的自己。"一般认为，《爱弥儿》有意模仿了柏拉图的《理想国》，《爱弥儿》与它的注释性附录《社会契约论》是一个完整的整体。[①]《爱弥儿》是对主体内在的灵魂立法，《社会契约论》则以强制性的社会立法相辅助，直言主体乌托邦叙事的焦点转移到政治法律制度的变革。卢梭的思考是外倾的，他的兴趣在"什么是可能的最好的政府"这个大问题上，也就是，什么样的政府性质能造就出保持自然人性的人民，以及如何找到一个能把法律置于一切人之上的政府形式。因为人与上帝关系的特殊性，卢梭在社会和人

---

① 埃利斯：《卢梭的苏格拉底式爱弥儿神话（一）：〈爱弥儿〉与〈社会契约论〉的文学性对勘》，罗朗译，载刘小枫、陈少明主编《卢梭的苏格拉底主义》，华夏出版社2005年版，第45页。

泰州学派"狂"范畴

与人的建构上选择了一种特殊的公约——契约关系,"每一个人对所有的人都承担了义务;反过来,所有的人也对每一个人承担了义务"。①卢梭的社会乌托邦理想是建立在契约关系上的,基于自由含义的关系,以个人中心为基础,它表明人对他人依附关系的消解和个人自由平等权利的增长。

泰州学派的思考尽管也导向对社会权力结构的冲击,但受制于强大的内倾性传统,它所引起的革命最终在人与人基于自然良知的伦理道德关系中进行。王艮对王道社会有自己的设计,从"身"与"心"两方面对广大百姓进行教养,良知自然,简易直接,用民间讲学的方式,把百姓日用而不知的愚夫愚妇塑造成自然天则的直言主体,实践补天宏愿。他对以八股文章选拔人才的标准连带教育一并进行了全盘否定,奉行先德行后文艺的古老传统。他所说的"文艺",指的是八股制艺:"先德行而后文艺,明伦之教也。""在上者以文艺取士,在下者以文艺举士,……而上下皆趋于文艺矣。"无论老幼,皆专注于文辞的形式主义作风,"浩瀚于辞章,汨没于记诵,无昼无夜,专以文艺为务。"盖不如此,则不足以应朝廷之选而登天子之堂、光宗耀祖、赢得尊重。"方其中式之时,虽田夫野叟,儿童走卒,皆知钦敬"。整个社会风气所及,上行下效,即便愚夫愚妇、黄口小儿都以八股为重,士人之为士人的道德追求被彻底抛弃,"一皆文艺之是贵,而莫知孝弟忠信礼义廉耻之学矣"。②浩瀚于辞章,不只是死记硬背的简单问题,而是形式主义的伦理道德对于实质的伦理道德的僭越和放逐。

第二,美学层面上,直抒胸臆的自然情感能够打动人心,以无意识的本我冲动抵抗现实压抑则令人向往,卢梭与王艮可谓殊途

---

① [法]卢梭:《社会契约论或政治权利的原理》,李平沤译,商务印书馆2011年版,第172页。
② (明)王艮:《明儒王心斋先生遗集》,《王心斋全集》,陈祝生等校点,江苏教育出版社2001年版,第65页。

第五章 亦圣亦狂:存乎一念的审美困境

同归。但如果将本我冲动或者缺乏形式加工的自然情感等同为审美情感,或者将之等同于与审美情感常常结伴而行的道德情感,则会助长个人主义的纵情任欲的风险,终将失去人与人之间的伦理和谐。

对自然情感需要稍作分疏。美学意义上的自然情感,疏离了功利欲望并保留了自然情感的个体性和触发性,通过形式化(而非形式主义)和意象化使之有了普遍传达性。[①] 完全不加藻饰的自然情感因为缺乏形式和修饰(比如婴儿的号啕大哭),不能成为审美情感。至于道德情感是用先验的道德理性来制约人的感情,将感情德性化、理性化。道德情感与审美情感有区别,又与审美情感相交织,比如道德境界的超越性情感也就是审美情感。卢梭、王艮推崇不加伪饰的自然人性、自然情感,将人类共有的怜悯心、同情心作为道德情感的基础,将先天即有、后天自然生发或者通过后天习得复苏人性中已有的萌芽,视作自然情感,存在着将自然情感泛化为道德情感、审美情感的倾向。

卢梭甄别文艺的标准是真理,以直言的方式表达出来。他说:"就我们的文章来说,还是要看文章的内容讲的是不是真理。"[②] 不符合这一条的文艺必须被驱逐和抛弃,在文学创作中秉持直言、说真话的态度贯穿在他的生命和创作实践之中,"自然"意味着丝毫不加掩饰地袒露自己的内心,在尊重真相的前提下说出关于真相的一切,不因为利害计较而有所隐藏,也不借助任何掩饰地说出真相。"忏悔"这一形式记录下卢梭对直言主体的自我建构历程,当他决心"把一个人的真实面目赤裸裸地揭露在世人面前。这个人就是我"[③]的时候,也就承担了与整个世界关系破裂的风险。因此,创作是源

[①] 张晶:《审美情感·自然情感·道德情感》,《文艺理论研究》2010年第1期。
[②] [法]卢梭:《论人与人之间不平等的起因和基础》,李平沤译,商务印书馆2015年版,第170页。
[③] [法]卢梭:《忏悔录》第一部,黎星译,人民文学出版社1980年版,第1页。

自激发物的不得已而为之的事,而这种激发物比个人利害甚至比名誉都更强烈。"这一激发物难以抑制,又无法作假"①,针对科技和生产力发展带来的主体迷失,借某个契机激发出不可遏制的直言态度,获得激情澎湃的直言快感,反反复复触及言说的真相。

  王艮同样面对商品化条件下伦理道德形式主义的偏至,重建合范的主体伦理谱系,尤其致力于在形而下的百姓日用生活世界,于人伦秩序及具体事务上构建良知本体,"分分明明,亭亭当当,不用安排思索"②,良知自然显现于百姓日用,当下即是,不假安排。经由泰州后学的推阐,历经辗转,曲折指向直抒胸臆的直言主体审美。王襞避免了王艮于百姓日用上主动担当而用力过猛的毛病,调和为夹杂道佛的思辨思想,曰:"纵横而展舒自由,脱洒而优游自在也,直下便是,岂待旁求?一彻便了,何容拟议?"③他笔下的自然,既有儒家于事理上从心所欲不违本心的坚守,又颇有道家的清静坦荡,还具有佛禅的洒脱自在、纵横自如。邓豁渠则在对自然的形上超越境界追求上更深入一步,自然又称"本色",不曾加添一毫意思安排,与浑无挂碍的赤子一般。他对情感的自然抒发亦包容理解:"当机拂逆时,不容不怒。当感伤时,不容不哀。"④人与人的感情不同、反应有别,伦理道德传统用温柔敦厚、发而皆中节来加以约束,使人们的感受趋于一致和稳定,以保持整体的和谐,邓豁渠以出世寻求更彻底的解脱,放下了生活世界的伦理秩序,服膺于人心人情的自然法则。还有颜钧、何心隐、罗汝芳等泰州学人进一步发挥了

---

  ①　[法]让-雅克·卢梭:《卢梭评判让-雅克:对话录》,袁树仁译,商务印书馆2015年版,第9页。

  ②　(明)王艮:《明儒王心斋先生遗集》,《王心斋全集》,陈祝生等校点,江苏教育出版社2001年版,第43页。

  ③　(明)王襞:《明儒王东厓先生遗集》,《王心斋全集》,陈祝生等校点,江苏教育出版社2001年版,第319页。

  ④　(明)邓豁渠著,邓红校注:《〈南询录〉校注》,武汉理工大学出版社2008年版,第49页。

"真""自然""本色"的见解,他们在思想建构上各有侧重,不一一备述。李贽的发言可谓掷地有声:"自然发于情性,则自然止乎礼义,非情性之外复有礼义可止也。惟矫强乃失之,故以自然之为美耳,又非于情性之外复有所谓自然而然也。"[①] 他否定了表达中矫强刻意的伪饰,认为出于自然情性的直抒胸臆就是美。对个体充满多样性的自然情性体现宽容,有助于从社会生活到个体生命实践建构起有承当的直言主体,这时候人的独立意识、自觉意识一旦觉醒,天马行空的创造力也就腾涌而出。

第三,审美建构层面上,王艮与卢梭在直言主体的审美建构上不谋而合,他们都为主体内在的自然情性鼓与呼,都热望主体外在的社会风俗走向自然淳朴,但是卢梭转向主体之外的、社会契约论的强制性法律设想,而王艮践履主体与主体之间的伦理道德秩序的重建。这就使得王艮的直言主体审美具有双重面向和双重风险,一重风险源自直言主体张扬个性、情感、本能欲望的冲动,主体自然情性的淋漓表现,与欧洲早期现代以及晚清民国以降的审美现代性颇多契合;另一重风险来自群体政治学,在人伦关系中重建合范的理想伦理道德秩序,构成对朝廷王权统治的隐性威胁,给直言主体本身带来灾厄,这又可与晚清民国救亡图存的启蒙现代性产生共鸣。这双重面向与风险既有区别又有联系,彼此纠缠,难解难分。

在审美现代性的美学地图上解读晚明文艺美学思想,汤显祖的"至情"、公安三袁的"性灵"、李贽的"童心"等范畴,把直言主体内在精神性维度的自然情性加以强调,乃至以这些带有缺陷的或片面的人情人性范畴自我标榜,以"梦"范畴塑造自然情性与灵明良知交会的审美乌托邦。围绕着直言主体的自然范畴,还有系列子范畴(如"怪""奇""畸"等),其共性是在无差别的群体人格中彰显个体存在的另一种可能性,以徐渭、屠隆、傅山等为代表,在

---

① (明)李贽著,张建业、张岱注:《焚书注》,社会科学文献出版社2013年版,第365页。

驯化与不羁的对抗中，抒发外冷内热的不可遏灭之气。

  文学作品能够敏感地预见审美的新动向，它们用形象"说真话"，汇成现代审美性视域下的点点星丛。在小说、戏剧、小品文等新兴文学样式中雅俗并立，化鄙俚为精华，借杜丽娘之口道出"可知我常一生儿爱好是天然"（《牡丹亭·惊梦》）的汤显祖力倡"情至"理论，《牡丹亭》用诗化的语言建构了情之深、情之真的爱情主体的美好乌托邦。再如《水浒传》表面依托北宋历史史实，实则是缘情书愤地虚构了梁山泊一百单八将的想象共同体，在朝廷秩序之外，塑造了江湖世界的直言主体群像，其中涌动着模糊的社会理想。在这种新型的直言主体的人伦秩序中，传统的忠义观念与恃道、持道的自信自觉，交织出审美的新走向。好汉们性格各异，共性则是干云的豪气与无畏的胆量，这是水泊英雄的"真"性情与"直言"。《西游记》正好相反，表面看书写的神魔世界非现实、超现实，实则借助非现实的形象与现实世界保持安全的审美距离，从而淋漓尽致地直言现实世界伦理道德政治的腐朽堕落，以及在此诸种乱象中坚持寻找自我心性本源的西游历程。至于《金瓶梅》这部奇书，不仅创作主体秉持直言态度，穷形尽相地描写日常生活世界中的纵情任欲、人与人之间伦理道德关系的全面崩坏，而且塑造比较丰满的人物形象，也无不恣意放任丑恶的贪欲和情欲，丑到极致，也恶到极致，挑战读者的接受底线。这种极端地试图说出一切的态度，反对任何修辞或藻饰，在说话者和所说的事之间建立必然的、强烈的关系，会带来遮蔽或损害直言真相的风险，也必然会涉及勇气和胆量，冒天下之大不韪，解散与对方的关系，甚至使自身陷于孤立无靠、遭众人侧目的境地。

  "狂"范畴以其直言不讳的担当精神，在民族国家处于危亡之际大放异彩，在 20 世纪初的启蒙现代性与审美现代性中都可以寻觅到其踪影。鲁迅先生的《狂人日记》是现代白话文小说的开山之作，小说中的"狂人"是冒天下之大不韪也要说出真话、反思批判传统社会的直言主体形象。这种勇猛的说真话态度,罔顾一切风险,试图用呐喊唤醒民众、启发愚蒙,寄托了热烈深沉的理性诉求。鲁迅先生的《狂人日记》与俄国作家果戈理的《狂人日记》同名,可以肯定受到外来文化的影响,但是也不能否定本土美学精神之"狂"范畴在集体无意识层面的积淀。从审美现代性视域来看,发现真相、说出真相的直言担当,与泰州学派"狂"范畴以"身"弘道、行不掩言之间,存在隐性的关联,传统的家国天下已经改变,社会启蒙的宏大诉求成为现代知识分子承当之"道",这种担当可以无视一切风险与利害,以远超常人的勇气和担当,批判和反思传统文化和整体社会制度。

第六章 以"叙事"建构"身"的在世体验

这里的"叙事"一词并不是 20 世纪 60 年代西方叙事学建基于结构主义语言学和小说文类传统的叙事（narrative），也不可化约等同于 20 世纪末以认知论转向和跨学科趋势为特点的后经典叙事，而是深入中国传统文化梳理中国叙事学[①]意义上的叙事。中国文论很早就有"叙事"的术语，指的是有序地胪列记叙事情，"叙，次弟也"；"史，记事者也"，"事"与"史"通[②]。唐代刘知幾曰："夫史之称美者，以叙事为先。"[③] "叙事"包括事情的组织安排、语言风格、叙述顺序、修辞褒贬等。在各式叙事中历史叙事独占鳌头，元末明初陶宗仪道："夫记者，所以纪日月之远近，工费之多寡，主佐之姓名，叙事如书史法。……夫叙者，次序其语。前之说勿施于后，后之说勿施于前，其语次第不可颠倒。故次序其语曰叙。"[④] 可

[①] 参照西方叙事学，傅修延、赵炎秋、董乃斌、杨义等学者致力于中国叙事思想传统的梳理。杨义、傅修延和美国学者浦安迪（Andrew H. Plaks）都著有名为《中国叙事学》的著作，浦安迪的演讲《中国叙事学》是对明代奇书文体个案的叙事考察，严格来讲并不是中国叙事学。傅修延追溯中华文化的初始叙事，杨义发掘不同于西方叙事的中国文化密码，都强调中西差异和凸显本土特色，深入中国传统文化的内部考察中国本土的叙事思想。可参阅杨义《中国叙事学》，人民出版社 1997 年版；傅修延《中国叙事学》，北京大学出版社 2015 年版；[美]浦安迪《中国叙事学》第 2 版，北京大学出版社 2018 年版。

[②] （东汉）许慎著，（清）段玉裁注：《说文解字注》，上海古籍出版社 1988 年版，第 126、116 页。

[③] （唐）刘知幾：《史通》，（清）浦起龙通释，上海古籍出版社 2015 年版，第 153 页。

[④] （元）陶宗仪：《南村辍耕录》，中华书局 1958 年版，第 107—108 页。

见，记叙事情能够如同历史叙事一般清晰有序，标志其达到了极高的水准，何况中国叙事有深厚的可资借鉴的史学传统。但叙事并不止限于历史，还有"序""跋""碑文""行状""传"等亦文亦史的文章。董乃斌主张"大文学观"，与旧的泛文学观和所谓的纯文学观相对，将大批史学叙事纳入考察视野[1]，这将打开叙事研究的新天地。

寻找中国叙事传统的生成机制，还存在一个绵延传承但长期被忽视的领域：儒家叙事传统。儒家叙事以道统传承为主线，学界虽有零星的道统叙事研究，但侧重点在"道统"而非"叙事传统"[2]。从儒家叙事传统角度考察，泰州学派的儒家叙事思想由王艮（1483—1541）发轫，经颜钧（1504—1596）承上启下，何心隐（1517—1579）使之系统化，仅仅一个百年的时间，在儒家叙事传统建构上堪称实现了"跨越式"发展。而就在这一个百年的时间线上，我们知道经史合一的思想逐渐赢得认同，从王阳明到何心隐再到李贽，经史一物的思想越发清晰，同时这也是学界普遍认同的小说、戏曲叙事的黄金时段，理学、史学、文学实现了前所未有的深度融合。

基于心学道统传承的"叙事"思想有颇多独到认识，对此加以发掘和解读，不仅有助于更加客观地理解泰州学派的儒家叙事思想，而且有助于理解心学视域中"身""家""国""天下"叙事观念的演变情形，庶几裨补学界儒家叙事传统研究之阙落，对于浦安迪主张的明代小说叙事之思想史根源在《大学》之道[3]，亦能加以更为

---

[1] 董乃斌：《中国文学叙事传统论稿》，东方出版中心2017年版，第12页。
[2] 关于道统叙事的研究成果，如葛兆光把道统视作一种本土自生自长的思想史叙事脉络，可参阅葛兆光《道统、系谱与历史——关于中国思想史脉络的来源与确立》，《文史哲》2006年第3期。王格把心学学者编撰书写《王门宗旨》等"心学之史"视作道统叙事形式，可参阅王格《周汝登对"心学之史"的编撰》，《杭州师范大学学报》（社会科学版）2016年第2期。
[3] ［美］浦安迪：《中国叙事学》第2版，北京大学出版社2018年版，第213—241页。浦氏认为明代四大奇书广泛地反映了修心修身的儒家核心概念。具体到《西游记》是"不正其心不诚其意"，《金瓶梅》为"不修其身不齐其家"，《水浒传》乃"不治其国"，《三国演义》则为"不平天下"，这稍有点牵强。

切实的分疏，从而从思想史源头上更深入地理解中西方叙事思想的异同。

第一节 "格物"：道统叙事的出发点

一 "心"上说"格物"

泰州学派在对《大学》"格物"说的阐发中建构儒家叙事传统，也就是以"格物"为出发点塑造"身"的"形象"，叙述关于"身"形象的新型社会想象，传达入世体验从而弘扬道统。《大学》曰："古之欲明明德于天下者，先治其国。欲治其国者，先齐其家。欲齐其家者，先修其身。欲修其身者，先正其心。欲正其心者，先诚其意。欲诚其意者，先致其知。致知在格物。"①

明代文人对"格物"的理解，继承和发展了宋儒的观点。程颐曰："格犹穷也，物犹理也。犹曰穷其理而已也。"② 又曰："须是今日格一件，明日又格一件，积习既多，然后脱然自有贯通处。"③ 朱熹对此加以发挥道："格，至也。物，犹事也。穷至事物之理，欲其极处无不到也。"人心本来有"知"，事物本来有"理"，"知"除了知识，还混杂有体悟、心得，即"物穷理"是自我获取知识感悟的途径，在"理"上若未能穷尽，人心之"知"也就不完足。《大学》教导致学者要趋近天下事物，由已知之理入手，继续用力——穷极之，一朝豁然贯通，"则众物之表里精粗无不到，而吾心之全体大用无不明矣。此谓物格，此谓知之至也"。④ 此时，心物皆达到通明澄澈境界：物格、知至。总之，程朱理学的"格物"说在理智上构建了与自我之"身"对立的客体"物"，掌握外在于人的"物"就意

---

① （清）阮元校刻：《十三经注疏·礼记正义》，中华书局1980年影印本，第1673页。
② （宋）程颢、程颐：《二程集》，王孝鱼点校，中华书局2004年版，第316页。
③ （宋）程颢、程颐：《二程集》，王孝鱼点校，中华书局2004年版，第188页。
④ （宋）朱熹：《四书章句集注》，中华书局2012年版，第7页。

第六章 以"叙事"建构"身"的在世体验

味着向外求索天理。作为形上追求,这一比较类似认识论关系中人与外部事物的关系,强调通过格物扩充知识。这里的"物"既有自然事物及知识也有人文现象及其感悟,日积月累达到无所不知、无所不能,心物内外交融,所穷之理达到了宇宙与人生的贯通。这是就积极效应而言,现实中宋儒"格物"说的负面效应也显露无遗:零零碎碎做工夫,终失之于烦琐支离。

明代心学兴起,王阳明龙场悟道,以格竹子失败为标志事件,放弃外向探求天理的无用功,将"格物"转向激活内在人心的能动力量。他嘉许弟子徐爱的见解:"'格物'的'物'字即是'事'字,皆从心上说。"[①] 这标志着"物"的重要转换,即依心说"物",忽略、排除与人心无关涉的客观事物,聚焦于经过内在人心感知把握的事物,"物"全面渗透了心灵的主观色彩,从而蜕变为人事的代名词。因此,阳明心学的"格物"是透过人、事、物与自我的意义联结构成的意向性关系。

泰州学派的儒家叙事传统建构,通过"叙事"寻找和确认自"身"在家国天下存在的"形象"体验,提供了理解中国叙事传统不可或缺的思想支持,凸显了儒家"格物"说对于明代叙事的思想史意义以及叙事繁荣与讲学昌盛之间曲折的思想史关联。查尔斯·泰勒(Charles Taylor)指出:"社会想象是使人们的实践和广泛的合法性成为可能的一种共识。"[②] 而形象、故事和传说是社会大多数人所共享的想象。明代对于"身—家"形象脱嵌的叙事热度不减,对于自我形象之"身",有意打破长久的沉默,为不予表达的"身"经验形塑,探索中国人时空体验中的自身认同,以叙事寻找和确认自身在社会存在中的形象。叙事构成了社会转型期关于自我形象的

[①] (明)王阳明:《王阳明全集》,吴光、钱明、董平、姚延福编校,上海古籍出版社2011年版,第6页。

[②] [加]查尔斯·泰勒:《现代社会想象》,林曼红译,译林出版社2014年版,第18页。

社会想象,以及对本真性自我、内在自我的发现,这是内生性的对自我的自由想象,或有助于弥补对泰州学派思想及明代叙事思想认识的欠缺。

泰州学派面向平民讲学倡道,风靡大江南北。他们勇于自任儒家道统,在讲学上笃行超迈,类似侠的狂放雄豪而更有过之,后学多强调其强劲的行动力,相形之下讲学弘道的思想史理据被遮蔽了。王艮讲学灵动,善于点拨愚顽,但是不喜著述,他的语录由弟子及后学整理,而口头讲学一旦转化为书面语录,就脱离了话语原境,加之弟子后人多次编纂加工,原貌更是难以窥见。颜钧的著作虽然能配成足本,于1996年由黄宣民点校后首次出版,但字句生涩,辞气不文,不少地方难以句读,留有明显的口头讲学痕迹。而何心隐虽擅长著述,但是因为讲学遭禁遭荼毒,著述散失严重,《爨桐集》是何心隐存世唯一著作,原刻本1625年刻印,彼时距离何心隐遇害已近半个世纪,张宿因为机缘巧合诠订刻印《爨桐集》:"向读卓吾《何心隐论》,窃其高人,每以不得读其书为恨。秋夜篝灯,简敝箧乱帙中,得心隐写本一部"①,可惜这一刻本流传得也很少,何心隐族人于清初刻印的《梁夫山遗集》,篇幅比《爨桐集》少。1960年容肇祖将两个抄本互校补订、整理为《何心隐集》出版②。何心隐的著述远不止这些,"所著有《四书究正注解》《重庆会稿》《聚和堂日新记》,板皆无存,存者只《原学原讲》及被逮沿途上诸当道书"。③ 由于著作散失严重,给读者接受增添了难度,加之行文中糅合大量概念术语,背后又往往关涉复杂的思想渊源,读之晦涩费解。为此,需要旁牵他涉、寻根溯源,补足这些概念术语相关联的思想,

---

① (明)何心隐:《何心隐集》,容肇祖整理,中华书局1960年版,第8页。
② 容肇祖整理出版《何心隐集》后不久,美国学者罗纳德的博士学位论文即以何心隐为研究对象,后出版专著:《圣人与社会:何心隐的生平和思想》,指出何心隐以成圣为人生追求,书中未涉及叙事思想。可参阅 Ronald G. Dimberg, *The Sage and Society*: *The Life and Thought of Ho Hsin-yin*, The University Press of Hawaii,1974。
③ (明)何心隐:《何心隐集》,容肇祖整理,中华书局1960年版,第132页。

进而理解其叙事思想。

二 "絜矩"中有"形象"

王艮继承依心说"物"的"格物"说，并且将心与物的意向性关系发展为"絜矩"说。也就是以"矩"絜度"物"的隐喻关系，他认为吾身犹如"矩"，天下国家犹如"方"，"吾身"就是能思考、能行动的肉身，大致对应自我概念；"矩"是古代画直角或"方"形的工具，引申作规则讲，这正与现象学的阐释学意义上"活的隐喻"若合符契，而"隐喻是话语借以发挥某些虚构所包含的重新描述现实的能力的修辞学手段"。[1] "矩正则方正矣。方正则成格矣。故曰'物格'。吾身对上下、前后、左右是'物'，絜（笔者注：脱字，据上下文补）矩是'格'也。"[2] "絜矩"这一著名隐喻将天下国家不方的责任归于自我之"身"这一矩尺有欠方正，象喻自我之"身"参与家国天下事务的主动性、能动性，在家国天下连续体中确立了"身"的制度肉身规范。所以，"身"如矩尺，强调了士人弘道的主动担当精神。

士人彰显弘道意识的"格物""絜矩"观念，如何与叙事内在要求的形象化显现建立起勾连，这是问题的关键。颜钧的观点上承王艮下启何心隐，他把"良知"三分为"性""情""神莫"，区分依据在于是否显现为形象："性也，则生生无几，任神以妙其时宜。至若情也，周流曲折，莫自善测其和目卒。是故性情也，乃成象成形者也。神莫为默运也，若妙若测乎象形之中，皆无方体无声臭也。"[3] "神莫"属于无形无象的良知，类似某种绝对精神，"性"

---

[1] ［法］保罗·利科：《活的隐喻》，汪堂家译，上海译文出版社2004年版，"前言"第6页。

[2] （明）王艮：《明儒王心斋先生遗集》，《王心斋全集》，陈祝生等校点，江苏教育出版社2001年版，第34页。

[3] （明）颜钧：《颜钧集》，黄宣民点校，中国社会科学出版社1996年版，第13页。

"情"也属于良知，但是有象有形，可以感知和把握。这意味着，以弘道意识为依托的"格物"转化为叙事，良知的形象化显现在其中充当了津梁。

"格物"是《大学》之道，通往修齐治平的人生实现之路，自我之"身"参与进入家国天下连续体，我们获得身处这个世界的确证，讲学旨在实现"理""事""心"合一，以最契合身心的"讲学"面向家国天下，获得在世的归属感，理解是对存在者在世之回应，这一过程就是通往致良知的"格物"。这里存在叙事的潜在可能性，但是从叙事的可能性到现实性，需要回答"良知"如何借修齐治平之道显现为形象可感的叙事。何心隐的主张是在"身—家"的形象化叙事中弘扬道统，他曾经从师于王艮和颜钧，不难看出他们在思想上的关联，都是基于弘道的强烈主体意识。王艮、颜钧点到即止，何心隐则详尽阐发形象化叙事观点，具体而言有以下三方面。

首先，弘道需要激发良知良能，真善美是"良知"的形象化显现。人伦庶物中包含"事"且合乎"理"，审美不是来自外物，而是来自"事"中"理"向格物主体之"身"的敞开。何心隐认为："物也，即理也，即事也。"与人心发生意向性联系的人伦庶物，分为血缘关系与非血缘关系的基本伦理，分别对应"亲"与"贤"之事，它们广泛存在于百姓日用。现象学认为，意之所在便是物，心物关系上，客体显现为某种形象或意象，总是与人对客体的意向密切相关。一方面，由于"我"的投射或投入，审美对象朗然显现，是"我"产生了它，但是另一方面，从"我"产生的"物"也产生了"我"。因此，真善美说到底来自主体而非外物，审美围绕着"良知"或"心"的形象化显现而展开。当然"心"有两层含义，作为真善美本源的心体或本心，有主宰和知觉的意义，还有一层含义指更为具体感性的知觉的心。如果以良知是明觉自然，具有本然之觉，物来自格，善恶自辨，这是以知觉等同于良知，不免流于恣情纵意，此亦不可不慎乎。

第六章 以"叙事"建构"身"的在世体验

其次,"格物"过程中形象化塑造的主体尺度是对"矩"的取用。人伦庶物既是日常见在的"事",也融合了超验的"理"。"事"与"理"的敞开依托"矩"的施用,它"无声无臭,事藏于理,衡之未悬,绳之未陈,矩之未设也。有象有形,理显于事,衡之已悬,绳之已陈,矩之已设也。"① 矩尺本是测度图线方正的工具,引申为测度"吾身"与"物"相对待的人事标准。矩尺作为主体性尺度,不被启动施用,则"形""象"不显,"理"与"事"于无声无息中潜伏,此时的"物"只是自在的存在,无所谓意义;只有激活矩尺的主体性尺度,施用于"格物",则"理"在"事"上显现出丰富生动的"形"与"象",这时"物"在时空中的存在瞬间被唤醒。由于矩尺兼有具象性和抽象性特征,它包含"理"但是比"理"有切实可感的形象,贴近"事"但是比"事"具有普遍性的天理。故而"有矩,斯有物也,斯有身也,斯有家也"。② 因此,"身""家"因为施加了"矩"的主体性尺度,才被激活成为进入主体视野的"形象"。

最后,以"吾身"的主体意识絜度"家国天下","格物"意味着所修之"身"、所齐之"家"的形象塑造过程。何心隐光大了王艮的"絜矩"观点,在人与"物"的意向性关系中塑造有限中蕴含无限的"形象",所谓"矩者,矩也,格之成象成形者也,物也"。③ 格物是对"物"的絜度,借助矩尺方能成就"物",也就是通过可视可听的"象"与"形",彰显"物"的当下存在,以矩尺格物,使物"成象成形"。"象"诚于上,"形"成于下,"形"与"象"合用时指以人物为中心的形象,既有形可感又蕴含形上之道,可谓无"形象"则不成其为"格物",从而"形象"的真义向人们

---

① (明)何心隐:《何心隐集》,容肇祖整理,中华书局1960年版,第33页。
② (明)何心隐:《何心隐集》,容肇祖整理,中华书局1960年版,第34页。
③ (明)何心隐:《何心隐集》,容肇祖整理,中华书局1960年版,第33页。

敞开。

综上可见,"格物"之所以成为形象化叙事的思想渊源,有三个思想节点:第一个节点是王阳明把宋儒偏重认识论的"物"还原为心学本体论的从心上说"物";第二个节点是王艮用"絜矩"的隐喻建立起人与"物"的象征性关联;第三个节点是何心隐以"矩"作为主体性尺度的形象化叙事,照亮百姓日用的存在意义,由此生成可感知的形象,通过讲学行为完成对"形象"的叙事,于是"理"在"事"上激活,"格物"真正走进了日用伦常的形象世界。何心隐《原学原讲》篇倡导讲学弘道之风。师友之间所讲所学,少不了称引列位圣贤传承道统的典故,比如叙述周武王寻访箕子的故事,讲学中如何洞见圣人求贤若渴以及贤圣如同师友一样平等切磋治国理政大业之本心?必得细致叙述人物的外貌、语言、所见、所闻和所思,以使贤圣内心的恭敬、谦逊、端肃、睿智和圣哲得以向人们敞开。如此,往圣先贤的故事才能被后人效法,习得其本心,方能践行弘道之使命。与之同理,比如小说《水浒传》叙述宋江逢人便拜,见人便哭,自称曰小吏,或招曰罪人,于是人物形象敞开了第一层作秀作假的道学气息,使人心领神会,但是宋江能收拾人心,别是一种人才,这是另一层形象意义的敞开。总之,通过对"形象"的可感性描述,想象、直觉、虚构的能力被调动起来,被优先运用于百姓日用,通过形象描述,渗透进入我们感觉的、体验的、审美的和道德的价值领域,这些价值体验赋予了我们生活的世界以思想意义,生活世界瞬间被点亮成为可以在世居住的世界,"事""理""心"遂能融洽无间。

三 "身"形象的"五事"

泰州学派通过自我之"身"参与进入家国天下连续体,以最切身的"讲学"或"叙事"面向这个世界,获得在世的归属感,"讲学"建构起理想完美的人伦关系,君臣之伦也被何心隐从"讲学"

维度重新定义为"师友"关系,体现出将治统纳入道统谱系的意图。何心隐是泰州学派赤手搏龙蛇的佼佼者,构建家族自治组织"萃和堂",抵制不合理赋税,结交江湖异人设计铲除严嵩相权,布衣倡道讲学竟蒙冤入狱惨死……他的人生故事波澜壮阔、奇幻莫测。论者依托文本,大多看重何心隐以圣人自我期待、讲学倡道的宗旨,所言颇有见地,但也带来知行分裂的弊病。而统一知与行,唯有于"事"上见分晓。何心隐对叙事问题极为关注,比如他存世最长的论说文《原学原讲》作于被捕前一年的万历六年(1578)二三月间,此时首辅张居正铁腕治国、极恶讲学,嘉靖隆庆年间遭热捧的心学讲学已经风光不再。何心隐推溯"学"与"讲"的本源,以"事"为红线,提出"有事"而"叙事"、"五其事而叙"、"一代有一代之故事"等新异论断,为讲学的合法性疾呼,且身体力行奔走讲学,足迹遍及大半个中国。"事"的内涵一旦改变,则"叙事"观念发生变异、重组,他以知行合一之"事"为原点,这本身具有突破传统叙事矩矱的审美意味。

《原学原讲》前大半篇幅对"叙事"本源作系统性论证,可划分为三部分。

第一部分,自开头到"不于言原讲,而奚于圣原讲耶?"从"学"与"讲"的叙事范畴上推究本源,"事"分为五类范畴——"貌""言""视""听""思"而叙。从可感性叙事层面看,叙事就是叙貌、叙言、叙视、叙听、叙思。"学"源于"貌","讲"源于"言"终于"圣"。

第二部分,自"是故五其事而叙者"到"徒然泛然忧耶?"考镜叙事的历史源流,"学"与"讲"有早于孔子的渊源:禹、周武王(以箕子为师)、伏羲、尧、舜、商汤(以伊尹为师)、武丁(以傅说为师)、周文王(以周公为师)等。孔子"以学以讲名家",经历了由隐曲逐步显明的三阶段。类似的渐进三部曲发生在上古三代:"若羲、若尧、若舜、若禹、若汤、若尹,隐隐学而隐隐讲"，"若高宗、若傅说、若箕、若文、若武、若周，显显学而隐隐讲"，孔子乃"显显以学以讲名家"①。

第三部分，自"是故学其原于貌者"到"显显隐隐其学其讲以范耶？"从通变规律上辨析本源，剖分《易》之"卦"、《范》之"畴"、"穷—极"、"变—通"、"尊—亲"、"学—讲"这几对范畴。

叙事作为"事""道"统一体，本身是多层复合结构。"事"分为三个层级，每个层级各有五类范畴："貌""言""视""听""思"，"恭""从""明""聪""睿"，"肃""乂""哲""谋""圣"，皆以人为中心。何心隐曰：

> 要之，事而一、而二、而三、而四以终者，终于五也。又要之，事而貌、而言、而视、而听、以终者，终于思也。又要之，事而恭、而从、而明、而聪、以终者，终于睿也。又要之，事而肃、而乂、而哲、而谋以终者，终于圣也。又要之，圣又终乎其睿其思，其五其事者也。即事即学也，即事即讲也。圣其事者，圣其学而讲也。学奚不原于圣而奚原于貌耶？讲奚不原于圣而奚原于言耶？②

"五事"语出《尚书·洪范》中的"彝伦攸叙"③，属于君臣治理天下常理所规定的秩序之一，"叙"即次序，排列在"九畴"第二，五事的内容都属于行为规范。《原学原讲》借用经典话语"五事"，置放在讲学"即事即学""即事即讲"的语境下，组成横向五种叙事范畴与纵向三层次叙事范畴的框架，对应关系见表6–1。

---

① （明）何心隐：《何心隐集》，容肇祖整理，中华书局1960年版，第8页。
② （明）何心隐：《何心隐集》，容肇祖整理，中华书局1960年版，第4页。
③ （清）阮元校刻：《十三经注疏·尚书正义》，中华书局1980年影印本，第187—188页。

表 6-1　　　　　何心隐《原学原讲》"五事"范畴关系

纵向叙事＼横向叙事	第一事	第二事	第三事	第四事	第五事
可感性经验的表层叙事	貌	言	视	听	思
意志行为的中层叙事	恭	从	明	聪	睿
价值评判的深层叙事	肃	乂	哲	谋	圣

　　他的叙事主张是一个既还原五类"事"可视、可听、可感的形象，又书写对应的行为意志和价值判断的复合结构。从纵向叙事看，第一事为"貌"，由表层具体可感的外貌叙事，到包含行为意志"恭"的中层叙事，直至隐含价值判断"肃"的深层叙事，由表入里，层层深入，其他四事依此类推。这一叙事模型堪称理想完美，可感性经验的叙事中包蕴了超感性经验的叙事伦理，以"圣"作为叙事伦理的终极归宿，笼罩凝聚"五事"并加以升华。学与讲的源头在于必定有"事"，"事"必定可以借助身体的"貌""言""视""听""思"等可感性经验当下显示，"不于貌原学，而奚于圣原学耶？""不于言原讲，而奚于圣原讲耶？"①。折射出彼时当下即是的可感性经验地位的上升。在以人的行为规范构成的五事中，不是以对"圣"为源头和出发点进行学和讲，而是从活生生的、别具个性的外貌、言语的观察和深入揣摩体悟入手，将之悬为学和讲的源头。"貌"是"学"的起源和根由，应该"于貌原学"，同理"言"是"讲"的起源和根由，"于言原讲"，最后归于圣，圣是学和讲的终结。这里体现出叙事伦理的进路：由表层、中层到深层，由具象、半抽象到抽象，由个别性、超个别性到普遍性。程朱理学素以"天理"或"圣"为叙事的出发点和源头，叙事依附于"天理"，缺乏独立性，本来鲜活的人物形象沦落为圣贤的传声筒或正史的脚注补备，千人一面，或者支离破碎缺乏整体感，委实难以避免。然而改变来临了，叙事形象的本源地位得到确认，走向独立自足，不再是

---

① （明）何心隐：《何心隐集》，容肇祖整理，中华书局1960年版，第4页。

史官文化的附庸和仆从，叙事的主体性地位首先在叙事形象的主体性地位上得到了突破，这正是中国独特叙事美学必不可少的理论前提和观念准备。

　　再从横向叙事看，"叙"本身有顺序、次序的含义，顺序暗含文化规则，不可淆乱。所叙"五事"遵循既定顺序，由可感性经验过渡到超感性经验。作为"五事"起首的"貌"，是经过社会礼俗规训、留有伦理道德打磨痕迹的容貌，"貌"必有恭、有肃，使人区别于有形之类的动物，凡有意识活动、情感活动，必然会形诸容貌。外貌怎么体现，是否恭敬有礼、严肃庄重，则是"圣"的流注。叙事以叙貌为第一事，人生而有"形"，自然物质属性的肉体之"形"通过伦理道德的形构，驯化为"貌"，"事"敞开于貌，"学"意味着与形俱形，即形即貌，即貌即学。"五事"其二的"言"是社会伦理道德化的声音，"言"必有从、有义，以此区别于一切能够发出声音的物种。叙事以叙言为第二事，人生而有声，从"声"到"言"的转变在于伦理道德的驯化。"讲则与声俱声，即声即言也，即言即讲也。"① 依此序列，叙视是第三事，叙听是第四事，叙思是第五事，"视"与"听"则是对其他人的外貌、声音等的接受和感知，"思"是意识活动。叙貌叙言的信息源头在主体自我，叙视叙听的信息接受自外界他人，貌言叙事与视听叙事之间互动往还，人情世相皆在其中。以"思"连接貌言叙事和视听叙事，因为有貌有言即有思，有视有听即有思，"貌""言""视""听""思"在发生上没有先后之别，差异只是逻辑顺序。"圣"为伦理形构的核心价值，以"貌"和"言"为例，二者构成"乘—御"关系，貌搭载言，言统御貌，内在地蕴含了伦理意志和伦理价值的"圣"。

　　且看何心隐在为自己为"妖"一事上书辩污时，写道："为辩妖

---

　　① （明）何心隐：《何心隐集》，容肇祖整理，中华书局1960年版，第2页。

第六章 以"叙事"建构"身"的在世体验

事。且妖生于心者,必有妖言;妖形于言者,必有妖事,必其所交于平日者必有妖人也。"① 辩白妖事带有很强的实用目的性,妖的表层叙事是妖言、妖人,深层叙事是妖心。接下来的辩护从结交者皆当朝达官显贵或知名学者,他们之中无一妖人,如此一一道来,体现出由具象到抽象、由下而上的叙事路线。

何心隐所言之"事",以观察和叙述人的形象为本源。具体讲,以"貌""言""视""听""思"作为基本叙事单元,一切以人物可感性形象为本位。这不同于西方叙事学中作为基本单位的"事",指的是以时间为顺序、展开有头有尾的事件,借以观察和叙述人的变化发展过程。不理解这一点,就无法理解小说叙事的"事"为何常常放在"事与事的交叠处(the overlapping of events)之上,或者是放在'事隙'(the interstitial space between events)之上,或者是放在'无事之事'(non-events)之上"。② 因为中国叙事美学的"事"以人为中心,并非西方人熟悉的线性时间顺序发展的"事",并且叙事形构与伦理意义形构的一体统合过程被强化,以终极价值"圣"为归宿。国内学者在"中国叙事学"总题下单列"视听篇",较能凸显中国叙事学特色③。

综上可见,叙事的来源和主旨都并非再现行动的因果链条,而是经由人物形象"貌""言""视""听""思"等表层可感性经验,导引向内蕴的伦理道德形上意味,暗示"恭""从""明""聪""睿"等意志行为特征,象喻"肃""乂""哲""谋""圣"等伦理道德价值。由于叙事形构依序以叙貌、叙言、叙视、叙听、叙思等为本源,足以构成完整的人物形象叙事,以人为中心的形象叙事自主性得到释放,千口千面、异中有同,人物形象叙事的主体性地位

---

① (明)何心隐:《何心隐集》,容肇祖整理,中华书局1960年版,第77页。
② [美]浦安迪:《中国叙事学》第2版,北京大学出版社2018年版,第57页。
③ 傅修延:《中国叙事学》,北京大学出版社2015年版,第213—280页。

上升，带来极大的叙事自主空间。

第二节 "身—家"：叙事的本末形象

一 "身—家"作为叙事形象

儒家道统叙事通过对"身""家""国""天下"等"形象"的叙事，实现儒家格物致知、修齐治平的理想，其中"身—家"是叙事的本根形象，其他形象（如"身—国""身—天下"等）都可以视作"身—家"形象在广域社会空间的延续和发展，遵循"身—家"形象生成发展的逻辑线索，那么理解"身—家"形象的生成机制，就把握了儒家形象叙事机制的基础和根本。

"身"与"家""国""天下"有本末之分，并非等量齐观。"身""家"互为肉身基础和制度来源，是"国""天下"的基础。将形象可感的"身—家""叙事"视作本根，这一改变的意义重大，过去长久遭到遗忘和忽视的修身齐家等日常生活经验受到青睐，人们热衷于用形象塑造表达那不可表达或不予表达的"身—家"日常体验，并预示、展现其可能的转变，在具体形象的叙事中寄托象征与隐喻。有形可感的"身—家"之"形"与寄托遥深的"象"合称为"形象"，形上之"象"与形下之"形"统一，涵摄了细致入微的人情物理，显现穷而极、变而通的天理。

也就是说，在"家"与"身"的意向性关联中，"身"为"家"之本，"家"为"身"之旨归。而通常人们之所以认为"家"优先于"身"，是因为"身"的践履行为只有在可被视为意义相同的意向相关项"家"上得到完成，在"身"的意向相关项"家"上，还层层叠叠地覆盖了"国""天下"等广域空间的践履。正是如此"身"与"家"才能构成意向相关联的统一体，"身"与"家"合二为一，"身"的所有自我认识必须从"家"获致。

由于"形"与"象"相辅相成，古人常常把"形"与"象"连

第六章 以"叙事"建构"身"的在世体验

用。其中"形"不是模仿再现客观事物的本然样态,而是指通往"象"的桥梁,它比"象"更为具体、切近、可把捉、易感知,不经由"形"就没有"象"或"形象","象"具有"道"的形而上属性,"在天成象,在地成形",象(比如日月星辰)在上,形(比如山川草木)在下,高下见矣。"形之所宗者道,众之所归者一。其事弥繁,则愈滞乎形;其理弥约,则转近乎道。"[1] 这是说"象"因为具有道的形上属性,意义更重要,是"形"之所宗。察言观色、听声辨音,肉身能看、听、说、思,也被他者观看、聆听和揣度。何心隐突出强调肉身的具体感知,身体本身既有内在感知,能感知外部世界,又有意识能力,可以被意识把握,身体具有审美敏感性,一方面身体的自我意识有待于改善,另一方面对他人的感知具有敏感性。

叙事形象的基本构成模式是"身—家"形象系统。世间事物经矩尺絜度,"家""身"皆为"形象",被赋予可见可感的外形和象征意蕴,形象叙事在可感的"形"与超感性的"象"之间谋求水乳交融。"形象"包含了人们对自身在人际社会关系中存在的想象,通过对形象的想象形成共识,塑造与表达人们行为实践、伦理道德的共同体验。"身""家"都是对人情庶物的絜度,以多个成系列的"形象"彰显出来。何心隐以"身"为出发点,建构独立自足的"身—家"形象,这是一个融合形下之"形"、形上之"象"的动态生成的人世经验。"身—家"叙事不仅是身心整一的体验,而且是从日常生活经验到家国政治经验的贯通。在这个过程中,士人之"身"能弘道的主体能动性显现无遗,其目的是建构尽善尽美的群体关系,以"家"的美善形象为归宿。

可见"身—家"形象是借由矩尺的絜度而彰显出的一对共生形象。通过形象叙事对"身—家"的经验进行形塑,打破传统的叙事缄默或不予表达的叙事搁置,形成人们所共享的关于自身在家国天

---

[1] (清)阮元校刻:《十三经注疏·周易正义》,中华书局1980年影印本,第78页。

下关系中存在的自我想象，使人们的践履和圣贤学问统一，成为一种可能的共同想象。保罗·利科说得好："话语从来不是因其自身缘故，为了它自己的光辉而存在，而是要——在它的所有使用中——把一种先于它而要求被说出来的居住和在世的经验和方式带向语言。"① 叙事旨在传达人类经验的共同性，通过叙述行为以各种形式彰显和表明"身—家"关系模式中的人物形象及其交往叙事，人人有其心思、有其面目、有其口吻，不仅一个个形象鲜明具体，而且对形象蕴含之象喻意味的充分拥有，帮助把我们混乱的、不定形的以及最终不予表达的时空经验形塑，这些被叙述的事件和行动变成一个"完整划一的"故事，因为它既还原可以视听感知的形象，又书写对应的行为意志和价值意义。

不可否认对形象的理解是"叙事"至关紧要的使命。保罗·利科指出："理解并不是直接理解'生命'，而是通过理解生命的'表现'去达到对生命的'理解'。"② 小说叙事以人物形象塑造独擅胜场，"把一个可以被称作作品世界的世界投射于作品之外"。③ 它投射出在世界居住的方式，生成一个"身"形象充盈的世界，通过阅读被读者重新采用，进而提供一个文本世界和读者世界可资对照的空间。明中晚期以经典小说叙事为代表的"身—家"形象叙事开启了对本真性自我的寻觅，也是家国天下一体化自我断裂的政治伦理美学的想象、体验和表达。

二 "身—家"形象的动态生成

何心隐的儒家叙事思想比较成系统，他指出"形象"就是"成

---

① [法]保罗·利科：《从文本到行动》，夏小燕译，华东师范大学出版社 2015 年版，第 33 页。
② 何卫平：《西方解释学的第三次转向——从哈贝马斯到利科》，《中国社会科学》2019 年第 6 期。
③ [法]保罗·利科：《虚构叙事中时间的塑形——时间与叙事卷二》，王文融译，商务印书馆 2018 年版，"前言"第 5 页。

第六章 以"叙事"建构"身"的在世体验

象成形"的动态生成系统。如前文所述,人之"身"以肉身为基础,能思考会行动,是修身、齐家、治国、平天下的弘道使命的承担主体。"身"如矩尺,以之絜度"家国天下",在这种意向性关系中,"矩"这一主体性尺度的施用带来"身"以及"家国天下"的形象化塑造,这一过程用语言表达出来就是"叙事"或"讲学"。亦即"物"经历"矩"的絜度和形象化表达后,就转化为富有隐喻象征意义的形象。进一步说,"身"——"家"形象为叙事之根本,由本及末,"身"推衍出"心""意""知"等更为具体的形象,"家"衍生出"国""天下"等更加具体的形象,形象如滚雪球般越滚越多,以"身—家"为本根的形象系列处于不断地运动和生成状态,这就是"格之成象成形者也"。

所谓"成象成形",强调"形象"是动态生成的过程。"象物而象,形物而形者,身也,家也。心、意、知,莫非身也,本也,厚也。天下、国,莫非家也,厚也、本也。莫非物也,莫非形象也。……象者,象也,上之象也,凡象莫非诚于上也。形者,形也,下之形也,凡形莫非成于下也。有上下,斯有前后也,斯有左右也。……上下前后左右又莫非矩之形象也。"[①] 何心隐把"身""家"等一切"物"皆加以形象化,构成一个复杂的形象系统,即无一物不是形象。为了便于区分,我们把形象系统分出层级,在原初形象系统里,"象"富有形上象征意味,"形"具有形而下的可感形态。"象"与"形"并非一一对应,一个"象"可以对应多个"形",从而组成同一系列的"形象"。举个例子,"矩"是形上之"象",对应具体可感的"形"有"身"和"家"。在次生形象系统里的"象",源自原初形象系统里的"形象",这一"形象"以"象"的形上特质,重又与有形可感的人物形态化合,又滋生出若干再生形象,比如原初形象系统里的"身"和"家",此时都转化为具有形上特性的

---

① (明)何心隐:《何心隐集》,容肇祖整理,中华书局1960年版,第33页。

261

"象"。"身"衍生出"心""意""知"等具体形态,"家"衍生出"国""天下"等具体形态,以此类推,形象系统不断膨胀。简言之,"格之成象成形者也"表明"物"经过矩尺絜度,动态生成系列形象,其"成象成形"的逻辑理路体现心学特色——"心"上"事"是"理"的当下显现。

三 "身—家"形象的脱嵌

泰州学派的儒家叙事深深植根于《大学》"修齐治平"的理想和"家国天下"叙事。何心隐强化"身"的自我认知与自我反思,与之同一步调的是他对叙事的高度重视。具体到他独具个人特色的措辞习惯,由此可见一斑。

何心隐行文之中习惯于把名词"身""家"等用如动词,使得动作性呈现膨胀的态势,践履特征突出,行动感鲜明。比如"身"作名词指四肢百骸的肉身,他笔下"伸其身于上下前后左右"是说肉身柔软灵活,多向伸展。这里上下前后左右是肉身所处空间,也是人为地想象建构的社会心理空间,更确切地讲就是家国天下。当他把"身"用作动词时有意动意味,指提供像"身"一样的庇护空间和制度肉身,他认为:"心、意、知身乎身,身身乎家,家身乎国,国身乎天下者也。"[①] 这段引文中"×身乎×"结构中的"身"字用如动词。"身"作为制度肉身的存在有迹可循,"心""意""知"不能独立自存,必须依托空间化存在的肉身,有"身"的寄寓和规范,才能在人伦庶物、百姓日用中,当下显现"身"的"形象"。推而广之,在家、国、天下连续体中,延续了制度化、空间化的"身"。"身"既是肉身,有血有肉、有情有欲,又是空间化的制度肉身,家、国、天下得以保持内在的连续性,而"身"也有潜力,有可能占有更广大的社会和心理空间,这正是弘道意识的鲜明体现。

---

① （明）何心隐:《何心隐集》,容肇祖整理,中华书局1960年版,第33页。

以"身"为本的家国天下各个方面，只有保持恒定不变的内在整一性，才能保持家国天下连续体的稳定性质。也就是说，"身"的经验、"家"的伦理经验，以及"国""天下"的社会政治经验，这三者之间保持贯通一致，才能确保"身"意识与"家国天下"一体意识的连续性。发生在百姓日用中的"身—家"经验具有先行者意义，关于"身"的自我意识，以及关于"家"的人与人共处的空间伦理，都已经转化为百姓日用而不知的、群体无意识的想象。这就意味着在家国天下连续体中，"身"与"家"的日用经验一旦出现脱离、错位，就会造成"身"的自我意识从传统家国天下的整体性想象中抽离，牵一发而动全身，导致整个家国天下系统的整体性脱嵌。当我们审视何心隐对"身—家"内涵演变的有关论述，不难发现"身"被谐音引申为"伸"、"家"被谐音曲解为"嘉"之际，何心隐在似乎信口谈说中拆解了"身—家"的原有意义，重新设定新意义，进而塑造关于"身—家"的新型社会想象，埋下了"身—家"系统内在断裂与脱嵌的重要线索。

何心隐的重要举措是用"会"置换"家"，用"主会者之身"置换"身"，这就从源头上置换了"身—家"一体系统，而代之以"主会者之身—会"的新型系统。人的肉身虽然没有改变，但是"身"从"家"中抽离，重新嵌入"会"当中，成为主会者之"身"，带来"身"的语义革新，塑造家国天下中全新的关于自"身"的想象。"夫会，则取象于家，以藏乎其身；而相与以主会者，则取象于身，以显乎其家者也。"[①]"家"是复数"身"的社会空间，被传统给定已久；何心隐称"会"又名"孔氏家"，虽然字面上看含有"家"的字眼，实际上与宗法血缘毫无关系，只是取其谐音"嘉"的美好之意。

主会者的"身—会"一体感有助于激发讲学中的鲜活体验，因

---

① （明）何心隐：《何心隐集》，容肇祖整理，中华书局1960年版，第28页。

为它们有生命、会生长、可理解，提供了理解自我之"身"的新维度。比如《水浒传》的叙事呈现为一百单八将的"聚合"，这些众多的人物形象来自不同家族宗脉，他们之间的交往行为如何组合到同一个叙事空间？那就是通过"会"的组织框架来容纳好汉之"身"，在小说里具体体现为"聚义厅"（后改称"忠义堂"）。宋江和好汉们是替天行道的主体，首领宋江与好汉群体的人际关系究其实质，是一种基于天道诉求的类"师友"关系，从聚义到忠义，从民间的行侠仗义向儒家忠君报国观念靠拢，"忠义堂"就象征了"会"或者"孔氏家"的理想意义。人物形象的外貌、言语、闻见、思虑，受时节时令、环境空间等因素的影响，形象之间产生互动，合作或者敌对、帮助或者阻拦、喜爱或者厌憎，交互作用产生复杂关系和情绪情感反应，这一系列的变化构成情节（内含若干细节）。换言之，叙事情节可以理解为人物形象由互动而产生的关系，最终作用于心、情、性，并且显现于外在可见的容貌、言语。因此，"师友"及类似"师友"的想象兴起，取代宗法血缘中心的父子、夫妇和君臣的三纲，在"身—家"脱嵌中脱颖而出，塑造新时空体验中的自"身"形象认同，引发"身—家"传统形象系统的震荡。

从"身—家"一体到"身—会"一体的流变引发震荡，给主会者之"身"带来风险。因为"身—会"的一体化走向，加剧了自"身"讲学弘道理想与治统的紧张关系，极易招致主会者之"身"的毁灭。泰州学派以讲学主会著称，他们自任为儒家道统的传承者和维护者，这种自我身份认同中有士人引以为自豪的道德体系和评判标准，如仁义礼智信、格致诚正、修齐治平等属于儒家道统的学问，在讲学中塑造了士人不同流俗的身份认同和自我形象。他们反对听命于有权势之人，只有自尊自信才能使别人对自己尊信，而坚持士人的自我形象认同，讲学主会不息，则又招致恶政的侮辱或威胁。王艮首开风气，主张尊身立本，"身"是道统的弘扬主体士人之"身"，担负着家国天下的责任，赋予"身"的自我理解以崇高的价值感，他门下弟子（如徐樾、何心隐等）多有杀身成仁。李贽评价道："此公（指王艮）是一侠客，所以相传一派为波石山农心隐，负万死不回之气。……心隐直言忤人，竟捶死武昌，盖由心斋骨刚气雄，奋不顾身故其儿孙如此。"① 何心隐延续和光大了王艮的思想，自任胸臆地承担起儒家道统，以天下为己任，以主会者之"身"自居，这种极端行为付出的代价是舍弃肉身的情欲、人情甚至整个生命。

"身—会"一体的社会震荡还体现在"会"的兴起上，并试图取代"家"，从而引发伦理道德层面不安其位②的强烈担忧和批评。圣人说"卑高以陈，贵贱位矣"③ 是宇宙间不可变易的法则，守持人间的盛位必须依靠有贤仁品德的人。"圣人之大宝曰位"，"何以守位？曰仁"。④ 德与位相配是儒家伦理的大义，建立在血缘宗法伦理基础上的"家"形象及其忠孝观念，讲究一切各安其位，孔子曰："不在其位，不谋其政。"（《论语·泰伯》）曾子曰："君子思不出其位。"（《论语·宪问》）到董仲舒确立的三纲，把父子、夫妇的差序等级放大到君臣关系，形成家国同构。因此"身"的自我形象在家国一体空间中转化为更具有存在感的"位"，"位"表示由身份地位、上下尊卑决定"身"如何安置以及如何采取行动。李贽评价王艮有"侠客"的做派，就是指其拥有与自己身份不符并且多为上位身份才有的意识与行为。艮之子王襞道："不袭时位而握主宰化育之柄，出然也，处然也"⑤，是说布衣士人不论出处进退，毅然身肩道义，这就是不袭时位。

"身"从其最小的社会规范空间"家"中脱离出来，摆脱"身"

---

① （明）袁宗道：《白苏斋类集》，钱伯城标点，上海古籍出版社1989年版，第308页。
② 可参阅左东岭《明代心学与诗学》，学苑出版社2002年版，第94—107页，文中指出泰州学派狂侠精神的核心在于"出位之思"与"尊身守道"思想。
③ （清）阮元校刻：《十三经注疏·周易正义》，中华书局1980年影印本，第75页。
④ （清）阮元校刻：《十三经注疏·周易正义》，中华书局1980年影印本，第74页。
⑤ （明）王艮：《明儒王心斋先生遗集》，《王心斋全集》，陈祝生等校点，江苏教育出版社2001年版，第218页。

对于"家"的强依附性,这种态势被称为"身—家"脱嵌,它汇入明中晚期"身"不安其位的总体现象之中。"家"是"身"最小的社会规范空间,在这个小小规范空间,"家"中之"身"不安其位,"位"就是"身"所处的规范空间,"位"的空间大小、性质、构成、环境等决定了"身"的能动性。"身"突破"位"的规范话语,溢出"家"的拘囿而成为天下之身、弘道之身,"身"跃出"位"的规范礼仪,塑造中国人时空中的家国天下之"身"的新体验,新体验塑造出的新形象不断生成,"身—家"逐渐分蘖出具有竞争力和吸引力的讲学叙事场域。关于"身—家"的讲学或"叙事"发生的分化,主要体现在以下两方面。

一方面是"主会者—会"取代"身—家"形象,隐喻平等的人伦关系,萌生对真善美的崭新体验。道德是中国传统社会政治制度和社会秩序的正当性基础,关系人们的终极关怀,是善与美的化身。以"身"为取象,衍生出新的活的隐喻和形象。"中"是一个典型的例子,传统语境中指中正、中和的儒家道德风范,现在指从"家"中抽离、岿然屹立在天地之中的大人之身,"象身也,身立乎天地之中,中也"。① 这种涵养天地浩然之气的"中",体现了理想的身心一体,具有高拔超越凡庸的大美,人们所践履的仁义道德也就相应地从"家"跃入宏大的天下视野,"人惟广其居以象仁,以人乎仁,正其路以象义,以人乎义,以操其才,以养其情,以平其气,以存其心"。② 可见新的道德也模塑人的才华、情感、气质和心性,创造出新人的形象。

另一方面是新型"仁义"观摆脱了"家"的有限空间,涵容性迅疾扩大,以天下人为亲、以天下贤人为尊贤。对个体至善至美道德体验的表达要求激发了语言的创新,形成想象的、象征的语言,

---

① (明)何心隐:《何心隐集》,容肇祖整理,中华书局1960年版,第31页。
② (明)何心隐:《何心隐集》,容肇祖整理,中华书局1960年版,第26页。

这个过程就是"格物",即讲学叙事行为使得形象从无到有得以显现:"莫非体物也,格物也,成其象以象其象也,有其无以显其藏也。仁义岂虚名哉?广居正路,岂虚拟哉?"① 在何心隐关于"身"形象的多层级扩展系统里,新道德、新人的形象在成象成形的动态生成过程不断涌现,对已有的象征语言进行重新解释,可以重新体验阶段过程中不断生成的新意义。"身—家"抽离带来极具颠覆性的创新人际关系,"身"衍生出的多层形象叫作"主会者",人伦关系以无差序的"友"为尚:"法象莫大乎天地,法心象心也。""天地此法象也,交也,交尽于友也。"② "友"被重新解释为取代"家"的社会团体和制度基础"会"的人际交往理想关系,建构了人与人平等、追求仁义之道、不受出位之思管辖的想象共同体。从个体时空转化为叙事时空、美学时空,实现异质元素的综合,创造性想象有了用武之地。

总之,"身—家"自我形象的分化标志着从传统进入现代的重要契机,采用讲学叙事发现个人的内在自我及其独特价值,个人从"身—家"的有机共同体中脱嵌出来,促成"身"的自我形象转向"主会者之身—会",不再依赖既有的名位束缚,而具有了自我的本真性,构成新型的社会想象。"身—家"抽离状态下的个体被置入崭新的群体"会"之中,取代旧式的群体"家",实现治国平天下的理想,通过形象的讲学叙事介入天下兴亡。"身"的讲学叙事整合进伦理的政治的践履,从而把人从伦理道德的私性化异化中解救出来,获得审美意义上的救赎。

第三节 "数":"叙事"有序的先验法则

"叙"与"事"合用,指的是有先后次第地叙述变化的事情。

---

① (明)何心隐:《何心隐集》,容肇祖整理,中华书局1960年版,第27页。
② (明)何心隐:《何心隐集》,容肇祖整理,中华书局1960年版,第28页。

"叙"与"绪""序"通,"次弟也"①,"叙事"必然包含次序。"事"与"史"通②,是变化发展的产物。叙事遵循某种统一有序的先验法则,在泰州学派何心隐阐扬儒家正统思想谱系的道统叙事观中,揭橥叙事有序的形式法则乃是"数"。学界虽已指出中国古代道统体现了思想史叙事的一种脉络③,也注意到心学学者对道统叙事形式的"心学之史"的编撰书写④,但是未从经史合一的视角考察道统叙事有序如何成为可能。宋明理学都重视以道统制衡治统,而宋儒有经本史末的传统,轻忽"事"或"史",注重道统授受的载道之文,如朱熹主张"读书须是以经为本,而后读史"⑤,确立了以"四书"作为儒家道统的独立经典体系。因此"数"的思想资源虽出自宋儒,但直到明代心学兴起才转化为道统叙事有序的范畴,成为经史合一的重要中介。心学认为心外无事,求至善只在人心,王阳明道:"以事言谓之史,以道言谓之经。事即道,道即事。""《五经》亦只是史"⑥把经史等量齐观,因为"事"或"史"可以激发人内心之"仁",即善恶之"理";王艮反对皓首穷年于经典文本,倡导于百姓日用之"事"上"学";何心隐的叙事思想溯源道统谱系,"经史一物"或"六经皆史"的思想雏形已然显现。何心隐关于道统历史的想象旨在确立"叙事"或"讲学"的正统性与合法性,"叙"的先验次序"数"内在于"事"的展开次第,也显现于承袭道统的次第。在形象与事象的组合中蕴含了迁变流转的必然性,先验地设定了一种有意味的、优越于具体时空进程的整体次序,主导了叙事时

---

① (东汉)许慎著,(清)段玉裁注:《说文解字注》,上海古籍出版社1988年版,第126页。
② (东汉)许慎著,(清)段玉裁注:《说文解字注》,上海古籍出版社1988年版,第116页。
③ 葛兆光:《道统、系谱与历史——关于中国思想史脉络的来源与确立》,《文史哲》2006年第3期。
④ 王格:《周汝登对"心学之史"的编撰》,《杭州师范大学学报》(社会科学版)2016年第2期。
⑤ (宋)黎靖德编:《朱子语类》,王星贤点校,中华书局1986年版,第2950页。
⑥ (明)王阳明:《王阳明全集》,吴光、钱明、董平、姚延福编校,上海古籍出版社2011年版,第11页。

间、叙事顺序（如顺叙、倒叙、插叙等）、叙事速度、叙事节奏、叙事频率等的分配。探讨道统叙事有序的先验法则"数"，有助于深化理解经史合一的中介环节，从而理解中国叙事独特的有序性，即使时间线索模糊、因果关系松散，也可以因为契合"数"而做到井然有序。

一 外显内隐的道统叙事次序

在这充满偶然性、随机性的世界里，哪些能够进入叙事，由叙事次序来测度。概言之，道统叙事外在显现为"五事"，内在隐含仁心。叙事所显现的"事"，并非外在客观事物，系指"五事"，即诸种影响作用于"貌""言""视""听""思"的人化之"事"，其中"貌""言"分别具有叙事的第一、第二优先性。叙事以仁心为内核，世界存在意义由人心生出，契合道统的先验道德属性。对人的"貌""言"等形象加以叙述，将形象感知与道德体认相结合，让读者或听众对叙事加以感知观察，叙事的意义就存在于对人事形象的感知之中。

泰州学派在中晚明师道复兴大潮中一度风行天下，在践履和理论上贡献卓著。创始人王艮以超强的行动力著称，以一介布衣身份践履道统，面向平民广设杏坛，大倡讲学之风，但缺乏师道谱系的理论阐释。传至何心隐不仅行动力强劲，而且擅长理论阐释。这与他优渥的家境和良好的教养有关，何心隐原名梁汝元，生于江西永丰大族，后因讲学蒙冤遭缉拿，为避祸而更名。明人沈懋孝指出王、何二人弘道的差异是："心斋先生溯言格物于正本澄源之处，令后学敦行树标。……至如梁先生言尧舜对局、道大行统合于上，孔孟对局、道大明统合于下，又言天地交而万汇生，君臣交而豪杰用，师友交而英才成，皆慨然自任以斯道之重。"[①] 可见时人已看出何心隐

---

① （明）沈懋孝：《长水先生文钞》卷21《题孝感杨夷思先生怀师录》，《长水先生水云绪编》，明万历刻本。

擅长道统诠释。何心隐认为"学"与"讲"（或称"讲学"），就是意义神圣的"叙事"①，继承孔子及早期儒家通过整理《六经》建构的道统脉络——伏羲、神农、尧、舜、禹、文、武、周公，又以师道作为主线加以调整，君臣之间对治家事、国事、天下事，"学""讲"的交流互动中产生"叙事"行为，以叙事为契机，治统中的君臣转化为道统中的师友，"学"与"讲"就是师道统绪下两种紧密相关的叙事行为，"讲学"也就是"叙事"的代名词。道统是号为正统的中国古代儒学思想史叙事脉络，在何心隐将儒学思想史叙事化背后，有一种借助历史系谱建立正统思想权威，为当下讲学的合法性、正当性和垄断性辩护的意图，这种意图被有意凸显，放在明中晚期历史、政治、社会语境下，呈现出多维发散特征。诚如葛兆光所言，道统叙事究其实"只是一种虚构的历史系谱"②，那么何心隐有意凸显道统谱系的叙事能指，也就表明叙事所指独尊的真理性地位，道统叙事理论与弘道实践实乃互为表里。

"事"指内心之仁在"貌""言"等外在形象的显现，道统叙事的关键是"叙貌""叙言"，叙事旨在使人臻于"仁"。因为人不同于其他形类之处在于人能感知外物产生意识，这就是何心隐所言之"事"，它内隐于人心深处、难以把捉。"事"又外显于人的形色辞气，从容颜面色的变化、言说气流的波动，可以直观心上"事"，故"有貌必有事""有言必有事"③。儒家认为"貌""言"是内仁外礼教化的成果，"礼节者，仁之貌也；言谈者，仁之文也"④，其中"貌"是最直接的体现，如面容、相貌、表情、形象等。曾子曰："君子所贵乎道者三：动容貌，斯远暴慢矣；正颜色，斯近信矣；出

---

① （明）何心隐：《何心隐集》，容肇祖整理，中华书局1960年版，第2页。
② 葛兆光：《道统、系谱与历史——关于中国思想史脉络的来源与确立》，《文史哲》2006年第3期。
③ （明）何心隐：《何心隐集》，容肇祖整理，中华书局1960年版，第1页。
④ （清）阮元校刻：《十三经注疏·礼记正义》，中华书局1980年影印本，第1671页。

辞气，斯远鄙倍矣。笾豆之事，则有司存。"邢昺疏云："人之相接，先见容貌，次观颜色，次交语言，故三者相次而言也。"① 人以修身为本、孝道为先，曾子所云三项礼仪准则是"容貌""颜色""语言"，人的外在形象塑造背负了仁义道德的重担，在人际交往中谨慎管理形象极为重要，而叙事行为有助人臻于"仁"。

如此，儒家心性修养问题遂转化为且"学"且"讲"的"叙事"行为。心性修养的分寸感极难拿捏，只有极其高明睿智才能兼顾"心"与"貌"，普通人不是"专在容貌上用功，则于中心照管不及者多矣"，就是"外面全不检束，又分心与事为二矣"。② 何心隐取道"叙事"行为，以对治"心""貌"难题，主张所"学"者在"貌"，所"讲"者在"言"，将"貌""言"的心性修养问题转化为有"学"有"讲"的叙事行为，"乃学乃讲其原，不人而形，不人而声，而首而貌而口而言其原耶？"③ "是故学其原于貌者，原于人其貌也。原于仁其人，以人其貌，以原学也。徒然原学于貌以学耶？是故讲其原于言者，原于人其言也。原于仁其人，以人其言，以原讲也。徒然原讲于言以讲耶？"④ "仁"是人之为人的先天条件，于外显可感的容貌语言上边"学"边"讲"，具有叙事的优先性。

具体而言，叙事的先验次序首先见诸"五事"的次第"貌""言""视""听""思"，其出处在《尚书·洪范》。对具体可感的"五事"加以言说生成"叙事"的意义世界，"貌"居第一，"叙事而必叙貌于第一事"；"言"处第二，"叙事而必叙言于第二事"⑤，"叙视""叙听""叙思"依次为第三事、第四事、第五事。始于一，终于五。值得注意的是，这里的次第不是发生先后，而是叙事的先

---

① （清）阮元校刻：《十三经注疏·论语注疏》，中华书局1980年影印本，第2486页。
② （明）王阳明：《王阳明全集》，吴光、钱明、董平、姚延福编校，上海古籍出版社2011年版，第110页。
③ （明）何心隐：《何心隐集》，容肇祖整理，中华书局1960年版，第16页。
④ （明）何心隐：《何心隐集》，容肇祖整理，中华书局1960年版，第9页。
⑤ （明）何心隐：《何心隐集》，容肇祖整理，中华书局1960年版，第2页。

验次序，所谓"不容不"如此。叙事次第与"事"本身的内在次序一致，人之为人的先天规定是人生而有"貌"有"言"，"事"见诸形貌，经由言说得以传承。把握在世的意义，就在于感知、模拟、塑造人的形貌，成为文质彬彬的君子，此即"貌其事而学"；人出于言说叙事的冲动获致当下在世生存的意义，此为"言其事而讲"①，"叙事"建构起一条成"圣"之路，即人发展完善的极境。"貌"讲究表情恭敬、态度端肃，"言"需要语句顺从、持论公正，"视"必须目力清明、识见超群，"听"则要耳力发达、深谋远虑，"思"追求反应睿智、超凡入圣。叙事落地生根，在当下的、具体的人事上，叙事赋予文字在人情深浅中一探究竟的力量。因此道统叙事以"事"为出发点，以"圣"为叙事世界的意义归趋，所谓"圣其事者，圣其学而讲也"②。

叙事由人作，在叙事的深层次象征意义上通往心上"事"内隐的"仁"，人借叙事建构了一条成圣的通途，叙事被赋予天启神授的规定性，唯有天地、乾坤堪称其本原。乾之为乾、坤之为坤，以"仁"为先验属性，而"仁"在人心，为变化不息的"事"和"叙事"行为，包含了实质性的价值内容。人之圣者揣摩效法万物得其神意，乃现河图洛书，遂制《易》作《范》，于学于讲，延续传承圣哲经典。"事"和"叙事"的任意性被扬弃，基于叙事行为人类不断走向"仁"，从而萌生了道统的衍化形态。叙事不仅赋予人的在世生存以意义，而且在世代相传的叙事行为中发展演变超越凡庸。由于一切发展演变都可以在源头寻觅到某些重要依据，接下来探究作为叙事源头的河图洛书。

二 互文关系的河图洛书次序

尊奉河图洛书作为经学本源，汉儒已开风气，后儒不断加以发

---

① （明）何心隐：《何心隐集》，容肇祖整理，中华书局1960年版，第1页。
② （明）何心隐：《何心隐集》，容肇祖整理，中华书局1960年版，第4页。

明。上古三代茫昧无稽，后世一代代按照当时时势、政治需要将河图洛书踵事增华，顾颉刚揭开古史的面纱，是"积薪般层累起来的"[1]，距离河图洛书的时代越遥远，对其层层积淀的历史想象和创构愈加言之凿凿。关于河出龙图、洛出龟书的神话想象一直聚讼纷纭，河图洛书是否客观实存属于真理问题，目前尚无法得知。它们作为思想资源在历史中层层积淀，属于价值问题，其内在底蕴和先验法则值得探寻。

河图洛书的经学本原地位，为叙事行为"学"优先于"讲"的先验次序背书。何心隐在道统叙事谱系上的重要举措是精心拟定《周易》《洪范》为经学的双重经典源头。他认为伏羲仿效河图创《周易》，禹取益洛书作《洪范》，叙事得自上天，非人力可为。"不人而圣，以则物而神"[2]，"则物"的意思是趋近物。这里的"物"并非指客观存在的"万物"，而是"与《周易·系辞》'精气为物'思想有关，透过神话时代的鬼神想象以及逐步摆脱鬼神想象后的道境想象，显示出的物像，因此万物迁移运转是鬼神或道境之显像"[3]。"物"具有神韵，进入人心。人并非生而为圣，因为秉承神意创作经典叙事文本而成圣。"不圣而羲，以《易》以则河之所出神而图，不圣而禹，以《范》以则洛之所出神而书"[4]，受上天神意启发，有忠实模拟地"学"，还需发挥自主创造性地"讲"，二者缺一不可。亦即叙事有两个相辅相成的形态："学"是仿效、模拟上天神意的显现，择取其精髓；"讲"是伏羲、大禹分别发挥河图洛书精神意蕴的独家叙事，各自阐释上天昭示的龙图龟书。所"学"之中内蕴"神物"，确定"学"先于"讲"的先验次序；"讲"是对河图洛书等"神物"的物态化叙事，是其价值的最终实现，"学"必有"讲"方

---

[1] 顾颉刚编著：《古史辨》，上海古籍出版社1982年版，"自序"第63页。
[2] （明）何心隐：《何心隐集》，容肇祖整理，中华书局1960年版，第16页。
[3] 王怀义：《道境与诗艺：中国早期神话意象演变研究》，商务印书馆2019年版，第6页。
[4] （明）何心隐：《何心隐集》，容肇祖整理，中华书局1960年版，第16页。

得圆满。后人习惯使用"讲学"一词，实应为"学讲"，从道统叙事溯源看"学"先于"讲"，是就无"学"则无"讲"的意义而言。

　　道统所叙之"事"意味着变化与发展，静止不变则"事/史"无从谈起。从圣贤所学所讲看，叙事呈现为《易》之"画"——"卦"、《洪范》之"叙"——"畴"、武王与箕子之"访"——"陈"等变化形态。以《易》的叙事形态是"画"与"卦"为例，"必羲必亦有事于貌、于言、于视、于听、于思，以画而卦也，以卦而《易》也"。①伏羲作《易》，河出图，"画""卦"流芳百世，凝结了伏羲曾经的且"学"且"讲"。而大禹作《洪范》，洛出书，其叙事形态是"叙"与"畴"，"必禹必学、必讲于畴于范，以叙其事，而学而讲也"。②另据《史记·周本纪》及《宋微子世家》，周武王克殷后访箕子问以天道，箕子陈说治国安民恒常不变的条理法度，作《洪范》。"范"辖九畴，"畴"系五事，何心隐想象大禹用《洪范》九畴所叙之事，周武王与箕子也曾在且"访"且"陈"中叙述。它们的共性是都凝结了"五事"叙事，差异性体现了圣人"学"与"讲"时叙事形态的演变，在演变中道统的思想史叙事得以建构。

　　一般认为《周易》比《洪范》更古老，何心隐既承认《周易》是《洪范》的本源，又把二者共同视作叙事本源，使之互相兼容，蕴含的叙事理念耐人寻味。这表明《周易》采用"画""卦"的拟象范畴，范导了《洪范》采用"叙""畴"的叙事范畴，"叙原于画也，畴原于卦也，《范》原于《易》也"。③"叙"是有顺序地陈说五事，在"畴"中分门别类析出条理，契合线性或次第推进的叙事表达；"画"是拟取物象或事象，创构成为具有象征意义的卦象，制成

---

① （明）何心隐：《何心隐集》，容肇祖整理，中华书局1960年版，第5页。
② （明）何心隐：《何心隐集》，容肇祖整理，中华书局1960年版，第4页。
③ （明）何心隐：《何心隐集》，容肇祖整理，中华书局1960年版，第5页。

第六章　以"叙事"建构"身"的在世体验

八卦，卦形由阴爻阳爻构成特殊符号，卦形形象类似图画引人遐想，暗示某种哲理意义，冥然契合整体浑沦的诗性表达。换言之，《洪范》的叙事范畴"叙""畴"，归原于更为古老的《周易》诗性象征范畴"画""卦"，那么"叙"与"画"、"畴"与"卦"以"象"为共同基因，相辅相成建构了中国人使用符号把握世界的两种不同方式：一为叙事的；一为诗性的。诗性象征传统更为古老，而叙事次第以及人事归类的条理叙事出现较晚，它们由诗性拟象转化而来。

进言之，"叙"—"畴"与"画"—"卦"的互融，表明叙事形象与抒情意象的互文关系：在叙事形象之中潜含抒情意象，反之在抒情意象之中蕴含叙事形象。何心隐写道："又况《易》而卦而画，又即《范》而畴而叙其事也。"[①] 线性时间观告诉我们，晚期经典可以吸收继承早期经典，反之早期经典则无法未卜先知地包含晚期经典。但是《周易》与《洪范》效法天地神物而生，不受线性时间观束缚，"括书以《易》"是说伏羲拟河图作《易》涵盖了洛书，而"括图以《范》"是指大禹效洛书作《洪范》也涵纳了河图。因此《周易》《洪范》是互文关系的经典。《周易》探究世间万物变易之道，"即乾坤而复姤乎？"[②] 这里的乾、坤、复、姤都是卦名，乾卦坤卦为至纯至仁，阳气至刚、阴气至柔；复卦震下坤上，一阳五阴，阳气初始生发；姤卦巽下乾上，一阴五阳，阴气初始发生。乾卦坤卦阴阳对立中蕴含变化，初始发生变化者复卦姤卦，表明至纯者必然萌生新变，变化到极致则纯阳而生阴，姤卦向坤卦演变。反之纯阴而生阳，坤卦尽则复卦阳来，阳渐长则转为乾卦。这种对万物演变的叙事，超越具体时空和事物的自身限制，无疑比线性时间叙述更具有概括力和象征意义。《周易》《洪范》在超时空的万物变

---

① （明）何心隐：《何心隐集》，容肇祖整理，中华书局1960年版，第8页。
② （明）何心隐：《何心隐集》，容肇祖整理，中华书局1960年版，第18页。

迁次序上共同遵循阴阳消长、相遇、变化的规律，彼此互融互涉，所以说"则图则《易》，自足以括《范》于书，则书以《范》，自足以括《易》于图，莫非圣人则神物也，莫非《易》，（逗号疑误加——笔者注）《范》则图书也"。①

《周易》与《洪范》的互融在叙事次序上得到体现。第一事"貌"对应第一卦"乾"，第二事"言"对应第二卦"兑"，与"学"优先于"讲"的次序形成一一对应关系。何心隐曰："原学其原，则原于《范》之五其事之一而貌者，原于《易》之一而乾也。""原讲其原，则原于《范》之五其事之二而言者，原于《易》之二而兑也。"② 亦即"学"有双重本源：《洪范》第一事"貌"和《周易》第一卦乾卦，"学""貌""乾"三者呈现互文关系。同理，"讲"的双重本源是第二事"言"，以及第二卦兑卦，"讲""言""兑"亦为互文关系。需要补充的是，乾卦兑卦在《周易》中的"一""二"次第，取自宋儒所传《先天八卦方位图》，将八卦相交错，标示八种方位次序，乾居南位，称"乾一"，兑位于东南，一阴一阳，相偶相对，次序上紧邻乾卦，故称"兑二"。何心隐从《周易·说卦传》引用象例说明八卦的取象："乾为首""兑为口"，《正义》曰："乾尊而在上，故为首也"，"兑西方之卦，主言语，故为口也"，口能以言语悦人，故合"说"义。所举人体器官的象例"首""口"，恰与《洪范》五事之"貌""言"呼应。何心隐之所以大费周章地论证附会，清晰地传达出为"叙事"或"讲学"确立正统源头的努力，带给后人的启发在于：叙事所及的视听形象，从本源上讲与诗化的"象"或"意象"融通，"形象"与"象/意象"你中有我，我中有你，并没有森严的壁垒，二者本来为一体。叙事的所"学"所"讲"给予人化世界以内在法则，《周易·系辞传》有"观象制器"的说法，

---

① （明）何心隐：《何心隐集》，容肇祖整理，中华书局1960年版，第18页。
② （明）何心隐：《何心隐集》，容肇祖整理，中华书局1960年版，第9—10页。

第六章 以"叙事"建构"身"的在世体验

古人把"卦象"作为器物、工具等一切创构的本源，那么将叙事本源归结为卦象也可视作这一传统的延伸。具体到叙事的先验次序，"极数知来之谓占，通变之谓事"。①有变化才生发出事，圣人诠释变化预知未来走向，接下来从变化的维度上考量《洪范》《周易》互融互济的理据——依托"数"确保叙事的有序性。

三　因数明理的太极皇极次序

道统叙事依托"数"确保叙事有序，是《周易》《洪范》经学之理的数量化表达。何心隐吸收南宋理学大儒蔡沈（1167—1230）的范（《洪范》）数易（《周易》）学，改造为叙事之数理。"数"是人的在世体验进入叙事所遵循的先验形式法则，也是哲学意义上对一切演变的量化表达图式，是经史合一的枢纽。在即"学"即"讲"的经学史叙事中，"经"相统相传的叙事即成为"史"；叙事旨在昌明心学之"理"或"仁"，因此"史"的叙事本源为"经"。何心隐的表述糅合大量概念术语晦涩难解，他因讲学罹难，存世文献极有限，加之他遣词造句往往关涉深邃的思想渊源，给后人解读增添了难度。那么探寻这些概念的可靠出处，是理解其叙事思想不可或缺的支撑。

有确切证据表明何心隐融通《周易》《洪范》因数明理的叙事思想，受蔡沈《洪范皇极》一书的深刻影响。《洪范皇极》由数图和文字解说两部分组成，何心隐对此书推崇备至，他甚至在蒙冤被押解途中，上书陈说冤情时抄录《洪范篇》呈示赣州蒙军门②。蔡沈父亲、兄弟、祖孙皆为朱学干城，其父蔡元定（1135—1198）与朱熹亦师亦友，极受器重。何心隐也极崇仰蔡元定，可能因为都有讲学遭禁遭荼毒的惨痛经历。当年朱熹遭朝廷"伪学"之禁褫职罢祠，蔡元定主动前往就捕，何心隐褒赞他"表表于宋者又

---

① （清）阮元校刻：《十三经注疏·周易正义》，中华书局1980年影印本，第78页。
② （明）何心隐：《何心隐集》，容肇祖整理，中华书局1960年版，第101—102页。

一人也"①。蔡沈传世著作有《书集传》和《洪范皇极》，前者遵朱熹师命撰写，后者遵父命传承家学。《书集传》诠释《尚书》的帝王谟诰之旨，融会众说，在元、明两代是科举考试士子的必读书。在蔡氏家学方面，蔡元定指派其子分工治学，长子蔡渊"宜绍吾易学"，三子蔡沈"宜演吾皇极数"，嘱次子蔡沆治"春秋"②，蔡元定认为传统易学属于"象"学的经学，而皇极学属于"数"学的易学，蔡沈遵父命以《洪范》为根据构造出"数"（又称"范数"）的系统。

  蔡沈的"范数之学"以宋代河图、洛书学说为介质，以《洪范》为根基，汲取了邵雍《皇极经世书》用"数"表达易理的易数学思想。传统易学为"象"学，蔡沈发挥潜藏于《洪范》中的"数"学，将《洪范》引入传统易学，使得《洪范》成为与《周易》互补的同等系统。"范数之学"的独特视角在于"因数明理"，弥补了朱学理论建构的欠缺。因为"数"在孔孟学说中一直付之阙如，宋代周敦颐、二程子昌明理学之时，邵雍的因数明理学说罅漏补苴；朱熹、张栻、吕祖谦讲学倡道之时，由蔡元定承担因数明理学说，最终由蔡沈完成，蔡沈既是承继家学，也满足了师门朱学建构的需要。蔡沈通过援用《洪范》，为范数学确立了堪与《周易》经传齐肩的经典来源，与传统经学的象学易学形成互补，殊途同归。一言以蔽之，《周易》和《洪范》的融合点就是以"数"穷尽天下之理。

  因数明理的"数"是"理"的量化图式，数以明"理"，理显于"经"，"理"是"数"的经学本源。蔡沈的"数"不是古人用于计算的算术、算学，也不是研究"数"的客观规律的学问。"数"的本体论中糅合了自然宇宙观、政治伦理、人事变迁的经验，用"数"表达中国人对于人事吉凶、悔吝、灾祥、休咎变迁的一种量化

---

① （明）何心隐：《何心隐集》，容肇祖整理，中华书局1960年版，第80页。
② （明）蔡有鹍辑，（清）蔡重增辑：《蔡氏九儒书》，《四库全书存目丛书》集部第346册，齐鲁书社1997年影印本，第714页。

第六章 以"叙事"建构"身"的在世体验

体验,旨在以"数"的量化测度把握变化,把人事放在"数"的阵列中预测未来可能出现的转机。理、气、形皆有定数,形数、气数具体可感,理数无法触摸感知,但是提供了判断一切变化的依据:"知理之数则几矣。动静可求其端,阴阳可求其始,天地可求其初,万物可求其纪,鬼神知其所幽,礼乐知其所著,生知所来,死知所去。""礼"给予世界以外在秩序规范,"数"安排"礼"的次序,"数者,礼之序也。分于至微,等于至著,圣人之道,知序则几矣"。①所以,"数"的先验次序主导了内在结构和外在形式的变化。范数学不以科学价值见长,严格地讲甚至缺乏基本的数学科学思维,但这无损于它的人文诠释价值,即对天理演变规律采用量化图式加以诠释。后人对《洪范皇极》多有误解,到了清代《四库全书》将此书归入术数学,无视其理学价值,殊为可惜。

何心隐叙事思想中河图洛书的互文关系,必须放置在范数易学框架中加以理解,河图或《周易》呈阴阳之象二元对立的偶数模式,洛书或《洪范》是三元化生的奇数模式,要理解长时段变化,就要统一河图洛书两种不同的"数"理模式。宋儒的"数"理思想已很成熟,蔡沈曰:"体天地之撰者,易之象。纪天地之撰者,范之数。"②将《易》《范》在道统中并置,以整体把握道统流变历史,《易》之象是对天地事物的体知与拟造,《范》之数则是对天地事物的有序记录。蔡沈的范数易学融合了理学对"数"的认识论倾向与价值论归宿,沟通经学与经学史。河图洛书的区别在"数"有奇偶之分:"卦者阴阳之象也,畴者五行之数也。象非偶不立,数非奇不行。奇偶之分,象数之始也。"③河图呈阴阳之象二元对立的偶数模

---

① (南宋) 蔡沈:《洪范皇极内篇》,《四库全书存目丛书》子部第 346 册,齐鲁书社 1997 年影印本,第 704 页。
② (南宋) 蔡沈:《洪范皇极内篇》,《四库全书存目丛书》子部第 346 册,齐鲁书社 1997 年影印本,第 699 页。
③ (南宋) 蔡沈:《洪范皇极内篇》,《四库全书存目丛书》子部第 346 册,齐鲁书社 1997 年影印本,第 708 页。

式，象为偶，彼此对待，画为八卦，体为圆、用为方，动而之乎静，体之所以立；洛书是三元化生的奇数模式，五行迭运，流行变化，叙为九畴，体为方、用为圆，静而之乎动，用之所以行。概言之，河图之数定于二，由二而四，由四而八，主定性；洛书之数始于一，由一而三，由三而九，主流行。"一，变始之始。二，变始之中。三，变始之终。四，变中之始。五，变中之中。六，变中之终。七，变终之始。八，变终之中。九，变终之终。数以事立，亦以事终。"[1]三个数为一组变化，经历三组变化，从一开始，以九为终，构成流行变化基本模式，在此模式基础上可以继续推衍，无穷无尽，广为人知的九九八十一变模式即出于此。

何心隐的道统叙事次序是对蔡沈"奇""偶"相辅相成"数"理的发挥和改造。象偶是以二为基数的推衍，师道传承中"学"与"讲"、"师"与"友"成对出现，为偶数之象的对立转化，在道统叙事中是定性的主力。奇数是以三为基数的推衍，师道叙事经历了由隐微到显达直至昌盛的三阶段：第一阶段是羲、尧、舜、禹、汤、尹的"隐隐学而隐隐讲"，师道刚刚萌芽；第二阶段是高宗、傅说、箕、文、武、周的"显显学而隐隐讲"，师道展现勃勃生机；第三阶段孔、颜、曾二三子师道显扬道统确立，"显显以学以讲名家"。已有研究指出："河图对应八卦，八卦表达的是阴阳之象，象以偶数的方式呈对恃的形态；洛书对应九畴，九畴表达的是五行之数，数以奇数的方式呈流行的形态。"[2]从思维方式上看，偶数之象带有朴素的诗性思维色彩，阴阳对立制衡，为静止的、单调的、高密度的稳态结构，内蕴跳跃性转化的契机，适合诗性的断点式情感表达；范数九畴以奇数把握世界运动变化的三步走规律，突破了象数对立循

---

[1] （南宋）蔡沈：《洪范皇极内篇》，《四库全书存目丛书》子部第346册，齐鲁书社1997年影印本，第710页。

[2] 庹永：《蔡元定、蔡沈父子易学思想阐释》，中国社会科学出版社2018年版，第152页。

第六章 以"叙事"建构"身"的在世体验

环转化观,类似正反合的辩证思维,有助于呈现变化渐次发生的、低密度的有序性,变化有序方成叙事。较之单一的奇数或偶数观,象偶—数奇相结合有助于叙述事物长时段的细致曲折变化并揭示其规律。

河图洛书"奇""偶"图式虽不同,但都承认穷极通变的绝对性,太极皇极在对立转化中居于叙事的优先地位。何心隐认为《周易》的太极数"九"、《洪范》的皇极数"五"都是以"数"呈现的"象",喻示变化所能达到的极限,"有太极之极,以变以通乎九之其穷其极者于其《易》也。有皇极之极,以变以通乎五之其穷其极者于其《范》也"。① 太极皇极为至大至善,太就是大,指仁,太极化生两仪、四象、八卦。阴阳之象在偶数模式中蕴含对立转变的契机。皇极是《洪范》第五畴,为人君至极之道——中德。"建立其至极之道,使人往而归焉。是之谓建用皇极也。"中之至极,事物发展到至极、极盛,也就走向自身的反面,事物发展转化环节中的极致化发展被强调。极数象征变化已达极限,转折在即。叙事的卦象或五事经历曲折达到极数,抵达太极皇极,五事变化的完整链条才清晰浮现,未来发展也就可以预知。

道统叙事高度重视太极数"九"与皇极数"五",也就是特别强调一切变化发展的价值极点或转捩点。将所"学"所"讲"的价值内容附丽其上,遂有"九""五"之用,见诸每一个变化:"是故《易》之九而极于其九,以用乎其九者,用于文则以元,用于孔子则以仁,而仁其极于九于《易》也。……是故《范》之五而极于其五,以事乎其五者,事于武则以圣,事于孔子则亦以仁,而仁其极于五于《范》也。"② 用九用五于周文王与周公的道统叙事,其价值极点是发明以"元"为乾卦初始的卦爻;周武王与箕子叙事的价值极点是以"圣"为五事之归宿;孔子叙事的价值极点是阐发"仁"。

---

① (明)何心隐:《何心隐集》,容肇祖整理,中华书局1960年版,第12页。
② (明)何心隐:《何心隐集》,容肇祖整理,中华书局1960年版,第11页。

"以易乎《易》之所未尽易，以范乎《范》之所未尽范"①，《易》《范》开启道统源头，而其相统相传没有止境，《易》之所未尽易、《范》之所未尽范，这是开放的统绪，留待后人且学且讲、用九用五。孔子如何效法《易》并穷尽其变易之道，取法《范》并穷尽其九畴大法？那就是聚天下英才传道授业，以仁学为统而传之后世。传孔子作《易传》七种凡十篇，诠释《周易》经文大义，如经之羽翼，故称十翼，那么十翼就是孔子的尽性至命之学："以括《范》于《易》于十其翼之尽乎其性于命之至焉者也。"② 所谓"于皇极建""于皇极会""于皇极归"③，圣人且"学"且"讲"的叙事，汇入道统的尽性至命之学。

综上，何心隐借助对道统本源和历史的虚构想象，以"学"与"讲"构成的正统叙事经验重塑道统谱系。所叙之事优先给予第一事"貌"和第二事"言"，"叙"包含先"学"后"讲"两种形态，在继承吸收经典叙事的基础上，发挥能动性创造性地叙事，以穷尽经典叙事的诸种可能。道统叙事的先验法则是"数"，它使得叙事有序。凡叙事必然领受"数"的统辖，区别于西人叙事所看重的时间整一性，于此独具特色。"数"是中国人的在世体验进入叙事所遵循的先验形式法则，也是哲学意义上对一切演变的量化表达图式，"数"呼应时间的展开，对应万物的生成，归根结底关切人事的变迁。何心隐融通《易》的象数"偶"和《洪范》的范数"奇"，二者相因为用，叙事次序在"奇""偶"交错阵列中推进，这些对于理解明中晚期叙事观念以宝贵启发。

其一，叙事次序意义上的"偶"数是"象"之"偶"，源自《周易》阴阳卦象，以"二"为进阶表示稳定性和对立转化，在对

---

① （明）何心隐：《何心隐集》，容肇祖整理，中华书局1960年版，第13页。
② （明）何心隐：《何心隐集》，容肇祖整理，中华书局1960年版，第19页。
③ （明）何心隐：《何心隐集》，容肇祖整理，中华书局1960年版，第20页。

立稳定中蕴含隐蔽的关联。以人们耳熟能详的经典叙事文本——长篇章回小说为例，从民间传说、说书，到戏曲、平话，再到演义，不断发展，由简到繁、由粗疏到精细，目次上的"则""卷"尚残留说书痕迹，说一次书为一则。明代中叶小说的回目正式创立，标目为"回"，每回有对偶的双句回目，叙事中象偶的先验次序显露出迹象。比如《水浒传》第七回"花和尚倒拔垂杨柳 豹子头误入白虎堂"，回目里的主要形象成双出现，构成回目的偶数特征，偶数象征静止和稳定，构成相对独立的叙事单元。每回的双句回目里关涉两个主要人物形象，构成两个事象，具有偶数的对称和对立效果，两个事象看似跳跃，内在包含"象"的偶数性关联。再从整体性的章回小说叙事看也呈现为"象"的偶数性关联，比如吉一凶、福一祸、盛一衰、兴一亡、热一冷等，这是天理演变之象，阴阳对举，"象"偶中有"数"奇，"身"形象所涉及的吉凶、悔吝、灾祥，都可以用"数"来表示其发展演变程度。

其二，叙事次序意义上的"奇"数是"数"之"奇"，源自范数易学，代表变化的绝对性和渐进性，任何一个连续的变化都包含"始—中—终"三阶段，大变化中包孕无数小变化，最终构成连续不断的变化流行。从具体量化图式看，由三推衍，三三而九，九九而八十一，取成数八十，昭示变迁发生的重大转捩点，以此为分水岭，叙事急转直下。"数"奇不能简单等同于抽象的量变发展成质变，它由无数具体可感的事象与形象构成，在"数"奇与"象"偶的交错推进中实现连贯叙述。借此理解长篇章回小说的回"数"不仅用于计数，而且本身遵循连贯叙事的先验次序。《西游记》的妖魔鬼怪是人心的幻化形象，第九十九回回目"九九数完魔灭尽，三三行满道归根"，数的完满也就是取经之旅的终点。刻画人物形象的小说则以八十一回前后为重大转折点，如《水浒传》第八十回梁山泊各路好汉云集、宋江三败高太尉，军事胜利达到巅峰，继之则招安走向瓦解；《金瓶梅》西门庆命丧第七十九回，西门大家族由热极转向冷极;《三国演义》第八十回一邪一正相对照,曹丕篡权废汉献帝自立,汉室旧朝气数已尽,刘备受玉玺延续汉室正统建立蜀汉。这些标识回数的八十一、八十、七十九等数目字,共同指向九九之"数"的叙事临界点,表示"象"的偶数性关联中,聚—散、热—冷、分—合的转向在即。

其三,"数"主宰了叙述时间、叙事节奏,使得叙述连贯有序,其中太极数"九"、皇极数"五"象征连贯叙事的价值极点或转捩点,是对"经"中百世不易之理"仁"的量化显现。叙事中有"数","数"包孕"史"或"事"渐变发展之理,赋予叙事堪与"经"比肩的意义,因此"数"是尊经重史、经史合一的重要中介范畴。"数"之"始"起于几微,古人讲在几微之际要谨慎从事、防微杜渐,以维系事物之间静态的和谐稳定。而叙事遵循事物由几微发展到穷而极、变而通的定数,是理解急剧变化下社会人心的动态维度。范数与象数结合的叙事次序,提供了理解人情人心变化的历史,置放在万物生长发展"始—中—终"的逻辑序列中连贯叙述,暗示一切兴盛过后是衰败速朽,繁华喧闹过后是凄凉冰冷,欢喜相聚之后是烟消云散,借助叙事语言通往象偶与数奇的否定之地,前述一切热闹繁盛皆成为对自身的否定,因此"数"中潜含了悲剧性意味。由于太极数"九"与皇极数"五"在叙事中居于价值极点,用九用五的重大转折发生前后,叙事载量分布上前重后轻、本末清晰,在通往太极皇极的上升通道,叙事充满旺盛的生机,抵达极点后,叙事的生机活力急剧萎缩。依旧以长篇章回小说人物叙事为例,在前八十回抵达极点之前,叙事节奏纡徐舒展、刻画穷形尽相;而极点之后四十回叙事节奏密集仓促甚至有点草率。从叙事的完整进程看,在悲剧性的底色上,占主导的是鲜艳浓厚的乐感情调,浓墨重彩、令人回味无穷的叙述总是在抵达太极皇极之前的上升过程,毋宁说人生虽然归于虚无,但是让人留恋的是无边无际的繁盛热闹和曾经的拥有。穷根究底,文学叙事就是一场人与叙事次序的游戏,凭借"数"的出场和测度，虚化了客观物理时间，调整了叙事分布的密度和节奏，成全了叙事自身的连贯和统一。

第四节　儒家道统叙事的昌盛与经史合一

一　"事""理""心"合一

明代泰州学派自王艮经颜钧到何心隐，把"讲学"视作一种传承道统的"叙事"。何心隐认为"学"与"讲"就是师道统绪下两种紧密相关的叙事行为，"讲学"作为传承道统的叙事行为有其不可替代性，因而理解"讲学"的本质要抓住"叙事"这个枢纽。"叙事"之所以不可或缺，因为生活中不断有"事"发生、有"事"要做，在"事"上且"学"且"讲"，正是服膺于"事"上磨炼的目的，一件件首尾衔接或毫无瓜葛的"事"连缀起人们的生活世界。何心隐曰："即叙，即事即学也。即叙，即事即讲也。""以叙其事，而学而讲也。"[①]"讲学"或"叙事"让原本素不相识的人们结成师友关系，求学问道就在当下的百姓日用之中显现，师友之间互动交流，有的涉及往圣先贤的历史掌故，有的涉及当下面临的修身困扰，有的只是饥餐渴饮的日常对话，身体感知体验"事"的在场，这就是泰州学派所言之"有事"。"事"上如何应对，涉及儒家仁义礼智的伦理道德修养，那么"有事"而"叙事"，也就通往了伦理道德的完善。旨在恢复本心良知，这是泰州学派弘扬"讲学"的初衷，通俗地说，"讲学"就是"有事"而"叙事"。"叙事"或"讲学"是心学重视的事上磨炼，泰州学派主张以"身"践履"天下国家"之"事"，"事"从沉睡到被唤醒直至朗然显现，这有赖于"叙事"，当人们把"事"有条不紊地叙述出来，"事"因此而得以彰显。

泰州学派强调"事"与"理"一致。"理"者，做规矩、准则

---

①　（明）何心隐：《何心隐集》，容肇祖整理，中华书局1960年版，第4页。

讲，与"矩"同义。而宋代二程子做万物唯一本根讲的"理"，乃万物总一的法则，故而又称为"天理"。二者虽然都有规则的意思，但有分殊与总一之分别。由于"理"涉及经、史中确立的矩则，须以学识储备为基础，而这恰恰是王艮的短板。王艮出身贫苦灶户，未受过良好教育，所以在讲学时扬长避短，以灵动过人的启悟弥补学理的不足，"先生于眉睫之间，省觉人最多"①，可惜未见于"理"上有所发挥。一传弟子林春（1498—1541）颇富学识，以心学融合衔接理学，持论平稳，黄宗羲赞他未染泰州流弊，是从学理清通切实上评价。林春曰："无时非事，无事非学，不徒讲说而真自我行。"② 又云："所谓当理者，心外无理，理外无事，事外无仁，即心是理，即理是事，即事是仁，一而已矣。"③ "事"即"学"，至简至易，当下显现至善本心；"事"与"理"表里无差，倘若于规则上比合牵引、落于闻见，反而会起阻碍作用。试对比黄宗羲述评心隐之学时所云："心隐之学，不堕影响，有是理则实有是事。无声无臭，事藏于理；有象有形，理显于事"④。林春比何心隐年长19岁，仕途顺利、持论稳重，而何心隐不走寻常路，被目为异端，林春与何心隐的人生轨迹差异很大，但这两段引文显示，他们在"事""理"观上竟高度契合。而黄氏此段评介的出处是何心隐的论说文《矩》，原文是："学之有矩，非徒有是理，而实有是事也"，"物也，即理也，即事也"⑤，云云。"矩，法也"⑥，本身有法则的意思，何心隐强调"矩"是"事"与"理"的统一，赋予"事"在显示"理"时有象有形的形象性。

---

① （明）王艮：《明儒王心斋先生遗集》，《王心斋全集》，陈祝生等校点，江苏教育出版社2001年版，第13页。
② （明）林春：《林东城文集》，凤凰出版社2015年版，第31页。
③ （明）林春：《林东城文集》，凤凰出版社2015年版，第33页。
④ （清）黄宗羲：《明儒学案》，沈芝盈点校，中华书局2008年修订本，第705页。
⑤ （明）何心隐：《何心隐集》，容肇祖整理，中华书局1960年版，第33页。
⑥ （清）阮元校刻：《十三经注疏·礼记正义》，中华书局1980年影印本，第1674页。

第六章 以"叙事"建构"身"的在世体验

何心隐《原学原讲》从上古经典入手纵论叙事的范畴，其旨意乃是寻绎"事"及其"理"内在统一的历史理据。文中提出"有事"而"叙事"，从知（观念意识）到行（讲学践履），一以贯之，推动"事"的解放和"叙事"的变迁。在《原学原讲》开篇揭橥明末讲学的本源曰："必学必讲也，必有原以有事于学于讲，必不容不学不讲也。"①"学"与"讲"系关联概念，有"学"必有"讲"，"讲"离不开言说。言说是"有事"的产物，"自有言必有事、必有讲也，讲其原于言也"。②借功能来论证本源，"讲"源于因事而发的言说，一切源于"有事"而"叙事"，混淆言说的功能论与本源论，流露出强烈的践履指向。因为"有事"所以需要"叙事"，将讲学的关注点聚焦于社会生活领域百姓日用而不知的家常事，所叙之"事"指的是内心之仁在"貌""言""视""听""思"等外在形象的显现，合称"五事"。何心隐提出"即事即学""即事即讲"等命题，揭橥百姓日用伦常之中的"事"具有"讲学"价值，在"事"上即学即讲。心隐之学之所以"不堕影响"，从大处讲既与他的学养有关，也与行动能力有关。何心隐出身世家大族，受过良好的教育，识见气魄远超群伦，他用六经注我的方式，从学理上重新系统诠释了"事"与"理"。他除了有学养、有见识，又有超出常人的践履工夫，走出书斋开展讲学，或以讲学之名广泛联络各式人才，其影响广泛持久也就不足为怪。

何心隐因为讲学而遭构陷，所以撰写长文为讲学为自己辩护，基于"叙事"之"理"乃不可置疑的矩则，论证"学"与"讲"的合法性："即叙，即事即学也。即叙，即事即讲也。"③ 句式上多用"即"字，是多重循环统一论证留下的句法形式，其论证特点：一是在寻绎历史本源时，层层推原，螺旋循环论证；二是源与流统一，

---

① （明）何心隐：《何心隐集》，容肇祖整理，中华书局1960年版，第1页。
② （明）何心隐：《何心隐集》，容肇祖整理，中华书局1960年版，第1页。
③ （明）何心隐：《何心隐集》，容肇祖整理，中华书局1960年版，第4页。

"事""道"统一论证。"学"与"讲"源于"有事"而"叙事"。叙事者就是讲学者,他们模仿学习圣人掌故,这是"学";彼此之间就此展开对话与反思,这是"讲"。"学"与"讲"之间相辅相成,缺一不可,共同构成"叙事"的两大基本要素。从当世士人的价值关切看,"事"尤其关系《大学》之道三纲统领下的八条目,格致诚正、修齐治平,在士人借"学""讲"自我实现的践履工夫中,贯穿了仁道追求。因此泰州学派理解的"叙事"贯穿人们日用常行,是学习、模仿、习得经典("学")与言说、对话、反思("讲")之间的互动,"叙事"成为讲学弘道的践履方式,在每时每处、有"形"有"象"、可感性体验的"事"上通过"叙"的行为敞开,在"叙事"过程中洞见良知本心,与"心"或"仁"当下贯通。

何心隐从具体可感的外貌、语言、视觉、听觉和思维上即"学"即"讲",以思虑为终点,进而洞见君子葆有的恭敬、顺从、明觉、智慧,以"睿"为终点,更进言之,从中显现圣人之心:恭敬、顺治、智慧、敏捷、圣明,以"圣"为极境。在百姓日用之"事"上"学"往圣先贤的典故,效法圣贤的貌、言、视、听、思,"讲"述这种效法学习的历历成果。同样是学做圣贤,不同的人习得的貌、言、视、听、思有同有异,芸芸众生通过"学"与"讲"这两种模式唤醒了对百姓日用诸事的真知真行。所以讲学闪耀着"圣"的光辉,对于传承圣学或道统具有非同凡响的意义,它当下显现于"学"与"讲",人的貌、言、视、听、思被赋予深长的象征意味,凸显"圣"的真实效应,是美的至高境界。由此可见,泰州学派热衷于就社会生活、百姓日用之"事",即时即地进行"叙事",用"叙事"应对百姓日用而不知之"事",有"学"有"讲",也就唤醒了百姓日用之"事",使百姓能"知"能"行","讲学"之"乐"无与伦比、无可替代。

何心隐吸收南宋理学大儒蔡沈的范数易学,将来自《尚书》"洪范篇"的"五事"范畴,与《周易》的八卦、六十四卦相调和。

第六章 以"叙事"建构"身"的在世体验

他提出"即叙即畴，即学即讲"①，同时"即画即卦，即学即讲"②，这就为"貌""言""视""听""思"的五事叙事，建构了阴阳卦象变化的哲理依据。他认为"貌"源于"乾"卦，"言"源于"兑"卦："是故原学其原，则原于《范》之五其事之一而貌者，原于《易》之一而乾也。乾为首也。若首而貌，莫非形乎其形者也。"③"是故原讲其原，则原于《范》之五其事之二而言者，原于《易》之二而兑也"④。可见，停留于"貌""言"等五事的可感性形象叙事，是远远不够的，"乃人其学于仁，以学于《易》于《范》于羲于禹其人其仁而学也。徒然学其原于貌而学耶？"⑤ "五其事而叙"只是"学"与"讲"的必由之路，不是终点。

叙事既源于《洪范》又源于《易》，有两个古老经典作为源头，并且皆源于"心"或"仁"，这为理解明代中晚期叙事昌盛提供了逻辑支撑。叙事美学的对象不限于文人化的小说、戏剧等叙事艺术，还包括讲学、说书、谈经、讲史等民间叙事行为。讲学对出身、职业、地位等极为包容，达官显贵、村夫野老、渔夫盐户、耕者樵夫、缁衣羽流，都可以参与到"学""讲"中，在"貌""言""视""听""思"等形象叙事上，洞见阴阳对立相生的天理，也当下即是显现为"心"或"仁"。明人以前的叙事处于边缘，在闾巷琐谈、逸闻旧事、私史稗史中起主导的是补正史之缺、羽翼正史的卑敬心态。述及朝代兴废的小说，叙事框架犹如一地散钱，虽有价值但是支离破碎不成系统，到了明人手中，叙事地位擢升。从史学背景看，明中晚期私人修史之风盛行，由《明史·艺文志》中的著录即可见一斑。加之明代不修国史，只修实录，其所修实录，在当时即可传

---

① （明）何心隐：《何心隐集》，容肇祖整理，中华书局1960年版，第12页。
② （明）何心隐：《何心隐集》，容肇祖整理，中华书局1960年版，第11页。
③ （明）何心隐：《何心隐集》，容肇祖整理，中华书局1960年版，第9页。
④ （明）何心隐：《何心隐集》，容肇祖整理，中华书局1960年版，第10页。
⑤ （明）何心隐：《何心隐集》，容肇祖整理，中华书局1960年版，第10页。

录，因此私人修史，取材极为方便，"史消稗长"给国史修撰蒙上了阴影，而对于其他叙事则不吝洒下了阳光。

何心隐以布衣士人褒贬爱憎的自任意识，源自日常践履中以原始儒家道统自任的泰州学派传统，"即学即讲"标举知行合一的叙事主体，我们似乎看到除了史家，另有一种身份尊贵的叙事者浮现："即学即讲"者。学，孔子之仁；讲，孔子之仁；所践履者，亦是仁。有事而叙事是知与行、心与物的统一，是"事"向"心"的形象化敞开。这也是何心隐的初心，将《尚书·洪范》"五事"的形象叙事、《周易》卦象的变化哲理，创化聚合为"心"或"仁"的当下显现。不过，彼时的思想界对"心""仁""圣"的理解充满歧异，何为"心"、何为"仁"，是克己复礼还是任情纵欲，是死生情切还是超凡入圣，是摄道归佛还是儒家经世，何去何从，莫衷一是。何心隐执着守卫儒家道统，也并不能解开叙事深层次价值冲撞的时代难题。

二 "经""史"合一

在对儒家正统思想脉络的道统叙事中，"数"是明代经史合一的重要中介范畴。"数"确保叙事有序，它内在于"事"的展开变化，也显现于承袭道统的次第。明代泰州学派学者何心隐的道统叙事吸收南宋理学大儒蔡沈的范数易学，"数"是人的在世体验进入叙事所遵循的先验形式法则，也是哲学意义上对一切演变的量化表达图式。"数"分"奇""偶"：《周易》象偶，以"二"为进阶表示稳定性和对立转化，在对立稳定中蕴含隐蔽的关联；《洪范》数奇，代表变化的绝对性和渐进性，故而连续不断的变化以"三"为进阶。叙事之所以有序，依赖于"数"在奇偶交错阵列中推进，其中太极数"九"、皇极数"五"象喻连贯叙事的价值极点或转捩点。"数"中包孕"史"或"事"渐变发展之理，契合"经"中之理"仁"，两头分别联结起"经"与"史"。

第六章 以"叙事"建构"身"的在世体验

所叙之"事"虽只是百姓日用的寻常事，但也是天理演变的显现，即"事"即"理"。因为人物形象之间的视听叙事，有一个变易不居的超时空背景，契合《周易》天理演变的形态，显现天道变化的哲理。何心隐以阴阳卦象"穷而极""变而通"[①]的天理，统摄伏羲、尧、舜、禹等贤圣的道统叙事，列贤列圣穷尽变化、各有特点，但都服膺"心"或"仁"的天理，即"理"即"心"。阴阳对立相生、穷极变通，表现为吉—凶、福—祸、盛—衰、兴—亡、热—冷等的转换，这是统摄一切具体感性形象叙事的超时空叙事，或可称为"大叙事""元叙事"。学者曾指出中国经典小说中无一例外都有人间叙事与超时空大叙事的两重叙事，形成人事状态两相共构的"双构性"[②]，支撑两重叙事的根本理据在于即"事"即"理"，人间叙事是具体可感的"事"，超时空大叙事是"事"中之"理"，是天道演变的哲理，心学认为心外无理，那么"理"皆由"心"生。

叙述"事"与契合"理"须臾不可分离，"理"是"事"的归宿。中国本土叙事并不严守情节在时间中的因果逻辑，但极看重天道变化的根本规律——它主导了人事变迁的过程和结局，因此一切叙事均可在"穷而极""变而通"的天理中获得有条不紊的叙事顺序。人物形象的叙事进程直至人物归宿，都不出天道演变之"理"。至于现代小说叙事重视的情节，从属于人物视听形象叙事，并不具有独立自足性；另外情节的最终走向遵循天道规律，因此人物形象命运也是可预见的。所以叙事具有洞察人事细微变化的老练世故，又具有笃信天道变化、超越时空的前瞻眼光，可谓征之叙事，而垂之百世。在可资人生鉴戒的价值上，把形象之间"貌""言""视""听""思"的互动往返统合成情节，形塑中国人对于时空的人事体

[①] （明）何心隐：《何心隐集》，容肇祖整理，中华书局1960年版，第13页。
[②] 杨义：《中国叙事学》，人民出版社1997年版，第46页。

验，丝毫不逊色可资国家治理鉴戒的历史叙事。

　　试以何心隐的"避遭故事"为例来看"理"、"心"与"事"如何在叙事中合一。何心隐在《遗言孝感》一文中把自己蒙冤入狱的遭际称为"避遭故事"，"避"与"遭"相反相生，避，指因祸而外出躲避；遭，虽避祸仍惨遭不幸。类似的避遭故事在历史上反复发生，而每个故事都有自己的独特之处，何心隐曰："一代自有一代故事，党人避遭，汉代故事也。清流避遭，唐代故事也。伪学避遭，宋代故事也。孝感于我昔年避遭故事，已不下汉不下唐，不足言矣，且不下宋伪学。而避遭于我为今代故事者，后代不知又何言也？……是望为一代故事望也。"① 文中略叙汉、唐、宋三代避遭故事，一是汉代士人被宦官罗织"党人"罪名遭受终身禁锢，二是唐代后期的政治文化精英"清流"遭受毁灭的不幸命运，三是宋代韩侂胄把道学定为伪学，后又变为伪党、逆党，牵扯无辜士人蒙受打击。避遭故事不同于历史叙事，不需要按照君王经验的时间，以编年体或纪传体等正统时间范式来叙事，而属于时间范式边缘的记忆和叙事，故而不称"史事"，只称"故事"，但是采用了"一代自有一代"的宏大叙事，由当下的人间叙事纵身跃入天理演变的大叙事。多少仁人志士经历"避"而后"遭"的悲剧性故事，在不同的历史时空反复回响，何心隐叙述"避遭故事"之际，谅已从"避"而后"遭"的演变规律中，预知了他自己的悲剧性结局。

　　"避遭"这类边缘时空叙事一般见诸野史，野史与正史会发生转换。从跨朝代的长时段看，官修正史与士人书野史相互补充和转化。何心隐认为正史、野史相互转换，相通以书，借野史小说补正史，或者从正史中取材敷衍成小说，这两种互动行为既紧张又协作。何心隐有两通书信谈及"朝野史相通以书"，一通写给捕获他的南安朱把总，一通写给欲致他于死地的湖广王抚院："元虽不有史官收，而

---

① （明）何心隐：《何心隐集》，容肇祖整理，中华书局1960年版，第76页。

不有野史收，以入史官史于后世者耶?"① "书于野，书于朝之秉史笔以书者，必历历垂史，共知于天下万世而不泯也。"② 史书有多重形式，朝野史互相补充、转化、流动，在明中晚期很常见。何心隐这一番话掷地有声，后来的事实也印证了他的预言。万历年间收录有何心隐一事的"疏"、杂记、小传等，迄今仍可查见者有《万历疏钞》（吴亮）、《弇州史料后集》（王世贞）、《苍霞草》（叶向高）、《闻雁斋笔谈》（张大复）、《耿天台先生文集》（耿定向）等刻本。在他遇难约半个世纪后，张宿于天启五年（1625）诠订刻印了何心隐的《爨桐集》。文人、学者兼藏书家陈弘绪在回复张谪宿（又作张宿——笔者注）的书札中谈到何心隐故事的流传："其轶事见于杂记诸小说者颇多，兄能博采而汇集之，以尽心隐之奇，亦一快事"，他还发挥博览群书的长处，补叙了何心隐门下异人吕光午的事迹③。

何心隐弘扬道统叙事，主张历史类叙事也应服膺道统、服膺"心"之"理"。他撰有《辩志之所志者》《补志之所志者》等文，洋洋洒洒评骘明代官修地理志《大明一统志》以及续修《湖广通志》中"志"类的编撰和选订，对其中人物志、名宦志、流寓志的设置与人物甄选、归属提出异议，说这两部志书都存在"混志"的弊病，人物志、名宦志、流寓志的分类模糊混乱，导致人物归属上缺乏一统性，这是颇有见地的看法。一统志强调大一统的理念，通志追求会通古今之变的线索，何心隐提出创设"帝王志""圣贤志""大儒志"，所谓"志"，"识心为志"，确立以"心"为统领的"志"类编纂分类原则，反对将贤圣简单归入所属地域的人物志类目下，而应该根据他们在道统传承中的地位来定夺，比如《大明一统志》

---

① （明）何心隐：《何心隐集》，容肇祖整理，中华书局1960年版，第105页。
② （明）何心隐：《何心隐集》，容肇祖整理，中华书局1960年版，第112页。
③ （清）陈弘绪：《答张谪宿书》，《陈士业先生集》卷3，《四库全书存目丛书补编》第54册，齐鲁书社2001年影印本，第231—232页。

把孔子归入兖州府人物志类目下，这极为不妥，何心隐主张把孔子归入圣贤志，周敦颐则归入大儒志，尧舜等圣明的帝王归入帝王志，秦王等暴君则不能进入帝王志，"噫！凡志之为志者，即置所止于心以为志也。噫！凡志之为志者，即识所止于心以为志也"。① 体现出极为鲜明的历史叙事主体意识，以"仁""心"的道统价值区分历史人物的归属。这一思路，大不同于以还原往事真相为己任的求真史学追求。刘知几指摘五行志的错误时主张在"志"类增设方物志、都邑志、氏族志等，是出于保存文献的求真史学目的，而何心隐主张按照道统归属人物，则是自任胸臆地臧否人物，这个动作类似于拆篱放犬，弊病则是"褒贬出之胸臆，美恶系其爱憎"②，然而对于有明一代叙事美学的兴起意义重大，尤其契合了小说叙事因文生事的需要。

  对此，冯梦龙有"史统散而小说兴"③ 的说法。野史（小说）补充了经书史传所不涉及之处，求真问题不再值得纠结，"尽真乎""尽赝乎""去其赝存其真乎"的争议可以搁置，重要的是野史中包蕴涵摄了"情""理""学"，完全足以升堂入室。《警世通言叙》云："经书著其理，史传述其事，其揆一也。理著而世不皆切磋之彦，事述而世不皆博雅之儒。于是乎村夫稚子，里妇估儿，以甲是乙非为喜怒，以前因后果为劝惩，以道听途说为学问，而通俗演义一种，遂足以佐经书史传之穷。"④ 野史、小说嘉惠里耳，传之无穷，重视情理之真，而非再现模仿客观现实之真，为了弥补人物形象合情合理之间缺损的环节，就必须广泛征用虚构、想象等既有的叙事能力和技巧，中国叙事美学从基于历史真实事件实录的"言""事"中心，转为聚焦于人情物理的"事""理""心"相统一的叙事美

---

① （明）何心隐：《何心隐集》，容肇祖整理，中华书局1960年版，第65页。
② （明）焦竑：《澹园集》，李剑雄点校，中华书局1999年版，第30页。
③ 《明代文论选》，蔡景康编选，人民文学出版社1993年版，第372页。
④ 《明代文论选》，蔡景康编选，人民文学出版社1993年版，第373页。

学。迈出这一步,比如从晋代陈寿《三国志》的历史叙事,到明代小说《三国演义》的出现,历经一千多年,可见叙事观念盘根错节,改变绝非一朝一夕。

何心隐叙事思想已现"经史一物"或"六经皆史"的雏形。"史"是永恒时间的记忆,以史为镜,为后世提供国事盛衰的鉴戒,这一观念年深日久。当"事"向形象的可感性形态扩张,逐渐包容社会的、日常的、心理的"事",叙事的鉴戒价值得以提升。回想宋儒区分形上之经学与形下之史学,如"经以明道"[①],又如"读书须是以经为本,而后读史"[②]云云,体现的是经本史末的思路。到明末经史统一的话头被反复提起,强调经史转化,经、史一物也,反对人为制造二者之间的对立和差异。王阳明认为:"以事言谓之史,以道言谓之经。事即道,道即事。""《五经》亦只是史"[③]把经史等量齐观,因其皆可以激发人内心善恶之理。何心隐《原学原讲》从上古三代之经典(经)而不是史书,论述叙事(史)的通变:一代有一代之叙事,也可以辨认出经史一物的思路。

与明末"经史一物"联动的,是道统叙事地位上升以及叙事观念的解放。李贽提出:"经、史一物也。史而不经,则为秽史矣,何以垂戒鉴乎?经而不史,则为说白话矣,何以彰事实乎?……故谓六经皆史可也。"[④]就是沿着这一思路的发展。史家若缺乏"经"的叙事意识,就会带来假言谀辞堆积的秽史;士人即学即讲,若缺乏"史"的叙事意识,就会脱离有象有形、理悬于事的现实世界,沦为套话大话空话扯淡。无怪乎何心隐极为重视"貌""言""视"

---

① (宋)程颢、程颐:《二程集》,王孝鱼点校,中华书局2004年版,第165页。
② (宋)黎靖德编:《朱子语类》,王星贤点校,中华书局1986年版,第2950页。
③ (明)王阳明:《王阳明全集》,吴光、钱明、董平、姚延福编校,上海古籍出版社2011年版,第11页。
④ (明)李贽著,张建业、张岱注:《焚书注》,社会科学文献出版社2013年版,第565页。

"听""思"这类"形象","家者,形象乎其身者也","身者,形象乎其物者也","物者,形象乎其矩者也"①,一旦脱离鲜活生动的生活世界,"身""家""物"② 就无法彰显事情藏身的真实之"理"、法则之"矩"。何心隐使用"形象"一词,统一形上之"象"与形下之"形","身""家""物"可视作"形象"的具体显现,那么"貌""言""视""听""思"五事则完全可以视作"身"的形象显现。小说叙事细腻逼真为人称道处,常在人伦交往的"貌""言""视""听""思"叙事上。金圣叹评点《水浒传》道:"一样人,便还他一样说话,真是绝奇本事"③,于眉睫之间传神,无论有事还是寻常无事之处,也能将一言一行叙述得有滋有味、各不相同。同时,小说人物形象故意相"犯"产生重叠影子,分"正犯"与"略犯",但又有本事写得"无一点一画相借"④。比如武松打虎、李逵杀虎与二解争虎,潘金莲偷汉与潘巧云偷汉……人物形象的"犯",在小说中普遍存在,一副副面孔身影事情重叠累积,区别尽在同而不同之处,产生类似历史的深邃时空感,更进一步通过时间空间的虚化,抹去可清晰辨认的时间地点特征,使人无法确切指认所叙述的具体人事,服从于"穷而极""通而变"的大叙事,强化了"人事有代谢,往来成古今"⑤ 的超时空感喟。

经史合一、事理心合一为叙事者的介入拓宽了创造性言说的可能。叙事口吻的反思性与叙述的人事形象紧紧伴随,"事"敞开为"形象"之间的交错往还,并推动情节发展,读者总能感觉到一个显

---

① （明）何心隐:《何心隐集》,容肇祖整理,中华书局1960年版,第33页。
② 何心隐所言之"物",指与主体相对待的伦常关系,"亲与贤,莫非物也"（见《何心隐集》第27页）,不是与主体相对待的客观事物,所以在叙事形构中可以统摄进"貌""言""视""听""思"五事之中。
③ （清）金圣叹:《金圣叹全集》,陆林辑校整理,凤凰出版社2016年版,第30页。
④ （清）金圣叹:《金圣叹全集》,陆林辑校整理,凤凰出版社2016年版,第34页。
⑤ （唐）孟浩然著,徐鹏校注:《孟浩然集校注》,人民文学出版社1989年版,第145页。

第六章 以"叙事"建构"身"的在世体验

隐不定的、旁观反思批评的叙事者口吻，代理表层叙事和深层叙事的监视者、监督者和反思者。海外学者名之曰"反讽"口吻①，虽套用西方文学批评术语，但是对叙事者口吻的概括有一定合理性。试以《金瓶梅》为例，文心细如牛毛，家常日用、应酬事务、奸诈狡猾、贪财恋色，一一细细道来。崇祯本第七回写西门庆于聚财发迹的上升期迎娶孟玉楼一段，先是媒婆薛嫂花言巧语介绍富商遗孀孟玉楼给西门庆，西门庆遂起念借色聚财，另一边薛嫂对孟玉楼则隐瞒西门庆有妻有妾的实情，让孟玉楼误以为嫁做正头娘子。写西门庆到孟玉楼家相亲一幕，小丫鬟拿了茶，孟玉楼"起身，先取头一盏，用纤手抹去盏边水渍，递与西门庆"，西门庆"忙用手接了"。孟玉楼举手投足甚是俏丽妩媚，两人各取所需、彼此中意。及至西门庆死后，其家道迅速中落，孟玉楼再嫁李衙内做正头娘子，事先跟官媒陶妈妈不厌其烦地盘问李衙内个人情况，二婚被骗的创痛于此处言语中方才含蓄暗示出来，世事翻转，又能说清谁清谁浊？第九十一回吴月娘盛装参加孟玉楼的婚礼，"席上花攒锦簇，归到家中，进入后边院落，见静悄悄无个人接应。想起当初，有西门庆在日，姊妹们那样热闹"，"不觉一阵伤心，放声大哭"。叙事者口吻与人间世态由"热极"转为"冷极"的超时空大叙事结合，形象叙事的具体生动鲜活让读者沉浸迷恋，而超时空的"热—冷"大预言、大叙事让读者保持冷静反思，这之间产生源源不断的叙事张力，情节虽然不鲜明突出，时间线也经不住推敲，读之却令人不胜感慨唏嘘。

总之，经史合一以及事理心合一，使得形象叙事既具有形而下的具象性、可感性、视听性，又具有形而上的象征性、隐喻性、超时空性。在可感性形象叙事中体现了理、事、心的统一，叙事重视人间叙事视听体验之真切、超时空叙事的宇宙大化流行之真切，这种真实属于心理感受与天理契合无间的逼真，带有浓厚的主观色彩，

---

① [美]浦安迪：《中国叙事学》第2版，北京大学出版社2018年版，第146—157页。

297

而非模仿现实之真实。西方叙事建立在古希腊模仿现实的传统上，重视历史叙事与虚构叙事的区分，普实克认为中国人不能加以虚构[1]，这可以说是一个极富启发意义的伪问题。其实，中国叙事传统并不缺乏想象、幻想、夸张、虚构的能力，只需试回忆一下汉大赋铺张扬厉、似真似幻、极尽奉承的宏大叙事即可，所缺乏的乃官方叙事之外的叙事合法性地位。诸多当时一流文人，如汤显祖、胡应麟、陈继儒、谢肇淛、袁宏道、李贽等，对《三国演义》《水浒传》《西游记》《金瓶梅》等小说刮目相看并热心谈论品评，以至于小说逐渐能够与"四书五经"分庭抗礼，如此也就具有了内在的必然。叙事地位的擢升，激发了叙事者、评论者参与的积极性和创造力，也生产和再生产出陶染沉醉其中的广泛受众。

---

[1] 转引自鲁晓鹏《从史实性到虚构性：中国叙事诗学》，北京大学出版社2012年版，第77页。

第七章 以"抒情"宣泄"身"的情感需要

抒情作为一种自我意识的表达，来自心灵的源泉，映射了情感的光辉，承载了主体精神内向化探寻的审美观念，代表了一种指向新世界的审美理想。这里的"抒情"一词不限于以抒情见长的诗歌艺术门类，它广泛见诸小说、戏曲、散文等艺术门类，在日常生活领域也常常可以捕捉到它的身影，尤以抒情诗歌为代表，最为集中、强烈和纯粹地诠释了"抒情"的自我表达。《尚书·虞书·舜典》云："诗言志，歌永言，声依永，律和声。"先民们在诗乐舞一体的节奏中，获得神人以和的天启。这里的"志"是情感、意愿、意图浓缩而成的情志，借助充满节奏感和音韵美的审美形式，哺育渊深的抒情传统。诗人用情思网罗起灵感的飞絮，将外物统统化作自我主观情思的象征，创构出波澜万顷的生动气韵和绮丽文辞，如云山绵邈，错综有致。毫不夸张地说，倘若损失了抒情的气息，文学艺术的美会损失大半，情景交融的深邃意境也不复存在。"情"的胸襟可以统摄万物，用鲜活的文字、丰饶的节奏和韵律营造意象，抒发肉身鲜活的、个别化的情感体验，用饱含"情"的书写抵御工具理性的魔爪，为生命和激情清除淤积和阻滞，让情感的洪流在作品中流淌和延续，并且在不同的时间和空间里回响，在另外一时一地生存的人，因为这情感的流动，人与人不再是孤独地在世，而是心有所系，彼此联结。

抒情作为自我意识的表达，渗透进艺术风格的创构，传达出在世者的审美观念和审美理想。在抒情的发展流变过程中，"狂"范畴为主体之"身"的个性化、感性化表达赋予旺盛充沛的能量，抒情的律吕在明中晚期迎来了重大的变革。凭借来自"心"本体的源头活水、泰州学派对"身"之主体性的肯认，人的肉身感受、情感抒发取得伦理道德的合法性，深"情"浅"趣"，各得其宜。本体意义上的"情"具有至高无上的地位，也即是说只有通过"情"本体，我们才能通向生命的至善大美，才能领悟宇宙的真义。汤显祖的"情至"说、公安三袁的"性灵"说、明中后期的"神韵说"等，都是这一抒情洪流中回响的金声玉振。

第一节　写"趣"："身"的快适流露

一　"趣"的轻浅化趋向

泰州学派以"身"为本，重新发现了人人皆有的"至近至乐"[①]，"身"之乐近在身边，简单易得。肯定至乐就在肉"身"当下的本能感受中，凡耳所听、目所睹、手所触、足所行，皆直心任性，别有一番自然率性的趣味，与那不学不虑而能知能行的"心"本体正相契合。然而，明朝中晚期繁华的景象无法掩饰不断滋生的民生困顿和士人信仰危机等社会问题，朝政腐败，流民纷起，贫富差距悬殊，依违权变之风盛行，士人弘道的热情被冰冷的现实消磨了。所以说"身"对于闲适轻松之"趣"的表达，乃是社会表面繁荣与深层次危机累积时代，士人刻意追寻的结果，所追寻的是那纯任天真本然的不刻意。"身"之乐固然离不开明中晚期蓬勃发展的商品经济、商品市场，但是不能将之与消费文化语境下的平面化、表浅化审美等量齐观。毋宁说，士人用"趣"范畴来表达对于切

[①] （明）王襞：《明儒王东厓先生遗集》，《王心斋全集》，陈祝生等校点，江苏教育出版社2001年版，第214页。

"身"之乐的轻浅化审美取向,是审美领域对于用良知本心重建伦理道德和信仰世界的呼应。

从字源学上看,《说文解字》云:"趣,疾也"①,快疾、迅速意。做动词用,通"促",督促、催促意;又通"趋",趋向、奔向意;又通"取"。"趣"字的快速趋向性特征,具有快速转化人与外界事物的神奇驱动力,在交互之中激发出不可名状的吸引力,令人回味流连在轻松愉悦的审美快感之中。"趣"作为审美范畴的地位经历了逐步抬升的趋势,研究者业已指出:"到明清时期,它已成为了一个复现率很高的审美语汇,含纳、组构出了一百多种以'趣'字为语义支撑点的审美术语,建构出了一个以'趣'字为审美透视点的内在广阔世界,充分显示出了筋络相连、血脉潜贯的古文论范畴特征。明清时期,伴随中国文学的性灵化、个性化思潮及文学观念中的雅俗糅合的取向,'趣'作为审美范畴在我国封建社会后期得到了极大的张扬。"② 耐人寻味的是,"趣"范畴与其他范畴组合构造出超过一百种的审美术语,这种高度黏合力远远超出其他单体美学范畴,表征出明清时期美学主潮中的审美轻浅化趋向。从趋向性特点来说,"趣"字从字源学意义上取"趋"的本义;而从"趣"的具体走向来看,肉体之"身"本能地追求轻松愉悦,不费些子力气就能获取,"趣"所撷取的正是最切近"身"的闲适表达的快感,那么"趣"字又合乎"取"的本义。

"趣"作为复合美学范畴的语义黏合要素,产生于魏晋南北朝,源出人物品评传统,传达出对于魏晋时期主范畴"风""骨""神""情"等的趋向性特征,推重内在神韵和形上超越品质。这一风气所及,出现了诸如刘勰《文心雕龙》论文的"风趣刚柔"、"趣幽旨

---

① (东汉)许慎著,(清)段玉裁注:《说文解字注》,上海古籍出版社1988年版,第63页。
② 胡建次:《趣:中国古代文论的核心范畴》,《南昌大学学报》(人文社会科学版)2005年第3期。

深"与"情趣之指归",顾恺之论画的"天趣"与"骨趣",钟嵘《诗品》中论诗的"归趣难求""列仙之趣""风流媚趣",等等。这里的"趣"范畴较多指涉发自人格情性的意向性旨趣。此时"趣"范畴单独使用时与"味"范畴含义接近。"趣"与"味"是一对相似度很高的范畴,论者清晰地指出:"'趣'是一种偏于直感的东西,而'味'则需要慢慢品味咀嚼。'趣'更轻松、明畅、飘忽,'味'更淳厚、蕴藉、隽永。"① 确切地讲,在明清之前,"趣"与"味"二者的区别并不明显,魏晋时人心之所系,在玄远幽深之境,或者是充满伦理道德意味的礼义,或者是借助想象精神超然飞升的黄老之学,或者是政治高压束缚下层层遮掩的复杂情愫……总之,远不同于明人发现和激赏的那种当下的、感性直观的、不费些子力气的轻浅化审美。

魏晋时期人的自觉意识与文学艺术的自觉意识苏醒,在情性人格的意向性旨趣中既有儒家的礼乐教化旨归,也有道家的冲和平淡,还有佛家的轻松解脱。竹林七贤之一的嵇康精通琴理乐理,有感于人们理解"琴德"、创作琴赋容易出现的偏颇和失误,论曰:"推其所由,似元不解音声,览其旨趣,亦未达礼乐之情也。"② 旨趣者,旨意也。鉴赏音乐既要理解不同乐器擅长奏出不同音色、音质和调性的声音,各有分别,还要能够把握领悟音乐的旨意,即导引神气、宣和情感的特殊意味。疑是魏晋时人伪托的《列子》载伯牙善于鼓琴,钟子期擅长欣赏聆听,"曲每奏,钟子期辄穷其趣"。③ 这里所言之"趣",也作旨意、旨趣解,指演奏者在乐曲中表达的感情诉求和旨归,品鉴者聆听乐曲、神思飞跃,获得高山流水遇知音的审美享受。

---

① 邱美琼:《"趣"与"味"作为古典诗论审美范畴辨析》,《社会科学家》2004年第5期。
② (三国魏)嵇康著,戴明扬校注:《嵇康集校注》,中华书局2014年版,第140页。
③ 《列子》,景中译注,中华书局2007年版,第162页。

第七章 以"抒情"宣泄"身"的情感需要

东晋佛教兴盛,高僧慧远《庐山东林杂诗》书写在庐山风景中感受自然之道与玄理,"妙同趣自均,一悟超三益"。① 这里的"趣"既有大自然朴野神妙、清新空灵之道,又有佛家大彻大悟、超然脱俗的玄思,在驰骋游目中观照人生与宇宙大化,儒佛道旨趣相通相融。东晋大诗人陶渊明对于自然之道有绝佳的审美体验,不局限于自然山水、田园风光之中。他虽不懂乐理,平日家居悬挂一张没有琴弦的素琴,有朋有酒,兴高之时则抚琴而和之,虽无琴声,却可解悟其中之旨趣,"但识琴中趣,何劳弦上声?"② 凸显主体超尘脱俗的精神追求对于审美具有绝对的主导意义。而郦道元《水经注·江水》在形容长江三峡两岸的山水景物时,言其"清荣峻茂,良多趣味",将"趣""味"合言,其意指自然山水的独特质素引发人的回味和感兴,滋味绵长,"趣"有因感发而生兴致、兴趣之义。

"趣"作为代表趋向性的审美范畴,犹如一滴水珠,折射出时代之光和摄人心神的审美归趣。宋人重新"发现"陶渊明的价值,极其崇尚陶诗"外枯而中膏"的回味,于多读书、多穷理之际,还要留有余蕴,可堪辗转回味。"趣"成为宋人评论诗歌是否具有文人雅趣的重要指针。严羽以禅论诗,主张"兴趣",曰:"夫诗有别材,非关书也;诗有别趣,非关理也。然非多读书,多穷理,则不能极其至。所谓不涉理路,不落言筌者,上也。诗者,吟咏情性也。盛唐诸人惟在兴趣,羚羊挂角,无迹可求。故其妙处透彻玲珑,不可凑泊,如空中之音,相中之色,水中之月,镜中之象,言有尽而意无穷。"③ "兴趣"说针对宋诗创作的弊病,宋人崇尚理学,沉迷说理,违背和疏离诗歌吟咏性情、兴发志意的审美规律,流于斧凿痕迹,而"兴趣"缘意兴而发,初看浑融无斧凿,细味则言尽旨远,

---

① 《先秦汉魏晋南北朝诗》,逯钦立辑校,中华书局1983年版,第1085页。
② (唐)房玄龄等:《晋书》,中华书局1974年版,第2463页。
③ (宋)严羽著,郭绍虞校释:《沧浪诗话校释》,人民文学出版社1983年版,第26页。

生机灵动，富有意趣、奇趣。"兴趣"说的"趣"以"兴"为归趋，扣准了诗歌缘情而发、感发志意的审美余味，强化诗歌不可替代的审美特征。

苏轼为诗歌之"趣"确立了"反常合道"的依据。他称许唐柳宗元《渔翁》诗云："诗以奇趣为宗，反常合道为趣。"①《渔翁》一诗清和淡逸，其中"烟销日出不见人，欸乃一声山水绿"一句广为传诵，出语新奇清逸却又反常合道：你看那渔翁独自夜宿江边，拂晓时分借着天光，取水燃竹炊饭，饭毕，他摇着橹，江上空寂渺无人烟，在欸乃的桨声中，渔翁划开了日与夜的界线，画出了一片青山绿水好风景。是晓雾散去初阳照亮了绿水青山，还是桨声在波光潋滟中唤醒了山山水水，人迹、桨声、日出、绿水融为一体，难分彼此。这种别出心裁的表述，看似有违人们惯常的感知心理与情感结构，但是细味之，却又极其妥帖合乎情理，巧心妙思、含蕴不尽，于不知不觉中把人引导带入隽永自然的诗美意境。这"反常合道"的"趣"源自不循常轨的表达，却又契合人们的整体性审美心理规律。重复雷同的信息刺激会使人们对此产生心理抑制和心理麻木，兴奋目标旁移，无法专注于其中，因为本能驱动人们在获得愉悦后寻求更有新鲜感和惊讶感的对象，这种寻求新鲜事物、渴求惊讶效果的心理机制便是好奇心，"趣"带来的艺术享受与审美愉悦可以说就是好奇心的极大满足。

宋人强调"趣"在新奇巧妙，为明清文人所发扬光大。清人袁枚引用杨万里的风趣说加以发挥，"杨诚斋曰：'从来天分低拙之人，好谈格调，而不解风趣。何也？格调是空架子，有腔口易描；风趣专写性灵，非天才不办。'余深爱其言。须知有性情，便有格律；格律不在性情外"。②袁枚以"趣"论诗，以性灵为本，以"天才"

---

① （宋）苏轼：《苏轼文集》，孔凡礼点校，中华书局1986年版，第2552页。
② （清）袁枚：《随园诗话》，顾学颉校点，人民文学出版社1982年版，第2页。

"自然"为立论支点,建构出了一个与公安三袁的诗趣论相比更为温和的观念形态。诗人先天禀赋有高下,天分高的人专写性灵、描摹风趣;天分低的人写不出风趣,往往喜欢谈格调,因为格调可资模仿借鉴。他重视天才禀赋和性灵,但又不同于公安派特别重视"才"比较轻忽"学"的决裂式思维,他认为诗人天赋不可以被学问堆砌掩盖而无法得到发挥;诗人也不应该只凭天赋而放弃学问,应该借助后天的学问积累发扬光大天才的能量,甚至规劝诗人平时的修炼提高必不可少,妙悟与灵感离不开平时的积累,有诗云:"物须见少方为贵,诗到能迟转是才。……须知极乐神仙境,修炼多从苦处来。"[1] 可见在独抒性灵与调和传统之间保持了一种比较微妙的平衡。

"趣"范畴的趋向性特征带来反常合道的新奇感。因为"趣"范畴的趋向性特征,迅速拉近了审美主体与审美客体,紧密勾连起创作主体与接受主体,它可以是创作者的审美追求和含蕴不尽的余味,也可以是欣赏者审美趣味的变化趋势,结合它的历时性变迁,其审美取向偏重于独具一格、不同常轨、反常合道的新奇效果。一般来说,"趣"可以平淡现人,但能激发出欣赏主体的惊异感、新奇感,这是一种新颖生动的美,往往在与人们审美期待截然相反的情境下出现,因而能别出心裁地把人们导引向新颖奇特、回味无穷的新境界。"趣"的美学特质经宋元士人之手,发展到明清时期达到极致,此时,"趣"在传统诗论、词论中遍地开花,又延伸到后发的曲论和小说批评中,伴随小说戏曲等通俗艺术门类的迅速崛起,"趣"的内涵发展呈现轻浅化趋向,无论自然之趣、人物之趣还是艺术之趣,作品的意旨、风致,反常合道者,回归人的初心。

"趣"重视现世感性生活而非玄深的宗教生活。世俗社会的文化心理传统是追求物质的、感性的满足,缺乏更富有超越精神的审美

---

[1] (清)袁枚:《小仓山房诗集》,《袁枚全集新编》第1册,王英志编纂校点,浙江古籍出版社2018年版,第518页。

追求；儒家士人以伦理道德价值为鹄的，道家则主张摆脱物累，超然出尘逍遥游，佛禅以人生解脱为旨归。唐宋以后，士人意在调和形上与形下追求，把二者相结合，在满足感官悦乐的同时，寻求精神的超越性满足，到中晚明，"趣"范畴把消闲遣兴的快适与修心养性的愉悦统一为身心凝聚之"乐"。泰州学派重视百姓日用与经验世界的情感意念，以感性的、当下的"乐"为人生的最终实在，在"性""道""理"等儒家核心概念范畴中渗透了自然人性的内容，即来自肉身的自然情感、需求和欲望，比如王艮所言之"穿衣吃饭"、王襞所言之"夏葛冬裘"、罗汝芳所言之"赤子之心"，都是来自生活世界的肉身基础体验或日常经验。奇妙的是，泰州学派意图让人们知晓，在这些世俗得不能再世俗、寻常得不能再寻常的事物及相关体验中，无一不是"道"或者"天理"，它们有着出自"本心"的不假思索、不事外求，洞察到这一点，则生命之中妙"趣"横生。

　　文学艺术之"趣"走向世俗化、感性化的轻浅快适，不需要苦苦求索天理，只一味沉醉于感性的狂欢，向感官和欲望倾斜。在中晚明文艺新思潮冲击下，阅读欣赏主体由士阶层扩展到工、农、商各阶层，广大新兴的市民阶层乃至愚夫愚妇汇入文学艺术的接受者洪流，"趣"的轻浅化审美趋向占有了最广泛的受众群体。彼时江南的大小市镇商贾云集，宴会无休，日日笙歌；戏馆林立，日日演剧；勾栏瓦舍，观者上万人。面对如此巨大的受众群体，戏曲小说的创作与演出中近俗的倾向不容小觑，当然有的是先知先觉，有的是后知后觉。诗歌与散文合称诗文，历来是文学之主流和正统，在文艺新思潮的冲击下，也逐步呈现出饶有市民趣味的轻浅化审美趋势。"趣"范畴倡言肉身感性之乐的审美心理到中晚明被淋漓尽致地彰显，"趣"的活性被极度激发，可以与无数代表审美取向的词汇自由组合，于是各式各样的"趣"粉墨登场：天趣、真趣、意趣、谐趣、雅趣、俗趣、风趣、机趣、情趣、兴趣、逸趣、别趣、野趣、灵趣、清趣、奇趣、生趣、高趣、拙趣、异趣……几乎让人怀疑,还有什么审美价值取向不能与"趣"搭配,或者被"趣"同化。"趣"是尘世里肉身欲望轻浅化审美取向的话语狂欢,这种审美诉求既世俗又雅致、既正经又佻达、既理性又冲动、既清心寡欲又极尽声色欲念、既绝尘去俗又紧贴地气。它包罗万象、林林总总,涵盖生活的方方面面,它们都能够被"趣"化,用游戏心态与审美享受的结合,显示了一种尽情挥洒生命、享受人生的审美心理。

明人论日常生活之"乐",便是这种充满轻浅化审美的感官快适。袁宏道是极为推崇"趣"的著名文人,"世人所难得者唯趣",凡事反常合道方有"趣",他对于世俗生活的"真乐"有过铺张扬厉的描述,文中曰:

> 真乐有五,不可不知。目极世间之色,耳极世间之声,身极世间之鲜,口极世间之谭,一快活也。堂前列鼎,堂后度曲,宾客满席,男妇交舃,烛气熏天,珠翠委地,金钱不足,继以田土,二快活也。箧中藏书万卷,书皆珍异。宅畔置一馆,馆中约真正同心友十余人,人中立一识见极高,如司马迁、罗贯中、关汉卿者为主,分曹部署,各成一书,远文唐、宋酸儒之陋,近完一代未竟之篇,三快活也。千金买一舟,舟中置鼓吹一部,妓妾数人,游闲数人,泛家浮宅,不知老之将至,四快活也。然人生受用至此,不及十年,家资田地荡尽矣。然后一身狼狈,朝不谋夕,托钵歌妓之院,分餐孤老之盘,往来乡亲,恬不知耻,五快活也。士有此一者,生可无愧,死可不朽矣。①

如果要说这种起于穷奢极欲、率性放纵,终于狼狈不堪、恬不

---

① (明)袁宏道著,钱伯城笺校:《袁宏道集笺校》,上海古籍出版社2008年版,第205—206页。

知耻的生活"乐"在何处，那就是人生受用不在学问、思虑和探究的深湛度和精细度，而在于将世俗日常生活的轻浅化审美进行到底，这是"乐"的话语狂欢。陆云龙评论全篇云："穷欢极乐，可比《七发》，令人神快。"① 可谓切中肯綮。诗歌文学传统中的快乐书写是"漫卷诗书喜欲狂""仰天大笑出门去"，蕴藏在快乐表象之下的是建立事功、报效国家、忧国忧民的情怀，而袁宏道率真裸裎的是没有任何家国深度可言的所谓"真乐"，不以放纵声色为"耻"，而引以为可资炫耀的文化资本，因为它是只有高雅文人才能领略到的"真乐"。"穷奢极欲""声色犬马""恬不知耻"等贬义词到了袁宏道笔下，成了反常合道的乐趣所在。文中的贬义词褒用可以说是文学语言的反常合道，其用意是对轻浅化审美的自我标榜和自我炫示。此篇书牍极尽想象与夸张之能事，相当准确地传达出明人的轻浅化审美取向：人生就是酣畅淋漓地、最大限度地享受生活乐趣，达成感官与心灵的双重满足。对于不依循道理闻见的言行，丝毫不以为忤、不以为谬，对于违反名教礼法的行为也不以为耻，标举反常合道的正当性。这种审美趋向客观上放任了审美的芜杂化、粗俗化和低劣化，但是从审美的积极意义上讲有助于敞开身心一体感受世界的多样性，从被漠视、被遗忘、被践踏之处，发现"趣"遍在于日常生活世界。

"趣"范畴虽然古老，但是发展至明中晚期才成为独立自足的核心美学范畴。"趣"被赋予了童心、至情或性灵的内核，从而表征为一种独立自足的美学根性，拒绝任何矩矱或格套的束缚与限制。汤显祖论戏曲创作道："凡文以意趣神色为主。四者到时，或有丽词俊音可用。尔时能一一顾九宫四声否？如必按字模声，即有窒滞迸拽之苦，恐不能成句矣。"② 古人品评诗文推崇意趣由来已久，戏曲艺

---

① （明）袁宏道著，钱伯城笺校：《袁宏道集笺校》，上海古籍出版社2008年版，第207页。
② （明）汤显祖：《汤显祖全集》第2册，徐朔方笺校，北京古籍出版社1998年版，第1302页。

术要给人以充分的审美享受，也必须饶有趣味。汤氏强调的"趣"是至深、至强之情的感性直观显现，具有不依附于辞藻声律的独立性，即便是丽词俊音也要服从意趣神色的自然抒写。当然如此极端地强调"意趣神色"等偏重于旨趣、意味的审美愉快，势必与戏曲场上扮演的需要发生冲突。文章只要有妙趣就弥足宝贵，不必苛求字句、文体一定要有出处，意趣是不人为着意的审美快感，拘泥于古体、出处或辞采声律等规矩就陷入了人为的刻意造作，也就丧失了意趣。深浅情趣之于文都很重要，关键是怎样使其相得益彰、深浅俱佳，才天然可爱。汤显祖反对拘泥于声调韵律，把"意趣神色"放到作曲的突出位置，将"趣"纳入戏曲审美的质性要素系统中，如果戏曲创作流于"按字模声"，那么，其意趣表现就很可能会流于牵强，机械呆板地严守格律声韵，使作品中的情思驰骋、奇趣妙想不复存在。捍卫戏曲"意趣神色"，就是对抗"头巾语""酸腐气"等庸常习气。源于此，汤显祖在戏曲创作中尖锐地抵制声韵音律对意趣神色的牵制。他在绘画创作中同样鲜明地抵制画格程式对于自然灵气表达的规约，曰："苏子瞻画枯株竹石，绝异古今画格。乃愈奇妙。若以画格程之，几不入格。米家山水人物，不多用意，略施数笔，形像宛然。正使有意为之，亦复不佳。"[1] 可见绘画艺术重在无迹可循的自然灵气，与古人不同并非绘画的缺点。

"趣"范畴的审美自足性，还表现在不受制于古今之辩。心学思想推波助澜下的文学艺术创作强调良知本体，但是任由心灵自由抒发的独创，并不能与"趣"直接画上等号。屠隆对"趣"的理解摆脱了师心与师古问题的纠缠，他认为文章弥足宝贵者在"妙趣"，不必苛求是否有出典、依古法；反之，也不必苛求是否完全自创，意趣神采与师古还是师心并不一一对应，有曰："文章止要有妙趣，不

---

[1] （明）汤显祖：《汤显祖全集》第 2 册，徐朔方笺校，北京古籍出版社 1998 年版，第 1138 页。

必责其何出；止要有古法，不必拘其何体。语新而妙，虽出己意自可，文袭而庸，即字句古人亦不佳。杜撰而都无意趣，乃忌自创；摹古而不损神采，乃贵古法。"可见，意趣不着丝毫的人为刻意，审美感受轻浅愉快，不必拘泥体式、出处、辞采、声律等一切人为刻意的规定，正所谓："深情浅趣。深则情，浅则趣矣。……余以为深浅俱佳，惟是天然者可爱。"[①] 造成"深情浅趣"之分的原因在于，"情"乃良知本体的同义语，自然深邃绵邈，而"趣"乃审美悦乐的感性直观激发，轻浅自然平易。情深则动人，趣浅则入心，二者相得益彰，俱出自天然。"趣"之轻浅，与或精深或沉重的"学问""道理"判然有别。

"趣"范畴的变迁折射出特定时代审美思潮的新动向。唐人的"禅趣"是主体修禅悟道的体验与自然山水意象并置互渗，构筑出空灵的境界；宋人的"理趣"是由才学悟性领略的哲思韵致与自然风物意象交融，尽显人的睿智与悟性，借自然物象和社会人生事象暗示哲理；明中晚期的"趣"是一朝顿悟良知本心的觉醒之趣，用清澈无杂质的心灵之眼捕捉和发现人的本然情感和自然欲望中趣味横生。"趣"在明清之际发展至繁盛，是商品经济、市民趣味与新文艺思潮的合力作用。在审美心理上趋向轻浅自然本色，从长期被忽视、被轻贱的日常生活世界发现深情浅趣，"趣"表征了彼时审美体验和审美价值倾向的核心诉求。它包容性极大，呈现向生活世界平面化扩张的态势，寓多样性于一身，生动自然、轻浅明快。一切顺应遵从人肉身体验和感受，以人为本位或者更为确地说是以"身"为一切审美体验的出发点，破除陈见、规约和名缰利锁的束缚，淡化人与人之间身份、地位、等级等格套的束缚，尽显真性情，嬉笑怒骂，无一而非趣。文学艺术自问世之时就开启了自身的生命历程，在接

[①] （明）陆时雍：《诗境总论》，丁福保辑：《历代诗话续编》，中华书局1983年版，第1418页。

受者的阐释接受中不断建构起意义空间。文学艺术不只是作者在想象中抒发一己情感或叙述一个个人与事，而且就是社会氛围本身，是激动不安的、承载着神秘变化力量的时代气息在文学艺术中的扩散，作者、读者和社会生活共同参与了文本意义的营构。从创作心理到接受心理，"趣"的主体视角转换，心理诉求随之改变。"趣"是文本对接受者的凝聚力和吸引力，接受心理侧重于文本对于读者所能产生的吸引力以及所能激发的审美享受。它们构成了阅读的出发点，"趣"便是古典美学和古代文论中揭橥文本之于接受者潜在吸引力的审美范畴。

　　艺术以其鲜活的生命力带给人以自由和解放的意义，这也是"趣"带给生活世界的审美意义。尼采（Friedrich Wilhelm Nietzsche）评说艺术道："一切艺术有健身作用，可以增添力量，燃起欲火（即力量感），激起对醉的全部微妙的回忆——有一种特别的记忆潜入这种状态，一个遥远的稍纵即逝的感觉世界回到这里来了。"[1] 是的，文学艺术通过特别的记忆唤醒方式，激起内心深处潜藏的生命之流，点燃起生命活力，为肉身和精神增添了蓬勃的力量，一个曾经非常遥远的感觉世界回来了，被赋予美的力量。因为有了艺术，恢复了身体的记忆，在日复一日乏善可陈的生活世界中，人们才不至于被动地等待消亡。诚如梁启超所鼓倡之人生观"拿趣味做根柢"，而"趣味的反面，是干瘪，是萧索"。[2] 以兴会淋漓的趣味作为人生的目的，透露出人生艺术化、审美化的意思，"趣味是生活的原动力，趣味丧掉，生活便成了无意义"。[3] 从审美赋予人生以意义和价值的维度看，"趣"范畴彰显日常生活恢复审美魅力的进程。

---

[1] ［德］尼采：《强力意志》，见《悲剧的诞生：尼采美学文选》，周国平译，生活·读书·新知三联书店1986年版，第357页。

[2] 梁启超：《梁启超全集》，汤志钧、汤仁泽编，中国人民大学出版社2018年版，第15集演说一，第352页。

[3] 梁启超：《梁启超全集》，汤志钧、汤仁泽编，中国人民大学出版社2018年版，第15集演说一，第353页。

二 "趣"的生命原初样态

"趣"范畴在心物一体、主客交融的双向互动中，拥抱世俗生活世界，在对形而下生活世界的不断趋近中融合化生出无限的"生趣"，生趣既是含融在审美对象中的美学质素，又是人身心向美强烈趋向的特质，伴随着愉悦快适的审美体验。

对"生趣""真趣""天趣"的重视凸显明人对日常生活世界的眷恋和着迷。如果说宋代士人耽溺于纯粹形而上世界的理趣，那么明代士人在"道"或"良知"本心当下即是的信念中，将目光调转向"物"，放任来自自然、社会和人生的形下之器，将万物纳入审美视域，凡"物"皆可为美。《说文解字》："物，万物也。"[①] 荀子曰："物也者，大共名也。"（《荀子·正名》）凡生于天地之间，可为人所感知者皆可被称为"物"，也指外物、环境，引申为事情、事件之称。万万千千具体而微的可感之"物"，领受"道"的主宰。老子曰："道者万物之奥"（《老子·六十二章》），把"物"与"道"相对。孟子曰："万物皆备于我矣"（《孟子·尽心上》），把"物"与"我"相对。哲学思想上的心物之分，把"物"与"心"相对，而心学主张心外无物，取消"心"与"物"的对立和隔阂，士人敞开心灵拥抱悦纳万物方始成为可能。包罗万象的世俗生活场景和事件拓宽了审美的领地，泰州学派肯定人生"寻乐"的需要，"学"是"乐"，"讲"是"乐"，"乐"只对能够欣赏的人才具有意义，在百姓日用的世俗伦常生活中发现"趣"、拥抱"趣"。

"生趣"敞开了开放的、动态的审美心理结构。"趣"以"生"的动感变化为趋向，"生"是偏于直感的东西，不以醇厚、隽永、蕴藉见长，而以轻松、明快、倏忽万变为特色。"生趣"意味着在变动

---

① （东汉）许慎著，（清）段玉裁注：《说文解字注》，上海古籍出版社1988年版，第53页。

不居中保持鲜活生动，契合反常合道的审美心理诉求，审美就是在变异中不断地刺激产生新奇感，延长感受的时间，反常以合道为前提，合道则以反常为手段，两方面相辅相成，激荡其强烈的审美心理能量。"生趣"鲜活轻快，充盈生存和生活的乐趣，虽然无须学问加持费力感悟，但是鲜活的生趣已经注定了它的易逝性，只有不断向"生"生成，不断求新求变，才能赋予生趣以生生不息的活力。而一旦陷入停滞不变，生趣也将逐渐萎缩凋零。生趣是从日常生活世界撷取的一种活泼泼的情致，生命光景常新，人们需要不断地从日常生活世界汲取能量，感受人生之趣，唯其如此，这个世界才不至于陷入荒凉和枯寂。

"生趣"崇尚新鲜活泼的本色，是审美情境的天时地利人和俱备时，对自然鲜活本色的极致体验，故又名"天趣""真趣"。袁中道将"自然"与"人工"对举道："大都自然胜者，穷于点缀；人工极者，损其天趣。故野逸之与浓丽，往往不能相兼。惟此山骨色相和，神彩互发。清不槁，丽不俗。"[①] 山川为外在自然，与人心这一内在自然互相应和，推重外在自然的本然、本色之"真"，激赏内在自然的性灵、童心之"真"。"生趣"属于人的审美感受，至于引发"生趣"的缘由，可以是生命形态（如动物植物），也可以是非生命形态（如日月星辰）。历代文人都把自然天趣及其艺术的表现，当作精神、心灵上的最大满足。

"生趣""天趣""真趣"于自然生命样态上最为直观遍在。故常见于观照自然景观，审美主体相对能够以本然心态与性情面对日月山川花鸟虫鱼，善于从良辰美景中体悟趣味。晚明文人特别钟意自然山水，山水游记与小品文创作发达，与他们热衷从自然山水中寻觅天趣、生趣的审美心态有关，尽管审美趣味各有不同，但有一点确凿无疑，那就是大自然中真趣无限、恣情山水的举动可以让人

---

① （明）袁中道：《珂雪斋集》中，钱伯城点校，上海古籍出版社1989年版，第675页。

从无奈的社会现实中暂时脱身，排遣不快与不满，获得愉悦与快适。清人袁枚主张性灵说，谈到"味欲其鲜，趣欲其真"，指出"趣"与"味"同而不同之处：在视听嗅味触的五官感知中，"味"范畴的生理快感最为突出，"味"是对口腹之乐的满足和升华，引申指全方位的感知感受，"味"范畴需要施加各种烹饪技巧和手段，激发出食材醇厚的鲜活滋味，让美味停留在舌尖心中；而"趣"是对非功利审美对象的品鉴，保持它的自然本色不受损害，才美得毫无保留，且饶有真趣。故曰："熊掌、豹胎，食之至珍贵者也；生吞活剥，不如一蔬一笋矣。牡丹、芍药，花之至富丽者也；剪彩为之，不如野蓼、山葵矣。味欲其鲜，趣欲其真，人必知此，而后可与论诗。"[①]"鲜"与"真"是"生趣"的内涵与所指。"趣""味"实有分疏，熊掌、豹胎之类珍稀食材"鲜"之"味"主要取决于"人和"因素，也就是主厨者的创作性发挥、加工和料理，才能创造出极尽鲜美的滋味；而牡丹、芍药的"真"主要取决于能在多大程度上葆有生命的原初样态，未经人为修剪采摘、只求极致地保留本色的真趣，多少人出于盲目无知的喜爱，反而损毁了生命原初的样态与活力。因此，不同于"味"是建立在实用功利性基础上的深厚隽永滋味，"趣"的极致美感在于保持安全的审美距离，也就是非功利的心理距离，营造天时地利人和的审美情境，以求直观其生趣。

"生趣""真趣""天趣"只存活在未被人力干扰的本然生命样态中，人为加工以及后天的粉饰美化只可能损毁"生趣"。袁枚道："以千金之珠，易鱼之一目，而鱼不乐者，何也？目虽贱而真，珠虽贵而伪故也。"[②] 鱼目绝对不能与价值连城的明珠相比，但是只要它仍然葆有生命活力，是有机生命体的一部分，它的活力和生机就具

---

① （清）袁枚：《随园诗话》，《袁枚全集新编》第4册，王英志编纂点校，浙江古籍出版社2018年版，第22页。

② （清）袁枚：《小仓山房文集》，《袁枚全集新编》第3册，王英志编纂点校，浙江古籍出版社2018年版，第594页。

有无可替代的价值。"趣"欲其"真",这里的"真"指的是生命活力的原初样态,充满"生""鲜"之美,一旦从原生态的天时地利人和条件中剥离,生趣就萎败了。为了保留再现自然界鲜活生命的原初样态,明人于细节上极尽讲究,看似矫情,实则是对那稍纵即逝的鲜活生命样态的痴恋。以赏花为例,明人有许多经验之谈,代表作如张谦德《瓶花谱》、袁宏道《瓶史》等在插花艺术上具体而微,极尽文人雅士赏鉴之能事,尤其于插花艺术细部多有创见,此处兹不赘述,且看袁宏道对赏花情境的论说:

> 夫赏花有地有时,不得其时而漫然命客,皆为唐突。寒花宜初雪,宜雪霁,宜新月,宜暖房。温花宜晴日,宜轻寒,宜华堂。暑花宜雨后,宜快风,宜佳木荫,宜竹下,宜水阁。凉花宜爽月,宜夕阳,宜空阶,宜苔径,宜古藤嶙石边。若不论风日,不择佳地,神气散缓,了不相属,此与妓舍酒馆中花何异哉?①

说到底,如此大费周折地赏花,只为尽情显现花的"生趣"。花之美在生命,而花之天性有"寒""温""暑""凉"的不同,审美主体需要区别对待,让花朵的生命绽放在最匹配、最适宜的地点和时间,赏花乐事才得其趣味。

慎重其事地对待赏花,是对生命本然样态的敬畏和尊重。难题在于生命的本然样态极易被外力扭曲,明人以不惜工本尽乎矫情的方式呵护、营构自然物的本然样态,在貌似游戏的言语中凝聚了审美的真精神。晚明文震亨取"身外之物"之意著《长物志》②,细数园林生活日用器物,于室庐、花木、水石、禽鱼、书画、几榻、蔬

---

① (明)袁宏道著,钱伯城笺校:《袁宏道集笺校》,上海古籍出版社2008年版,第827页。
② (明)文震亨著,陈植校注:《长物志校注》,江苏科学技术出版社1984年版,第60、41页。

果、香茗等身外之物上细致品鉴，论园林花木流露出高雅的文人趣味，那就是在私家园林的一方天地里，尊重花木原初生命样态。总论"花木"道："草木不可繁杂，随处植之，取其四时不断，皆入图画。又如桃、李不可植庭除，似宜远望；红梅、绛桃，俱借以点缀林中，不宜多植。梅生山中，有苔藓者，移置药栏，最古。杏花差不耐久，开时多值风雨，仅可作片时玩。腊梅冬月最不可少。他如豆棚、菜圃，山家风味，固自不恶，然必辟隙地数顷，别为一区；若于庭除种植，便非韵事。更有石磉木柱，架缚精整者，愈入恶道。"园中花木要适合造园的整体布局安排，在这个空间环境中，花木并非多多益善，不可繁多杂乱，亦不可随处栽植。梅花原本生长于山野，移植到园林时宜覆盖上苔藓，置放于药栏，与香草药材参差为伍，彰显盎然的古意；杏花不耐久，与春雨最搭；冬月的园林不可缺少蜡梅的芬芳；豆棚、菜圃是田园劳作的成果，虽然别有一番田园乡村风味，但是要另外辟出一块地，不宜与上述花木错综杂处置于庭院之中。花木蔬果来自自然，石柱木柱一旦规规整整地刻板陈设，就恶俗不堪入目。文震亨对于园林花木的精细品位凸显对花木原初的生长环境和样态的充分尊重和考量，在园林花木栽植上恰到好处地留有余味。

  人力之巧可以再造一个人化的自然，但如果奇思妙想违反了花木原初生命样态，这样的奇巧不要也罢。莲花是水中芙蓉，花色有红、粉、白等多种，有人在花将开未开之前夜，用靛青纸浸泡水中，使青色析出，再将泡水后的靛青纸裹在花蕊尖，青色素被花蕊黏附吸收，遂开出前所未有的碧色莲花；明人喜好热闹喜庆色，喜好求新求异，有人奇思妙想将五种不同颜色的凤仙花种子同时放入竹筒，使一筒之内同时开出五色花朵……诸如此类的做法，文震亨评曰："此甚无谓"[1]，为迎合世人或雅或俗的审美时尚，扭曲改变花木原

---

[1] （明）文震亨著，陈植校注：《长物志校注》，江苏科学技术出版社1984年版，第93页。

初色彩，破坏了原初生命样态的独特性，以人力的奇巧博取眼球，这种创新虽然煞费苦心与人力，但只能算作无谓之举。

"真趣"不仅存在于自然物和自然现象之中，也在人类的本然状态中存活。它是与生俱来的情态，是上天赋予人类的一种自然本色，比如孩童率心而动的稚趣极真极淳，不自知有趣却无往而非趣，这是人性本然状态的当下呈露。袁宏道言稚子醉人之"韵"，深契"趣"之鲜活生动之意味："大都士之有韵者，理必入微，而理又不可以得韵。故叫跳反掷者，稚子之韵也；嬉笑怒骂者，醉人之韵也。醉者无心，稚子亦无心，无心故理无所托，而自然之韵出焉。由斯以观，理者是非之窟宅，而韵者大解脱之场也"。[①] 人性中善恶错杂、菁芜并存，姑且跳出善恶之分的伦理道德立场，从审美的角度看，对于不加掩饰、未经扭曲的人性本然状态，顺其本然地加以显现，这其中之"趣"无处不在。愚与不肖者，只知求酒肉声伎之满足，且不论其品格卑下与否，只看其"率心而行，无所忌惮"，这是一种"趣"；讲学问做大官之人，"毛孔骨节俱为闻见知识所缚，入理愈深，然其去趣愈远矣"[②]，这是因为其审美观照的态度不复存在，而是被学问或政治功利的导向钳制，无法对人性本然状态保持审美的非功利观照态度，也就无法感知其中有"趣"。从"趣"的自然人性层面考察，"真趣"显现为真率、真心、真性情，可以说不伪饰的卑下比虚伪的高尚有"趣"，伪饰徒增其与人性本然的悖谬。"趣"是个体本然生命状态的当下显现，是对人性中善恶纷陈状态的直接明觉，以释子的大慈悲之心观照世情百态，洞见人性率真可笑本然如此，身心获得大解脱，这是感官轻浅快适与精神畅快解脱的综合体验。

---

① （明）袁宏道著，钱伯城笺校：《袁宏道集笺校》下，上海古籍出版社2008年版，第1542页。

② （明）袁宏道著，钱伯城笺校：《袁宏道集笺校》上，上海古籍出版社2008年版，第463—464页。

"真趣"是人性自然之韵律、生命之光彩,是时间的敌人。它是非理性的审美生理与审美心理同步扩展的身心一体感受,生理本然的顺适与审美心理的顺适同步发生,它发生于本然感性生理与心理层面,排除了知性的参与,是一种不能自觉、不可言说的本然心理感受,只能以自我体验的方式感受它的存在,获得对于人性本然的直接明觉。由于"趣"只关联着非理性的感性生命,所以它与理性势同水火而绝不相容。李贽评《水浒传》人物李逵为"梁山泊第一尊活佛",不吝用许多"趣"字点评李逵,如"李大哥一团天趣",又有言道:"我家阿逵只是直性,别无回头转脑心肠,也无口是心非说话。"[①] 他也欣赏鲁智深、阮小七等人物形象有"趣"或"妙绝",源于在对这些人物粗鲁、凶狠、机诈等形象性格的叙事中,显现原初生命样态的自然本真,他们在粗鲁中流露情感的率真,在凶狠中暴露孝心的真诚,在机诈中饱含天性的纯真。但是李逵之"趣"较他人又更胜一筹,可以说这位黑铁塔一般的大汉高度契合"童心"说,在他身上有生命力的旺盛与活泼,有与世故人心毫不粘连的纯真与良善,咳唾之音自然动人,别有一派真趣在。人生而具有"趣"的自然天性,但在漫漫人生路中,不断吸纳闻见知识,不断加深社会化程度,这是人成熟与长大的过程,而"生趣"亦随时间的流逝而逐渐剥落。但是在黑大汉李逵身上,我们看到时间也无法剥夺的稚子童心,这是小说艺术对于时间取得的永恒胜利。

三 "趣"在当下会心感悟

"趣"范畴用感受性丰富的肉身来感悟活泼多变的生命、生存和生活,要求审美主体具有能够感知"趣"的肉身与慧心。"趣"范畴与五官感觉相通相属,自然极尽变化,彻悟自然的慧黠之气,与

[①] 李超摘编:《李贽全集注》(第十九册·小说评语批语摘编),社会科学文献出版社2010年版,第3、95、103页。

佛禅所言之"慧"有内在渊源。袁中道曰:"凡慧则流,流极而趣生焉。天下之趣,未有不自慧生也。山之玲珑而多态,水之涟漪而多姿,花之生动而多致,此皆天地间一种慧黠之气所成,故倍为人所珍玩。"[1] 大自然的慧黠之气为人所珍视,一花一叶一沙一砾多姿多态。其实说到底,"趣"源自人的清净心或慧心,慧心本自具足、流动不息,遂有天地间多姿多彩之"趣"。

虚实相生、若有若无方有"趣"。经由审美直观"悟"见"真趣",无须经过理性、思虑的复杂精神过程,审美感悟瞬间发生、当下即是,一如泰州学派所言"学"即是"乐","乐"即是"学"。汤显祖论诗曰:"诗乎,机与禅言通,趣与游道合。禅在根尘之外,游在伶党之中。要皆以若有若无为美。通乎此者,风雅之事可得而言。"[2] 诗有"机""趣","机"与禅言相通、"趣"与游道相合,留下了禅宗和道家有无相生思想的痕迹。"机"是佛禅的基本术语,指的是自己心性本来有之,为教法激发活动之心动也。"机"起于心念之动极微之际,与诗歌"兴"的激发活动情思作用机制类似,由于佛禅主张出离尘世,"机"之心动容易渐渐至于寂灭枯槁;"趣"生长存活在伶党同侪志同道合的交游之中。正如梁启超所取之譬喻,"趣味比方电,越摩擦越出"[3],在一群趣味相投的朋友之中,"趣"才能不断摩擦出火花,始终保持不枯竭的生命力。焦竑道:"夫诗有实有虚,虚者其宗趣也,而以穿凿实之;实者其名物也,而以孤陋虚之。"[4] 虚实相生是我国古典诗论的经典命题,诗美的完美体验就在虚实相生的意境之中。"趣"具有虚实相生的特点,诗趣凸显的关窍是想象力的胜场,实者更为立体饱满,发散多姿多态的意趣。它

---

[1] (明)袁中道:《珂雪斋集》,钱伯城点校,上海古籍出版社1989年版,第456页。
[2] (明)汤显祖:《汤显祖全集》,徐朔方笺校,北京古籍出版社1998年版,第1123页。
[3] 梁启超:《梁启超全集》,汤志钧、汤仁泽编,中国人民大学出版社2018年版,第15集演说一,第398页。
[4] (明)焦竑:《澹园集》,李剑雄点校,中华书局1999年版,第127页。

是对日常生活富有审美精神的彰显，是主体内在自然充盈流溢的产物，只有在审美虚化的过程中，它才能得以催生，才能灵动鲜活；相反，质实的名物一般来说难以生"趣"。

直观"趣"，需要综合调动情感、想象、联想诸多心理因素去感受、体味，从而产生强烈的共鸣与会心。"趣"的微妙之处只可意会，难以言传，颇得严羽以禅论诗"妙悟"的精髓。"趣"超乎语言，氤氲在作品整体氛围中，唯有会心者能够体会到。"趣"可以体现在构成文学艺术作品的某一名物上，但并不止于此，如"情""景""象""境"等，"趣"属于那种看不见、摸不着，却在无形之中缭绕在场的东西。心只对心敞开，"趣"只对识趣会心之人敞开。识"趣"的会心之人，也必有"真心"、"赤子之心"、"童心"或"性灵"。晚明文人重视"真"，要求做真人、写真文，反对假道学、假古董。袁宏道指出"趣"的审美感悟得之自然，唯有会心者可与言："世人所难得者唯趣。趣如山上之色、水中之味、花中之光、女中之态，虽善说者不能下一语，唯会心者知之。今之人慕趣之名，求趣之似，于是有辨说书画、涉猎古董以为清，寄意玄虚，脱迹尘纷以为远，又其下则有如苏州之烧香煮茶者。此等皆趣之皮毛，何关神情？夫趣得之自然者深，得之学问者浅。当其为童子也不知有趣，然无往而非趣也。"[①] 对"趣"的审美感悟以"真心"为旨归，那些从书画古董的皮毛枝节上寻觅"趣"、追慕"趣"，则不免落入下乘。更在其下的是胡乱混搭，焚香与煮茶皆堪品鉴，香气氤氲饶有趣味，但烧香煮茶之类不伦不类的举动与"趣"无关，只遗人笑柄。"趣"浑融在审美对象整体之中，只有"会心"之人才能赏悟，在简洁的喻象中留有较大的意义联想与扩张空间，具备了实现意义超越语言的可能性。

[①] （明）袁宏道著，钱伯城笺校：《袁宏道集笺校》上，上海古籍出版社2008年版，第463页。

以慧心方可把捉语言文字艺术中所呈现的自然生命样态的美。李贽在市井小人物说话的原初生存状态上，咂摸出语言有滋有味的后劲，曰："翻思此等，反不如市井小夫，身履是事，口便说是事，作生意者但说生意，力田作者但说力田，凿凿有味，真有德之言，令人听之忘厌倦矣。"① 市井之人不谈庙堂之事，也没有文人士大夫的高雅深湛之思，都是眼前谋生的一件件事体，商贾谈生意，农夫说种田，于浅近的言说中切近生存的本真状态，所以闻者觉得"凿凿有味""听之忘厌倦"。这里的"味"与"趣"意义趋同，指的都是轻松浅易、反常合道的审美取向。袁枚论诗之"味"，也强调诗歌创作回归鲜活生动的本然切"身"感受："诗者，人之性情也。近取诸身而足矣。其言动心，其色夺目，其味适口，其音悦耳，便是佳诗。"②《周易》云"近取诸身，远取诸物"，本来指在自身感受与万物变迁之间保持同步感应，袁枚单讲"近取诸身"，取意在口、耳、目、心等身体感受的直观层面获得快适的重要性，意图将诗歌审美从沉重的载道使命下解脱出来，以性情的本然状态愉悦人、感染人。

袁宏道有类似的看法，他从俚俗的民间歌谣中感受真趣，在《叙小修诗》一文中指出，当其时文人创作模仿蹈袭成风、体格卑弱，而那闾巷妇人孺子之间传唱开来的歌谣《擘破玉》《打枣竿》，"犹是无闻无识真人所作，故多真声，不效颦于汉、魏，不学步于盛唐，任性而发，尚能通于人之喜怒哀乐嗜好情欲，是可喜也"。③ 给予民间歌谣以高度肯定，具有传之后世的价值。正统的文学观念重视诗文载道明志、有益于教化的功用，所抒发之情中庸合范、谨守经典确立的尺度。而民间歌谣接地气、通人心，凡喜怒哀乐嗜好情欲都是新鲜活泼的"真声"，唤起人们对日常生活的新鲜体验，故而

---

① （明）李贽著，张建业、张岱注：《焚书注》，社会科学文献出版社2013年版，第72页。
② （清）袁枚：《随园诗话》，《袁枚全集新编》第5册，王英志编纂点校，浙江古籍出版社2018年版，第613页。
③ （明）袁宏道著，钱伯城笺校：《袁宏道集笺校》，上海古籍出版社2008年版，第188页。

能深深打动人心。袁宏道进而褒美其弟袁小修诗歌，说众人交口称赞的"佳者"固然好，但他个人并不特别喜欢，因为不免有蹈袭前人的痕迹，为闻见所束缚；而小修诗中为人诟病的"疵处"，袁宏道却因为"多本色独造语"而"极喜"之。也即是说诗的本色独造远比诗艺的完美无缺重要，宁可留有瑕疵，也要突破"理"障、"闻见知识"障，抒写个体独特而真实的情性，写出日常生活中的欲与念。

"生趣"存在于活泼多态的生之流，有效激发生趣，还是要到生命的感知和运动中寻觅，如果拘泥于形迹之间，就会压抑生趣，审美活动就陷入僵局。钟惺认为"趣"与"文"息息相关，没有无"趣"之"文"："夫文之于趣，无之而无之者也。譬之人，趣其所以生也，趣死则死。人之能知觉运动以生者，趣所为也。能知觉运动以生，而为圣贤为豪杰者，非尽趣所为也，故趣者，止于其足以生而已。今取其止于足以生者，以尽东坡之文，可乎哉？"[①] 他把"趣"看作生命的伴随物，人能感知、运动、乐生，本能地追求"趣"，朝向"趣"；反过来说"趣"能够激发更旺盛的生机，一动则百动，令人的感知觉运动更敏锐、更鲜活，捕捉到更多的乐趣。但是他并不主张唯"趣"是问，譬如苏轼文章的雄博高逸之气和迂回峭拔之情，不是一个"趣"字所能完全涵盖的。

"趣"是从熟悉的自然人文景观中洞见新异，激发想象提振感知力和领悟力，从习以为常的感知路径上掉转路头产生陌生感与别样趣味。"趣"的敞开和呈现具有极大的不确定性，需要"兴"的过程，让主体情感来激活"趣"。"兴"与"趣"范畴复合使用，指的是缘心起情、激活情感、维持情感的盎然生意，情感一经唤醒，弥漫散布在主体的心胸，诗情就能来得豪放、跌宕。贺贻孙标举"兴趣"触发后纵横不羁、潇洒自如的气概道：

---

① （明）钟惺：《隐秀轩集》，李先耕、崔重庆标校，上海古籍出版社1992年版，第240—241页。

> 诗以兴趣为主，兴到故能豪，趣到故能宕。释子兴趣索然，尺幅易窘，枯木寒岩，全无暖气，求所谓纵横不羁，潇洒自如者，百无一二，宜其不能与才人匹敌也。每爱唐僧怀素草书，兴趣豪宕，有"椎碎黄鹤楼，踢翻鹦鹉洲"之概。①

在心物活动中，"兴"是一种内外相感的情感活动，性静情动，情在感遇外物时，受其偶然性决定，感兴具有极大的随意性，在情感的衍化中，受外物与主观心理的各种影响，呈现出纷繁万状，"趣"是顺任主体心理的本然状态，让情感之流顺任心理的随意变化、任意发展，宣泄人的情感欲求，在这个意义上说，产生了诗歌豪宕不羁的兴趣；释家心如止水，缺乏"兴趣"，落入一片寂灭状态就很难产生纵横自如、潇洒不羁之作。贺贻孙经历明清易代，胸中激荡着豪宕不羁之块垒，对释家枯寒审美不予采纳，而更推崇热爱唐代僧人怀素豪横放宕的狂草，弥足宝贵之处在于兴趣豪迈纵横，气概不可一世。总之，"趣"必须依赖"兴"的情感心理活动来激发，让生命、生机和活力蓬勃燃烧。

"趣"反常合道，审美感知上也表现为先是惊异，继之以强烈的复杂快感。徐渭描述阅读到心仪之作时的感受是："试取所选者读之，果能如冷水浇背，陡然一惊，便是兴观群怨之品，如其不然，便不是矣。"② 混合着惊讶、惊奇、惊异、惊叹的复杂感受中，契合反常合道的接受心理，犹如冷水浇背，惊叹的强烈快感来自前所未有的新鲜刺激，犹如电光火石，豁然照亮人的心灵，感知被激活，瞬间被美的整体意蕴击中。审美接受获得的快感不再是优游惬意的愉悦满足，而以其情感烈度和强度偏离中和适度的规则。徐渭阅读

---

① （清）贺贻孙：《诗筏》，《清诗话续编》第1册，郭绍虞编选，富寿荪校点，上海古籍出版社1983年版，第192页。
② （明）徐渭：《徐渭集》第2册，中华书局1983年版，第482页。

他人作品是如此。其后数年袁宏道回忆起徐渭署名"田水月"的字画带给观者强烈的视觉冲击和情感震荡，大为惊骇，曰："见人家单幅上有署'田水月'者，强心铁骨，与夫一种磊块不平之气，字画之中宛宛可见。意甚骇之，而不知田水月为何人。"① 斯人已逝，留下的字画中扑面而来令人震慑的气骨与力量，这是创作主体强烈情感在书画媒材、线条与色彩中找到了独具个人特色的艺术语言，形式感上脱略凡庸、不主故常，令人心折。字画落墨处清晰可感一股磊落不平之气，画面的不安情绪传染给观者，令人过目难忘、心神荡漾。袁宏道与友人陶望龄一起阅读徐渭诗文，情绪激昂如兔起鹘落："两人跃起，灯影下，读复叫，叫复读，僮仆睡者皆惊起。余自是或向人，或作书，皆首称文长先生。有来看余者，即出诗与之读。一时名公巨匠，浸浸知向慕云"。② 古人读书礼仪讲究整冠、肃容、澄心、静虑，从身到心保持恭敬谦谨，不可对古圣先贤有丝毫亵渎冒犯。袁宏道与陶望龄在阅读中获得身心的充分宣泄和极大解放，夜半更阑，他们好似疯魔了一般且读且叫，又好像稚子一般天真烂漫，深夜的异常动静惊醒了已入睡的僮仆，平时仆人眼中的主人端庄稳重，睡眼蒙眬中看到主客读书的狂态，只觉得似癫似狂似傻似痴。诗文创作与欣赏，这是发生在异时异地异人的不同活动，因为阅读的契机，今人与古人跨越时空发生了心灵和情感的化学反应，歌哭之间世界的悖谬与贯通豁然敞亮，零星片段的感受瞬间融会贯通为整体，心地一片澄澈明亮，知道自己并不是孤独地生存在这个世界，在不远的过去，有值得惺惺相惜的个体生命存在。

阅读接受活动是沟通古人今人共享"趣味"的契机，于是读书的意义和重心就转向这无所为而为的"趣味"。这种乐趣远非科举应

---

① （明）袁宏道：《徐文长传》，载（明）徐渭《徐渭集》第4册，中华书局1983年版，"附录"第1342页。

② （明）袁宏道著，钱伯城笺校：《袁宏道集笺校》中，上海古籍出版社2008年版，第715页。

第七章 以"抒情"宣泄"身"的情感需要

试类读书所能够提供。李贽用饱含激情的笔墨,生动描述了读书之乐趣,痛苦与悲愤交织的惊骇与感动,被世人侧目而视为异端的特殊境遇下,不被世人理解的悲愤郁闷压抑着身心自由,但是在阅读行为中李贽找到了可以倾诉和聆听的对象,欣喜与激动重新回来了,真可谓知我者莫若读书也。李贽作《读书乐》云:"读书伊何?会我者多。一与心会,自笑自歌。歌吟不已,继以呼呵。恸哭呼呵,涕泗滂沱。歌匪无因,书中有人。我观其人,实获我心。哭匪无因,空潭无人。未见其人,实劳我心。弃置莫读,束之高屋。怡性养神,辍歌送哭。……歌哭相从,其乐无穷。寸阴可惜,曷敢从容!"[①] 阅读具有不可替代的乐趣——"会我者多",会心来自高山流水觅知音的喜悦,世界何窄,方册何宽。人生短暂,岂敢虚度,读书会与古人产生情感的强烈共鸣,有时候忍不住大声欢笑与欢乐地歌吟;有时候憋不住泪水,如洪水决堤般痛哭不止,痛苦和欢乐交织,情感在共鸣中越发强烈,阅读的乐趣愈加永恒。

　　读书能够发挥怡情养神的作用,给人带来情感的、精神的解放和自由,与王艮鼓倡的"学"之"乐",有一脉相承之处,在"学"和"乐"的具体内涵上又有进一步推进。"学"或者读书的范围更为广博,不局限于四书五经等儒家经典,"乐"的体验也更为深刻、强烈,更具有个性特征。情感的痛彻宣泄净化了身心,在时间的历史长河中与古人产生共鸣,能够更贴切地察知书中之人的情感世界和独特个性,更确证了自身的生存价值,作为不可重复的个体,自然有不同于常人的特殊体验。阅读让人发现自身并不孤独寂寞,精神有人陪伴,这固然是大快乐,也是大悲痛,因为时间不可逆,人生旅途上"狂"者只有继续踽踽凉凉地跋涉。总之,李贽、袁宏道、陶望龄等对读书之乐近乎奉若神明的体验,是对身心一体之乐内向

[①] (明)李贽著,张建业、张岱注:《焚书注》,社会科学文献出版社2013年版,第606—607页。

化追寻的必然归宿。

　　明清之际，文学艺术领域显著的一大变化是小说、戏曲的崛起与繁荣。它们以多维度地叙述描绘生活世界给予广大受众以消闲取悦。伴随俗文学地位的飙升，以"趣"评论戏曲、小说明显增多，"趣"范畴成为明人戏曲、小说批评不可或缺的概念术语。以《喻世明言》《警世通言》《醒世恒言》和初刻、二刻《拍案惊奇》等短篇拟话本小说，《三国演义》《水浒传》《西游记》《金瓶梅》等长篇章回小说，汤显祖的"临川四梦"等戏曲创作，为市民文学的繁荣增光添彩。商品经济繁荣催生新的审美需求，笑花主人在《〈今古奇观〉序》中揭橥话本小说的独擅胜场是"极摹人情世态之歧，备写悲欢离合之致"。社会生活酝酿层出不穷的新变，提供了适宜"趣味"滋生繁殖的土壤，独具个性的人物、跌宕起伏的情节，一幅幅充满世俗烟火气和人情味的生活图卷徐徐展开，其中有对世态人心的玩味、对荣华富贵的求索、对"公案"神怪的好奇……市民生活世界自有不一样的乐趣，虽然不乏低俗浅薄之笔墨，但是它们在虚构想象中描绘了比现实生活更为鲜活逼真的人物形象。李贽道："天下文章当以趣为第一，既是趣了，何必实有是事，并实有是人。"①可见，"趣"代表了当时市民阶层的审美取向。

　　清代李渔论及戏曲之"趣"，尤为强调"以板腐为戒"以及"勿使有道学气"②，也凸显"趣"与"活""流""慧""雅"的一致性、共通性，而与"板""腐""呆""俗"等严重对立、不可调和。板正、陈腐、呆笨、落俗套是生命活力、艺术活力的丧失；而"趣"是川流不息的慧心巧思，自在、活泼、天真，以自由的心性摆脱格套和规范的限制，有点类似游戏的无所为，反而能最大限度地

---

　　① 李超摘编：《李贽全集注》（第十九册·小说评语批语摘编），社会科学文献出版社2010年版，第105页。
　　② （清）李渔：《闲情偶寄》，《李渔全集》第3卷，浙江古籍出版社1992年版，第20页。

激发出新鲜的生命活力和自由创造力。李渔关于戏曲审美的根本旨趣有二：一是戏曲中一以贯之的精神意趣，二是摇曳多姿的风神情致。前者可以概括为"机"，后者可表述为"趣"，它们共同赋予戏曲以灵魂和生命。李渔的"机趣"论，将"趣"提升为戏曲生命之所在，曰："机趣二字，填词家必不可少。机者传奇之精神，趣者传奇之风致，少此二物，则如泥人土马，有生形而无生气。"① 戏曲艺术以观众的接受为本位，如果不能吸引观众的注意力，就等于宣布了艺术创作的失败，所以戏曲创作必须富有机趣，才能牢牢吸引观众的注意力。他强调"趣"、强调"生气"，也就是要求戏曲能够给人带来轻松愉悦的审美享受，不可有迂腐的道学气，此种认识非站在观众立场不易得出。"机"便是作剧之"机心"，也就是要求剧作者运用自己的聪明巧思带给观众以乐趣。戏曲艺术也是一种技艺，非竭尽心思精心结撰不可，所以"机心"是度曲作文的"精神"所系，乐趣是精心结撰之作的艺术魅力。李渔根据多年剧场经验，从观众角度议论戏剧得出的此类结论确能触发新的思考。他的戏剧理论的中心是观众，基于受观需要来探讨剧本的创作与演出，从观众立场出发提出"机趣"说，显示文人趣味向大众趣味的趋近。

总之，"趣"是无所为而为的审美非功利性，一旦着意就无趣可言。"趣"字上着意则不免于渲染和做作，正好比心字上容不得多一笔，有意追求"趣"、刻意制造"趣"都背离了"趣"的旨归；"趣"是自得、自在之乐。"趣"表达了肉身的快适体验，发生于个体生命存在的境域，较多关注自我世界内在体悟的涟漪，较少涉及社会人生外向进取的巨澜。如果勉强外求之趣，则落个质实的毛病，是"求趣之似"，而仅得"趣之皮毛"；"趣"禀受天赋，邀之以灵感，是性灵的神来之笔，与天才论、灵感论同一家族，而与重视规矩程式的"格调""格律"说相颉颃。

---

① （清）李渔：《闲情偶寄》，《李渔全集》第3卷，浙江古籍出版社1992年版，第20页。

第二节　抒"愤"："身"的怨怼郁积

　　童心、至情和性灵为文学艺术创造提供了强劲的情感动力，它们不复是温柔敦厚的诗教与中和有度的情感，而蕴含了至深、至真的心理能量。童心是个体非理性的心理冲动，骄傲的自我情感与自我意志冲决内在的与外在的规范与标准，发而为文。它拒绝传统、古典和保守。这种拒绝不是因为无法达到传统标准而生的自卑、屈辱，而是基于对自我、对个性的高度认同和肯定。至情裹挟着巨大的情感能量，以情格理，用想象、幻想和梦境等非理性的存在唤醒人身上沉睡的情感、欲望，不甘于礼法对人的压制和束缚，不惮于"太露"的讥评。性灵极端强调了人的本然生命体验，张扬感官逸乐，用游戏的心态化解沉重的载道意识，文学艺术最终沦为欲望狂欢的场所。同样是抒写纵情声色于醇酒妇人，"然出于千古之英雄，则借以行其痛哭忧畏，而消泄其无可如何之感愤"，这是说古人穷愁著书，以极苦之心行以极乐之事；而"在今日富贵利达之士大夫，以为是得志而不可不为之乐事"。[①] 这是说今人求乐心态盛行，古人极苦之踪，而今倒用之反以为行乐所必备，流露出对于今人求乐的怨怼之情。其实，明人并非不感愤，在喜怒哀乐诸种情感之中，抒愤的美学传统在肉身怨怼悲愤情感的强化下，找到了高强度的宣泄出口。

　　"身"的怨怼悲愤之心发展到极致就是癫狂，"狂愤"是愤心抒发的悲剧性、崇高性产物。癫狂是反抗社会压抑的手段，争取个性解放的工具，到了自我放纵阶段，反抗的意味就明显减弱了。以童心、至情、性灵对抗根深蒂固的理与法，未尝不是一种真挚的幻想，童心是稚子完全发自本能的冲动，停留在感性冲动的水平，从理论

[①]　（清）黄宗羲编：《明文海》卷255，中华书局1987年影印本，第2677页。

第七章 以"抒情"宣泄"身"的情感需要

层次上看，缺乏更为深刻的内涵，无法给予社会剧变时期的人心以坚实稳固的引导。尽管"至情"涌动着十分强烈而崇高的激情，"性灵"奔腾着不受拘束的自然人性，体现了审美现代性的某种动向，但是毕竟没有通往近现代，而是通往空幻的觉梦，在佛教的色空观中，找到了摆脱浮生如梦的大解脱之场。这股反中和、反常态的情感洪流丰富了古典美学的精神血脉，正如阳明所言："所幸天理之在人心，终有所不可泯，而良知之明，万古一日，则其闻吾拔本塞源之论，必有恻然而悲，戚然而痛，愤然而起，沛然若决江河而有所不可御者矣！"① 古典美学精神因而更为深邃复杂，耐人咀嚼回味。

一 "狂"者"愤"心的衍化

"愤书"即发愤著书，是古典美学的一个经典命题，指的是艺术创造主体心理愤懑、怒气长期郁积，这是艺术创造的心理动力。"愤"字的本义是情绪长期郁积满盈，水满则溢，月满则亏，负面情绪郁积日久必然要冲决而出。《说文解字》云：愤，"懑也"，"积也，郁积而怒满也"（《康熙字典》）。从心理动机为创作所作的必要准备来看，这是因为否定性感情和负面情绪都关联某种直接的危害性，难以保持审美的静观态度。否定性情感和负面情绪需要像陈年老酒一样经过充分酝酿发酵才能散发成熟的芬芳，而创作过程一旦开启，就把创造主体的愤心从现实的利害关系转变为非现实的审美关系，使得愤心升华为创造动力，也成为审美的对象。早在《诗经·魏风·园有桃》的时代，无名氏吟唱着："心之忧矣，我歌且谣"，已现愤心驱动抒情创作的雏形。

先秦儒家比较能够正视人的情感郁积，主张面对挫折失败也要积极进取，把愤懑转化为积极履行仁义礼智之道的动力。人与环境

---

① （明）王阳明：《王阳明全集》，吴光、钱明、董平、姚延福编校，上海古籍出版社2011年版，第64页。

处于矛盾冲突之中，心生不满不平之气，此乃人之常情，孔子自况平生曰："其为人也，发愤忘食，乐以忘忧，不知老之将至云尔。"（《论语·述而》）心怀仁政的理想抱负而得不到重用，他惶惶然奔波周游于中原各诸侯国之间游说不休，却处处碰壁、怀才不遇。回到鲁国后他致力于教学和整理古代典籍。孔子一生遭遇坎坷，但是可贵之处在于将愤懑不平之心化作传道授业的积极动力。他诲人不倦地讲学，勇敢担当，不迁就，不求息谤，对社会和人生怀有饱满的热情和责任感。孔子的"发愤"是儒家积极入世精神的体现，在讲学授业中，孔子也主张"不愤不启，不悱不发"（《论语·述而》），就是面对弟子讲学不能一厢情愿地灌输，要充分唤醒求学者的主动性，只有让他们充分经历苦苦求索而不得的心理郁积阶段，师长适时地加以点拨，才能收到良好效果。泰州学派"狂侠"一脉贯彻弘扬了孔子的"发愤"精神，比如王栋强调发挥主体意念志向的恒定性和能动性，主"诚意"说，将孔子自况之"发愤"解读为意念志向专一的工夫论："孔子励发愤忘食之志，只是做乐以忘忧底工夫。"[1] 又道："自是复加发愤，不顾人非，殊有得力去处。可见人为学，须是勇往担当，模糊着终不济。"[2] 士不可以不弘毅，"狂侠"以一己之"身"勇猛承当家国大业，所以王栋弘扬"发愤"工夫，主张不顾人们的非议讥刺，才能一心向道。何心隐曰"发愤忘食"[3]，还有罗汝芳言"诚不可不发愤向前，以求入圣途路也"[4]，都是对儒家"发愤立志"弘道、积极践履讲学传统的发扬光大。

---

[1] （明）王栋：《明儒王一庵先生遗集》，《王心斋全集》，陈祝生等校点，江苏教育出版社2001年版，第146页。
[2] （明）王栋：《明儒王一庵先生遗集》，《王心斋全集》，陈祝生等校点，江苏教育出版社2001年版，第187页。
[3] （明）何心隐：《何心隐集》，容肇祖整理，中华书局1960年版，第67页。
[4] （明）罗汝芳：《罗汝芳集》，方祖猷、梁一群、李庆龙等编校整理，凤凰出版社2007年版，第105页。

将"愤书"作为创作主体的心理动力始于屈原所作楚辞。《楚辞·九章·惜诵》云:"发愤以抒情",诗人心中一股愤懑之情,诗骚乃抒发怨怼郁闷的绝佳出口,以泄愤懑,舒泻愁思。唐代韩愈《送孟东野序》云:"大凡物不得其平则鸣",道出创作心理的隐微曲折。而司马迁最早从理论与创作实践相结合的层面,对发愤著书作为文学艺术创造的心理动力进行阐说,他在《史记·太史公自序》中唏嘘感慨自身生平,认为圣贤的写作是"意有所郁结""发愤之所为作也",以后随着《史记》的经典化地位逐步确立,"发愤著书"这一术语迅速扩大了影响。

人们常常渲染发愤著书的负面情绪,其实它更是一种积极的心理治愈途径。"愤心"说突出了心理郁积作为创作心理动力的意义,它耿耿于心难以消退,以其强韧而深厚的心理内驱力推动创作事业臻于炉火纯青的境界。刘勰有"蚌病成珠"说(《文心雕龙·才略》),钟嵘有"托诗以怨"说(《诗品序》),韩愈的"不平则鸣"说(《送孟东野序》),欧阳修的"诗穷而后工"说(《梅圣俞诗集序》),等等,他们都肯定忧患感愤发而为诗为文的意义,痛苦、郁闷、忧伤、愤怒淤积发酵,在审美创造的过程中消耗释放心理能量。人与社会、人与命运的种种无法化解的矛盾冲突,在现实中无法找到出路,但可以在文学艺术创作的想象世界得到宣泄。所谓不平则鸣,即主体和客体的矛盾对立冲突刺激下产生的愤懑与不平,与才情识见相结合,引发艺术创造的契机,"愤心"成为主体艺术创造的情感源泉和心理动力。

明中晚期至清初,袁宏道、袁中道、汤显祖、李贽、廖燕等对发愤著书都有精彩的评说,他们给予发愤著书以极高的肯定,甚至认为如此方能诞生天下之至文。艺术的辩证法是苦乐相因相需,抒发"狂"者"愤"心是为了获得解脱,在对痛苦的咀嚼回味中寻找"乐"与"极乐"。李贽写道:"非厌苦,谁肯发心求乐?非喜于得乐,又谁肯发心以求极乐乎?极乐则自无乐,无乐则自无苦,无罣碍，无恐怖，无颠倒梦想。"① 一语道出艺术创作苦乐相因相果、相互促推的情感辩证法。不甘于永远沉沦在苦痛的海洋，发心追求极乐，通过宣泄苦痛获得极乐，极致之乐趋于无喜无悲无苦无怒的无乐，让心灵和情感从苦痛悲愤中超离解脱出来，佛老的言说提供了无乐无苦的终极安慰。

"狂"者"愤"心的强度力度非比一般，它是奋勇抗争、饱受摧残的悲愤。因明清易代给士人造成严重精神危机，催逼出一种"愤"心，这主要由山河剧变的外在诱因引发一连串连锁反应，此处姑且不展开。单论凸显担当意识的"狂"范畴，遭受权力话语挤压陷于无助弱小状态，但依然倔强的奋力挣扎，它不是一般的愤怒怨怼，而是被强力情感和意志推波助澜的愤心；它不是个人在社会理性和权力话语面前无助、无望而自卑无奈，而是伴随主体意识的上升，在来自方方面面的有形无形的阻力面前奋勇抗争，即便在现实中失败了，也要在内心创造一个桃花源，为此宁愿忍受挫折与摧残。现实生活中许多不平事填塞于胸，积累已久，郁闷而不散，意欲倾吐申诉，但清楚地知道为流俗所不容，"欲吐而不敢吐"，"欲语而莫可告语"，孤独的"狂"者行走在人世间，积郁既久，一旦爆发，便如决堤的洪水一泻而下、势不可当，形诸笔墨，定能成为震撼人心的作品。且看李贽对于"狂"者"愤"心的形象描述：

  且夫世之真能文者，比其初皆非有意于为文也。其胸中有如许无状可怪之事，其喉间有如许欲吐而不敢吐之物，其口头又时时有许多欲语而莫可所以告语之处，蓄极积久，势不能遏。一旦见景生情，触目兴叹；夺他人之酒杯，浇自己之垒块；诉心中之不平，感数奇于千载。既已喷玉唾珠，昭回云汉，为章

---

① （明）李贽著，张建业、张岱注：《焚书注》，社会科学文献出版社2013年版，第368页。

于天矣，遂亦自负，发狂大叫，流涕恸哭，不能自止。宁使见者闻者切齿咬牙，欲杀欲割，而终不忍藏于名山，投之水火。①

这段文字酣畅淋漓地表明郁积的愤心如何转化为创作动力，而创作活动又如何使情感宣泄得以完成。情感的逻辑遵循真实性原则，真情实感才能打动人、感染人。"真情实意，固自不可强也。我愿尔等勿哀，又愿尔等心哀，心哀是真哀也。真哀自难止，人安能止？"② 现实场景中的哀痛悲愤人人趋避不及，但是生活的不幸对于艺术创造则是幸事，幸运的是创造力获得了源源不竭的情感动力，在情感的宣泄释放、转化升华中，一部部伟大的艺术作品问世了。李贽的论述淋漓尽致地揭示了创作的心理动力，由他人之事情引发自己无可名状的悲愤情感，字字句句饱蘸情感的血泪，且哭且叫，发狂自负，将悲愤莫名的情感宣泄殆尽也就无比接近极乐的审美境界。

愤心的价值源自感情郁积沉淀的深度与厚度。怨怼不平、悲哀愤懑等情感倘若不是出自真心，只可糊弄得一时，难以持久延续，而一旦遭遇合适的契机，景与情会、境与情融，瞬间触发情感的洪流，借他人事抒自己情怀，创作过程不待人催逼，已经不由自主地进入创造力腾涌的状态。激荡不平的情感化成一字字一句句，用高强度的情感抒发宣泄"身"的情感淤积，这已经不只是文学创作，而更是自身生命的转化，在抒情中见证了自身不可替代的生命体验，即便文字触犯众怒，危及自身生命，也不忍心付之一炬或者藏之名山，不再示人。当抒情成为对生命体验的记录时，毁弃作品就是抛弃自身生命的宝贵体验，也就舍弃了"身"的存在意义。李贽著书名为《焚书》《藏书》，但是《焚书》不焚、《藏书》不藏，成为发愤著书心理表里如一的写照。

---

① （明）李贽著，张建业、张岱注：《焚书注》，社会科学文献出版社2013年版，第272页。
② （明）李贽著，张建业、张岱注：《焚书注》，社会科学文献出版社2013年版，第477页。

总之,"狂"者"愤"心是发愤著书传统在晚明演变出的悲剧美形态。它是对人生现实悲愤的净化和升华,是对"乐"感有清晰体认和向往追求,但是求而不得引发的强烈复杂情感。"愤"心有了"乐"感追求的丰富底色,方才厚重酣畅。研讨"狂"者"愤"心不能单单落在"悲愤"二字上,设若没有审美的强烈归趋、没有"乐"感的强烈向往、没有良知本然的极大满足,"愤"心也就绝不会来得那么丰富深厚,也就难以升华为审美的形态。泰州学派以重视"乐"感体验著称,王栋较多谈论如何疏解发散消极情感,他认为七情之中哀感和怒感都属于阴气凝聚而成所以难以消散,常常持久盘踞心头,"喜怒哀乐之感乎人,惟哀难化,其次怒亦易留"。① 这种理解带有明显的经验论色彩。由于快乐短暂易消逝而哀痛愤怒在心中酝酿发酵,依靠时间自然地发舒负面情感收效甚缓,需要借助文学艺术化解消极情感、激发积极情感,王栋认为诗歌是为了"寻乐",也就是培养平和安宁的胸襟怀抱,营造健康良好的内在生态,"尝书联对云:不责人真工夫,不动气真涵养。又书与一友云:反身正己而不责人,歌诗寻乐而不动气。二者实相须,吾人所以不知反己惟欲责人,只缘先自动气也。平居不由歌诗寻乐以养其和顺襟怀,而欲临时临事不动气者鲜矣"。② 在诗歌中寓教于乐地进行审美教育,涵养乐观平和的性情和胸襟,直接助推平民社会营造人际交往稳定和谐的风气,将诗歌、歌谣作为维护良好人伦的美育素材,这无疑具有一定的现实可行性。

二 "狂"者"愤"心的快感重构

"狂""愤"伴随主体意识的自觉而产生,是一种人与社会、人与命运矛盾冲突的极端强烈、癫狂的痛苦感情。作为文艺创作的动

---

① (明)王栋:《明儒王一庵先生遗集》,《王心斋全集》,陈祝生等校点,江苏教育出版社2001年版,第176页。
② (明)王栋:《明儒王一庵先生遗集》,《王心斋全集》,陈祝生等校点,江苏教育出版社2001年版,第162页。

力情感，"狂""愤"的作用机制在于其强烈、深厚的郁积性。与欢快的情感体验相反，乐感是一种心满意足的情感状态，它是外向性和发散性的，通过多种途径发散殆尽，难以郁积成为浓、深、强的艺术心理。而艺术创造的心理条件离不开强烈浓厚的心理驱动力，"狂"者"愤"心郁积了强烈的心理能量，成为艺术创造的助推器，艺术创造主体淤积的情志在创造过程中尽情尽兴地释放。

审美现代性视域下"狂"者"愤"心的心理驱动机制，在现代中西方哲学思想中不乏可资参照的思想资源。1923年鲁迅先生小说集《呐喊》初版问世，其中的小说《狂人日记》发出振聋发聩的启蒙呼号，次年他对日本文艺理论家厨川白村著作《苦闷的象征》进行翻译和推介。他对《苦闷的象征》一书的推介与肯定，颇能代表被现代性的焦虑和家国情怀驱策的启蒙知识分子的意见，那就是："生命力受压抑而生的苦闷懊恼乃是文艺的根柢，而其表现法乃是广义的象征主义。"[1] 厨川白村的思想深受法国哲学家柏格森生命哲学影响，强调直觉和生命冲动，也受到弗洛伊德精神分析学说的深刻影响。他认为生命力越是旺盛，则精神和物质、灵和肉、理想和现实之间就越是陷入不绝的不调和不断的冲突与纠葛之中。生命力受到压抑而生的苦闷是文艺的根柢。生命力旺盛的人，内心燃烧的欲望和力比多也越强烈，被环境压抑激化的冲突感也越强烈。不可否认这种理解带有泛欲主义的偏颇，但是可以提供一种理解的维度。鲁迅先生在《摩罗诗力说》中写道："自尊至者，不平恒继之，忿世嫉俗，发为巨震，与对跖之徒争衡。盖人既独尊，自无退让，自无调和，意力所如，非达不已，乃以是渐与社会生冲突，乃以是渐有所厌倦于人世。"[2] 从文艺创造的心理动力来看，"狂"与周遭世界

---

[1] ［日］厨川白村：《苦闷的象征》，鲁迅译，《鲁迅全集》第13卷，人民文学出版社1973年版，第261页。

[2] 鲁迅：《鲁迅全集》第1卷，人民文学出版社2005年版，第81页。

严重不调和，主体性的重新发现，推动着进一步确定自身和发现自身的体验和价值，冲突激烈碰撞作用下的"愤"心达到历史前所未有的深度，非"狂"者"愤"心不足以表达。对于形形色色压抑和束缚的反抗、对于世俗名利观念和礼教规范的抵制，明儒重提"为己之学"，标志着自"身"独立价值的觉醒。童心、至情和性灵等都是良知本心的变形与幻化，都属于"为己之学"的范畴。"狂"者"愤"心是艺术家旺盛的生命力与独特不羁的个性发展的必然遭遇，因此，当一个创作者对"狂"者"愤"心感到漠然和无视，意味着其艺术生命也就趋于衰朽。

弗洛伊德及其精神分析学派从创伤经验的角度分析艺术创造的心理动力，认为幻想是艺术创作的动力，而幻想的动力来源于痛苦。"我们可以断言：一个幸福的人绝不会幻想"，"幻想的动力是未得满足的愿望"[①]。因此，不幸实际上也就是艺术创作的动力。残酷的现实无法给人带来快慰，只有在想象和幻想的世界才能找到须臾的解放，而这正是艺术创作心理动力的强大支持。创伤体验是一种无法消除的心理体验，它往往被压抑成人的无意识、潜意识，而文艺创作正是人的无意识欲望的象征性满足。因此在精神分析学派看来，创伤、挫折、苦闷廓开了幻想空间，它们也是艺术创作的动力。人的欲望越是在现实生活中得不到满足，就越是要借助幻想以求得满足，这样，痛苦压抑的心理状态也就成为幻想飞跃、创造力勃发的绝佳心理准备。以下从三方面加以考察。

其一，"狂"者"愤"心的心理郁积不同于被动隐忍地承受压抑、摧残，它是对于痛苦的主动应对和深刻体验。

专制集权的明朝社会，文人的主体意识服从于群体利益和伦理道德律令，主体性发育一直比较受限，在君臣、父子、夫妇的三纲等级序列里，圈定了主体意识发挥的有限程度。明代士人得志与否

---

① 伍蠡甫主编：《现代西方文论选》，上海译文出版社1983年版，第141—142页。

维系于权贵的宠信好恶，人的感受由权贵的喜怒决定，人的独立意识得不到正常健康的发展，长期以往社会意识形态决定和强化了士人的自卑感，造成了士人不同程度的妾妇心态。当人们发现自己所面对的地位和处境是自己不希望的、无法接受的，就容易被痛苦愤懑击倒，并且越来越鲜明真切，难以忍受。士人所禀受的教育普遍重视社会理性和道理闻见的规范性，日常情感抒发总是有所节制，而人在痛苦之极时就企图有所改变，因为现实人生苦痛愁怨的折磨掀起了情感的波澜。但是只要不对既有的伦常秩序和意识形态关系产生怀疑和否定，只要主体性的发育成长没有到独立的地步，这种痛苦就始终是主体必须承受的，对痛苦心理的抒发也就始终带有宿命的色彩，是被动的和强制的不得不接受的命运折磨。但是在李贽、袁宏道等身上，出现了一种主动地面对痛苦、抒发愤心的体验，在李贽"发狂大叫，流涕恸哭，不能自止"的强烈感情体验中，我们看到了独立主体意识的抗争与失败，在童心说中见证了主体性的上升，从生命原初的存在中释放出巨大的本能冲动，反抗传统、礼法和道理闻见，痛苦体验源自自我意识的主动出击，源自反抗天理与陈规的悲壮体验。其实，规避矛盾冲突的决定权在自己，放弃与世俗传统的对立就可以完美地规避开痛苦，安然生活在世俗之中，但是这就意味着放弃主体的独立自主性，也就意味着从根本上消解了自我价值，所以李贽宁愿与世俗陈规撞个鱼死网破，也不能接受安全地避开风险。

其二，"狂"者"愤"心必然是深情与真情。它不是气头上的愤怒，而是超长时间、超乎常态的郁积，对于文学艺术的陈规有冲决破坏之力量。从情感的深度看，愤心深刻绵邈、刻骨铭心；从情感的持久度看，其经久不散、无法释怀，甚至缠绕人一生。愤心产生于主体自觉地与社会环境保持不协调、不融洽的关系，与占主导地位的世俗观念和社会意识形态保持乖离与违背的状态。愤心蕴含的情感能量极大，这意味着破坏和颠覆人们习以为常的秩序观念的可能性也相应增强。"狂"者"愤"心在创作上体现出睥睨陈规的强劲创新力量，在当世不被人理解和接受，却能够在后世为人们所津津乐道，诚如袁宏道评价徐渭时所言："文长既已不得志于有司，遂乃放浪曲蘖，恣情山水，走齐鲁燕赵之地，穷览朔漠，其所见山奔海立，沙起云行，风鸣树偃，幽谷大都，人物鱼鸟，一切可惊可愕之状，一一皆达之于诗。其胸中又有一段不可磨灭之气，英雄失路托足无门之悲，故其为诗，如嗔如笑，如水鸣峡，如种出土，如寡妇之夜哭，羁人之寒起。"①徐渭的诗文是抒发"狂"者"愤"心的代表性文本。他身怀绝世之才而不得志于有司，这里有个人气质、性格的原因（比如狂傲盖世、特立独行、自视极高等），也有社会的、制度的原因，个人强烈的自尊、自信与社会能够给予的认同之间始终存在极大的差距，徐渭将胸中英雄失路之悲、托足无门之愤，皆寓诸诗文。他因为宦游生涯没有得遇明主而徒增无尽的苦恼与悲愤，但从艺术情感的辩证法来看，这种人生磨折也给了艺术家以绝佳的滋养，好处是生平所见山奔海立、沙起云行、风鸣树偃、幽谷大都、人物鱼鸟等可惊可愕之状，拓宽了眼界，丰富了作品的表现题材和范围，诗意的抒发如同平畴千里浩浩荡荡，使凄惨悲凉狂傲之气跳出个人狭小的眼界而有了无限阔大的气象。

徐渭不仅善诗能文，而且兼擅书画，在他浓墨重彩的挥洒下，书风画风泼辣豪放、荡人心魄。他尤其善于画璀璨晶莹的葡萄，还有那欹斜低垂的老藤。葡萄晶莹如珠，令人联想起古人以明珠暗投隐喻人才遭埋没的典故。他的题画诗与画面交相辉映，磊落不平之气溢于言表："半生落魄已成翁，独立书斋啸晚风。笔底明珠无处卖，闲抛闲掷野藤中"②，以诗书画相融相洽的整体性，以艺术创新

---

① （明）袁宏道：《徐文长传》，载（明）徐渭《徐渭集》第4册，中华书局1983年版，"附录"第1344页。

② （明）徐渭：《徐渭集》第2册，中华书局1983年版，第400页。

的大写意,在大力挥洒的浓淡墨色中,用自创一格的大写意绘画语言这种有意味的形式,抒发怀才不遇的愤懑难平,从而使得愤心的抒发烙印上时代的症候。这是徐渭用一生坎坷遭遇的愤心,如春蚕吐丝般凝结升华出的个性化艺术作品。

古人把"愤"心的长期郁积沉淀叫作"困",这是从创伤后应激心理向审美创造心理升华的过程。焦竑从求学问道的角度诠释"困",认为:"困是大智量人,知学道至急,苦心求通,如四面壁立,无一罅可入,窘迫至此,忽然謦地一下,便与生知安行之人把手同行,此岂下民所可办?若虽经此一番困苦,未得彻头,即自放下,此与全然不学者何异?故曰:'困而不学,民斯为下矣。'困字最善摹写愤悱气象。愤自启,悱自发,心花自开,匪从人得。"[1]"困"字是"愤悱"下创伤心理的形象化描述,求学问道是如此,文艺创作同样遵循这一规则。创作心理非常微妙,怒火中烧时情感激烈,措辞强烈,但又不宜创作;心情平复时,想要写出愤激之词也不可得。解决这个难题的途径就在于经历"困"于其中、"不愤不启"的磨炼。清代金圣叹别具只眼地指出,《西厢记》作者胸怀中郁积之情融化为字里行间对人情、人心微妙伪饰的深刻洞察,表现为"毒"。他对《闹简》批语道:"尝闻大怒后不得作简者,多恐余气未降,措语尚激也。然则不怒时欲作激气语,此亦决不可得也。今作《西厢记》人,吾不审其胸前有何大怒耶?又何其毒心衔、毒眼射、毒手挥、毒口喷,百千万毒一至于此也?"[2] 这里的"毒"指的是对于人心人性的深刻洞察和揭示,尤其是将崔莺莺口是心非、语清行浊的复杂心理刻画得入木三分。《说文》云"毒,厚也",若作者平素里没有经历人情冷暖的打击,没有悲愤苦痛之情长期的郁积酝酿与沉淀,无论如何在创作上达不到眼光"毒"辣、手法老到的

---

[1] (明)焦竑:《澹园集》,李剑雄点校,中华书局1999年版,第713页。
[2] (清)金圣叹:《金圣叹全集》,陆林辑校整理,凤凰出版社2016年版,第1012页。

炉火纯青之境。

其三，情感体验是良知当下显现的重要组成要素，"狂"者"愤"心的情感体验从根柢上作用于审美，带来审美快感的重构。

主体的情感体验直接影响审美感受，从心理机制上看，社会不公和个人不幸往往成为艺术家以独创性视角捕捉生命意义的契机。身处逆境之人在焦虑困惑中更加激活个人内在世界的感知能量，无路可走的苦闷使人对生命有更为真切的体验，感知和感觉超乎寻常的敏锐，经历长期折磨之人在痛苦的反刍咀嚼中，既重新观照社会，又重新观照自己，放大了精神压抑的痛苦，为了给其势不可遏的情感寻找到合适的宣泄途径，那中规中矩的艺术形式已难以承载，艺术形式创新势在必行。

从审美接受的角度考察"狂"者"愤"心，看似发生于瞬间，情感一泄如注，实则是长期积累的产物，由于推宕磨砺深厚，才能够达到常人难以企及的高度和深度。这种情感由于经过了心灵的痛苦磨砺，具有个体性，区别于一般社会成员的情感表现方式，也区别于一般社会理性规范下人们对情感的态度，所以在情感表现上，"狂"者"愤"心的超常规审美具有超前性，加上这种超常规情感与时人可能产生的功利性关系，比较不容易赢得当时人的理解。但是随着时间流逝，这种超常规情感宣泄逐渐与接受者拉开了超功利的审美距离，让接受者能够处于相对非功利的立场玩味它，这时它的美感效应反而彰显出来，后世的接受者反而更能在非功利的层面理解艺术家个性遭压制、被否定、被摧残的精神痛苦，产生更为深切的共鸣以及对精神自由独立的肯定、向往和追求。

"狂"者"愤"心的情感体验有对人生痛苦折磨的愤懑不满，也有对有限生命加诸个体种种限制的不甘心。社会与个人的碰撞催生焦虑、苦闷和忧患的痛苦体验，积淀了对社会与人生的感悟与思考，蕴含了反思不合理现实的锋芒；肉体生命的局限性与理想追求的碰撞，升华出对创造性价值的执着；个体人格的不完美与社会人格的碰撞，激发出对个性独立自主的向往；个体情感的自然抒发与伦理道德矩则的碰撞，激发出对于自然人性下人的全面自由发展的企慕……人是自然的产儿，生而自由自在，成长过程中却无处不忍受束缚与控制，明知生命如朝露般短暂，在有限的生命历程仍要与有形无形的束缚搏斗。"狂"者"愤"心的审美快感是超越有限个体生命的普遍共通感。尽管徐渭的坎坷遭遇具有个体性，但是气度不凡、视野阔大，在奋力搏击超越有限生命的种种外在束缚这一点上，特殊强烈的想象力只与天才如影随形。徐渭的创作树立了"狂"者"愤"心的艺术新高度。

"狂"者"愤"心发舒而为创作，以情感的净化使苦痛悲愤得以宣泄和升华，获得心理的平衡。"愤"心体验熔铸为虚实相生的抒情意象和艺术形象，由质实的人生现实体验升华为虚灵的审美体验，在充满矛盾的人生沼泽地带用艺术精神开出愉悦的花朵。焦竑对于发愤出诗人的传统论点有深刻真切的体认，他认为人的独特个性才华遭遇挫折的磨难，最好的宣泄途径就是酝酿升华为喷薄而出的诗歌。焦竑青年时期才华横溢，受到耿定向等的赏识，但是科举考试屡试屡败，待到蟾宫折桂时年已六十，人生能有几个十年，一生最好的时光都蹉跎在了备考、赶考、赴考途中，认为诗歌是愤懑郁积的情感冲决而出的产物：

> 人之挟才必有以用之，才不用于世，与用于世而不究其材，则必有所寓焉以自鸣，譬之百川灌河，苟不循孔殷之道，其铿鍧鞺鞳，奔溢而四出者，势也。……乃材不究于用，而第为名宠，命数之所羁络，进不得为度外之奇举，而退无以别于录录者之流，令德载何以居之？宜其停涵酝藉，愤懑郁积，决焉而肆于诗也。[①]

---

① （明）焦竑：《澹园集》，李剑雄点校，中华书局1999年版，第155页。

焦竑所言之"才"是广义的,每个人都有自己独特的个性、才能与才华,谁不想施展才华活出自身价值和意义,但是很多人才不能有用于世,还有很多人才虽然有用于世但是并非施展其真正的才华,这是发愤著书的根源,士人较为普遍的精神痛苦就在于此。郁闷苦恼悲凉的情感交织泛滥,像汹涌上涨的潮水找不到疏浚的泄洪通道,终有一日冲决而出成文成诗。

艺术创作能够使狂愤的现实体验转化为审美愉悦。早在古希腊的亚里士多德就认为艺术有宣泄、陶冶、净化情感的作用。艺术创作以情感的积累为基础,而情感的积累达到一定程度,如果得不到有效的疏导,就会造成各种心理疾患,导致生理和心理系统的严重失调,不利于健康人格的形成和培养。因此,文艺创作活动是有效释放郁积的情感,使之心理恢复平衡的良好途径。从实用的角度看,文艺创作并不能立竿见影地改变什么,但是从心理疏导的角度看,文艺创作的确有助于恢复心理平衡。当把痛苦倾诉给别人,或者抒发出来以后,心中的郁积就相对减弱了,心理能量得到了释放,获得一种轻松的畅快感。

德国哲学家叔本华基于唯我主义和唯意志论的立场,认为不存在纯粹客观的世界,世界是"我"的表象的客体化,也是"我"的意志的客体化。这里的意志是欲求的代名词,欲求不满与欲求满足后的无聊构成人生永恒的钟摆,因此人生的本质实苦,那么艺术就是对人生痛苦的一种解脱途径。他写道:"然而在[本书]第三篇我们就会看到在某些个别的人,认识躲避了这种劳役,打开了自己的枷锁;自由于欲求的一切目的之外,它还能纯粹自在地,仅仅只作为这世界的一面镜子而存在。艺术就是从这里产生的。最后在第四篇里,我们将看到如何由于这种[自在的]认识,当它回过头来影响意志的时候,又能发生意志的自我扬弃。这就叫作无欲。无欲是[人生的]最后目的,是的,它是一切美德和神圣性的最内在本质,也是从尘世得到解脱。"唯有无欲方得解脱,走向悲观主义的人生观；又言道："意志把自己客体化于现象中，我们已考察了这些现象的巨大差别性和多样性，我们也看到了这些现象相互之间无穷尽的和不妥协的斗争。"① 他的艺术观也蒙上了一层与人生苦闷不懈斗争的象征色彩。

尼采在《悲剧的诞生》中认为，艺术不是对人生痛苦的解脱而是对人生痛苦的征服。艺术的连续发展与日神和酒神的二元性分不开，也就是日神代表的"梦"本能与酒神代表的"醉"本能这两个不同的艺术世界②。这两种本能彼此刺激、冲突不断，更有力的新生被刺激出来，而对立面的斗争永远保持，艺术特别是对人生两大矛盾的统一和结合，古希腊悲剧的诞生源于此。

如果扬弃这些论调中某些消极悲观的、唯意志论的因子，就艺术抵抗人生永远的压抑与束缚，在斗争中高扬人的生命力而言，"狂"者"愤"心著书立说与之有契合之处。人不能离开社会而独立存在，但是人必然永恒面对社会的挤压，艺术是对人生矛盾冲突的短暂调和。人被推到意想不到的绝境时，矛盾冲突激化到了临界点，彼时才能真正体验到人的存在意义，反思生命存在本身，于生存困境和精神困境中冲开一条暂时的出路。动力心理学认为，"压力就是张力，张力被释放就是活动"③，社会的压力和内心的矛盾冲突形成张力，张力需要泄导和释放，才能调节心理平衡。文学创作是释放张力形式的不二之选。沉重的心理积压和负担在对象化客体上投射，对人生价值的体验和对自由理想的追求，获得精神上的替代性满足。从这个意义上说，"狂"者"愤"心既是情感的抒发释放，又是审美情感的重铸。

---

① ［德］叔本华：《作为意志和表象的世界》，石冲白译，杨一之校，商务印书馆1982年版，第220—221页。

② ［德］尼采：《悲剧的诞生：尼采美学文选》，周国平译，生活·读书·新知三联书店1986年版，第2页。

③ ［美］E. G. 波林：《实验心理学史》下册，高觉敷译，商务印书馆1981年版，第807页。

总而言之,"狂"者"愤"心的创造心理实质,是对现实痛苦体验的审美超越和情感的重新熔铸。晚明的发愤创作所寻找到的艺术出口,可以是书法绘画,如徐渭借助雄奇的自然山水,挥洒自我之"身"的悲愤莫名;也可以是文学创作,如李贽那般夺他人之酒杯抒写自我之"身"的块垒,借历史人物评点书写自我的感触,无论是社会生活、历史故事还是自然山水,无一不可以进入"愤"心的视野,无不可以渲染出天下之至文。

三 "狂"者"愤"心的审美价值重估

"狂"者"愤"心不但是文艺创造的心理动力,而且成为衡量文学艺术独创性和艺术性高低的准绳,这一观念在思想前沿的士人中声应气求。在新旧思想观念激烈碰撞交锋的时代,"狂"者"愤"心的作者、作品饱受争议,喜爱与诋毁集于一身。李贽的为人为文是极具先锋象征意义的文化现象,焦竑作《李氏焚书序》云:"宏甫快口直肠,目空一世,愤激过甚,不顾人有忤者。然犹虑人必忤而脱言于焚,亦可悲矣!乃卒以笔舌杀身,诛求者竟以其所著付之烈焰,抑何虐也,岂遂成其谶乎!"[①]指出李贽"狂"者"愤"心超前于时代必然导致悲剧性的象征意义,所谓一言成谶的清醒者和预言家,说的就是李贽这样的"狂"者。

对"狂"者"愤"的审美价值重新加以肯定,引领风气之先的是一群勇于承当的"狂"者。汤显祖称赞友人"怨而多思"的创作,认为"穷愁著书"方为佳构,"子云之声,何其多怨也。语云:士不穷愁,不能著书。天亦穷子云以发其声"[②]。友人王生创作不符合"怨而无诽,悲而无伤"的古训,但是汤显祖颇能以理解和共情的眼光来欣赏它。还有袁宏道与徐渭素昧平生,当袁宏道第一次读

[①] (明)焦竑:《澹园集》,李剑雄点校,中华书局1999年版,第1181页。
[②] (明)汤显祖:《汤显祖全集》,徐朔方笺校,北京古籍出版社1998年版,第1148页。

到徐渭作品时，徐渭早已作古，袁宏道对徐渭文学艺术价值的重新发现与高度评价，构成了一种新旧观念交替时代特有的文学事件。一个籍籍无名小人物的作品中流露出的磊落不平之气，几十年后依然能使后人一见倾心，推崇备至，这是对"狂"者"愤"心的审美价值发现。一个重估一切价值的时代似乎悄然掀起了帷幕，只不过落幕显得过于仓促。

用"愤"心衡量文学艺术的价值高低，酿成文艺审美新思潮，甚至有将"愤"心泛化的迹象。袁中道认为理想的诗文是言有余而意无尽，能够充分展现诗文之美，如果说无法达到含蓄有蕴藉，那么优选直抒性灵的创新，也比幽深僻涩的文风好："楚人之文，发挥有余，蕴藉不足，然直摅胸臆处，奇奇怪怪，几与潇湘九派同其吞吐。大丈夫意所欲言，尚患口门狭，手腕迟，而不能尽抒其胸中之奇，安能嗫嗫嚅嚅，如三日新妇为也。不为中行，则为狂狷，效颦学步，是为乡愿耳。"[①] 楚地是楚辞的故乡，有直抒胸臆的良好文学传统，虽然不够含蓄蕴藉，但是能尽情发挥胸臆，好比诗文中的"狂狷"。袁中道认为不得"文中之中行"，宁为"文中之狂狷"，也不做"文中之乡愿"。

从"愤"心的儒家思想渊源看，宁为"狂狷"、不为"乡愿"的真诚进取精神与愤书相得益彰。晚明审美新思潮的代言人大声宣告"中行"在现实中已经无处寻觅，只有"狂"者"愤"心的审美创造才经得住时间考验。清人廖燕在"愤"心中融入了故国之悲，一番话掷地有声："题目是众人的，文章是自己的，故千古有同题目，无同文章。""凡事做到慷慨淋漓、激宕尽情处，便是天地间第一篇绝妙文字，若必欲向之乎者也中寻文字，又落第二义矣。"[②]

[①] （明）袁中道：《珂雪斋集》上册，钱伯城点校，上海古籍出版社1989年版，第486页。

[②] （清）廖燕：《廖燕全集》上册，林子雄点校，上海古籍出版社2005年版，第371页。

泰州学派"狂"范畴

"狂"者"愤"心弥足宝贵,以其无可仿效的诚笃深厚的情感取胜。

衡量诗歌创作优劣成败的重要术语"性灵""至情""童心",共同将诚笃深厚之情悬为准绳。它们是"狂"者"愤"心宣泄和升华的结晶,一切好诗都是"愤"心的寄托和抒发。焦竑认为"诗言志"里面的"志"就是至深至笃的真情:"古者贤士之咏叹,思妇之悲吟,莫不为诗情动于中,而言以导之,所谓'诗言志'也。后世摛词者,离其性而自托于人伪,以争须臾之誉,于是诗道日微。"① 他用"深情""性灵""自得"等术语提倡抒情传统的真我风采,诗歌感染人、打动人心之处唯在深情,由穷愁困顿之情郁积升华而来,以情深、情真为擅长,能够动人心魄、传之久远,故曰:"古之称诗者,率羁人怨士不得志之人,以通其郁结,而抒其不平,盖离骚所从来矣。岂诗非在势处显之事,而常与穷愁困悴者邪?诗非他,人之性灵之所寄也。苟其感不至,则情不深;情不深,则无以惊心而动魄,垂世而行远。"② 诗歌发展一旦背离抒情传统的"愤"心积淀,就将导致诗道日渐式微。诗歌创作以情感为动力,以想象为核心,诗人的"愤"心体验是培养艺术情感、艺术想象和艺术感受力的必由之路。打动人心的诗歌无一不是情感真挚深切,无病呻吟的作品永远不可能赢得长久的生命力。"狂"者"愤"心提供了创作主体以真切深刻的情感体验,以及对人生和社会反刍、反思的深化体验,融入了深刻的人生哲理思考,主体的情感体验和创作经验有赖于这种时间打磨下的反思回味。此外,艺术家与普通人不同的地方主要在于艺术家能更敏捷、更深入地思考和感受,并且比别人更善于把心中产生的隐微感受细腻地表达出来,"愤"心的价值于斯可见。

不仅好诗、好文是发愤之作,小说、戏曲等新兴文学佳作也归因于发愤,"狂"者"愤"心代表了一种审美新标准的流行。不愤

---

① (明)焦竑:《澹园集》上册,李剑雄点校,中华书局1999年版,第169页。
② (明)焦竑:《澹园集》上册,李剑雄点校,中华书局1999年版,第155页。

而作,犹如不寒而颤、无病而呻吟,缺乏真诚打动人心的力量。如果从心理郁积的积极效应,也就是将创伤后应激心理积淀转化为审美心理的角度来看,这种说法有其合理性。李贽认为《水浒传》乃发愤所作的论说就颇具代表性:"《水浒传》者,发愤之所作也。盖自宋室不竞,冠屦倒施,大贤处下,不肖处上。驯致夷狄处上,中原处下,一时君相犹然处堂燕鹊,纳币称臣,甘心屈膝于犬羊已矣。施、罗二公身在元,心在宋;虽生元日,实愤宋事。是故愤二帝之北狩,则称大破辽以泄其愤;愤南渡之苟安,则称灭方腊以泄其愤。敢问泄愤者谁乎?则前日啸聚水浒之强人也,欲不谓之忠义不可也。是故施、罗二公传《水浒》而复以忠义名其传焉。"[1] 李贽的愤心著书思想超越了抒发一己之"身"遭遇的不满和愤怒,而且融入了家国天下的情怀,是对历史和现实的深刻洞察,指向了贤与不肖颠倒的社会不公平、不公正,民族矛盾下官僚系统的软弱和不作为,忠义价值混淆错乱的朝廷生态……"愤"心的强力积淀成就了《水浒传》之独一无二,现实无从改变,历史无法重写,但是它提供了人们重新体认这个可能世界的新维度。

总之,"狂"者"愤"心作为文学艺术肯定性价值的主体性来源,是"狂"的主体性生长与不友好的现实舆论环境之间矛盾发展的必然结果。富于智慧并且早熟的情感世界已经发展到了新时代的临界点,但是传统的体制化的舆论环境依然滞后,这就造成"狂"者较为普遍的创伤性心理郁积,"愤"心在对自身创伤性心理的反复舔舐中依托文学艺术创造实现自我身心的治愈,通过消极情感的宣泄和积极的创造性劳动来消耗过剩的心理能量,寻求暂时的心理平衡。焦竑借一形象的譬喻阐发其中原理:"昔人有一喻甚当。如弈棋者以必胜为主,即'发愤忘食'也,精神不倦,即'乐以忘忧'也;连日达旦而不能止,即不知'老之将至'也。人之治生者亦然,

---

[1] (明)李贽著,张建业、张岱注:《焚书注》,社会科学文献出版社2013年版,第301页。

满百望千，满千望万，忧之所在，即其乐之所在；乐之所在，乃其死而后已之所在也。"[1] 这是对古人"发愤忘食""乐以忘忧"传统的继承和发展，"忧愤"与"乐"本身就是相依相附、相互转化的关系。明清之际文学艺术的审美价值高低以"狂"者"愤"心来考量，是时代发展的独特产物。当时代经历沧桑巨变、家国面目全非时，"狂"者"愤"心从形式到内涵都会对创作者作新的要求，这也是艺术家才能的综合性呈现。明末清初贺贻孙、廖燕、陈洪绶等遭遇家国之乱，"愤"心中亡国哀痛之感占了上风。比如陈洪绶画风奇特古怪，他主张绘画既要汲取古人长处，又要师法自然，强调独抒性灵，不求形似，尤其是图中人物的衣着发式皆为汉唐衣冠鞋履，寄托着深挚的家国之思和亡国之恨，可谓尺幅有限而意蕴无限。

第三节 觉"梦"："身"的终极解脱

一 "梦"中之"身"的解脱

审美由感知出发，通往生命的形而上体验。前述"趣"范畴与"愤"范畴，为"身"的情感淤积提供了表达和宣泄的两种不同取向，情之轻浅流露为生生不息的真"趣"，情之深衍化为汪洋恣肆的"愤"心，深情浅趣各有巧妙不同，共同建构了明中晚期的审美景观。但是，深情浅趣的自"身"规定性又带来诸多限制，比如"趣"范畴对于审美对象生命原初样态有苛刻的要求，对于审美主体会心领悟的审美趣味也有高标，这些条件稍有不足就会导致无趣甚或没趣。再比如"愤"心要求"狂"者心理创伤体验的郁积沉淀，也远非寻常之辈能够承受。好在明人从佛禅老庄思想中寻找到了终极解脱之道——"梦"觉，也就是彻悟人生无时无处不是梦，于是解脱之路就在当下。

---

[1] （明）焦竑：《澹园集》，李剑雄点校，中华书局1999年版，第725页。

梦是人们睡眠时大脑皮层中残存的身心各种刺激或者受到外界刺激引起的无意识内容。根据心理学家的研究，梦境的产生与人们神经系统的感知、记忆、存储等功能有关，潜藏着潜意识、欲望和情感。心理学家认为对于梦境的专业解读，有助于探索人的内心世界。比如精神分析学派注重梦的解析。弗洛伊德认为梦中所见的人物景象包含了显露的和隐藏的内容，他采用精神分析方法，将人行为的根本动力归结为无意识的性欲"力比多"，剥去显义的伪装，使得隐义得以展现。[①] 人的根本欲望受到自我、道德化的超我以及社会各种各样的限制与压抑，深藏于潜意识之中。人在睡眠时由于超我放松了监督，被压抑的冲动和欲望乘机混进意识就成为梦。总之成年人的梦经过各种伪装，是欲望的满足。弗洛伊德将梦的解析看作通往自我意识深层活动、了解人的潜意识的重要途径。人的心理极端复杂，用精神分析解析梦境，其合理性与狭隘性同样明显。晚近的心理生理学研究表明，正常人的睡眠与觉醒交替进行，根据脑电图、肌电图和眼动电流图统计结果，把睡眠分为"眼球快速运动睡眠"和"无眼球快速运动睡眠"两类，快速眼动的深度睡眠状态时，约有80%的人在此期做各种各样的梦，所以人们把快速眼动作为梦活动的标志。但是现代心理学对于梦的研究仍有不少未解之谜，前路依旧漫漫。

中国古人认为神秘莫测的梦境象征某种征兆。比如统治者获异梦得贤圣辅佐政权，商王武丁梦见得傅说，而傅说在被武丁寻得入朝为官前原是建筑小工，因商王一梦而得擢升，武丁在位五十多年，是商代著名的君王，对外开拓疆域，对内革新政治，使商王朝达到强盛，他知人善任，不拘一格使用人才，是成就统治洪业的重要举措。《周礼·春宫》有六梦之分：曰正梦，曰噩梦，曰思梦，曰寤梦，曰喜梦，曰惧梦，古人观天地、辨阴阳，占其吉凶，足见古人

---

① 参见[奥]弗洛伊德《释梦》，孙名之译，商务印书馆2002年版。

对于梦的征兆小心谨慎。诠释梦的征兆与礼乐政治常有密切关联。

到了心学创始人王阳明，他认为梦是良知显现的先兆。睡眠时工夫到位就会有梦，只因人在夜气时分不容易有物欲掺杂，心地极为纯净，如果说日间夜间工夫各有不同，那么日间工夫顺畅连贯，夜间工夫则收敛凝聚，以梦为征兆："日间良知是顺应无滞的，夜间良知即是收敛凝一的，有梦即先兆。"① 梦寐之中有助于紧张的神经放松，恢复安宁平和。林春强调日用工夫，认为梦寐杂乱纷扰的根子也在日间工夫不够，故而曰："梦寐之中，不免纷扰，亦是日用功夫之不精明耳。"② 王艮以布衣士人的低微身份承当道统，他论梦不离良知征兆："根诸心而遂形诸梦。"③ 他认为："'梦周公'，不忘天下之仁也。'不复梦见'，则叹其衰之甚，此自警之辞耳。"④ 王艮自己的梦境或者别人梦境里的王艮，也都与悟道、得道或传道有关。他梦见以手掌托起坍塌的天空，将紊乱失序的星宿一一归置就位，醒来豁然彻悟人生使命。这个广为传诵的梦境，契合民间世界期待圣贤出现拯救苍生的朴素心理。僻远的东海之滨圣人出场的先兆借梦境传递出来。

而当"狂"范畴的发展从勇于承担的外向践履转向内在超越的生存之美，从原始儒家主导的"狂侠"向浸淫佛禅老庄思想的"狂禅"演变，"梦"的形上超越特征开始逐步显现。罗汝芳回忆悟道入门关口得到颜钧的指点恍然大悟："芳时大梦忽醒，乃知古今天下，道有真脉，学有真传，遂师事之。"⑤ 用大梦初醒的感受来抒写求学

---

① （明）王阳明：《王阳明全集》，吴光、钱明、董平、姚延福编校，上海古籍出版社 2011 年版，第 120 页。

② （明）林春：《林东城文集》，凤凰出版社 2015 年版，第 29 页。

③ （明）王艮：《明儒王心斋先生遗集》，《王心斋全集》，陈祝生等校点，江苏教育出版社 2001 年版，第 82 页。

④ （明）王艮：《明儒王心斋先生遗集》，《王心斋全集》，陈祝生等校点，江苏教育出版社 2001 年版，第 10 页。

⑤ （明）罗汝芳：《罗汝芳集》，方祖猷、梁一群、李庆龙等编校整理，凤凰出版社 2007 年版，第 231—232 页。

问道过程中的豁然开朗、直达本心，这是泰州学派学者的常见表达。

"梦"表征了佛老思想影响下明儒寻求解脱之路的终极体悟。老庄思想以自然为宗师，自然之道为功利纷扰的人生提供了解脱之路，而庄周梦蝶就是道家奉献给世界的哲理之梦。焉知庄周梦为蝴蝶，还是蝴蝶梦为庄周？人生如梦如幻，真耶？假耶？真即是假，假即是真。参悟到这里，解脱之路就在脚下，只可惜道家仍未能通透最上层一关。

佛禅则在梦的把握上更为通透彻底，梦觉就是梦醒的意思，终极解脱就在于彻悟人生本是梦幻，无时无地不是梦幻。这是中晚明儒佛合流的必然产物。根据清人彭绍昇所撰《居士传》，与泰州学派有关联的居士就有赵贞吉、袁宏道、袁中道、陶望龄、周汝登、管志道、杨起元、李贽、焦竑等[1]。而且从师承关系上看时间越往后，居士身份越多，如：徐渭师王畿、季本、唐顺之等，汤显祖师罗汝芳等，陶望龄师周汝登等，三袁兄弟师李贽、焦竑等。正如学者指出："在第一代人唐、王等处，其兼备的身份主要还是心学学者，至第二代徐渭、汤显祖等，已出现一些佛教居士，至第三代三袁等，则几乎全成了居士。这同样体现了越往后走，入佛也就越深的基本走势。"[2] 入佛程度越来越深，对于"梦"的大彻大悟愈加普遍和深刻。

那一切让人难以割舍的牵挂依恋、困扰所有人的生老病死、难以摆脱的贪嗔爱欲，在一切如梦如幻、似真非真、似假非假的彻悟中，得到了终极解脱。正如李贽所言："无时不梦，无刻不梦。……梦死梦生，梦苦梦乐，飞者梦于林，跃者梦于渊。"[3] 天地山河无不为梦，上天以春夏秋冬四时变化为梦，大地以山川土石厚载万物为梦，人以"六根""六尘""十二处""十八界"为梦。佛教用语"六根"指

---

[1] 可参阅（清）彭绍昇撰，张培锋校注《居士传校注》，中华书局2014年版。
[2] 黄卓越：《佛教与晚明文学思潮》，东方出版社1997年版，第11页。
[3] （明）李贽著，张建业、张岱注：《续焚书注》，社会科学文献出版社2013年版，第279页。

的是眼、耳、鼻、舌、身、意的认识把捉，"六尘"是色、声、香、味、触、法所感受到的世俗生活，"六根"加"六尘"，凡一切有处合称为"十二处"。"处"是出生之义，由"六根""六尘"出生"六识"，则"六根""六尘""六识"便合成"十八界"。李贽遂曰："梦固梦也，醒亦梦也，盖无时不是梦矣，谁能知其因乎？"梦固然是梦，醒来也是梦，这可以视作对庄周梦蝶之梦的终极解答。

历史上饱受"梦"之谜困扰的人，通过不断地质疑可以看破红尘，成为大彻大悟的觉梦人。李贽《答僧心如》一文鼓励质疑精神，西晋卫玠尚在总角时就问乐令"梦"是什么，乐令答曰思想思绪的缘故。卫玠疑道：形神不接，岂是想耶？乐令回答是"因也"，虽形神不接但也是有原因可追溯。李贽对卫玠形神所不接之问连连称善，"善哉卫玠也，使得遭遇达磨诸祖，岂不超然梦觉之关"，卫玠因形神所不接之问而染恚，李贽肯定卫玠"形神所不接而为梦"之问的质疑精神，卫玠若能得佛教中人点拨，越过梦与醒的分野，就能觉察无时无地不是梦，梦醒也是梦，清净心可得般若智慧。李贽曰："所言梦中作主不得，此疑甚好。学者但恨不能疑耳，疑即无有不破者。可喜！可喜！昼既与夜异，梦即与觉异，生既与无生异，灭既与无灭异，则学道何为乎，如何不着忙也？愿公但时时如此着忙，疑来疑去，毕竟有日破矣。"① 李贽赞赏僧人打破砂锅问到底的质疑精神，直待破除心中贼，彻悟涅槃真理，也就是看透一切有形世界的本质乃是无生无灭、无始无终，生是虚妄，无生是实，涅槃真理乃无生灭，故云无生，则观无生之理即可破除生灭之烦恼。

二 在入世与出世间浮沉

佛禅思想成为士人摆脱生死苦恼的精神大解脱之场。佛学的根

---

① （明）李贽著，张建业、张岱注：《续焚书注》，社会科学文献出版社2013年版，第140页。

基在宇宙万事万物自性本空的道理，所以才有"极乐则自无乐，无乐则自无苦，无挂碍，无恐怖，无颠倒梦想"[1]的说法。空性为真，真空实相，万事万物都是因缘和合而生，是真空所幻化的幻相。人间生老病死、兴衰成败都是"真空"所幻化的，幻相有生有灭，如果悟得空性的真理，把世间一切事物都看作幻象，即可除灭一切苦厄灾难，明心见性，修得正果。世人受成长环境迷惑所滋生的挂碍、生死轮回所生的恐怖以及是非颠倒的妄见，其解脱之道就在佛教的妙智妙慧，以达涅槃寂灭。

从"狂侠"到"狂禅"，从外向进取到内在探寻安顿身心，邓豁渠在觉知梦中"身"的终极解脱之路上起到重要的推动作用，促使"身"的解脱从质实之"梦"走向虚灵之"梦"。邓豁渠本是质憨的儒家士子，从积极入世转向超尘出世、弃绝人伦，属于个例。在这个独特的个体身上，凝聚了从入世到出世异乎寻常的艰难转向，《南询录自叙》落款为嘉靖四十四年（1565），他陈述求道历程，"学者造到日用不知处，是真学问，遂从事焉"。但显然他不满足于心学和泰州学派的义理，因为觉悟得这些"皆非性命真窍"，直到虚静已极，得入清净本然之道，"以俟凡情消化；离生死苦趣，入大寂定中"。[2] 在其《南询录》中留下了求道觉梦的丝丝缕缕踪迹。

早期求道觉"梦"充满了世俗生活的正常欲念，口腹之欲难以了断。皈依佛门只是修身养性的开始，情识意念活动常常增加其修行的难度，邓豁渠对此记忆犹新，他的叙述文本对于后人了解自我意识的深层活动可资参考，记曰："渠自戊申三月落发，每每梦梳头，每梦吃肉。既禁发则不复梦梳头，既吃酒肉则不复梦吃肉，神明之昭然，信可畏惮。开酒荤则在宁国府泾县。是夜梦人与鸡肉吃，

---

[1] （明）李贽著，张建业、张岱注：《焚书注》，社会科学文献出版社2013年版，第368页。
[2] （明）邓豁渠著，邓红校注：《〈南询录〉校注》，武汉理工大学出版社2008年版，第19页。

齿尽酸禁，腹中甚不堪。明日至泾寺，僧杀鸡煮酒相待，不觉了满口牙齿果酸禁难堪。忽觉前梦则不安，强勉忍耐，腹中响声，隐隐扰攘，疼痛者数日。此一节，盖为书生之见所惑，亦渠口腹之欲不了，至今惭愧。"[1] 邓豁渠这段描述梦境的文本适用于精神分析心理学的解读，在落发后梦见梳头、梦见吃肉，而禁发后就不梦梳头，有肉吃时就不梦吃肉，邓豁渠相信这是神明在上。从心理学上讲，佛家戒律对人行为的束缚和压抑仍具有强制性，被压抑的欲望和冲动被迫深藏在潜意识之中，在睡眠时超我放松了监管，潜意识浮上来成为梦的内容。只有在欲望冲动得到满足，或者欲望冲动不再产生时，潜意识层面相关活动逐渐消歇，才不复有梦。但是此时一有酒肉吃，潜意识被唤醒，而超我和佛门戒律则强制压抑，引起强烈的身体不适，疼痛一直持续数日。邓豁渠认为一是为自己迂腐的书生之见所惑，二是口腹之欲难以了断，总体呈现内向自省的思维体悟特点。

待到醒悟一切皆梦，则有可能舍弃人伦，危及儒家观念基础的人伦纲常。邓豁渠不顾亲朋师友的劝说，世情未了而执意一心向佛，不愿意拖泥带水，甚至父亲去世也不归家送葬，大大有违人情，其观念的根柢在于觉知一切皆梦，不复有任何世情的留恋。他自述缘由道："……我出家人，一瓢云水，性命为重。反观世间，犹如梦中，既能醒悟，岂肯复去做梦？"[2] 醉心佛禅的觉悟解脱，只图自己受用，罔顾人伦关系，其偏颇之处显而易见。但是也正因为邓豁渠决绝地一心追求性命之学，在理路上极为通透彻底，具有其独特的吸引力。醒悟一切皆梦，具有消解现世人生功利性、缓解焦虑心理的抚慰作用，不仅疗治士人科考屡试不中的心理创伤，而且作为士

---

[1] （明）邓豁渠著，邓红校注：《〈南询录〉校注》，武汉理工大学出版社2008年版，第30页。

[2] （明）邓豁渠著，邓红校注：《〈南询录〉校注》，武汉理工大学出版社2008年版，第40页。

人立身根本的儒家伦理道德律令，也褪去了神圣不可亵渎的光芒，以寻求终极解脱的性命事为重的取舍逐渐为人们所接受。

醒悟一切皆梦，则对于历代君王的政治教化和改朝换代，也抱持虚无主义的态度。在邓豁渠看来，尧舜善治、桀纣暴政，一如白云苍狗般变幻无常的幻梦，曰："如今就做得君君臣臣、父父子子、兄兄弟弟、夫夫妇妇。如唐虞熙熙暤暤也，只是下的一坪好棋子；桀纣之世也，只是下坏了一坪（枰）丑棋子，终须卒也灭，车也灭，将军亦灭。故曰：往古递成千觉梦，中原都付一坪棋。"① 其中诗意出自宋儒邵雍《首尾吟》，其二九云："旷古第成千觉梦，中原都入一枰棋。唐虞玉帛烟光紫，汤武干戈草色萋。"② 邵雍这首诗本是咏古兴叹，发古今治乱盛衰之感慨。邓豁渠将邵雍诗歌意象中治乱盛衰的意义虚无化，认为善政恶政都是空幻，无论下得一枰好棋还是一枰坏棋，都是一场幻灭的梦，以这样的眼光看待历代贤君名相追求的江山社稷，不复有价值和意义可言，这正呼应了佛理：所有相，皆是虚妄，离一切相，即名诸佛。以此观之世间人情物理，不复有喜怒爱憎，身心寂然一如得道的高僧。

对个人修身养性而言，觉一切皆梦则得大智慧，顺情适性、身心安顿、悠游自在。乃知夜间梦幻与日间情念本非真实皆为幻相，情念依机而起，依神而变，发妙明心开启无漏的真智。邓豁渠曰："睡着的是浊气，做梦的是幻情，气清情尽，不打瞌睡，亦无梦幻。"③ 又道："夜间梦幻，是游魂把识神到处引将去了，曾所未见境象，见之；曾所未到处，到之。与日间情念，同一妄机之展转也，均谓之幻。幻也者，从无中生有，从无中而灭，本非真实，何足系

---

① （明）邓豁渠著，邓红校注：《〈南询录〉校注》，武汉理工大学出版社2008年版，第38页。
② （宋）邵雍：《伊川击壤集》，郭彧整理，中华书局2013年版，第329页。
③ （明）邓豁渠著，邓红校注：《〈南询录〉校注》，武汉理工大学出版社2008年版，第56页。

念？一切情念，依机而起。机依神，神假真心妙明，无端变态，生生不已。妙明真心，寂灭现前一切。生灭自然，潜消默化。虽自已，亦不得而与其机之神也。"① 佛教讲众生有善根之机，心性本来有之，情念心动为因缘和合而生所激发，自然生灭不假人力，如果稍有人力勉强就无滋无味、了无情趣，有黏滞难以悟入是道、得妙明的真智。可见在率性之谓道的层面上与泰州学派的其他学者并无二致，但是更有超脱凡情、直透最上一层的性命之学意思在其中。借助佛学义理的真空观，情念自然率性的主张也就被赋予了"身"的超越性意味，与妙明真心的般若智慧相契合，对于自然人性的传布赋予了佛学义理的支撑。

除了脱离凡情的觉"梦"，还有调和入世与出世的觉"梦"。大乘佛教自传入中土后，先依傍魏晋玄学，后融会儒家心性学说，与中国传统文化交融汇合为"妙有""真常唯心"的思想。泰州学派"狂禅"一脉吸收改造佛家"妙有"思想，罗汝芳为士人疏解心灵困扰、排解颠倒梦想，其基本理路是纠合儒佛，把入世与出世统一起来，将儒家职分内事往大处说，与佛家真智等量齐观。他推重孔子开创的仁学一脉，赞誉道："视彼二千年来一切富贵繁华，泯灭梦幻，更谁可及他毫发？"② 在儒家仁学的道脉传承上，毫不含糊地肯定其价值。

罗汝芳用经验和认知引导人们远离颠倒梦想，以求心志清宁，而非一味体悟。他把梦中内容用梦后事实来比对，说明梦尽了就自然结束远离人，从而打消人们心中的疑惑与担忧，曰："况夜之所梦，不待君远离乎梦，而梦自远离乎君也。世之人，固有梦中被凶伤殴，而遭寇劫掠者矣，纵是痴儿，亦何尝被殴而讼诸官，遭掠而

―――――――――

① （明）邓豁渠著，邓红校注：《〈南询录〉校注》，武汉理工大学出版社2008年版，第49—50页。

② （明）罗汝芳：《罗汝芳集》，方祖猷、梁一群、李庆龙等编校整理，凤凰出版社2007年版，第129页。

索诸途耶？此则自解远离之征也。"曰："某自幼思将世界整顿一番，今觉心中空自错乱，果大梦也，然卒难摆脱尔。"罗子曰："此岂是梦？象山所谓：'宇宙内事，皆吾职分内事也。'但整顿有大有小，恐君所思，只图其小而未及其大尔。"① 邓豁渠醒悟一切皆梦的佛学义理，在罗汝芳则有所保留，从上述师门问答可见，罗汝芳认为儒家整顿世界的境界有大小之分，一般人所理解的修身齐家治国平天下，属于在小处谋划企图，就大处言，则有所失落。这里未曾言明的"大"其实很可能就是罗汝芳一直申说的性命之学，是"天真之本来者"，摆脱生死困扰，超悟而得涅槃永生的"此个东西"。罗子曰："此个东西，本来神妙，不以修炼而增，亦不以不修炼而灭。……验之心思梦寐之间，倏然而水，倏然而火，倏然而妖淫，倏然而狗马，人化物，而天真之本来者，将变灭无几矣。"②

在觉"梦"的工夫论上罗汝芳主张不拘定法。罗子曰："工夫岂有定法？某昨夜静思，此身百年，今已过多半，中间履历，或忧戚苦恼，或顺适忻喜，今皆窅然如一大梦。当时通身汗出，觉得苦者不必去苦，忻者不必去忻，终是同归于梦尽。翻然再思，过去多半只是如此，则将来一半亦只如此，通总百年都只如此，如此却成一片好宽平世界也。"③ 这里的醒悟方法也是当下顿悟，但是翻转了三折，第一层是醒悟"今皆窅然如一大梦"，重新审视欣喜与苦恼错综复杂的人生体验；第二层悟得"终是同归于梦尽"，欣喜与悲苦的心理纠缠随着梦尽觉梦而消散；第三层翻转悟得过去现在与将来都只如此，"成一片好宽平世界"。这是当下体悟工夫的三重境界。

罗汝芳坚持儒家道脉的正当性与合理性，故而区分"梦"与

---

① （明）罗汝芳：《罗汝芳集》，方祖猷、梁一群、李庆龙等编校整理，凤凰出版社2007年版，第67页。

② （明）罗汝芳：《罗汝芳集》，方祖猷、梁一群、李庆龙等编校整理，凤凰出版社2007年版，第69页。

③ （明）罗汝芳：《罗汝芳集》，方祖猷、梁一群、李庆龙等编校整理，凤凰出版社2007年版，第137页。

"醒"有不同。罗子曰:"醒眼人,决不做梦。梦中人,安能语醒眼事!"① 邓豁渠云醒也是梦,梦也是梦,一切皆梦。两相对比,个中差异比较明显。罗汝芳主张人生自在体验的根柢为儒家大道所系之良知良能,而邓豁渠主张情念自然的根柢为佛禅所界定之空性。罗子剖分体用显微以求道论道曰:"此是孔孟过后,宇宙中二千年来一个大梦酣睡,至今而呼唤未醒者也。盖统天彻地,尽人尽物,总是一个大道,此个大道就叫做中庸。中庸者,平平常常,遍满乎寰穹,接连乎今古。良知以为知而不假思虑,良能以为能而绝些勉强,无昼无夜,其灵妙从虚空涌将出来,乃为天命之性;无昼无夜,其条理就事务铺将出去,乃为率性之道。此则三才万化,实实地有这个道体,安得谓无?"② 这是说良知良能灵妙无穷,无分昼夜地涌流出来就是天命之性,无时无刻地在人情事物上铺陈出来就是率性之道。罗汝芳分辨"实实地有这个道体",不能用"无"来界定,但是他又同时强调"有得圆融,了无滞著",并非可以凭借"有""无"之辨加以分剖,显然在理路上不如邓豁渠通透彻底:一方面否认中庸之道与自性为空的"无"一致;另一方面强调中庸之道的显现涌流具有无人力勉强、无滞塞痕迹的空无性,留下儒佛两头纠合的破绽。

罗汝芳与弟子听群僧念诵《圆觉经》语及"梦幻",他认为自心圆满,无须外求。《圆觉经》曰:"此无明者,非实有体。如梦中人,梦时非无,及至于醒,了无所得。如众空华,灭于虚空,不可说言有定灭处。"③《圆觉经》主张一切众生都具足圆觉妙心,本当成佛,无奈被情识欲念遮蔽,在六道轮回中生死浮沉,人心有种种

---

① (明)罗汝芳:《罗汝芳集》,方祖猷、梁一群、李庆龙等编校整理,凤凰出版社2007年版,第366页。

② (明)罗汝芳:《罗汝芳集》,方祖猷、梁一群、李庆龙等编校整理,凤凰出版社2007年版,第230页。

③ 赖永海主编:《圆觉经》,徐敏译注,中华书局2010年版,第9页。

颠倒妄念，譬如患有眼疾之人视线昏花，看到空中有花、天上悬挂二月。做梦之人梦中的境界并非没有，等到梦醒时分却空无一物。又如空中之花消失在虚空中，但没有一定的消失之处。这是因为虚幻不实，没有生处。其实无须向外寻求，如能顿悟清净本心，那么此心即佛。罗汝芳深有感触叹曰："夫一切世界，皆我自生，岂得又谓有他？若见有他，即有对，有对即有执，对执既滞，则愈攻而愈乱矣。能觉一切是我，则立地出头，自他既无，执滞俱化，是谓自目不瞪，空原无花也。"① 我心本来圆满具足，无须向外四处寻求，因为不明自心圆满清净，故执念阻滞，陷于身心劫难中愈加难以出离苦海。

总之，在罗汝芳的言论中，较为普遍地存在儒佛道多重话语的强制整合，可以见出明儒有心觉"梦"，但在入世与出世之间游移不定。譬如论及"神"概念时，在佛教妙有观的基础上，罗子整合了儒家的良知说与佛禅的色空观念，还有周易与道家的阴阳学说，曰："夫神也者，妙万物而为言者也，亦超万物而为言者也。……精气之身，显于昼之所为，心知之身，形于夜之所梦。……是分之，固阴阳互异，合之，则一神所为，所以属阴者则曰'阴神'，属阳者则曰'阳神'。是神也者，浑融乎阴阳之内，交际乎身心之间，而充溢弥漫乎宇宙乾坤之外，所谓无在而无不在者也。惟圣人与之合德，故身不徒身，而心以灵乎其身；心不徒心，而身以妙乎其心，是谓'阴阳不测'，而为圣不可知之神人矣。"② 将"神"鼓吹为身与心、阴与阳在乾坤宇宙之中的浑融合一、周流不息，他擅长富有形象感地阐述身心浑融合一的自在无羁，但是于学理上则有所亏欠矣。

---

① （明）罗汝芳：《罗汝芳集》，方祖猷、梁一群、李庆龙等编校整理，凤凰出版社2007年版，第398页。

② （明）罗汝芳：《罗汝芳集》，方祖猷、梁一群、李庆龙等编校整理，凤凰出版社2007年版，第288页。

三 "梦"的审美时空反思

"梦"与艺术、与审美有着理不清解还乱的复杂联系。人们对"梦"的觉悟关系身心的安顿与灵魂的寄居之所,为"身"的终极解脱提供了一幅譬喻性的梦像。其含义有二:一是梦境乃是现实之"身"的象征与譬喻化呈现;二是觉悟梦境乃是"身"陷入颠倒妄念的终极解脱。由此,从现实时空过渡到虚拟的艺术时空,再升华为充满超越性和解脱性质的形而上时空,充盈了"梦"的基本审美意味。

"梦"的审美时空不单纯是对现实时空的镜像化模仿,而且是对现实时空的形而上超越和解脱,作为艺术不可或缺的部分而存在。这里很容易令人联想起尼采关于日神之梦与造型艺术的著名论说。古希腊人认为每个艺术家都是模仿者,尼采认为悲剧诞生于狂热与迷醉主导的酒神精神,与酒神相对的日神精神是清醒与理性:"由于日神的梦的感应,他自己的境界,亦即他和世界最内在基础的统一,在一幅譬喻性的梦像中向他显现了"。[①] 日神之梦提供了艺术的形象和幻想,适用于模仿性比较强的造型艺术。尼采写道:

> 按照卢克莱修的见解,壮丽的神的形象首先是在梦中向人类的心灵显现;伟大的雕刻家是在梦中看见超人灵物优美的四肢结构。如果要探究诗歌创作的秘密,希腊诗人同样会提醒人们注意梦,如同汉斯萨克斯在《名歌手》中那样教导说:
> 我的朋友,那正是诗人的使命,
> 留心并且解释他的梦。
> 相信我,人的最真实的幻想

[①] [德]尼采:《悲剧的诞生:尼采美学文选》,周国平译,生活·读书·新知三联书店1986年版,第7页。

是在梦中向他显相:

一切诗学和诗艺

全在于替梦释义

每个人在创造梦境方面都是完全的艺术家,而梦境的美丽外观是一切造型艺术的前提,当然,正如我们将要看到的,也是一大部分诗歌的前提。①

尼采关于艺术的思考聚焦于深入探索艺术创造的心理源泉,创作梦境的美丽外观是造型艺术的前提,古希腊悲剧则植根于人性之中的两种不同的冲动:热爱秩序尺度的日神冲动与狂热迷醉的酒神冲动。相形之下,明儒寄予关切的"梦"并没有艺术类型的明确分界,抒情传统与叙事传统共享"梦"的儒释道思想资源,诗歌、散文、小说、戏曲、绘画、书法及其评论,"梦"是贯穿文学艺术的一根红线。如果忽视这些差异,尼采的日神之梦是从人性冲动中寻根,明儒寄予"身"之解脱的梦是从"此心"本然中寻踪,可谓殊途同归、旨趣近似,但是明儒所寄托之"梦"不局限于秩序与尺度的主宰,由于取消对立与我执,而更具有审美反思的浑整性。

这是因为明儒于文学艺术之"梦"上寻求"身"之解脱,讲究的是一个"化"字,也就是回到此心本然,不落丝毫执念。焦竑所论透辟:"此化字说得极好。胸中情识意见,一毫消融未尽,不可言化。昔李宏甫曾问罗先生于余曰:'渠胸中已得干净否?'干净即是化。吾辈未易到此,须从知非始。"② 焦竑是晚明儒释道三教合一的著名学者,曾为佛经《圆觉经》作注,与袁宏道、袁中道、陶望龄、周汝登、李贽等相善,皆为儒佛兼擅的名士,《居士传》称其:"初,

---

① [德]尼采:《悲剧的诞生:尼采美学文选》,周国平译,生活·读书·新知三联书店1986年版,第3页。
② (明)焦竑:《澹园集》,李剑雄点校,中华书局1999年版,第715页。

弱侯师事耿天台、罗近溪，已而笃信李卓吾，往来论学，始终无间。居常博览全书，卒归心于佛氏。"①焦竑所论"化"字指的是情识意见消融殆尽，颇得圆融清净、本心自然的旨意，他比李贽论"干净"即是"化"，更带有浓厚的佛学色彩。从"化"字上理解，"梦"中之"身"的大解脱就在于"化"得"干净"，对于现实生活中的种种情识意见，在"梦"中通通消融殆尽。

　　佛学义理上"梦"是对于现实人生各种情识意见的消融，对于文学艺术来说，"梦"就是人生诸相的大结局、大解脱。这也就不难理解，明清以降的小说、戏曲、绘画等艺术形式中"梦"频繁出现，并且不乏以"梦"作结之作。绣像本《金瓶梅》第一百回收束全书，回前诗曰："旧日豪华事已空，银屏金屋梦魂中。黄芦晚日空残垒，碧草寒烟锁故宫。隧道鱼灯油欲尽，妆台鸾镜匣长封。凭谁话尽兴亡事，一衲闲云两袖风。"张竹坡评点称诗歌前四句对应书中主要人物形象西门庆、瓶儿、金莲、月娘、春梅、玉楼②，采用诗歌虚实相生的意象，含蓄地收束一众人物形象。前面九十九回叙事已毕，万壑归源在一"空"字、一"梦"字。结尾的情节是普净禅师化度月娘之子孝哥，起法名唤作明悟，而孝哥实为西门庆托生。孝哥名字中的"孝"字颇有佛意，《梵网经》中把"孝"与"戒"相融通，"孝名为戒，亦名自止"③，颇有儒佛合一特色，以"孝"为"戒"，孝顺所在即戒行圆满、戒体自足。世情小说所写的是社会上一般的、普通的人，佛说人有贪、嗔、痴、慢、疑，普通人一辈子贪恋财、色、名、食、睡，在五欲之中打滚、在怒气中起伏、在不明事理中执迷、在自恋自大中迷失、在怀疑否定中失落，这些是《金瓶梅》世界中无时无刻不在发生的事。佛祖觉悟宇宙人生实相后，发大慈悲

---

① （清）彭绍昇撰，张培锋校注：《居士传校注》，中华书局2014年版，第380页。
② 《会评会校金瓶梅》，刘辉、吴敢辑校，香港：天地图书有限公司1998年版，第2071页。
③ 赖永海主编：《梵网经》，戴传江译注，中华书局2010年版，第196页。

心，欲令一切众生皆得离苦得乐。小说叙述一众人物形象的故事，让人们醒悟这一切皆梦幻，带着这种醒悟阅读把握人物的形象、性格和命运，也就跃出了道德的臧否、政治的好恶、利害的取舍，在否定性的审美反思中超越现实人生的限制，构建起充满形上意味的美的世界。

"梦"构筑起儒佛合一的思想传统和形上超越的审美境界，这在《红楼梦》中得到继承和发扬。《脂砚斋评石头记·凡例》曰："此回中凡用'梦'用'幻'等字，是提醒阅者眼目，亦是此书立意本旨。"这篇《凡例》点明全书的创作总纲和阅读要点，行文风格故作紧切语以示庄重，反倒带有悖谬意味。在概说创作宗旨时，提醒读者注意"梦"与"幻"字，有创作者托言梦幻、远祸避害的用意，在清政府大兴文字狱的高压政治下，文人必须小心翼翼地四处提防，防止被人读出对现实的影射与批评，此一层立意出于现实环境压制下的无奈之举。另有一层立意是遵循小说创作自身的形式规律与审美规律而不得不然。《凡例》末尾有诗曰："浮生着甚苦奔忙，盛席华筵终散场。悲喜千般同幻渺，古今一梦尽荒唐。谩言红袖啼痕重，更有情痴抱恨长。字字看来皆是血，十年辛苦不寻常。"[①] 这首论创作的诗歌以至真的情感和独特的性灵打动人，凝聚了脂砚斋对作者及其创作的深切体悟，也浓缩了对于宇宙人生的大彻大悟。正是有了这一层"梦"与"幻"的否定性审美反思，小说才不是一部寻常记录闺阁女子的传奇，而具有了天地、宇宙、人生的绝大视野和超越境界。

对于章回小说创作来说，"梦"与"幻"构成了现实社会世界的否定性审美反思意象，用得恰到好处，的确可以事半功倍，留下无穷滋味。清代才子金圣叹评点《西厢记》，认为行文至第十六章"草桥惊梦"，《西厢记》已经完毕，再写下去就是狗尾续貂，"何用续？何可续？何能续？"一声声叩问戏曲艺术的究极之处。观众一般以为戏曲叙写人生，一定要交代清楚人物结局：终得富贵荣华、夫

[①] （清）曹雪芹：《脂砚斋评石头记》，（清）脂砚斋评，线装书局2013年版，第1页。

妇好合，但是金圣叹深不以为然，他恃才傲物，任性评骘删减，难以服众，但其中多别具手眼的洞见，因为他的考量基于戏曲填词创作乃是一篇具有自足性的绝大文章，有其深刻性和前瞻性。金圣叹论曰："一篇大文，如此收束，正使烟波渺然无尽。……及我又再细细察之，而后知其填词虽为末技，立言不择伶伦，此有大悲生于其心，即有至理出乎其笔也。今夫天地，梦境也；众生，梦魂也。无始以来，我不知其何年齐入梦也；无终以后，我不知其何年同出梦也。"① 戏曲以人物口吻叙写生命与存在的体验，入梦出梦，一晌贪欢，个人生命体验融入天地、宇宙、众生之中，于是就能以绝大的悲悯观照个体生命体验，省悟天地与众生的性命根柢。

金圣叹不仅删《西厢记》，在评点《水浒传》时认为后五十回是罗贯中"狗尾续貂"之作，也主张尽数砍去。他以第七十回"忠义堂石碣受天文　梁山泊英雄惊恶梦"收尾，论曰："一部书七十回，可谓大铺排，此一回可谓大结束。读之正如千里群龙，一齐入海，更无丝毫未了之憾。笑杀罗贯中横添狗尾，徒见其丑也。"② 他先从叙事的完整结构考量，小说以晁盖七人之梦开始，以宋江、卢俊义一百零八人之梦结束，叙事既毕，则石碣铺排一百零八人姓名，收点睛结穴之效果，皆极大章法。再从叙事的形象蕴含来看，也应该大收束于第七十回："吾观《水浒》洋洋数十万言，而必以'天下太平'四字终之，其意可以见矣。后世乃复削去此节，盛夸招安，务令罪归朝廷，而功归强盗，甚且至于衰然以'忠义'二字而冠其端，抑何其好犯上作乱，至于如是之甚也哉！"③ 也就是说，在赞美水泊英雄替天行道与盛夸朝廷招安之间，存在伦理道德逻辑以及人

---

① （清）金圣叹：《金圣叹全集》，陆林辑校整理，凤凰出版社2016年版，第1079—1080页。
② （清）金圣叹：《金圣叹全集》，陆林辑校整理，凤凰出版社2016年版，第1249页。
③ （清）金圣叹：《金圣叹全集》，陆林辑校整理，凤凰出版社2016年版，第1234—1235页。

物形象性格发展逻辑的不协调,两头兼顾徒然滋生混乱,不如删除后五十回保留英雄群像蕴含的内在整一性。这一删减固然有其洞见,但是金圣叹忽视了读者阅读章回小说最基本的审美期待,首先是人物形象发展经历兴衰演变的相对完整叙事,"梦"与"幻"的审美超越境界建立在人物形象叙事的相对完整性基础上,脱离相对完整的人物形象叙事谈"梦"与"幻",犹如皮之不存毛将焉附;而脱离"梦"与"幻"的大彻大悟讲人物故事,则如病目看世界,飞花满眼,可惜只为妄见。

综上可见,以"梦""幻"作为文学艺术的收束,从审美心理角度而言,乃是起始于"梦""幻",终结于"梦""幻",文学艺术被赋予了否定性的审美反思价值,蕴含了对于坚不可摧的传统生活世界的怀疑论和否定论倾向。得力于明中晚期以来小说、戏曲、诗歌、小品文、书法、绘画等一系列创作实践和艺术成就的充实与丰富,中国古典美学在"狂"范畴的主体性推进下,生成一系列重要美学范畴,成为古典美学发展之途难以企及的最后一座高峰,在古典美学的母体之中酝酿了通往近现代社会的某种审美诉求与审美动向,为古典美学向现代性的转换与再造开启了一种潜在可能。

结　语

　　通过以上研究，我们梳理了泰州学派"狂"范畴在思想史和审美意识史上的独创性贡献，剖析了社会转型时期士人思想和审美观念突破传统、指向近代的审美新动向。基本观点总结如下。一是思想史层面的爬梳。泰州学派创始人王艮及其后学被学界目为"狂"，"狂"范畴可以统括他们的为人处世、思想观点和弘道践履，是泰州学派比较稳定和持续的精神内核。"狂"范畴有两个反向平行发展的维度：其一是布衣士人以一己之身积极讲学践履师道的"任道"维度；其二是向内在心灵世界收缩、追求个人身心自由与超越的"任情"维度。这两个维度一个外向开拓，一个内向开掘，看似背反实则同出一源，从王艮尊"身"尊"道"不可分的思想张力中汲取不竭的能量。二是从审美观念史层面看，泰州学派"狂侠"一脉把讲学视作儒家道统传承的"叙事"行为，从"格物"说出发建构起儒家道统叙事传统。围绕"身—家"形象的动态生成，儒家叙事依托体现经史合一旨趣的"数"有序展开叙事，以"叙"建构起自"身"的在世体验，而泰州学派"狂禅"一脉则重新发现了"抒情"的价值，在自我意识的真实本然表达中，折射良知的光辉，承载了主体力量内向化探寻的使命，寄托在世者的审美观念和审美理想。在明代社会表面虚假繁荣与深层次危机不断累积的时代语境中，如果说"身"对于闲适轻松之"趣"的热衷，表达出士人煞费苦心地追寻那纯任天真本然的轻闲快适，那么"身"长期的心理愤懑与怒气郁积喷发而为"狂"者"愤"心，转化升华为艺术创作的强劲动力。然而由于时代的因缘际会,"至情""性灵""童心"虽然体现了审美现代性的某种动向,但是没有走向真正成熟的审美现代性,而是通向了儒释道合一的觉"梦"之空幻,在入世与出世之间载浮载沉,在对现实充满虚无主义色彩的审美反思中找到了浮生如梦的大解脱之场。

上述研究以"审美现代性"为视角和方法论,有以下三重考虑。

首先,我们旨在在充满多样性和丰富性的"审美现代性"视域下,从古典美学最后的绚烂和转折中寻觅中国本土审美现代性早期萌生的根基。"审美现代性"一般指的是审美活动对于现代性的回应,也就是审美活动中与传统告别的断裂意识,依靠自我的独立思考,朝向未来的进化意识,以及对此形成的自觉感知和审美判断。"狂侠"与"狂禅"、"任道"与"任情"、"叙事"与"抒情",这些关键词串联起"狂"范畴的审美现代性蕴含,它们共同出自泰州学派"身""道"一以贯之的思想源头,构成纵横交错的互动机制,彼此牵制、相互渗透,孤立地强调其中任何一个维度,对于理解审美现代性都可能有失偏颇。

其次,由泰州学派"狂"范畴入手诠释中国审美现代性的本土发生,我们发现思想史和审美观念史是交融互渗的两个不同层面和平行维度,思想史层面"任道"与反向平行表达的"任情",审美意识史层面"叙"与"抒"的反向平行表达,它们同出"身""道"一源,而发展殊异、彼此互渗。学界比较认同中晚明自然情性的表达与审美现代性的关联,持肯定意见者,将人情、人性的自然本真表达归功于泰州学派;持批评意见者,则将晚明猖狂恣肆、鱼馁肉烂的末世风习归咎于泰州学派。泰州学派"狂"范畴中"狂禅"、"任情"与"抒情"的维度被强调得比较多,而忽视了与之相辅相成的另一维度——"狂侠"、"任道"与"叙事"。再譬如明末文化思想先驱李贽、袁宏道、袁中道等身上都体现出"狂侠"与"狂禅"、"任道"与"任情"、"叙事"与"抒情"的对峙与连通,在他们的思想观念和行为举止上，既彰显放纵不羁的个性自我，又旌表节烈、压抑束缚自我、鼓倡孝悌德行。这些审美现象都在提醒我们，要看到"任道"与"任情"这两个反向平行表达的层面及其在审美观念上的投射与交互作用，如果单方面强调"任情"或"抒情"的现代性维度，而忽视了"任道"与"叙事"的现代性维度，就会给人们带来一种错觉，似乎中国的启蒙现代性直到晚清以降在西方坚船利炮和思想文化的双重冲击下才迅速生长起来。无论是启蒙现代性还是审美现代性，都可以在泰州学派"狂"范畴的逻辑演变中找到最初发生演变的踪迹，甚至到了现当代文学史，依然可以寻觅到"狂侠"与"狂禅"、"任道"与"任情"、"叙事"与"抒情"交织的传统思想脉络。在"任情"传统与追求个性解放、摧毁旧道德之间，在"任道"传统与积极投身民族国家革命事业之间，都存在着某种契合，从中亦可以觅见儒家叙事传统中"身—家"一体的叙事旨趣。

最后，我们相信真正具有民族性的内容和形式，也是世界性的，审美现代性的视域和方法论有助于在海内外对话中进一步深化认识。国内学界探讨较多的是审美现代性以及与之紧密相关的启蒙现代性，启蒙现代性指中国现代性发生的早期阶段——晚清民初，以救亡图存的民族启蒙呼声为主导线索，而以王国维、蔡元培和朱光潜等为代表的审美独立、审美启蒙的审美现代性追求，则被视作启蒙现代性的辅助线索和抵抗力量。自20世纪八九十年代以来，欧美汉学界把中国现代性早期提前到16世纪的明代，其潜在动因是与欧洲的早期现代（1500—1800）的某种契合，如美国学者罗溥洛、罗威廉的早期现代中国（Early Modern China）历史研究，英国学者柯律格把晚明物质文化以及艺术消费纳入现代性的全球视野下加以考察。乔迅则把晚明的早期现代性实验延续到清初石涛绘画的主体性领域，认为早期现代性并未随着清朝入主中原而销声匿迹。海外汉学界的研究视野，虽然有一定新意，但是由于受到欧洲为中心坐标的早期现代参照系的束缚，受潜在的先入之见左右，令读者总难以消除隔靴搔痒之感。我们研究认为审美现代性的萌生是一个绵长的过程，其中激变与渐变错综，要在时间长河中界定中国本土审美现代性的早期发生，必须从思想场域与文学艺术场域的互动中寻根溯源，而"狂"范畴的主体性反思特质提供了一条富有价值的线索。

审美现代性的理论关切和考量以文献为基础，我们秉承思想史与审美意识史融会贯通的思路，遵循历史与逻辑相统一的原则，立足文献实证资料，既要避免陷入文献的海洋，被文献材料牵着鼻子走，也要避免以先入之见裁剪事实，削足适履地强制阐释。在研究过程中保持理论反思意识，不断地做出调整，与研究初始计划相比较，在以下三方面问题上有理论上的推进。

其一是从思想史角度系统回应"狂禅"与"狂侠"的学术争议，确立二者的内在逻辑关联。明清以降对泰州学派有"狂禅"与"狂侠"两种对立观点："狂禅"是不学不虑、超离人世的心性自由、潇洒自在；"狂侠"是布衣士人积极弘扬践行儒家道统的经世行为，笃实刚健，充满豪气担当。从学派发展史的考量出发，自先秦以来"狂"范畴的历时演变形态，进而落实到泰州学派对心学的继承与发展，细绎从"心"体到"身"本的"狂"范畴内涵；接着从思想史的进程、思想观念的分化、分流，对"狂侠""狂禅"做历史与逻辑相统一的分析。"狂侠"是早期学人外向承当的践履之美，后起的"狂禅"是内在超越的生存之美，在看似背反的发展形态中存在内在的逻辑关联，即泰州学派"尊身尊道"思想在王艮"身"与"道"的"本末一贯"关系中发生分叉，"狂"范畴的双重发展线索"狂侠"与"狂禅"共生，可谓一体两面。

其二是将思想史上"狂侠"与"狂禅"共生现象延伸到审美意识史。在审美意识和审美观念上，明儒尝试突破"亦圣亦狂""存乎一念"的儒家审美困境，我们运用比较研究的方法分析审美救赎性质的"真"范畴，审美重构围绕主体审美体验的两大基本诉求"叙"与"抒"展开。这里的"叙"与"抒"是主体意愿诉求传达的两种不同方式，而叙事类与抒情类文学作品，则是主体"叙"与"抒"意愿经由艺术表达的物态化成果。以身"任道"的"狂侠"价值主导下的讲学叙事传统得到光大，以"身"为本的"狂禅"则进一步推动"任情"的倾向，发展为直抒胸臆的性灵与情至的抒情传统。"叙事"与"抒情"构成文艺美学维度理解审美现代性视域下"狂"范畴的双重发展线索。"任道"与"任情"、"叙事"与"抒情"共存共荣，它们归属同源同根的本心之"乐"，既大相径庭，又彼此牵制、相互渗透，构成中国审美现代性独特的双重平行指征。

其三是立足文献，在研究中发掘出泰州学派建构的儒家叙事传统。中国的抒情传统悠久深厚，已成学界共识，相比博大精深的抒情文论，仍然缺少系统完整的叙事理论建构，以至于叙事传统的理论根基薄弱，面目模糊不清。这涉及学界关于抒情传统与叙事传统的争议，以20世纪60年代西方汉学界关于中国文学传统中的"抒情"观念发端，其实这是在中西会话以及古今变迁的背景上生发的争议。我们的看法是中国的叙事传统同样源远流长、积淀丰厚，且与抒情传统之间互动互补、相辅相成。与早熟的诗歌抒情传统相比，小说、戏曲等抒情性文类经历了极为缓慢的发展才走向成熟。16世纪迎来了小说和戏曲叙事的创作高峰，从思想史与审美意识史的交互关系中看，泰州学派的儒家叙事传统提供了理解中国叙事传统尤其是明清经典小说不可或缺的思想支持，《附论 16世纪明代小说叙事的多重场域》中从思想场域、历史场域和文学场域的互动出发，思考这一时期小说叙事繁荣的思想史根由。客观认识中国的叙事传统，把握中国叙事传统与西方叙事传统同中有异的根性，不但有助于增强文化自信，亦可增进与海外汉学界的对话与交流。限于篇幅，关于儒家叙事传统的研究尚未能充分展开，希望这些研究能够引起学界同人对于泰州学派儒家叙事传统的重视，也希望看到越来越多的同道积极参与进儒家叙事传统的研究，在文学史与思想史的融合互渗中进一步弘扬中华美学精神。

附论 16世纪明代小说叙事的多重场域

  16世纪是学界普遍认同的小说叙事黄金时段，自迄今所能看到的《三国志通俗演义》最早刊本嘉靖壬午本1522年[1]算起，不到一百年间，《三国志通俗演义》《残唐五代史演义传》《大宋中兴通俗演义》《唐书志传通俗演义》《列国志传》《英烈传》《南北宋志传》《封神演义》《西游记》《水浒传》《金瓶梅词话》等十余部作品陆续梓行流布开来，为数不多的作品中就已包含后人盛赞的"四大奇书"：《三国演义》、《西游记》、《水浒传》和《金瓶梅》。往前追溯，小说叙事历经上千年缓慢发展但缺乏扛鼎之作；向后瞻望，章回小说陆续问世超过百部但难以超越已有辉煌。16世纪的小说叙事给人印象深刻之处不仅在于迅速发力走向成熟到达创作高峰，而且在于与之相关联的文化共生现象也非同凡响：小说、戏曲叙事迎来了春天；从王阳明到何心隐再到李贽，经史合一的思想逐渐赢得认同；经学理学、史学、文学与新兴的图书市场实现了前所未有的深度融合……

  因此要探寻16世纪明代小说叙事繁荣的结构成因，除了考察小说发展的自身规律和文学传统的积淀，还需要在整体社会结构中考察，勾连起文学、历史、经学、市场等社会空间中几乎无处不在的

---

[1]　根据蒋大器《序》作于弘治甲寅（1494），可知1494年《三国志通俗演义》已经成书，但是否已有刊本存疑。学界对于嘉靖壬午本之前是否有更早的刊本一直难以论定。可参阅罗宗强《明代文学思想史》，中华书局2013年版，第307页。

行动主体。行动主体包含但不限于创作者，他们活动于不同的社会空间，处于不同的社会地位，与其他行动主体构成不同的社会关系，并且被金钱货币等有形的资本或者社会地位和身份等无形的资本驱使，处于不断的变化和调整之中，在研究中就需要跳出相对固定不变的社会结构阶层分析框架。因此笔者拟采用"场域"的宏观视角探寻16世纪明代小说叙事的生成机制。所谓场域，布尔迪厄认为"场域概念所要表达的，主要是在某一个社会空间中，由特定的行动者相互关系网络所表现的各种社会力量和因素的综合体"。[1] 场域本身依靠社会关系网络表现出有形或无形的社会力量，这种社会力量不但起到场域的维持作用，也起到区分场域不同性质的作用。明代小说的叙事场域广泛存在于复杂社会关系之中的力量对比，它是有儒家话语号召力的经学/理学的行动主体，以契合统治需要的儒家话语为标志；它也是历史叙事的行动主体，以渊源深厚的史官话语为标志；它也是口头的或书面的小说创作的行动主体，以充满竞争力的小说形象凝聚起分散在不同时空的读者；它还延伸到图书市场的每一个触角，书商、刻工和点评人乃至书籍运送传输的经济关系网。而新兴图书市场的供需关系作为场域的纽带，将场域中作为象征性商品的小说的生产者和消费者联结起来。总之，"场域的灵魂是贯穿于社会关系中的力量对比及其实际的紧张状态"。[2] 行动主体维持和推拓这些关系，各种话语权力的角逐以符号竞争作为贯彻场域的基本存在方式。小说叙事场域充满权力斗争的各种力量，并且具有自身发展逻辑和规律，具有特别复杂、曲折、多元的象征性质，它们消长、演变、重构、妥协，具体讲主要是儒家教育资本、社会关系资本、金钱货币资本这三者之间相互转换，在各种力量的碰撞与消长中，转换成可以显现人们的社会地位、身份和话语权的一种象征

---

[1] 高宣扬：《布迪厄的社会理论》，同济大学出版社2004年版，第139页。
[2] 高宣扬：《布迪厄的社会理论》，同济大学出版社2004年版，第140页。

资本——小说，人们手中握有的象征资本的总体数量和价值评估，透露了这个时代话语权争夺的总体格局。

一　文学场域与思想场域的边界融合

小说叙事作为一种文化象征资本，对其价值评估的大幅度提升，依赖于儒家思想对"叙事"的重视。心学讲学昌盛，尤其是泰州学派特重民间讲学，推动话语权向"讲学"或称"叙事"倾重，"讲学"或"叙事"建构起能够赋予权力和地位的一种新型的累积文化知识的社会关系。维护统治秩序的儒家思想在16世纪的教育和学习系统中所发生的转型，是对思想话语权力的重新分配。明朝调动教育资源优势，从重视发展官学到恢复发展私学，心学讲学趁势蓬勃兴起。思想话语的权力再分配主要集中在15世纪末到16世纪中晚期，人员、货物、书籍辐射流动与内河漕运的发展演变结合，构成文学场域和思想场域共享的时空结构。

对于明朝的掌权者来说，依托儒家思想教育着力培养塑造有利于国朝的士人群体和社会整体心态结构，使其统治的正当性成为不言自明的真理深入人心。明政府赋予科举考试以及官学以饱和的社会资源、话语权被空前强化，而属于私学的书院备受冷落，自明初以来沉寂百余年。享有盛名的白鹿洞书院、岳麓书院一度在荒野榛莽间沉睡，尼山书院虽免于荒凉落败，但也转为祭祀孔子的场所，不复讲学功能。鉴于官学教育和科举考试弊端丛生，成化年间恢复书院的势头渐渐明朗，成化三年（1467）白鹿洞书院延请大儒胡居仁等前来讲学，开启书院复兴之路。成化五年（1469）长沙知府钱澍兴复岳麓书院，寻毁[1]，但是书院复兴的迹象已经萌生。这两座著名书院历史上屡废屡兴，其复兴具有风向标意义，重振书院的道路

---

[1] （清）赵宁纂修：《长沙府岳麓志》卷3《书院兴废年表》，清康熙二十六年镜水堂刻后印本。

依然崎岖，但是阻碍不了有志之士从四面八方赶来，相与切磋讲论其间。正德年间（1506—1521）由于心学的讲学活动，书院迅速发展，据统计明代书院共计1962所，其中正德年间占150所，远超出各朝34.6所的平均数；到嘉靖年间（1522—1566），书院达到历史最高值596所[1]，"流风所被，倾动朝野"[2]，各地缙绅耆宿联讲不息；王阳明（1472—1529）聚徒讲良知之学，在心学讲学的大本营江西、湖广、江浙一带，"东南景附，书院顿盛"。[3] 到嘉靖后期朝政窳败，万历初张居正锐意改革，为维护有利于政权运作、经济政策和任用人才等改革的言论氛围计，一度毁书院、禁讲学，书院讲学历经半个多世纪的繁荣后，热度有所消退。但是书院讲学禁而不绝，万历十年（1573—1582）以后的当政者忙于清算张居正与朝廷内部的斗争，给讲学也留出了一点空间。总之小说叙事繁荣的16世纪，恰好处于思想话语权从官学向私学重新分配的短暂时光。

官学向私学倾斜，带来教育资源的重新分布，尤其16世纪上半叶书院在数量和空间分布上实现了猛增，参与或接触讲学成为士民阶层社会生活中不可或缺的组成部分，心学思想通过讲学迅速扩大了话语影响力，起春风化雨潜移默化之效。不同的讲学者依据他们的门人弟子数量和忠诚度，决定其号召力和地位。在众多讲学者中，泰州学派聚徒讲学尤其引人注目，他们敢作敢为，多出位之举，是当时讲学的风云人物。创始人王艮（1483—1541）与弟子颜钧（1504—1596）、何心隐（1517—1579）等生逢讲学兴盛的大时代，积极组织讲会讲学。王艮在江西豫章、北京、浙江会稽、安徽广德、浙江孝丰、江苏泰州、江苏盐城（东台安丰）、江苏金陵、江苏扬州等地频繁地与同志约期讲会讲学，足迹遍布东南沿线。颜钧、何心

---

[1] 邓洪波：《中国书院史》（增订版），武汉大学出版社2012年版，第281—283页。
[2] （清）张廷玉等：《明史》第20册，中华书局1974年标点本，第6053页。
[3] （明）沈德符：《万历野获编》中册，中华书局1959年版，第608页。

隐把这一讲学路线拓展到湖广、福建一带，他们善于简易直接地点拨启发，使听众当下有所省悟、学有所得，赢得不少忠实跟随者。

繁忙的漕运路线又为讲学人员的流动与思想的加速传播提供了便利。王艮是泰州安丰场人，归属长江和运河交界枢纽的扬州府，讲学讲会人员沿着漕运路线向南北辐射，大多往来于湖南、湖北、江西、浙江、安徽、河南、山东、江苏等漕运八省。明朝政府高度依赖运河漕运，为将南方的稻米物资调运到北京满足皇权运转的巨大需要，漕运制度得到不断完善和细化，比如准许漕船加带二成的"随船土宜"且免征税钞，也允许搭载客商。现实中漕船加带远远超出规定标准，且这股风气愈演愈烈，客观上便利了南北货物、图书和人员的流通。明代万历以后，除了宋元以来以刊刻理学著作、应试和实用书籍著称的传统图书市场，还涌现出建安、金陵、苏州、杭州等运河沿线的新兴图书市场，书商、读者携带书籍进行跨地区流动。在熙熙攘攘的漕运沿线，流通和重新分配的不仅仅是南北货物和金钱，还有无形的新思想话语在大江南北的流通和传布。过去的读书人处于相对稳定静止的宗族血缘关系网络，生于斯长于斯，随着他们游走在求学问道的讲会之间，迅速扩大了文人的交结和眼界，彼此应酬唱和不绝，随着时空场景切换而转换社会身份，结成不同的关系网络，推动不同场域的边界融合。

泰州学派重视讲学的一个重要举措是将"讲学"提升到"叙事"的高度，在百姓日用常行上有序地叙述人的身体反应和感知，比如见孺子落井而本能地伸手救助，从而启发愚蒙洞见"仁"心本来见在。具体而言就是叙述人"身"的"貌""言""视""听""思"，从直观形象的感知中洞见人之为"仁"不假外力，因此"叙事"意味着通往圣人理想的正心诚意格物致知、修身齐家治国平天下。心学认为"理"在"心"上，无须外求，王阳明关于"格物"的主张是从心上说"物"，王艮改造为用"絜矩"的隐喻建立起人与"物"的象征性关联，何心隐进而以"矩"作为主体性尺度的形象化叙事照亮百姓日用的存在意义，由此生成可感知的形象，通过讲学行为完成对"形象"的叙事，于是"理"在"事"上激活。泰州学派把"理"与"事"合一，在叙事中洞见"理"，以"身""家"形象叙事为基础，将过去人们遗忘和忽视的修身齐家治国平天下等基于日常生活经验的叙事提到首要地位，成为充满活力和竞争力的叙事符号，提供了明代小说叙事的重要思想史依据。简言之就是在具体形象的"身"与"家国天下"叙事中寄托遥深，借助细致入微的人情物理彰显天理就在人心、良知。讲学繁荣有助于熏陶、塑造和培养以叙事为导向的社会心态模式和社会行为方式，思想场域与文学场域在"讲学"即"叙事"的儒家思想话语中实现边界的融合。

如果说官学向私学讲学转移带来话语权的重新分配，那么讲学向叙事转移带来了话语权的进一步重新分配，渗透到社会的每一个角落，重构叙事的走向。百姓日用日新又日新，面对形形色色、层出不穷的新人新事，讲学活动的"学"和"讲"两种叙事样态建构了各阶层各群体之间的话语张力网，"学"是对古已有之的"身—家"形象叙事的模仿、继承和延续；"讲"是用自己的体验对经典文本发挥、开拓和创新，叙述新的形象或体验，形成新的文本世界，在想象虚构中探求"理""事""心"合一的自我形象，如此互动周流循环，生生不息。譬如王艮对弟子言传身教的一则叙事：

> 先生从精舍还，遇雨取屐，门人争取以进。异日，先生如精舍，吴从本[①]问曰："昨取屐时，有小子可使，何先生自取也？"先生曰："昔文王伐崇至黄竹墟，革鞋系解，顾左右皆贤，莫可使，因自结之。[②] 昨自取屐，亦以诸友皆贤也。"复笑曰：

[①] 据袁承业《明儒王心斋先生弟子师承表》，吴从本为王艮弟子，名吴楒，字从本，号竹山，泾县人，与同门王汝贞、罗楒、董高、聂静等初刻《心斋谱录》。

[②] 可参阅《韩非子校注》（修订本），周勋初修订，凤凰出版传媒集团、凤凰出版社2009年版，第341页。原文是："文王伐崇，至凤黄虚，袜系解，因自结。"

"言教不如身教之易从也。"①

这个事例让人们领略到在讲学中鲜活生动的叙事起到陶染人心的无形力量。王艮教育弟子内"仁"外"礼"不是习见的宣讲记诵圣贤文本,而是学习古圣先贤的事迹从中取法获得启迪,于当下日常应对中豁然领悟圣人之心,通过讲述门人争相取木屐递予他的事情,洞见普通人的"心"与圣人之心并无二致,移风易俗教化弟子就在叙事中且"学"且"讲"。诸如此类的事例还有很多。王艮的弟子颜钧也颇擅长此道,他虽然辞气不文,但是热爱著述,创作不少抒情议论气息浓郁的"诗"、叙事议论相结合的"歌"。他著有三篇自传性质的叙事文章:《自传》《履历》《箸回何敢死事》②,他言传身教的素材直接来自自身讲学弘道而遭陷害的坎坷经历,叙事容量增大,他认为"人不自知日用即道,故推原道者,不可须臾离也。……显诸形器也,视自明,听自聪,言自信,动自礼。"何心隐用理话语论证"学"与"讲"的合法性就在于"有事于学于讲"而"叙事","学非原于貌其事而学耶?""讲非原于言其事而讲耶?"③ 所"学"和所"讲"因为叙事的需要发生联结和沟通,生成新的意义。

概言之,明中晚期泰州学派面向广大平民有教无类地讲学倡道,是一种极富有儒家道统传承意识的"叙事"行为,泰州学派从王艮经由颜钧再到何心隐,通过比照习得古圣先贤的事迹,借助叙事行为寻找和确认自"身"在社会存在中的"形象"体验,抚慰人心,满足急剧变动时代弘道讲学的需要。讲学/叙事无时无处不在,从上流社会的缙绅到平民阶层,讲学/叙事的士人身份与书商、读者、点

---

① (明)王艮:《明儒王心斋先生遗集》,《王心斋全集》,陈祝生等校点,江苏教育出版社2001年版,第75页。
② (明)颜钧:《颜钧集》,黄宣民点校,中国社会科学出版社1996年版,第23—28、32—35、43—47页。《自传》《履历》是颜钧对自己弘道讲学一生的叙事,《箸回何敢死事》是叙述他因讲学而遭陷害入狱,后得弟子罗汝芳牵头募捐完银拯救出狱的前后首尾。
③ (明)何心隐:《何心隐集》,容肇祖整理,中华书局1960年版,第1页。

评者、作者的身份发生重叠或交叉，思想场域与文学场域的叙事话语融合互渗。例如神魔小说《西游记》关注人的身家性命，徒弟三人并非真正的人物形象，而是人心幻化的不同组成部分："唐僧"象征有机整体的自我之"身"，为证悟纤尘不染的"心"本体，"身"分别幻化为"心""意""知"的对应形象悟空、悟净、悟能，三人个个神通广大又都受限，在小说"怪奇"的表象下掩藏了文学形象叙事旨在达到"心"本体的叙事极境。在有争议的孙悟空形象来源问题上有中国的无支祁故事，不可否认有印度史诗《罗摩衍那》的那罗与哈奴曼等猴子的关系，"但同时也不能否认中国作者在孙悟空身上有所发展、有所创新"①，而这种创新发展凝聚了思想场域的心学讲学成果，加以幻想润饰，构成悟空形象创意的核心竞争力。

二 文学场域对历史场域的叙事符号摄取与改造

文学是最富有创造性和超越性的象征性符号系统，明代小说叙事的创造性建立在对历史叙事符号的广泛掠夺、摄取和改造上。中国的历史叙事源远流长、成果斐然，历史人物、地点、时间、事件等能指与所指的结合构成叙事符号。小说叙事不同程度地掠夺和摄取了历史叙事符号，并加以创造性发挥和改写。16世纪刊刻传播的小说涉及历史演义、英雄传奇、世情、神魔不同题材，以历史演义对历史叙事符号的摄取为重头戏，神魔题材摄取历史符号（例如《西游记》也摘取了大唐玄奘取经的历史人物能指）远不及历史演义。小说的叙事符号摄取犹如考古层累堆积的结构，都可溯源到更早期正史或野史的叙事资源。而新问世的小说叙事也自动化成为后续小说叙事符号的能指来源。各种叙事形态存在目的、途径、手段的差异，它们共处于一个广阔的充满活力和竞争力的叙事场域，边界并不固定，因为内在生气勃勃的力量斗争促使边界处于不断变化

---

① 季羡林：《中印文化交流史》，中国社会科学出版社2008年版，第240—241页。

之中，在对历史叙事符号的摄取、占有、改造和重组中不断重构文学叙事的场域，发挥积极能动性的主体可以追溯到小说进入书坊刊刻传播之前的"说话"艺人，以及小说家、从事小说刊刻流通的书贾、刊工、文人写手、读者，小说大多经历长期增删修改，在叙事符号逐步走向成熟的过程中，民间赋予叙事符号以刚健鲜活、令人耳目一新的形象，而文人雅士介入修改、完善、点评和推介过程，使之雅驯入眼、大放异彩，毫无疑问小说叙事的符号摄取和改造是世代累积的成果。

探究文学场域对历史场域的叙事符号摄取与改造，意味着深入叙事场域之中，寻绎叙事作为象征意义生产的权力运作逻辑。历史叙事或称史官叙事，遵循皇权和治统的运作逻辑；文学场域与思想场域融合，讲述"身"的貌、言、视、听、思，文学叙事摄取历史叙事符号，以之为依托，通过想象塑造新型人物形象，为急剧变化的世界理出头绪，确认人"身"的意义所在，遵循《大学》"格物致知"、修齐治平的道统逻辑。随着"身"为中心的自我意识重新苏醒，"格物致知"的传统面临挑战，人们面对日新月异的生活世界，曾经熟悉的一切变得越来越难以辨认，变化带来不确定性的增强，潜在风险增添人们内心的恐慌、困惑与不安。面对超出历史已有范式的各种变化，渴望将外部世界种种不可理喻和杂乱无章的人心人性用叙事加以有序化呈现，在对形象的想象和塑造中探索修身、齐家、治国、平天下的新型可能，从而安顿身心。叙事艺术的勃兴见证了"身"的自我意识苏醒，也折射出用"叙事"条理化外部世界的象征意义生产。

《三国演义》在对历史叙事符号的大量掠夺、摄取中创造性融入了想象的象征意义：弘扬以"身—家"一体为根本，与"身—国""身—天下"保持连贯性和一体性的原始儒家思想。"演义"据史传而来，从《三国志通俗演义》对历史叙事符号的掠夺来看，保留了比较多的历史真实人物和事情，所"学"占比重之大较其他三部经典小说尤著。历史演义对有意义的事象、象征性和时空性已有所了解，参考史实和民间平话接着讲，从历史到民间传说、说书、戏曲、平话，到演义，世代累积不断形塑传统儒家"身—家"一体的家国天下叙事。在与历史叙事的相似程度上，嘉靖本《三国志通俗演义》编次主要依编年体《资治通鉴》构架，根据罗宗强对二者主要构架的排比，可见《三国志通俗演义》结构之展开主线来自《资治通鉴》①。《三国志通俗演义》24卷240则（节），每节前有七言一句的小目，如第1节《祭天地桃园结义》、第2节《刘玄德斩寇立功》等，与《资治通鉴》史事多有相同，但小目表述突出人物及其行动，以人物形象叙事为主导，与史书简明扼要的叙事、叙言有明显不同。想象和补充了刘关张若干故事，关羽、张飞两位"兄弟"忠肝义胆辅助刘备为蜀汉立国立下汗马功劳，这两个人物形象在民间备受爱戴和崇拜。历史上真实的关羽、张飞的符号能指被征用，一代代创作者赋予他们崭新的所指：没有血缘但是超越血缘的兄弟伦理体现了"身—家"的高度统一，这种一体性一直延续到光复汉室的"天下"大业中。刘关张的人物所指经历了从史官叙事的君臣关系到结义兄弟关系的改造，凸显民间淳朴简易的趣味和想象，即强化"身—家"一体化构造在"国""天下"上的连贯和延续，以光复汉室为正统，突出体现了原始儒家"身—家"一体的价值认同。

《水浒传》相较之下对历史叙事符号掠夺中寄托了更多关于"身"的英雄想象，建构"身—家"一体关系脱嵌后的新型伦理。它足资摄取的历史叙事符号包括：历史上真实存在的宋江，并非正史的《宋史》中的有关记述，讲史话本《大宋宣和遗事》中具雏形的梁山故事，以及可能存在的《宋江》故事。《水浒传》对已有叙事符号的改写与创造在于突出"身"被逼迫从"家"中抽离后的出路，也就是"身"无"家"可归、走投无路逼上梁山、重新形塑自

---

① 罗宗强：《明代文学思想史》，中华书局2013年版，第318页。

我形象的一种可能。以不得不落草为寇的杨志形象为例,他出身将门、武艺高强,本想凭本事荫妻封子、光宗耀祖,却屡遭不幸,在被劫夺了生辰纲后想到:"如今闪得俺有家难奔,有国难投,待走那里去?不如就这冈子上寻个死处。"(《水浒传》第16回)言语中道尽英雄失路之大悲恸,因为传统中国社会一个有身份地位的人修身而不能齐家,则治国平天下都无从谈起,"身"与"家"脱嵌也意味着"身"在"国"与"天下"的发展受阻,导致自我形象的认同坍塌。梁山水泊的意义在于容留失路英雄,提供了隐喻藏"身"空间的"聚义厅","身"虽然不能"齐家"但得以重新嵌入"国""天下"的意义序列。宋江后来改聚义厅为忠义堂,寄托了"身"借由"忠义堂"重新嵌入治国平天下空间的想象,为水浒强人打家劫舍的行径确立了弘道的终极价值,但弘道理想无法调和与皇权治统的紧张关系,也就为招安后的悲剧埋下伏笔。由于英雄个体之"身"几乎都有被迫从血缘纽带的"家"中抽离的惨痛经历,也就强行阉割了"身"的自我理解中天然携带的"家"的私人情感,在替天行道的家国天下担当中,以一身血性敢作敢当,粗线条地放大了"身"的英雄豪杰形象,固然有铲除贪官污吏的痛快,但也多有为了出一口恶气而不惜滥杀无辜的残暴血腥,并且粗豪地排斥细腻婉曲的人性私情。李贽点评宋江道:"未有忠义如宋公明者也"[1],这是从梁山英雄的弘道理想着眼加以肯定;对宋江为人仁义的细言微行则屡屡批其"假",第68回之后宋江要让位给卢俊义,李贽眉批"都是假话",第92回宋江得知又折了郑天寿等三个弟兄"大哭一声",李贽批道"都是诈"。宋江的仁义之心一旦流露为私人情感的叙事,就与英雄叙事生出了隔膜。

具体而言,与"身—家"抽离的英雄之"身"形象难以兼容的涉及"家"中之"身"必有的人情私心,一是维系"家"日常生活

---

[1] (明)李贽著,张建业、张岱注:《焚书注》,社会科学文献出版社2013年版,第301页。

延续的经营算计，柴米油盐种种琐屑；二是家人交往中天然的血缘情感，如父子母子亲情、夫妻柔情、儿女私情；三是"家"中以"孝"为核心的伦理道德意识。人们欣赏好汉大碗喝酒、挥金如土的慷慨豪爽，但无法接受他们精打细算安稳度日；人们称赞好汉的纯孝，但难以接受他们曲尽孝心的一地鸡毛。譬如李逵形象率直天真、纯朴粗鲁，李贽赞道："我家阿逵只是直性。"[①] 李逵孝顺老母，跟宋江说好回家接老母上梁山一起过好日子，却不料老母被老虎吃了，一怒之下连杀四虎。辗转回到梁山，跟宋江、晁盖说起前后首尾，"众人大笑。晁、宋二人笑道：'被你杀了四个猛虎，今日山寨里又添得两个活虎，正宜作庆。'"（《水浒传》第44回）正不知"众人大笑"之际以李逵的率真此时当做何反应。

必须承认，"身—家"断裂的豪杰叙事中难免有违日常生活基本的人情人性，古人云"食色性也"，而梁山好汉英雄气长儿女情短，面对女色大多无动于衷，对成家也不上心。好汉当中仅有的三对夫妻档也略无夫妻私情，一丈青扈三娘和矮脚虎王英、母夜叉孙二娘和菜园子张青、母大虫顾大嫂和小尉迟孙新，光听名号就可想见女人的凶悍强势。不可否认，以剥离"家"的亲情、私情为代价塑造替天行道的豪杰之"身"有其片面性，早在王艮答弟子问时"重人情则累于道"[②] 的感慨似乎已然揭晓了谜底。

三 文学场域内部的叙事符号竞争

文学场域是以创作者为主的行动主体、以文学符号的价值生产参与社会活动的特定场所，文学符号商品的价值依赖于接受者或消费者对它的评判，判定一种符号商品比其竞争对象拥有更多的价值

[①] 李超摘编：《李贽全集注》（第十九册·小说评语批语摘编），社会科学文献出版社2010年版，第103页。

[②] （明）王艮：《明儒王心斋先生遗集》，《王心斋全集》，陈祝生等校点，江苏教育出版社2001年版，第17页。

并可以强加于整个社会接受。文学遵循自身特有的发展逻辑,即对于文学语言符号的继承和创新,并以极其复杂的象征性模式呈现出它的自律逻辑。《金瓶梅》与《水浒传》在武松杀嫂一节上存在关联和继承,在叙事符号竞争上完全遵循了文学场域的自律逻辑,不仅有叙事符号的延续和复现,更新增了若干叙事符号。西门庆家里家外成为无可置疑的叙事中心,呈现出从英雄叙事回归到"家"中之"身"的叙事走向,但是这种回归已不再是原始儒家强调的"身—家"一体的伦理道德。因为"身"无须承担替天行道的责任,甚至也无关"家"的伦理道德,美善缺席,"身—家"在形式上重新嵌合,而实质是"家"伦理道德意义的消乱,"身"形象在人情人性层面获得淋漓尽致的塑造,恰好弥补了《水浒传》英雄形象叙事上人情人性的先天不足,这符合小说叙事场域内部的叙事符号竞争策略。

从叙事场域符号竞争的策略看,先有《水浒传》"身—家"脱嵌的英雄叙事,再有符号创新和竞争的《金瓶梅》。《金瓶梅》"身—家"紧紧嵌合,但是"家"无关道德规范,修身更无从谈起,如此遂有可能充分展现"家"里细腻入微的私性意识、描述世情人心。虽涉及"家"以外的社会空间(如官府、朝廷等),但社会也基本是"身—家"私性空间政治的复写,以私交、人情或差序格局式的自我利益为出发点瓜分资源,以抛舍"身"的英雄主义维度和弘道理想为代价,在一言一行中极尽叙事精微深邃之能事,洞见人性,形塑中国人时空中的情欲之"身"形象。

《金瓶梅》《水浒传》之间的符号竞争焦点无疑集中在共同的形象符号西门庆、潘金莲、武松,当他们从《水浒传》的英雄叙事空间进入《金瓶梅》的世情叙事空间,人物符号的象征意义系统被更换得极为彻底。《水浒传》的武松不带个人私情杂念,是剪影式、粗线条、顶天立地的好汉形象,在"身"形象的想象中携带着英雄主义的宏大基因;而《金瓶梅》的武松形象仿佛乱入错误的时空,英雄的不拘小节变成了不体贴人情，曾经快意恩仇的美感不复存在，反多了几分对他下手残忍阴毒的不适感。剪影式的英雄之"身"适合存活在替天行道的叙事空间，也就是梁山聚义厅而不是个人的小"家"。无论是在偏民间创作印记的词话本还是在更多文人修改润色的崇祯本中，武松都只是一个引子、一个由头，英雄的光彩黯淡了，他只是为了引导出潘金莲、西门庆等真正的主角形象。

  在小说次要人物形象塑造上同样遵循叙事符号的竞争策略，即以对形象的想象作为叙事的核心，小说叙事与人物形象的动态生成互为表里，以一个人物（比如潘金莲）为第一层级形象，牵扯、滋生出与潘金莲形象相类似的多个第二层级人物形象，以此类推，进一步滋生出与第二层级人物形象相类似的更多个第三层级人物形象，只有把这几个相关形象的创造性想象与叙事放在多层级相关形象系统中关联比照，才能获得对这些人物形象比较清晰全面的定位和体认。与潘金莲这一人物形象存在叙事相关性的形象有宋蕙莲（原也名唤金莲），又有王六儿（潘金莲又名潘六儿）。宋蕙莲与潘金莲一样也是聪敏机变会装扮之"身"，原是厨役蒋聪老婆，"刮上"来旺儿，蒋聪被害，她想为夫报仇，后嫁给来旺儿。她姿色胜潘金莲一筹，肤色更白，脚更小，还有只用一根柴火烧熟猪头的绝技，胜过其他脂粉。她被西门庆热宠之际，西门庆对来旺儿痛下狠手递解徐州，她得知后决然自缢身亡。宋蕙莲爱财但也说不上贪财，一点脂粉、衣服、零碎银子，就可以满足。她爱虚荣，在其他下人面前浮夸张狂地吆三喝四，但是她一个市井女人，对"家"存有一点做人的道德底线，那就是维护丈夫"身"的底线权利——保身。只要是她的丈夫，不管是前夫蒋聪还是来旺儿，不管他们是否对她温柔相待，这一底线不容任何人践踏，否则用自伤自杀的极端行为维护个人意志。由于这一形象在"身"与"家"的伦理关系中残留了道德担当意识，成为小说中的异类，与潘金莲及其他同类形象有了区分。与宋蕙莲形象迥异其趣的是王六儿，其以彻底的无底线消解殆尽

"身—家"的伦理道德意义。她样貌不出色，跟丈夫韩道国同心同气，借色图财，一门心思多赚钱、赚快钱，为此什么苦都能吃，夫妻俩配合默契，提供让西门庆满意的特殊服务。没有道德良知羁绊的辛苦不会有"心"的痛苦，当然人的丰富情感也就简单化约为对利益的得失感。这一形象叙事传达出"身"作为牟利工具向人性深渊下探的极致，"身"形象的工具化叙事比起现实生活中真实的见闻感知来得更为真切。可以想见，有多少说书人，你讲一个潘金莲，我即学即讲一个宋蕙莲，他再即学即讲一个王六儿，一次次添枝加叶，增删修改，同中有异，各人各面，在关联滋生的人物形象叙事堆叠中展开小说内部的符号竞争，终于成就一本大书。理解小说叙事自身的符号竞争规律，也有助于读者的阅读接受，通过在与王六儿、宋蕙莲这些关联形象的对比中，理解潘金莲形象的复杂性——贪、淫、怨、毒和悲苦，也才能理解生活本身。

　　小说叙事符号竞争的高低优劣由受众评估排定其价值，听众的评价反馈是整体的、即时的。受众总是带着自己的体验去诠释、印证、评估并开拓已有的小说文本世界，叙事文本也带动改变个人的经验和视野，文本世界与读者世界看似平行的两个世界，在叙事符号竞争的评估中交会。由于经典小说在刊刻传播之前都有长时段民间传播的过程，说书、平话等口头叙事文学能够较完整地保留叙事的语境，从感知上看，"视觉是解剖性的感知，和它相比，声觉是一体化的感知"。[1] 感知的一体性牢牢连接起说书人和听众，说书时从嘴巴里吐出的语词，任何时候都是一件事，一件流动的事，而不是一个个静止的符号。听众不仅自己结为一个整体，而且和说话人也结为一个整体，说者和听者共同分享叙事和经验，他们之间的互动即时发生，受众热捧、叫好的，必定与受众自己的体验高度共鸣，

---

[1] ［美］沃尔特·翁：《口语文化与书面文化：语词的技术化》，何道宽译，北京大学出版社2008年版，第54页。

也与说书人的经验默契无间;说书人若有疏漏,凭自己的经验发现不了,受众的经验反馈也会促使他改善。说者和听者的互动性、对话性和整体性,在进入书面文字点评后,就逐渐发生了分离。

  书面的读者点评具有更为独立的主体意识和符号竞争意识。书面文字的点评将原本口头的语词进行重组,置入静默的视觉空间,这一改变是逐步发生的,在早期小说点评中依然保留了说者和听者结为一个整体的互动性,点评者常常像对现实生活中的人物评头论足一样,评论小说人物形象,议论他们言行的对错。小说刊刻传播初期保留了口头传播即学即讲的整体互动特点,随着刊行传播的扩大,点评者的自主独立意识更加鲜明,更加有意识地参与叙事符号竞争为小说扩大影响,小说文体意识也更为凸显。比如李贽在评点《水浒传》时,把小说人物形象当成可以对话的现实人物空间。小说第16回梁中书令杨志押送生辰纲前往东京,杨志念及路上盗贼出没,有意避开早凉,专拣天气炎热时赶路,挑担的军汉苦不堪言想休息,杨志却不准军汉停下,不是嗔骂就是藤条抽打,军汉的不满情绪越来越强烈。李贽在这一回夹批前后出现了七次"胡说",批点杨志太不体恤人情,如此说话行事,终于一步步掉进吴用等设下的陷阱。眉批写道:"杨志虽是能干,却不善调停,如何济得事?"回末总评道:"蠢人,蠢人!"兀自恼怒不已①。李贽的评点还原了说书人与听书人即时互动的生动现场感,他自己置身作品之中,与人物形象同呼吸共命运,乐在其中。他谈评点的乐趣:"《水浒传》批点得甚快活人,《西厢》、《琵琶》涂抹改窜得更妙。"② 不仅批点,还按照己意删的删、改的改,酣畅淋漓。这种批点形态在书商招揽才人批点小说戏曲时,仍然延续了一段时间。有时李贽也以小说批

---

  ① 李超摘编:《李贽全集注》(第十九册·小说评语批语摘编),社会科学文献出版社2010年版,第32—36页。
  ② (明)李贽著,张建业、张岱注:《续焚书注》,社会科学文献出版社2013年版,第107页。

评者、研究者的口吻，对小说人物描写进行艺术评论。

小说评点者经历了从欣赏者、参与者向研究者、批评者的转化，强势叙事符号逐渐经由专门的批评者得到确认并加诸全社会。到清代金圣叹把《水浒传》列入第五才子书点评时，更专注于批评文本叙事艺术，强调对叙事文本的体验，很少参与进人物言行引发的在世体验，这是"于不存在中追求自己的存在"。评点家借用"读法"形式，意在更强烈地表现自己的存在[①]。不仅如此，金圣叹常常与李贽等前人的评点唱反调，形成"评点之评点"，自己的评点也成为后人评点的靶子，这种评点之评点使得强势符号在接受互动中延续巩固其地位。

综上所述，16世纪小说叙事繁荣处于文学场域、思想场域、历史场域、经济场域的积极互动网络中，新兴图书市场的供需关系激活了多重场域的活力。心学"讲学"向"叙事"倾重，泰州学派王艮、颜钧、何心隐等为"叙事"提供了儒家思想的义理支持，集中在小说叙事场域的符号竞争中，以《大学》格物为出发点，以叙事为抓手通往修齐治平之路，也就是通过"身"与"家"形象为根本的"叙事"使得人们趋向世界、获得在世体验能够成为现实，由此区分出彼此区别、相互依赖和转化的四重富有竞争力的叙事符号场域：第一重场域是文学符号对思想符号的融合吸收，神魔小说《西游记》以唐僧之"身"的取经之路寻觅"心"体为典范，摄取唐僧取经的历史符号，由"身"幻化为"心""意""知"的对应形象徒弟三人，各路妖魔鬼怪实乃"心"所蒙各种遮蔽；第二重场域，《三国演义》代表以"家"的兄弟血缘效忠想象"国天下"政治共同体中个人的"身"形象，既是结义兄弟又是君臣，这种"身"形象想象是返回礼乐制度黄金时代、形塑理想的伦理性之"身"；第三重场域，《水浒传》代表"身—家"被迫抽离后，重建新的社群之"身"，

---

① 杨义：《中国叙事学》，人民出版社1997年版，第417页。

反抗政治私性化、人情化、功利化的家国一体关系，尝试"天下"与"家"脱钩的理想社群——"会"，建构"主会者之身"的英雄形象叙事；第四重场域，《金瓶梅》在对《水浒传》的扩展和颠覆中，尝试"身—家"的重新嵌入，代价是"身"丧失"家"的伦理道德存在意义，并以道德意义全盘丧失的"家"想象"国天下"，以"家"的人情原则、私性原则主宰政治领域和社会领域，获得"身"在本真性维度上的形塑，从而在本真性自我和内在自我的意义上无限接近人性。"身—家"形象的叙事符号竞争延续到清代《红楼梦》，作者刻意构建荣宁二府之"家"的失乐园——理想化的有情空间"大观园"，再到清末民初寻觅本真性自我与独立个体时在"身—家"脱嵌上的进一步突破，《雷雨》《家》等小说戏剧中也都可见"身—家"叙事符号竞争的延续和发展。

参考文献

一 古籍文献

《嘉靖惟扬志》（1542年），宁波天一阁藏明嘉靖残本。

《邵武府志》（1543年），宁波天一阁藏明嘉靖刻本。

（明）沈懋孝：《长水先生文钞》，明万历刻本。

（清）赵宁纂修：《长沙府岳麓志》，清康熙二十六年镜水堂刻后印本。

（明）罗汝芳：《罗近溪先生语要》，光绪二十年江宁府城重刊本。

（清）袁承业编辑：《明儒王心斋先生弟子师承表》，清宣统二年版，泰州市图书馆藏本。

（元）陶宗仪：《南村辍耕录》，中华书局1958年版。

（明）沈德符：《万历野获编》，中华书局1959年版。

（明）何心隐：《何心隐集》，容肇祖整理，中华书局1960年版。

（清）永瑢等：《四库全书总目》，中华书局1965年影印本。

（唐）房玄龄等：《晋书》，中华书局1974年标点本。

（明）张廷玉等：《明史》，中华书局1974年标点本。

（唐）李白：《李太白全集》，（清）王琦注，中华书局1977年版。

（宋）张载：《张载集》，章锡琛点校，中华书局1978年版。

（唐）杜甫著，（清）仇兆鳌注：《杜诗详注》，中华书局1979年版。

（宋）陆九渊：《陆九渊集》，钟哲点校，中华书局1980年版。

（清）阮元校刻：《十三经注疏·礼记正义》，中华书局1980年影印本。

（清）阮元校刻：《十三经注疏·论语注疏》，中华书局1980年影印本。

（清）阮元校刻：《十三经注疏·毛诗正义》，中华书局1980年影印本。

（清）阮元校刻：《十三经注疏·孟子注疏》，中华书局1980年影印本。

（清）阮元校刻：《十三经注疏·尚书正义》，中华书局1980年影印本。

（清）阮元校刻：《十三经注疏·周易正义》，中华书局1980年影印本。

（汉）应劭撰，王利器校注：《风俗通义校注》，中华书局1981年版。

（清）袁枚：《随园诗话》，顾学颉校点，人民文学出版社1982年版。

（宋）严羽著，郭绍虞校释：《沧浪诗话校释》，人民文学出版社1983年版。

（明）陆时雍：《诗镜总论》，丁福保辑：《历代诗话续编》，中华书局1983年版。

（明）徐渭：《徐渭集》，中华书局1983年版。

（清）贺贻孙：《诗筏》，《清诗话续编》第1册，郭绍虞编选，富寿荪校点，上海古籍出版社1983年版。

（明）文震亨著，陈植校注：《长物志校注》，江苏科学技术出版社1984年版。

（明）张翰：《松窗梦语》，盛冬铃点校，中华书局1985年版。

（清）黄宗羲：《黄宗羲全集》，浙江古籍出版社1985年版。

（东汉）荀悦：《前汉纪》，《文渊阁四库全书》史部第303册，台北：台湾商务印书馆1986年影印本。

（宋）黎靖德编：《朱子语类》，王星贤点校，中华书局1986年版。

（宋）苏轼：《苏轼文集》，孔凡礼点校，中华书局1986年版。

（明）邹元标：《愿学集》，《文渊阁四库全书》集部第1294册，台北：台湾商务印书馆1986年影印本。

（东汉）许慎著，（清）段玉裁注：《说文解字注》，上海古籍出版社1988年版。

（西汉）司马迁：《史记》，中华书局1989年标点本。

（唐）孟浩然著，徐鹏校注：《孟浩然集校注》，人民文学出版社1989年版。

（明）袁中道：《珂雪斋集》，钱伯城点校，上海古籍出版社1989年版。

（明）袁宗道：《白苏斋类集》，钱伯城标点，上海古籍出版社1989年版。

（梁）释慧皎：《高僧传》，汤用彤校注，汤一玄整理，中华书局1992年版。

（明）钟惺：《隐秀轩集》，李先耕、崔重庆标校，上海古籍出版社1992年版。

（清）李渔：《李渔全集》，浙江古籍出版社1992年版。

（清）黄宗羲编：《明文海》，上海古籍出版社1994年影印本。

（明）王夫之：《船山全书》，船山全书编辑委员会编校，岳麓书社1996年版。

（明）颜钧：《颜钧集》，黄宣民点校，中国社会科学出版社1996年版。

（南宋）蔡沈：《洪范皇极内篇》，《四库全书存目丛书》子部第346册，齐鲁书社1997年影印本。

（明）蔡有鹍辑，（清）蔡重增辑：《蔡氏九儒书》，《四库全书存目丛书》集部第346册，齐鲁书社1997年影印本。

（明）管志道：《从先维俗议》，《四库全书存目丛书》子部第88册，齐鲁书社1997年影印本。

（明）焦竑：《焦太史编辑国朝献征录》，《四库全书存目丛书》史部第105册，齐鲁书社1997年影印本。

（明）屠隆：《鸿苞集》，《四库全书存目丛书》子部第88—90册，齐鲁书社1997年影印本。

（明）王世贞：《弇州史料后集》，《四库禁毁书丛刊》史部第49册，北京出版社1997年影印本。

（明）徐养元：《白菊斋订四书本义集说》，《四库全书存目丛书》经部第166册，齐鲁书社1997年影印本。

（明）杨起元：《续刻杨复所先生家藏文集》，《四库全书存目丛书》集部第167册，齐鲁书社1997年影印本。

《会评会校金瓶梅》，刘辉、吴敢辑校，香港：天地图书有限公司1998年版。

（明）焦竑：《澹园集》，李剑雄点校，中华书局1999年版。

（明）汤显祖：《汤显祖全集》，徐朔方笺校，北京古籍出版社1999年版。

（明）王襞：《明儒王东厓先生遗集》，《王心斋全集》，陈祝生等校点，江苏教育出版社2001年版。

（明）王栋：《明儒王一庵先生遗集》，《王心斋全集》，陈祝生等校点，江苏教育出版社2001年版。

（明）王艮：《明儒王心斋先生遗集》，《王心斋全集》，陈祝生等校点，江苏教育出版社2001年版。

（清）陈弘绪：《陈士业先生集》，《四库全书存目丛书补编》第54册，齐鲁书社2001年影印本。

（宋）朱熹：《朱子全书》，朱杰人、严佐之、刘永翔主编，上海古籍出版社、安徽教育出版社2002年版。

（明）顾宪成：《顾端文公遗书》，《续修四库全书》子部第943册，上海古籍出版社2002年影印本。

（明）焦竑：《焦氏四书讲录》，《续修四库全书》经部第162册，上海古籍出版社2002年影印本。

（明）杨起元：《太史杨复所先生证学编》，《续修四库全书》经部第1129册，上海古籍出版社2002年影印本。

（明）周汝登：《圣学宗传》，《续修四库全书》史部第513册，上海古籍出版社2002年版。

（清）黄宗羲：《南雷文定五集》，《续修四库全书》集部第1397册，上海古籍出版社2002年影印本。

（宋）程颢、程颐：《二程集》，王孝鱼点校，中华书局2004年版。

（清）廖燕：《廖燕全集》，林子雄点校，上海古籍出版社2005年版。

（明）罗汝芳：《罗汝芳集》，方祖猷、梁一群、李庆龙等编校整理，凤凰出版传媒集团、凤凰出版社 2007 年版。

（明）王畿：《王畿集》，吴震编校整理，凤凰出版传媒集团、凤凰出版社 2007 年版。

《列子》，景中译注，中华书局 2007 年版。

（明）邓豁渠著，邓红校注：《〈南询录〉校注》，武汉理工大学出版社 2008 年版。

（明）焦竑：《焦氏笔乘》，李剑雄点校，中华书局 2008 年版。

（明）袁宏道著，钱伯城笺校：《袁宏道集笺校》，上海古籍出版社 2008 年版。

（清）黄宗羲：《明儒学案》（修订本），沈芝盈点校，中华书局 2008 年版。

《韩非子校注》（修订本），周勋初修订，凤凰出版传媒集团、凤凰出版社 2009 年版。

（明）李贽著，张建业主编：《李贽全集注》，社会科学文献出版社 2010 年版。

赖永海主编，戴传江译注：《梵网经》，中华书局 2010 年版。

赖永海主编：《圆觉经》，徐敏译注，中华书局 2010 年版。

赖永海主编：《楞严经》，杨维中译注，中华书局 2010 年版。

（明）王阳明：《王阳明全集》，吴光、钱明、董平、姚延福编校，上海古籍出版社 2011 年版。

（清）顾炎武：《顾炎武全集》，黄珅、严佐之、刘永翔主编，上海古籍出版社 2011 年版。

（宋）朱熹：《四书章句集注》，中华书局 2012 年版。

（宋）邵雍：《伊川击壤集》，郭彧整理，中华书局 2013 年版。

（明）李贽著，张建业、张岱注：《焚书注》，社会科学文献出版社 2013 年版。

（明）李贽著，张建业、张岱注：《续焚书注》，社会科学文献出版社 2013 年版。

（清）曹雪芹：《脂砚斋评石头记》，（清）脂砚斋评，线装书局2013年版。

（三国魏）嵇康著，戴明扬校注：《嵇康集校注》，中华书局2014年版。

（清）彭绍昇撰，张培锋校注：《居士传校注》，中华书局2014年版。

（唐）刘知幾：《史通》，（清）浦起龙通释，上海古籍出版社2015年版。

（明）耿定向：《耿定向集》，傅秋涛点校，华东师范大学出版社2015年版。

（明）林春：《林东城文集》，凤凰出版社2015年影印本。

（唐）惠能：《坛经》，尚荣译注，中华书局2015年版。

（清）金圣叹：《金圣叹全集》，陆林辑校整理，凤凰出版社2016年版。

（清）袁枚：《袁枚全集新编》，王英志编纂校点，浙江古籍出版社2018年版。

二 国内研究著作

唐君毅：《阳明学与朱子学》，载中华学术院编《阳明学论文集》，台北：华冈出版有限公司1972年版。

杨天石：《泰州学派》，中华书局1980年版。

顾颉刚编著：《古史辨》，上海古籍出版社1982年版。

《先秦汉魏晋南北朝诗》，逯钦立辑校，中华书局1983年版。

伍蠡甫主编：《现代西方文论选》，上海译文出版社1983年版。

牟宗三：《从陆象山到刘蕺山》，台北：台湾学生书局1984年版。

钱锺书：《管锥编》，中华书局1986年版。

蔡景康编选：《明代文论选》，人民文学出版社1993年版。

成复旺主编：《中国美学范畴辞典》，中国人民大学出版社1995年版。

葛兆光：《中国禅思想史——从6世纪到9世纪》，北京大学出版社1995年版。

张节末：《狂与逸——中国古代知识分子的两种人格特征》，东方出版社1995年版。

嵇文甫：《晚明思想史论》，东方出版社1996年版。

吕思勉：《理学纲要》，东方出版社1996年版。

黄卓越：《佛教与晚明文学思潮》，东方出版社1997年版。

杨国荣：《心学之思：王阳明哲学的阐释》，生活·读书·新知三联书店1997年版。

杨义：《中国叙事学》，人民出版社1997年版。

左东岭：《李贽与晚明文学思想》，天津人民出版社1997年版。

李泽厚：《美学三书》，安徽文艺出版社1999年版。

李泽厚：《中国思想史论》，安徽文艺出版社1999年版。

周群：《袁宏道评传》，南京大学出版社1999年版。

冯友兰：《中国哲学史》，华东师范大学出版社2000年版。

周群：《儒释道与晚明文学思潮》，上海书店出版社2000年版。

左东岭：《王学与中晚明士人心态》，人民文学出版社2000年版。

葛兆光：《中国思想史》，复旦大学出版社2001年版。

龚杰：《王艮评传》，南京大学出版社2001年版。

胡适：《胡适日记全编3》，曹伯言整理，安徽教育出版社2001年版。

胡维定：《泰州学派的主体精神》，南京出版社2001年版。

曹虹：《慧远评传》，南京大学出版社2002年版。

贺照田主编：《西方现代性的曲折与展开》，吉林人民出版社2002年版。

钱明：《阳明学的形成与发展》，江苏古籍出版社2002年版。

吴承学、李光摩编：《晚明文学思潮研究》，湖北教育出版社2002年版。

左东岭：《明代心学与诗学》，学苑出版社2002年版。

吴震：《阳明后学研究》，上海人民出版社2003年版。

杨国荣：《王学通论——从王阳明到熊十力》，华东师范大学出版社2003年版。

余英时：《士与中国文化》，上海人民出版社2003年版。
邓志峰：《王学与晚明的师道复兴运动》，社会科学文献出版社2004年版。
高宣扬：《布迪厄的社会理论》，同济大学出版社2004年版。
蔡文锦、杨呈胜：《泰州学派通论》，江苏人民出版社2005年版。
龚鹏程：《晚明思潮》，商务印书馆2005年版。
胡建次：《归趣难求——中国古代文论"趣"范畴研究》，百花洲文艺出版社2005年版。
季芳桐：《泰州学派新论》，四川出版集团、巴蜀书社2005年版。
刘小枫、陈少明主编：《卢梭的苏格拉底主义》，华夏出版社2005年版。
鲁迅：《鲁迅全集》，人民文学出版社2005年版。
罗宗强：《明代后期士人心态研究》，南开大学出版社2006年版。
唐君毅：《中国哲学原论·原教篇》，中国社会科学出版社2006年版。
周群、谢建华：《徐渭评传》，南京大学出版社2006年版。
周振鹤编著：《汉书地理志汇释》，安徽教育出版社2006年版。
马晓英：《出位之思：明儒颜钧的民间化思想与实践》，宁夏人民出版社2007年版。
季羡林：《中印文化交流史》，中国社会科学出版社2008年版。
姚文放主编：《泰州学派美学思想史》，社会科学文献出版社2008年版。
胡学春：《真：泰州学派美学范畴》，社会科学文献出版社2009年版。
吴震：《泰州学派研究》，中国人民大学出版社2009年版。
王德威：《抒情传统与中国现代性：在北大的八堂课》，生活·读书·新知三联书店2010年版。
徐春林：《生命的圆融——泰州学派生命哲学研究》，光明日报出版社2010年版。
李剑雄：《焦竑评传》，南京大学出版社2011年版。
吴震：《罗汝芳评传》，南京大学出版社2011年版。

徐朔方：《汤显祖评传》，南京大学出版社 2011 年版。

许苏民：《李贽评传》，南京大学出版社 2011 年版。

邓洪波：《中国书院史》（增订版），武汉大学出版社 2012 年版。

林子秋：《泰州学派启蒙思想研究》，南京大学出版社 2012 年版。

刘克稳：《大家精要：何心隐》，云南出版集团公司、云南教育出版社 2012 年版。

刘梦溪：《中国文化的狂者精神》，生活·读书·新知三联书店 2012 年版。

鲁晓鹏：《从史实性到虚构性：中国叙事诗学》，北京大学出版社 2012 年版。

罗宗强：《明代文学思想史》，中华书局 2013 年版。

陈国球、王德威编：《抒情之现代性：“抒情传统”论述与中国文学研究》，生活·读书·新知三联书店 2014 年版。

李丕洋：《罗汝芳哲学思想研究》，北京师范大学出版社 2014 年版。

傅修延：《中国叙事学》，北京大学出版社 2015 年版。

董乃斌：《中国文学叙事传统论稿》，东方出版中心 2017 年版。

翟学伟：《中国人行动的逻辑》，生活·读书·新知三联书店 2017 年版。

贾乾初：《主动的臣民：明代泰州学派平民儒学之政治文化研究》，知识产权出版社 2018 年版。

梁启超：《梁启超全集》，汤志钧、汤仁泽编，中国人民大学出版社 2018 年版。

庚永：《蔡元定、蔡沈父子易学思想阐释》，中国社会科学出版社 2018 年版。

宣朝庆：《泰州学派：儒家精神与乡村建设》，江苏人民出版社 2018 年版。

王怀义：《道境与诗艺：中国早期神话意象演变研究》，商务印书馆 2019 年版。

周群：《泰州学派研究》，南京大学出版社 2021 年版。

三　国外研究著作

［德］黑格尔：《哲学史讲演录》，贺麟、王太庆译，商务印书馆 1959 年版。

［古希腊］柏拉图：《文艺对话集》，朱光潜译，人民文学出版社 1963 年版。

［日］厨川白村：《苦闷的象征》，鲁迅译，《鲁迅全集》第 13 卷，人民文学出版社 1973 年版。

Ronald G. Dimberg, *The Sage and Society*：*The Life and Thought of Ho Hsin-yin*, The University Press of Hawaii, 1974.

［法］卢梭：《爱弥儿》下卷，李平沤译，商务印书馆 1978 年版。

［德］黑格尔：《美学》，朱光潜译，商务印书馆 1979 年版。

［法］卢梭：《忏悔录》第一部，黎星译，人民文学出版社 1980 年版。

［美］E. G. 波林：《实验心理学史》，高觉敷译，商务印书馆 1981 年版。

Paul S. Ropp, *Dissent in Early Modern China*：*Ju-lin Wai-shih and Ch'ing Social Criticism*, Ann Arbor：University of Michigan Press, 1981.

［德］叔本华：《作为意志和表象的世界》，石冲白译，杨一之校，商务印书馆 1982 年版。

［德］尼采：《悲剧的诞生：尼采美学文选》，周国平译，生活·读书·新知三联书店 1986 年版。

［日］岛田虔次：《朱子学与阳明学》，蒋国保译，陕西师范大学出版社 1986 年版。

［美］A. H. 马斯洛：《存在心理学探索》，李文湉译，林方校，云南人民出版社 1987 年版。

［德］马克斯·韦伯：《新教伦理与资本主义精神》，于晓、陈维纲等译，生活·读书·新知三联书店 1987 年版。

William Theodore de Bary, *The Message of the Mind in Neo-Confucianism*, Columbia University Press, 1989.

Paul S. Ropp, ed., *Heritage of China: Contemporary Perspectives on Chinese Civilization*, Berkeley: University of California Press, 1990.

A. John Hay, "Subject, Nature, and Representation in Early Seventeenth-Century China", in Wai-ching Ho, ed., *Proceedings of the Tung Ch'i-Ch'ang International Symposium*, Kansas City, Mo.: Nelson-Atkins Museum of Art, 1992.

[法] 罗曼·罗兰编选:《卢梭的生平和著作》,王子野译,生活·读书·新知三联书店1993年版。

[日] 冈田武彦:《王阳明与明末儒学》,吴光等译,上海古籍出版社2000年版。

[德] 康德:《论优美感和崇高感》,何兆武译,商务印书馆2001年版。

[奥] 弗洛伊德:《释梦》,孙名之译,商务印书馆2002年版。

[法] 保罗·利科:《活的隐喻》,汪堂家译,上海译文出版社2004年版。

[日] 岛田虔次:《中国近代思维的挫折》,甘万萍译,江苏人民出版社2005年版。

[美] 沃尔特·翁:《口语文化与书面文化:语词的技术化》,何道宽译,北京大学出版社2008年版。

[美] 狄百瑞:《儒家的困境》,黄水婴译,北京大学出版社2009年版。

[韩] 崔在穆:《东亚阳明学》,朴姬福、靳煜译,中国人民大学出版社2009年版。

[德] 于尔根·哈贝马斯:《现代性的哲学话语》,曹卫东译,译林出版社2011年版。

[法] 卢梭:《社会契约论或政治权利的原理》,李平沤译,商务印书馆2011年版。

[日]沟口雄三:《中国前近代思想的屈折与展开》,龚颖译,生活·读书·新知三联书店2011年版。

[英]柯律格:《雅债:文徵明的社交性艺术》,刘宇珍等译,生活·读书·新知三联书店2012年版。

[法]让-雅克·卢梭:《孤独漫步者的遐想》,钱培鑫译,译林出版社2013年版。

[加]查尔斯·泰勒:《现代社会想象》,林曼红译,译林出版社2014年版。

[美]汉娜·阿伦特:《反抗"平庸之恶"》,陈联营译,上海人民出版社2014年版。

[德]乌尔里希·贝克、[英]安东尼·吉登斯、[英]斯科特·拉什:《自反性现代化:现代社会秩序中的政治、传统与美学》,赵文书译,商务印书馆2014年版。

[法]保罗·利科:《从文本到行动》,夏小燕译,华东师范大学出版社2015年版。

[法]让-雅克·卢梭:《卢梭评判让-雅克:对话录》,袁树仁译,商务印书馆2015年版。

[英]柯律格:《长物:早期现代中国的物质文化与社会状况》,高昕丹、陈恒译,生活·读书·新知三联书店2015年版。

[法]卢梭:《论人与人之间不平等的起因和基础》,李平沤译,商务印书馆2015年版。

[德]卡西尔:《卢梭·康德·歌德》,刘东译,生活·读书·新知三联书店2015年版。

[法]米歇尔·福柯:《什么是批判:福柯文选Ⅱ》,汪民安编,北京大学出版社2016年版。

[法]米歇尔·福柯:《说真话的勇气:治理自我与治理他者Ⅱ》,钱翰、陈晓径译,上海人民出版社2016年版。

[美]肯特·弗兰纳里、乔伊斯·马库斯:《人类不平等的起源:通

往奴隶制、君主制和帝国之路》，张政伟译，上海译文出版社 2016 年版。

［美］狄百瑞：《中国的自由传统》，李弘祺译，中华书局 2016 年版。

［美］乔迅：《石涛：清初中国的绘画与现代性》，邱士华等译，生活·读书·新知三联书店 2016 年版。

［加］卜正民：《纵乐的困惑：明代的商业与文化》，方骏、王秀丽、罗天佑译，广西师范大学出版社 2016 年版。

［法］保罗·利科：《虚构叙事中时间的塑形——时间与叙事卷二》，王文融译，商务印书馆 2018 年版。

［美］浦安迪：《中国叙事学》第 2 版，北京大学出版社 2018 年版。

四　期刊论文

William T. Rowe, "Women and the Family in Mid-Qing Social Thought: The Case of Chen Hongmou", *Late Imperial China*, 13 (2) (December), 1992.

黄文树：《泰州学派的教育思想》，《哲学与文化》1998 年第 25 卷第 11 期。

黄文树：《泰州学派人物的特征》，《鹅湖学志》1998 年第 20 期。

何中华：《重读卢梭三题》，《山东大学学报》（哲学社会科学版）1999 年第 2 期。

邱美琼：《"趣"与"味"作为古典诗论审美范畴辨析》，《社会科学家》2004 年第 5 期。

胡建次：《趣：中国古代文论的核心范畴》，《南昌大学学报》（人文社会科学版）2005 年第 3 期。

马晓英：《明儒颜钧的七日闭关工夫及其三教合一倾向》，《哲学动态》2005 年第 3 期。

葛兆光：《道统、系谱与历史——关于中国思想史脉络的来源与确立》，《文史哲》2006 年第 3 期。

邵晓舟：《泰州学派美学的本体范畴——"百姓日用"》，《中国文化研究》2010年第1期。

张晶：《审美情感·自然情感·道德情感》，《文艺理论研究》2010年第1期。

黄石明：《论"乐"：泰州学派韩贞美学思想的审美模式》，《扬州大学学报》（人文社会科学版）2011年第4期。

王格：《周汝登对"心学之史"的编撰》，《杭州师范大学学报》（社会科学版）2016年第2期。

杨国荣：《心物、知行之辨：以"事"为视域》，《哲学研究》2018年第5期。

何卫平：《西方解释学的第三次转向——从哈贝马斯到利科》，《中国社会科学》2019年第6期。

杨国荣、刘梁剑等：《人与世界：以事观之——杨国荣教授访谈》，《现代哲学》2020年第3期。

后　记

　　这本书历时二十载，如今行将付梓。不能说慢工一定出细活，但是有了时间这个魔法师的参与，思考历经反复质疑，得以沉淀和提纯，研究对象被时间拉长放大后，那些隐曲细微之处缓缓呈现。学术让人油然而生敬畏之心。

　　聚焦泰州学派美学"狂"范畴的研究，可以追溯到开始读博的2003 年。我的恩师姚文放教授审慎斟酌后确定了这一选题。当时在泰州学派美学范畴和美学思想研究方向，恩师领导了我们一个团队：稳健周全的胡学春师兄专注"真"范畴；温煦平和的黄石明师兄在"中"范畴上颇有心得；还有充满慧心文思的邵晓舟师妹主攻"百姓日用"美学思想；我则选择了主体性特质鲜明的"狂"范畴。在那转眼消逝了的岁月，会议室里热烈的争论和跃动的思绪，泰州、东台等地探访考察泰州学派先贤的串串足迹，文史资料室里日复一日与古籍文献的亲密接触，今时今日都化作了珍贵美好的回忆。

　　本书与博士学位论文相比，研究对象泰州学派"狂"范畴保持不变，但是研究是全新的，基本属于推倒重写。这是由于改变了时间和空间，也就改变了具体的研究方法、研究视角、研究内容和结论，文字表述也几无沿袭。区别在副题上已经体现出来："一种审美现代性的反思"，后文我会说说这一考量的由来和目的。这本书也是我主持的国家哲学社会科学项目"审美现代性视域下泰州学派'狂'范畴的美学反思"的最终成果，经多位匿名专家评审，鉴定结果为良好。

"审美现代性"的反思视域，或者毋宁说一种价值关切，来自教学、科研、生活实践的呼唤。我们有幸生活在中国改革开放突飞猛进的伟大时代，见证和亲历了一桩桩社会的、学术的历史性事件，就连与每个人息息相关的百姓日用，亦无不投射着大时代的光与影。博士毕业后，繁忙充实的教学科研工作使我分散了诸多精力，成书计划一度搁置下来。2009年我由国家公派埃及开罗大学从事汉语教学，失落的古埃及灿烂文明与当下的阿拉伯伊斯兰文化景观构成强烈的视听冲击，断裂的传统、前现代、现代以如此奇诡的方式交织缠绕。开罗大学曾经走出了诺贝尔文学奖获得者纳吉布·马哈福兹（Naguib Mahfouz），他笔下开罗老城的嘉马利亚街区，是经济、政治、宗教和文化的奇特混合体。有时候走在某个热浪滚滚的街道上，隔着浓密的树荫可以眺望爱德华·W. 萨义德（Edward Waefie Said）年少时的故居，让人思忖他后来开创的东方学、后殖民理论，以及人文知识分子的使命……埃及的教学之旅开启了我的思考，但是由于我资质愚钝，尚未认识到这些思考与泰州学派美学范畴研究之间存在什么关联。

这一时期，国内理论界对于古代文论和传统美学在"古为今用"的运思下展开热烈讨论，在积极翻译引进当代西方文论之际反思西方文论的有效性和适用范围，建构中国特色文论话语、中西对话与古今融通成为彼时学界的热点话题。2014年我被公派美国匹兹堡大学（University of Pittsburgh）访学，导师柯丽德·卡利兹（Katherine Carlitz）教授是明清历史研究领域的知名汉学家，兼匹大东亚研究中心副主任，许多大名鼎鼎的学者曾在这个中心驻足。她不止一次谈到她的导师芮效卫（David Tod Roy）教授苦心孤诣三十多年翻译中国古典文学名著《金瓶梅》，2013年刚刚大功告成，为了让英语世界真切把握明代世俗生活风貌，书中详细考证补充了四千多条注释，学者治学严谨踏实，无论东西，都令人肃然起敬。当时还听说他病况日笃，我于2015年回国，后来从新闻中得知芮效卫教授于2016年仙逝，此为后话。我与柯丽德教授每两周一次的见面，话题并不局限于历史，而是就文学、历史与哲学的关系展开广泛对话与讨论。接触和了解相关论题的海外汉学研究后，我最关心的问题是古代文论的中西对话、古今融通，而现代性注定是一个绕不过去的概念问题，此外吸引我的问题还有东方美学与西方美学、中国美学与西方美学的观念差异等。我记得是11月底的一个夜晚，步出匹大图书馆，迎面一股清冽的寒风让我不由打了个激灵，我突然醒悟之前在泰州学派"狂"范畴研究上一直以来寻寻觅觅的，正是审美现代性的反思视野，还有中西美学对比的方法背景。

在研究中引入审美现代性的当代关切进行理论建构，采用全新的研究视角势必要求研究方法、研究框架、行文措辞等方面的协同配合。当各种想法尚在脑海中盘旋的时候，我感觉思路清晰，不由得踌躇满志，而一旦落笔就深感自己才疏学浅，见识鄙陋。由于"审美现代性"本身就是一个见仁见智、众说纷纭的概念，以之作为泰州学派"狂"范畴的反思研究视域，不仅要梳理这个概念的发展演变，还要关注中西差异，更要融会贯通，从有迹化为无迹，让思考服务于泰州学派"狂"范畴研究，我除了重新一头扎进书籍文献的海洋之中别无捷径可走。古人云"困而学之"，问题一个个地涌现，令我既困惑苦恼又充满激动和好奇。恩师姚文放教授一直以来谆谆教诲我们：从细致踏实地梳理文献材料，到谨慎严密地推理判断，环环紧扣，缺一不可，对于理论研究来说夯实文献基础至关重要。我努力践行恩师教诲，但是百密也有一疏，加之自身学养有限，不足之处在所难免，还恳请各位方家批评、指正。

泰州学派开创者王艮强调学者"须见得自家一个真乐"，不知不觉我与泰州学派美学研究结缘已二十年，从文献资料中接触到许多有趣的灵魂，有时候我想我们人文研究者在这方面可称得上有福之人。每次在图书馆资料室里我带着新的疑问、怀着浓厚兴趣梳理文献资料，我小心翼翼地摩挲泛黄的书页，似乎重新发现它们，它们充盈了我的生活，赋予每一个平凡普通的日子以意义和乐趣。关于这本书第六章叙事美学思想部分的研究，近一年来又有了进一步思考，囿于篇幅和时间关系，拟以后再另立专题讨论，以更好地回报各位对我的关心和帮助。

  回首往昔，本书从构思、写作到出版的行程，得到了许多专家学者的鼓励、支持和帮助。难忘恩师姚文放教授的悉心教导和辛勤付出！难忘文艺学教研室各位老师的切磋交流和无私帮助！难忘扬州大学诸位领导、老师的教诲、关心和呵护！难忘学界诸位专家教授的关怀和厚爱！真诚感谢国家社科基金项目各位评委专家的肯定与关爱！真诚感谢学术期刊编辑老师们认真细致的工作及所给予的提携与支持！我还要真诚感谢中国社会科学出版社，尤其是为本书的编辑出版付出辛劳的郭晓鸿老师，没有您的热情帮助，拙著也不会顺利面世。

童 伟
癸卯春于瘦西湖畔有仪轩